HARRIET RIX

GENIALE BÄUME

Wie sie seit Jahrtausenden das
Leben auf der Erde bestimmen

Aus dem Englischen von
Elisabeth Liebl

dtv

Tumblingerstraße 21, 80337 München
produktsicherheit@dtv.de
Titel der englischen Originalausgabe: *The Genius of Trees. How Trees Mastered the Elements and Shaped the World*

Umschlaggestaltung: dtv
nach einem Entwurf von © Julia Connolly
Redaktion: Nadine Lipp
Layout & Satz: Gaby Michel, Hamburg
Druck und Bindung: CPI books GmbH, Leck
Gedruckt auf säurefreiem, chlorfrei gebleichtem Papier
Printed in Germany · ISBN 978-3-423-28500-1

Für meine Mutter
und die Goatchers,
die unzählige Bäume
gepflanzt haben

Inhalt

Einführung

> Es gibt eine Kraft aus der Ewigkeit, und diese Kraft ist grün. Aus lichtem Grün sind Himmel und Erde geschaffen und alle Schönheit der Welt.
>
> Hildegard von Bingen[1]

Ich war noch nie gut im Neinsagen und so fand ich mich im Juni 2014, zum ersten Mal in meinem Leben, im Irak wieder. Ich war bei assyrischen Freunden in Amediye untergekommen, einem sehr alten, teilweise von einer antiken Stadtmauer umgebenen Ort auf einer Mesa, einem Tafelberg mit einer Hochebene und Steilhängen. Sie liegt südlich der Gebirgsketten, die den Irak von der Türkei trennen. Es war ein Festtag, an dem der sicheren Landung Noahs auf dem Berggipfel gedacht wurde. Die ganze Familie war zusammengekommen, um gemeinsam *pacha* zu essen, eine Art assyrisches Haggis aus Schafsinnereien, das schwer im Magen liegt. Das Gespräch kreiste um beunruhigende Themen, denn der IS hatte gerade Mossul eingenommen, das nur 80 Kilometer entfernt lag. Aber als wir uns ans Essen machten, kam unvermittelt Heiterkeit auf, denn der Sohn des Hauses kehrte erfolglos von seiner Wildschweinjagd zurück. Dabei lebten diese zu Hunderten in den Bergen, erzählte er, weil sie sich dort von Eicheln ernährten. In meiner Unbedarftheit staunte ich nicht schlecht, denn ich hatte den Irak nie mit Bäumen assoziiert.

Später an jenem Abend spazierten wir durch den Eichenwald am Fuße der Steilhänge. Anscheinend wuchsen dort viele verschiedene Arten, die sich durch unterschiedliche Blattformen, Rindentextur, Abzweigwinkel der Äste und Eichelgröße auszeichneten. Ein großer Baum hatte einen dicken, hohlen Stamm, der innen verkohlt, aber immer noch lebendig war. Seine langen, glatten dunkelgrünen Blätter verdeckten dunkelbraune und kugelrunde Galläpfel. Diese, so mein Gastgeber, waren der eigentliche Grund, weshalb Amediye im 12. Jahrhundert mit Reichtum gesegnet war: Die Galläpfel enthalten chemische Stoffe, die Tannine, mit denen sich der Baum vor Insekten schützt. Die Menschen hatten sie gesammelt, um daraus erste Tintenmischungen herzustellen.[2] Ein weiterer Baum hatte eine ganze Reihe von Stämmen, wie sie sich beim sogenannten Stockausschlag bilden, wenn die Haupttriebachse bodennah gekappt wird. Seine schmalen, spitzen und silbrig-grünen Blätter waren von einem dünnen Flaum überzogen. Ein anderer Baum schien aus einem gewaltigen Stein zu wachsen, als würde er keine Erde brauchen. Zwischen seinen großen, scharf gezackten Blättern hingen dicht mit Häkchen besetzte Früchte, die sich, wie man mir erzählte, im Herbst zu großen Eicheln entwickelten, einem Grundnahrungsmittel dieser Region. Alles war so ganz anders, als ich es von den europäischen Eichen kannte, mit denen ich in Devon aufgewachsen war. Trotzdem fühlte ich mich in diesem Wald zu Hause.

Wieder zurück in England besuchte ich meine baumforschende Großmutter, die mir schnell meine Wissenslücke aufzeigte. Sie wusste nicht nur von Menschen in den USA und in Griechenland zu berichten, die Eicheln aßen. Sie hatte das im Krieg selbst getan und fand sie gar nicht mal so übel, nur ein bisschen bitter vielleicht (was an den Tanninen liegt). Sie interessierte sich sehr für die Eichen, die ich im Irak gesehen hatte. Eichenarten unterschieden sich teils erheblich, erklärte sie mir. Und nachdem sie infolge der letzten Kaltzeit aus ihren alten Revieren vertrieben worden waren, eroberten sie jetzt weite Gebiete zurück. Eichenwälder erstreckten sich mittlerweile um den ganzen Globus, fuhr sie fort, sie bilden einen Baumgürtel aus miteinander verwandten Arten. Sie beherrschten die Wälder von Nordamerika bis zum Zagros-Gebirge im Irak. Diejenigen

Arten, die ich gesehen hatte, versuchten vermutlich, die optimalen Blattformen für jene Regionen zu entwickeln, die sie bis jetzt noch nicht zurückerobert hatten. *Bis jetzt?* Meine Großmutter sagte das so leichthin, als wären mehr als 12 000 Jahre gar nichts.

Als sich vor etwa 40 000 Jahren der moderne Mensch entwickelte, gab es auf der Erde etwa sechs Billionen Bäume. Als wir auf der Bildfläche erschienen, hatten die Bäume bereits die Luft auf dem Planeten ebenso verändert wie das Fließen des Wassers. Sie hatten Feuer als Werkzeug benutzt und enge Beziehungen zu den Pflanzen und Tieren um sie herum geknüpft. Fast 400 Millionen Jahre lang gehörten Bäume zu den größten Organismen an Land. Sie hemmten mit ihren Ästen die Luftzirkulation. Mit ihren Wurzeln dirigierten sie den Fluss des Wassers und wurden so zu Landschaftsarchitekten, die andere Lebensräume in der Natur gestalteten – ein Mosaik von Mikrohabitaten. Wir können dies unschwer erkennen, wenn wir uns die Zeit nehmen, genau hinzuschauen: Ein Baum oder ein Blatt ist die Essenz des Ortes, von dem es stammt. Es trägt die Zeichen seiner Erfahrungen. Das Ginkgoblatt hat Adern, die vor 385 Millionen Jahren optimiert wurden: eine breite Fächerform, die fast zu seiner Ausrottung geführt hätte. Und es enthält die Pigmente einer sich wandelnden Ozonschicht. Noch schwieriger ist es, die komplexe Form des Baumes unterhalb der Erdoberfläche zu ergründen. Dort ist der Baum ein blinder Forscher, geleitet von Pilzen und Bakterien, für die er jedoch auch anfällig ist. Er trägt einen Kompass aus gravitationssensiblen Proteinen in sich, deren einziger Leitstern der Mittelpunkt der Erde ist.

Dieses Buch schreibt die Geschichte der Wirkmächtigkeit von Bäumen, eine Geschichte, die – erstaunlicherweise – bislang noch niemand erzählt hat. Wie Bäume kommunizieren und kooperieren oder was Bäume für die Menschen tun – diese Geschichten wurden bereits erzählt. Aber wie haben Bäume auf die Wechselfälle ihrer Evolution reagiert, und warum haben sie es getan? Hier geht es um die Geschichte des Baum-Seins der Bäume und wie sie die Welt zu einem Ort umwerfender Schönheit und außergewöhnlicher Vielfalt gemacht haben. Dieses Buch ist auch eine Geschichte davon, wie wir Menschen die Bäume sowohl unter- als auch überschätzen, und ein Appell, Verwurzelung nicht mit Inaktivität gleichzusetzen oder Subtilität mit Einfalt. Aber es geht auch um eine Geschichte der Wissenschaft und wie man den Blick über sie hinaus richten kann, denn zu Beginn unserer Evolution wurde unser Vorstellungsvermögen von Bäumen geprägt.

Es ist nur allzu leicht, unsere Sinne und unser technisches Geschick für selbstverständlich zu halten und darüber zu vergessen, wie wenig wir über diese andere Art von Genie wissen, das diese gewaltigen Organismen verkörpern. Wir könnten beispielsweise damit anfangen, von unseren Sinnen besseren Gebrauch zu machen, als wir es gewöhnlich tun. Was die physische Form eines Baumes zu einer atemberaubenden, virtuosen Polyphonie werden lässt, ist seine chemische Wirkung, und hier ermöglichen uns Geruchs- und Tastsinn den Zugang zu einem besseren Verständnis. Haben Sie sich je gefragt, warum Lorbeerblätter ein so würziges Aroma haben? Oder warum die Borke der chilenischen Araukarie nach Gurke riecht? Warum eine Truhe aus Zedernholz diesen warmen, anheimelnden Duft verströmt? Wissenschaftler können die verantwortlichen Stoffe benennen – Polyphenole, Sesquiterpene, Ester –, aber sie werden zögern, wenn man sie nach den Gründen für das Vorhandensein dieser Stoffe fragt. Dass ein bestimmter Geruch Pflanzenfresser abschrecken oder Fäulnis verhindern soll, ist nur eines von vielen Motiven, warum ein Baum seinen ureigensten Duftcocktail kreiert.[3]

Ebenso kann Ihnen eine Ernährungswissenschaftlerin die Menge des Vitamin C in einer Orange angeben sowie die Strukturformel des Vitamins, oder auch die gesundheitlichen Vorzüge von Açaí-Proteinen. Sie kann Ihnen auch zeigen, wie sehr die Fette aus einer Avocado Ihre Haut verbessern können. Aber die gesamte Entstehungsgeschichte dieser Stoffe umfasst etwa 20 Millionen Jahre an Anpassungsprozessen, biochemischen Zyklen und Geduld tief im Baum. Schließlich setzen Bäume bei den Grundlagen an. Luft, Wasser, Salze und Sonnenlicht. Selbst die KI findet nicht genug Informationen, um die ganze Geschichte zu erzählen.[4] Wir Menschen neigen dazu, Bäume zu unterschätzen, indem wir davon ausgehen, dass sie nach dem Anpflanzen einfach wachsen, dass wir sie einfach fällen und durch neue Setzlinge ersetzen können. Da Bäume sich nicht bewegen, vergessen wir leicht, dass sie chemische Ringe um uns herum bilden, während wir schlafen. Dass sie die Erde unter unseren Füßen bewegen und die Farben des Himmels über unseren Köpfen beeinflussen, nicht nur, weil sie uns vor Sonnenlicht schützen, sondern weil sie Kohlendioxid aufnehmen und Sauerstoff abgeben. Und wir vergessen auch, dass winzige Mengen unsichtbaren Stickstoffs eine Eiche mit einem Stamm so breit wie ein Auto zerstören können, einen Baum, der gepflanzt wurde, als die Waliser und die Engländer im 13. Jahrhundert noch Krieg miteinander führten.

Wir teilen mit den Bäumen eine Welt und wollen uns, wie sie auch, selbst erhalten. Im Laufe der Evolution hat die Komplexität der Bäume zu- und nicht abgenommen. Wenn die Atmosphäre der Erde unwirtlich wurde oder die Trockenheit überhandnahm, war die Reaktion der Bäume, dass sie sich diversifizierten – sie veränderten auf höchst erstaunliche Weise ihre Form, damit sie weiter perfekt in das neue Ökosystem passten. Die Flexibilität, die wir Tieren jederzeit zubilligen, weil Proteine sich leichter anpassen als Kohlehydrate, lässt sich bei Bäumen eher in den mikrometerfeinen Interaktionen zwischen Bäumen und ihrer Umgebung beobachten. Wo eine Baumart verkohlte, verhungerte oder vom Wind aus dem Boden gerissen wurde, kamen Hunderte nach.

Was aber ist ein Baum überhaupt? Und wie und warum entstanden Bäume auf der Erde? Die erste Frage können die meisten Menschen auf einen Blick beantworten: Ein Baum besteht aus Blättern, Zweigen und einem Stamm; er wächst in die Höhe und hat eine raue oder glatte Borke. Die fachliche Definition lautet: eine verholzte Pflanze mit einer aufrecht wachsenden Sprossachse; der Stamm weist in einer Höhe von 1,30 Metern einen Durchmesser von wenigstens sieben Zentimetern auf und bildet eine Krone aus Nadeln oder Blättern; ausgereift misst der Stamm eines Baumes wenigstens vier Meter Höhe. Aber wie bei allen Definitionen ist dies nur der Anfang.

Der Bambus etwa, so hoch er auch wachsen kann, fällt durchs Raster, denn die Struktur seiner Sprossachse sagt eindeutig: Es ist ein Gras. Ein Bonsai wiederum fällt unter die Baumdefinition, auch wenn er klein ist, weil seine chemischen Eigenschaften wie die aller Bäume sind und seine Miniblätter und -blüten die äußere Form eines Baumes bilden.

Warum aber teilen die Bäume diese Attribute miteinander? Das ist größtenteils Folge ihrer Art zu leben, um es mal so zu sagen. Bäume sind so erfolgreich, weil sie aus Sonnenlicht und Kohlendioxid Kohlenstoffgerüste in Form von Zucker herstellen, die Energie für alles Leben auf der Erde liefern. Das ist die sogenannte Photosynthese, ein Prozess, für den beide Stoffe – Sonnenlicht und Kohlendioxid – benötigt werden und die daher unverzichtbar sind. Über Jahrmillionen waren sie reichlich vorhanden, und Bäume haben die grundlegenden chemischen Komponenten, um sie zu verwerten, von ihren einzelligen Vorfahren geerbt. Eine wichtige Komponente war die DNA. Ihre stabile Doppelhelix – die Grundstruktur des Lebens – hat sich vor vier Milliarden Jahren entwickelt. Aber die verschiedenen Kombinationen ihrer Nukleotide sind immer noch der replizierbare Code, der hinter der Kontinuität und Entwicklung des Lebens steht. Chlorophyll wiederum entwickelte sich vor 3,5 Millionen

Jahren in Bakterien, die im Wasser lebten. Dieses Molekül versetzt Bäume in die Lage, Sonnenlicht in Form von chemischer elektrischer Energie zu speichern. RuBisCo ist das am weitesten verbreitete Enzym der Erde. Es entstand vor 2,4 Millionen Jahren und macht fast 50 Prozent des Proteins in Blättern aus. Es ermöglichte den Photosynthese treibenden Cyanobakterien (die so genannt werden, weil die Bakterien bei diesem Vorgang eine bläuliche Farbe annehmen), die Energie des von ihnen aufgenommenen Sonnenlichts zu speichern, indem sie die Kohlendioxidmoleküle zwingen, eine Kohlenstoff-Kohlenstoff-Bindung einzugehen und sich in die stabile Kette des Lebens als Glukose einzuflechten – die ihrerseits wieder von anderen Lebensformen als Energiespender genutzt werden kann.[5]

Und vor etwa zwei Milliarden Jahren fanden Cyanobakterien eine Möglichkeit, viele Glukoseketten aneinanderzubinden, sodass Cellulose entstand. Dies wiederum ermöglichte den Bau von Zellwänden und die Bildung von festen Strukturen. Als die ersten Pflanzenzellen sich plötzlich an Sandstränden wiederfanden, wurden sie immer wieder von der Sonne verbrannt. Bis letztlich eine Reaktion mit freien Radikalen dazu führte, dass ein Molekül entstand (nämlich Lignin, der hölzerne Teil eines Baumes), welches zumindest einen gewissen Sonnenschutz bot.

So weit, so chemisch. Aber je mehr grüne Zellen sich zusammentaten, desto wichtiger wurden Strukturen. Die Kombination aus Lignin und Cellulose war bei der Entwicklung von Baumstämmen entscheidend. So konnte Wasser nach oben geleitet werden und die Außenhülle wurde entsprechend verstärkt (wie Kevlar®-Fasern), sodass sie Bakterien und Pilzen etwas entgegenzusetzen hatte.[6]

Solche Strukturen waren nötig für Effizienz und Schutz. Wieso dies zur Entstehung eines Organismus führte, der 116 Meter hoch wachsen kann, mehr als zweimal so hoch wie der Schiefe Turm von Pisa, ist die eigentlich interessante Frage. Um zu verstehen, wie sich diese Superstrukturen gebildet und diversifiziert haben, müssen wir der Evolution der Bäume auf ihren ungesicherten Wegen folgen, von denen nur noch schwache Spuren übrig sind, an Fossilienfundorten in französischen Minen, chinesischen Tälern und deutschen Steinbrüchen.

In der Zeit so weit zurückzugehen, führt uns in eine seltsame, offensichtlich beschleunigte Welt, in der Kontinente über die Meere drifteten wie Gummienten und dabei ständig kollidierten. Geologische Zeiträume werden gewöhnlich von großen Aussterbeereignissen begrenzt, durch die sich die ganze Welt abrupt verändert und nur ein kleiner Teil des Lebens auf der Erde fortbesteht. Im Silur zum Beispiel, das vor 440 Millionen Jahren begann, waren es die Pilze, nicht die Bäume, die die Sümpfe des Riesenkontinents Gondwana durchzogen. Zwischen ihnen wucherten Flechten, seltsame Organismen, die eine enge Lebensgemeinschaft aus einzelligen Algen und Pilzen bilden, um die unerbittliche neue Umgebung an Land zu besiedeln. Aber die ersten echten Landpflanzen mit einer Struktur und einem Gefäßsystem waren bereits in der Entwicklung begriffen, und als sich der Wettbewerb um Licht und Boden verschärfte, wuchsen sie auch in die Höhe und nicht mehr nur in die Breite.

Fossilien aus Lindlar in Deutschland zeigen Pflanzen, die mit einer blattbesetzten Spitze nach oben wuchsen sowie krautige Pflanzen von etwa einem Meter Länge, die aussahen wie Tausendfüßler und den Waldboden überwucherten. Im Devon, vor etwa 383 Millionen Jahren, hatten die Bäume bereits verholzende Stämme entwickelt, die von Lignin gestützt wurden. Sie funktionierten bereits als eine Art Wald, fast so, wie sie das heute tun. Die Pilze aber hatten zu jener Zeit an Bedeutung verloren.

Es gibt eine aktuelle Denkschule, die davon ausgeht, dass die Bäume im Devon gediehen, weil sie angefangen hatten, auf ihre abiotische Umgebung – Wasser, Klima und Atmosphäre – einzuwirken. Das Festland war für das Leben immer noch ein relativ neues Umfeld und ein zerstörerisch chaotisches dazu. Taifune, elektrische

Stürme, sich verlagernde Sedimente, blanker Felsen: Es handelte sich also nicht um das sanft geschwungene, fruchtbare Land, das wir heute kennen. Zumindest so lange nicht, bis die Bäume ihre Arbeit aufnahmen. Das beste Beispiel für einen rekonstruierbaren fossilen Wald wurde in den 1920ern in Gilboa entdeckt, im Staat New York. Dort finden sich fossile Stämme mit einem Durchmesser von gut einem Meter sowie Stämme von acht Metern Höhe, die in einem fächerförmig ausgebreiteten Blattschopf enden.

Die Ausgrabungsstätte zeigt, dass das Falllaub als dicke Schicht unter den Bäumen lag und nur langsam vermoderte. Das machten sich die Vorfahren von Tausendfüßlern und Spinnen zunutze. Unter den Bäumen wuchsen Sträucher und verflochten sich mit ihren Wurzeln. Verbindungen durch Wurzelableger und Inoskulation waren gang und gäbe. Man spricht hier buchstäblich von »Küssen«, wenn Bäume ineinander wachsen und miteinander verschmelzen. Das Bild des sumpfigen Waldbodens, das diese Fossilien uns zeigen, hat mit den modernen Plantagen, in denen die Bäume aufrecht in einer Reihe stehen, nicht die geringste Ähnlichkeit. Allerdings waren diese Wälder so produktiv, dass jeder moderne Forstwirt neidisch würde: schnelle Photosynthese und massenhafte Aufnahme von Kohlendioxid aus der Atmosphäre. Im Übrigen lenkten sie das Wasser in der Umgebung in klar definierte Kanäle, wodurch Flüsse erst entstanden.

Eine Neuentdeckung aus dem Jahr 2019 lässt uns besser verstehen, wie Bäume vor 386 Millionen Jahren auf ihre Umwelt einwirkten. Ausgrabungen im Cairo-Steinbruch bei Gilboa in Albany im Bundesstaat New York legten ein riesiges Wurzelsystem von teils elf Metern Breite offen. Es gehörte zu einem Baum namens *Archaeopteris*, der in einem unerwartet trockenen Umfeld Gestein mit einer Geschwindigkeit zerkleinerte, die sich niemand vorstellen konnte. Dieser Vorgang war an und für sich nichts Neues, aber die Bäume industrialisierten ihn sozusagen. Sie brachen Felsen auf, sodass daraus Erde entstehen konnte und Sand, der ins Meer sank. Dort reagierte er mit dem sauren Wasser, wobei er unglaubliche Mengen Kohlendioxid band.

Diese Bäume, riesige Bärlappgewächse und Baumfarne, breiteten sich im Devon massiv aus und traten mit ihrer Umwelt in eine Beziehung, die wir heute unter Ökosystemleistung oder Naturkapital einordnen würden. Baumähnliche Pflanzen stabilisierten mit ihren Wurzeln Flussauen. Die mäandernden Flüsse wurden von den Stämmen riesiger Bärlappgewächse gestaut, was beinahe aussah wie heutige Biberdämme. Die Bäume bildeten schützende Gürtel und stabilisierten auch die Luftbewegung. Zu jener Zeit wehten vom Ozean her heftige Winde und trafen dabei auf Widerstand in Form dieses Schutzgürtels, der ihre Energie absorbierte und verteilte. Regen fiel auf die Küstenwälder, verdampfte und die so gebildeten Wolken zogen weiter ins Inland, wo sie abregneten. So ließen sie die enormen Trockenflächen im Inneren der riesigen Kontinente schrumpfen und sorgten dafür, dass die Bäume weiter ins Landesinnere vordringen konnten.

Wir besitzen zwar nur wenige vollständige Baumfossilien, doch die markanten Sporen jeder Art, die millionenfach produziert wurden, lassen sich über alle Kontinente hinweg in den Gesteinsschichten verfolgen. Dieses Sporengedächtnis zeigt uns, dass es in den ersten 50 Millionen Jahren der Baumentwicklung und -verbreitung zu massiven Veränderungen in der Verteilung der Arten kam. Als vor 300 Millionen Jahren das Karbon endete, hatten Bäume sich so weit über die Erde verteilt und dabei so viel Kohlendioxid gebunden, dass die Atmosphäre sich vollkommen veränderte. Ihr Sauerstoffgehalt stieg von 15 auf 35 Prozent, was das Leben auf der Erde verwandelte. Die Tiere wurden gigantisch groß, die Pflanzen hatten Schwierigkeiten mit der Anpassung, und Sauerstoff stand in solchen Mengen zur Verfügung, dass Brände riesige Waldflächen zerstören konnten. Ein spezieller Typ fossilen Kohlenstoffes ist das Fusain, das sich in den fossilen Lagerstätten des Karbons anreicherte. Die holzkohleähnliche Substanz belegt, dass es damals zu ausgedehnten Waldbränden kam.

Ihre Struktur und Chemie erlaubte den Bäumen, dem Wüten des Feuers und der anderen Elemente nicht nur zu widerstehen, sondern es für ihre Zwecke zu nutzen. Aus der Asche der Karbon-Wälder entstanden gut tausend neue Baumarten. Die Bäume hatten für sich eine Lebensform und einen Zeitrahmen gefunden, die sich als enorm erfolgreich erwiesen. Als Primärproduzenten und Architekten der Erde schafften sie es sogar, riesenhafte Pflanzenfresser wie die Dinosaurier zu überleben.

❧

2018 reiste ich mit einem Team von Minenräumern wieder in den Irak. In der Provinz Anbar sollten wir ein nahe am Euphrat gelegenes Feld von improvisierten Minen-Sprengladungen räumen, die der IS gelegt hatte. Um vier Uhr morgens fingen wir mit der Arbeit an. Bis Mittag war es glühend heiß geworden, sodass ich mich in einen Dattelpalmhain flüchtete. Dort unterhielt ich mich mit einem Mann, der wegen der Minen schon zwei Ziegen verloren hatte und dem daher sehr daran gelegen war, dass sämtliche Sprengladungen entschärft wurden. Vielleicht lag es daran, dass die Wüste mich ohnehin schon aus meiner Komfortzone gerissen hatte. Oder daran, dass ich die Zerstörung der Stadt Ramadi mit eigenen Augen sah, all die Mauern, die sich übereinanderschoben wie die Rippen eines Akkordeons. Aber als der Mann meinte, die Zeiten seien schlecht und die Palmen stürben ab, eine nach der anderen, begriff ich zum ersten Mal, was Umweltzerstörung wirklich bedeutet – herausgerissen zu werden aus dem Lebensreigen, Stück um Stück, Baum um Baum. Wassermangel, Sandstürme, die Gluthitze, der Krieg – all das kam zusammen, um diese Bäume, einen nach dem anderen, zu vernichten. Wären sie erst verschwunden, würde auch alles andere verschwinden – Erde, Vögel, Pflanzen. Wir stünden allein im Kampf gegen Taifune und Sandstürme, durstig und hungrig, zurückgeworfen in eine baumlose Welt wie vor 385 Millionen Jahren.

Was konnte diese Entwicklung aufhalten? Mir wurde bewusst, dass ich schon vier Jahre zuvor auf die Antwort gestoßen war, in Amediye, als wir die Steinstufen von der Zitadelle heruntergespaziert waren, durch das steinerne Tor und hinaus in die Wälder, die das Städtchen umgaben. Die Eichen, die ich dort gesehen hatte – knorrig, mehrstämmig, mit Blättern und Stämmen, die sich so sehr von den 3000 Kilometer entfernten Eichenwäldern in Devon unterschieden und ihnen dann doch wieder recht ähnlich waren –, lebten dort seit hundert, zweihundert, vielleicht sogar tausend Jahren. Sie hatten sich angepasst und prägten nun ihrerseits Mensch, Tier und Pflanzenwelt um sie herum. Ihre Wurzeln sprengten Fels zu mineralstoffreicher Erde. Ihre miteinander verflochtenen Zweige waren sensibilisiert für unzählige chemische Signale. Ihre Blätter hatten sich perfekt an die Umgebung angepasst und setzten Wasserdampf frei, der sich zu Wolken ballte und Regen abgab. Die Bäume kommunizierten nicht nur mit den Pflanzen in unmittelbarer Umgebung. Sie gehörten vielmehr zu einem Meta-Organismus, einer Baumlandschaft, die sich über Jahrtausende hinweg über die ganze Welt ausgebreitet hatte. Ich begriff, dass wir mittlerweile das große Ganze sehen können: Dass, in den frühen Tagen auf diesem sturmgepeitschten Planeten, Bäume sichere Orte geschaffen hatten, Räume mit einer tief verwurzelten Stabilität – und dass sie mit ihrer kommunikativen Verbundenheit auch heute noch dieses stabile Umfeld garantierten.

Eine der Superkräfte, die man bei den Eichen in Amediye entdeckte, ist, dass sie in einem bestimmten Alter das Geschlecht ändern können. Die meisten jungen Bäume sind männlich und produzieren Pollen, während die älteren weiblich sind und Eicheln hervorbringen. So können die Eichen sich in die Zukunft vortasten, denn die riesigen, alten weiblichen Bäume werden von vielen jungen männlichen bestäubt. Die etablierte Eiche, die erfolgreich überlebt hat, versieht ihre vielen fetthaltigen Eicheln mit der Energie für die nächste Generation. Die jungen Bäume können so heranwachsen und DNA produzieren, die über viele Jahre hinweg erfolgreich ist, selbst wenn Winde und Klima sich langfristig verändern. Die männlichen Schösslinge hingegen sind erst seit Kurzem da. Ihr Pollen enthält DNA und modifizierende Proteine, die sich erfolgreich gegen jüngere Krankheiten und Veränderungen von Wasser und Klima zur Wehr gesetzt haben. So erben die Nachkommen das Beste beider Welten: die angeborene Fähigkeit, durch jüngere Ereignisse modifizierte Elemente für sich nutzbar zu machen, aber auch, sich Jahr für Jahr gegen die unerbittliche Hand der Zerstörung zu verteidigen.

Wir halten Bäume nur allzu leicht für passiv, weil wir nicht sehen können, was sie tun. Für Opfer, weil wir jederzeit zur Kettensäge greifen und einen ganzen Hang abholzen können. Oder kann unsere ästhetische Wertschätzung für die Bäume uns bewegen, sie zu schützen? Haben Bäume diese Ästhetik vielleicht gar *kultiviert*? Die größte Weisheit liegt in der Einsicht, dass Wertschätzung und Schutz der Natur zwei Seiten derselben Medaille sind. Was wir für die Ökosystemleistungen der Bäume halten – die saubere Luft, der Schutz vor Überschwemmungen, die Speicherung von Kohlendioxid –, ist nur die Nebenwirkung der Fähigkeit eben dieser Bäume, ihre Umwelt zu formen. Dankenswerterweise sind wir in einer von Bäumen geprägten Umwelt aufgewachsen. Unsere Interessen sind auch die der Bäume. Denn unsere Existenz hängt ebenso von dieser Leistung ab wie die ihre.

Die Wirkmächtigkeit der Bäume schenkt uns Hoffnung für die Zukunft – zumindest, wenn wir unsere guten Absichten im Zaum halten und die Bäume machen lassen. Bestimmte Aufforstungsprogramme sind der Grund, warum Baumkrankheiten sich immer weiter ausbreiten. Eukalyptus zu pflanzen, den Baum, der sich von allen am leichtesten entzündet, um Kohlendioxid zu binden, ist nicht von Dauer. Ähnliches gilt für eine Wiederaufforstung mit Kiefern. Diese Bäume schießen schnell in die Höhe und zerstören sich am Ende selbst. Das Schreckgespenst der gescheiterten Wiederaufforstungsprogramme sollte uns lehren, dass es nicht das eine Allheilmittel gibt und dogmatisches Vorgehen der Natur nur Schaden zufügt. Wie bei allen sinnvollen Umweltschutzprogrammen geht es auch hier um eine globale Geschichte der Anpassung und des Austauschs. Bäume können nicht überall leben, aber das müssen sie auch nicht. Denn ihre ausgleichende Wirkung kann sich weit über ihren Standort hinaus erstrecken und Russland mit Amerika und China mit Chile verbinden.

Doch unsere Geschichte beginnt letztlich vor der Küste Afrikas, in einem Nebelwald auf der winzigen Insel La Gomera, wo uns der Duft wilden Lorbeers entgegenschlägt …

1

Bäume und das Wasser

Wie Bäume das Wasser vom Himmel holten und wieder zurückschickten

> Hinter dem Wald liegt ein Himmel,
> liegen unbegrenzte, brodelnde Meere,
> Wellen aus dem Schaum der Träume,
> der von Händen aus Licht aufgeschlagen wird.
>
> Nazik al-Mala'ika[1]

Die Wolke schmeckte nach Mandeln. Der Baum mit dem graurindigen Stamm, den ich betrachtete, war gut dreißig Meter in die Höhe geschossen, wo er im dichtem Nebel verschwand. Alles an ihm – die dichten smaragdgrünen Blätter, die toten, schuppigen Zweige, die vermoosten Gabelungen zwischen den Blättern – sonderte dicke Wassertropfen ab, die die Welt in tausend kugeligen Reflexionen widerspiegelten. Es war eine überdachte Welt aus Wolken und Moos und tiefem Grün. Ich wusste, ohne es sehen zu können, dass an den Abhängen Lorbeerbäume gediehen. Würde ich aber nur ein paar Schritte den Berghang hinabsteigen, wäre der Himmel klar und die gleißende Sonne würde glühen. Ich könnte das Meer sehen und müsste mich durch Kakteen und Wolfsmilchgewächse in der sengenden Hitze nach unten kämpfen. Doch diese alternative Wirklichkeit schien hier weit entfernt. Es war Februar und ich war auf den Kanaren, wo ich die Wolkenwälder von La Gomera besuchte.

Bäume sind Wolkenjäger, und Wolkenwälder – bekannt für ihre Nebelschwaden, die sich nie auflösen – gibt es nicht nur auf den Kanaren. Wir finden sie ebenso in Brasilien und Costa Rica, in China und auf Borneo, in Australien und auf den Philippinen. Wolkenwälder kommen überall dort vor, wo die Landschaft Wasser aus der Luft sammelt – üblicherweise geschieht das in küstennahen Bergen. Aber Bäume dirigieren das Wasser nicht nur in Wolkenwäldern. Alle drei Billionen Bäume auf der Erde beeinflussen den Niederschlag und den Wasserkreislauf über und unter ihnen.

In einem gewissen Sinn haben Bäume sich entwickelt, um Macht über das Wasser zu erlangen. Während der Photosynthese benutzen Bäume kleine Päckchen Sonnenenergie, um Wasser in Wasserstoff und Sauerstoff zu spalten und Elektronen auf das Kohlendioxid zu übertragen, damit daraus Zucker entstehen kann.[2] Das heißt: Sie brauchen große Mengen Luft und Wasser – was sich ausschließt, sofern man nicht in die Vertikale geht. In den frühen Stadien ihrer Evolution, als die Urahnen der Bäume in staunassen Böden standen, fingen sie an, in die Höhe zu wachsen, sodass die grünen Teile der Pflanze über die Wasseroberfläche in die Luft ragten, wo sie Photosynthese betreiben konnten. In trockenen Regionen hingegen verschaffte ihnen ein vertikales Wachstum nach unten Zugang zu tieferen Wasserquellen.[3]

Nachdem diese Wuchsform sich als so erfolgreich und vorteilhaft erwiesen hatte, behielten die Bäume diese organisierte Anatomie zur weiteren Nutzung bei.[4] Über der Erdoberfläche sind Bäume Regenmacher. Sie wachsen hoch, um mit ihren Zweigen und Blättern den Luftstrom zu unterbrechen und dabei flüchtige organische Verbindungen wie Duftstoffe oder Alkohole zu verströmen, die als Kondensationskeime für Wolken fungieren können. Die Bäume lassen Wasserdampf aus ihren Stomata (Spaltöffnungen in der Epidermis) austreten, was einen dauerhaften Strom von Feuchtigkeit in der Luft erzeugt. Unter der Erdoberfläche sammeln die Wurzeln Wasser und verteilen es neu. Sie leiten gerade so viel Wasser in den Grundwasserspiegel ein, dass ihre Wurzeln immer auf stabilem Grund stehen. Und dazwischen kontrolliert der Baum das Wasser, das ihm zur Verfügung steht. So wie Menschen nach oben greifen und einen Apfel pflücken, diesen für den Verzehr gründlich kauen und dann das Gehäuse einpflanzen können, so nutzen Bäume alle drei Fähigkeiten, um das Wasser über die Erde zu lenken.

Alles in allem stellen die Bäume der Erde eine sinnvolle globale Wasserführung sicher. Die Bäume aller 73 000 Arten nehmen ständig winzige Anpassungen vor. Normalerweise aber sind die daraus resultierenden Veränderungen so minimal, dass man sie bestreiten oder ignorieren kann. Oder sie sind, wie im Amazonas-Regenwald, so gewaltig, dass man sie nicht auf Anhieb versteht. Ich war nicht nur wegen des dramatischen Gegensatzes von Wüstenlandschaft und Nebelwald nach La Gomera gekommen, sondern auch, weil diese Bäume sich massiv anstrengen, um ihre Wolken zu halten. Man kann sehen, wie das Wasser von den Zweigen tropft. Man kann die Terpene riechen, die als Kondensationskeime dienen. Und wenn man die dunkelgrünen Blattformen über dem eigenen Kopf betrachtet, ist es recht offensichtlich, dass man es mit Wolkenfängern zu tun hat, mit Zweigen, die sich strecken, um den Bauch der Wolke zu kitzeln. Was Sie nicht sehen, ist der Effekt der Transpiration – die Wassermoleküle, die erst von den Wurzeln hoch- und dann mit ihren Mineralstoffen weiter den Stamm hinaufgesogen und in die Blätter geleitet werden, wo sie mit einem letzten Energieschub in die Luft austreten. Fühlen allerdings können Sie das, denn unter den Bäumen ist es ausgesprochen kühl, weil die Hitze den Wassermolekülen folgt, die nach oben wandern, um die Wolken anschwellen zu lassen.

Aber hat nun das Wasser den Bäumen die Richtung vorgegeben oder sind es die Bäume, die das Wasser lenken? Ein bisschen von beidem, aber Bäume sind nun einmal besonders gut darin, jeden verfügbaren Tropfen Wasser zu verwerten. Wenn das Umgebungsklima sich wandelt, dann entwickeln Bäume sich weiter, damit sie, wo immer möglich, die Veränderung durch noch bessere Wassernutzung ausgleichen können. Der Großteil der Bäume, die zum Beispiel in den Monteverde-Wolkenwäldern wachsen, den überwiegend immergrünen Wäldern, die in bergigen Regionen entstehen, sind seltene Lorbeerbäume. Sie sind Überlebende, die sich nach dem letzten großen Aussterbeereignis vor 66 Millionen Jahren diversifiziert haben, als in Chicxulub in Mexiko ein Asteroid einschlug. Danach war es auf der Erde dunkel, das Chaos brach aus, ein Mantel aus Iridium legte sich über den Planeten und ließ die (nicht-vogelartigen) Dinosaurier aussterben.

Vor deren Aussterben hatten Wälder ein geschlossenes Laubdach und waren hauptsächlich von Gymnospermen (wörtlich: Nacktsamern) bevölkert. Diese wachsen hoch und gerade und leben lange. Sie verändern die abiotische Umgebung – Wasser, Luft, Erde und Feuer – dramatisch. In den ersten 300 Millionen Jahren der Baumexistenz prägten diese Bäume das Angesicht der Welt. Sie wachsen heute noch auf sechs von sieben Kontinenten, ja selbst in einigen der unwirtlichsten Weltgegenden. Zu ihnen gehören Tannen, Kiefern, Lärchen, Araukarien, Eiben und Wollemien, Mammutbäume und Steineiben *(Podocarpus)*, die hochgewachsenen Zypressen und der mächtige Kauri. Einige von ihnen gehören zu den am stärksten vom Aussterben bedrohten Baumarten der Erde. Der Einschlag des Asteroiden hat für viele dieser Bäume den Anfang vom Ende markiert. Da sich die Bäume, die sich danach entwickelten, fundamental von ihren Vorgängern unterschieden, bitte ich Sie, liebe Leserinnen und Leser, um Nachsicht, wenn ich jetzt einen kurzen Abstecher in die Geschichte der Bäume unternehme. Bitte bleiben Sie bei mir, denn es geht ja letztlich nur um eine Seite. Die aber ist wichtig, wenn Sie verstehen wollen, welche Auswirkungen Bäume auf das Wasser haben. Aber nicht nur das: Es geht auch um ihr Aussehen und Wachstum. Und wie das unsere Welt geprägt hat.

Durch die Baumwelt verläuft eine saubere Trennlinie, die sie in Nadelhölzer (Koniferen oder wörtlich »Zapfenträger«) und Laubbäume teilt. Mit einigen Ausnahmen (zu denen die laubabwerfenden Erlen gehören, die gerne an Flussufern stehen, sodass ihre winzigen Zapfen von der Strömung flussabwärts getragen werden; die Kasuarinen aus Indien, den Philippinen und Australien mit ihren röhrenförmigen, hängenden Blättern, die wie grünes Rosshaar wirken, und den warzigen Zapfen; und *Platycarya strobilacea*, die als Fossil in den London-Clay-Formationen gefunden wurde und heute in China, Korea und Vietnam munter sprießt; sie wirkt fast wie ein Walnussbaum, bis man die zapfenförmigen Fruchtstände sieht) sind alle Bäume mit Zapfen Gymnospermen oder Nacktsamer.

Auf der anderen Seite dieser Trennlinie finden wir die Angiospermen oder Bedecktsamer. Vor 200 Millionen Jahren entwickelte sich unter dem dichten Dach der Gymnospermen eine Blütenpflanze, die später vom Einschlag des Chicxulub-Asteroiden profitierte und sich zu der vielfältigen und facettenreichen Pflanzengruppe entwickelte, die wir heute als Blühpflanzen kennen. Einige dieser Bedecktsamer wuchsen zu Bäumen heran. Sie weisen meist breite Blätter auf und sind sommergrün, was heißt, dass sie ihr Laub in der kalten und dunklen Jahreszeit abwerfen. Zu den Angiospermen gehören die Eichen und Eschen, Eisenholzbäume und Baobab, Eukalyptus und Lorbeer, Palmen und Rhododendren. Bedeckt wird der Same dabei von einem Fruchtblatt: ein dickeres Blatt, das sich um das Ovar windet. Der Pollen muss also zuerst eine Schranke passieren, die die Pflanze errichtet hat, bevor er Keimzellen hervorbringen kann. Das war ein extrem wirkmächtiger Mechanismus, weil er der weiblichen Pflanze – was hier einfach diejenige ist, die Samen produziert und daher den Großteil ihrer Nährstoffe in den potenziellen Nachwuchs investiert – eine Möglichkeit zu wählen gab. Sie hatte also die Möglichkeit, die DNA ihres Nachwuchses zu bestimmen und so die Evolution zu beeinflussen.

Mit dem Ergebnis, dass sowohl auf chemischer als auch auf physikalischer Ebene Diversität und Flexibilität sich ständig erhöhten. Es ist ja nicht nur unsere Vorstellungskraft, die Angiospermen jünger und weniger gravitätisch wirken lassen als ihre nacktsamigen Baumgenossen. Riesige Sequoiabäume und andere Gymnospermen haben häufig enorme Zapfen, die darauf warten müssen aufzuspringen, sobald sie den Boden berühren. Man nimmt an, dass dies damit zu tun hat, dass die Dinosaurier so manchen Baum einfach umschubsten. Angiospermen hingegen können sich überall verwurzeln. Selbst eine hundertjährige Buche kann aus dem Stamm wieder austreiben, wenn sie einmal umgestürzt ist. Das sind sozusagen die Phönixbäume. Auch genetisch sind die Angiospermen flexibler. Sie duplizieren ihre DNA und experimentieren mit neuen chemischen Stoffen. Die Fähigkeit, Blüten und Früchte zu produzieren, und die damit einhergehende kürzere Reproduktionsspanne sorgte dafür, dass Angiospermen ihre biotische Umgebung nachhaltig prägten – Bakterien, Pilze, Pflanzen, Tiere und vielleicht auch Menschen, deutlich stärker jedenfalls, als die Gymnospermen es taten.

Unter der Dunkelheit des auf den Einschlag folgenden Impaktwinters hatten vor allem die Gymnospermen[5] zu leiden, die alten immergrünen Bäume, die die Erde im Karbon bedeckten.[6] Ihre Blätter, die in einem Zeitalter mit hohem Kohlendioxidgehalt in der Atmosphäre ausgereicht hatten, waren nun plötzlich zu klein. Die Zahl der Gefäße, die Wasser und Nährstoffe zu den Blättern transportierten, reichte nicht aus für dieses dramatisch veränderte Klima. Auch ihre lange Lebensspanne gereichte ihnen in dieser chaotischen Welt zum Nachteil. Und so wurden sie von den Angiospermen verdrängt, die Wasser schneller nach oben leiten konnten und im Notfall ihre Blätter abwarfen. Sie konnten auf diese Weise ihre Energie konservieren, bis sich eine neue Gelegenheit zum Grünen ergab.

Der Aufstieg der Angiospermen führte dazu, dass die Produktivität der Bäume enorm anstieg. Während Gymnospermen damals (wie heute) in elegant weiträumigen Wäldern wachsen, in denen eine dominante Art das Feld beherrscht, waren die Regenwälder der Angiospermen total überfüllt. Es gab mehrere horizontale Schichten. Die Wälder entwickelten sich schnell und waren von den unterschiedlichsten Arten bevölkert. Der Lorbeerwald, der sich in Feuchtperioden vor etwa 40 bis 15 Millionen Jahren herausbildete, ist nur eine der Ökosystemformen, die das Wasser vom Himmel holen.[7]

Die Zeit, in der die Lorbeerwälder sich entwickelten, ist weithin bekannt als Tertiär. Die Bäume, die die Dürren und die darauffolgenden Eiszeiten überlebten und so quasi zum Ehegespons[8] eines toten Klimas wurden, werden heute als Tertiärrelikte bezeichnet. Vor etwa 15 Millionen Jahren breiteten die Monteverde-Wälder, die grünen tropischen beziehungsweise subtropischen Wolkenwälder der Berge, sich über ganz Europa und Nordafrika aus. Sie waren die Vegetation des Mittelmeerraums vor Beginn der letzten Kaltzeit und der Entwicklung der heißen mediterranen Sommer. Aber als sich dann das Eis über die nördliche Hemisphäre ausbreitete und immer mehr Wasser band, wurde das Klima trockener, was die meisten Lorbeerwälder nicht überlebten. Winzige Spuren davon finden sich auch heute noch rund ums Mittelmeer: der duftende Lorbeer im italienischen Gericht Ossobuco, die *Zelkova abelicea* von den Weißen Bergen, die Kreta als Regenfang dient, und die Liquidambaren (Amberbäume) der Feuchtgebiete an den Küsten Lykiens, wo die alte Welt aromatisches Baumharz für ihre Duftstoffe erntete.

In Küstennähe können die Bäume mit der Luftfeuchtigkeit arbeiten. Auf den Kanaren aber sieht man ganz deutlich, wie der Nebelwald das Klima zu seinen Gunsten anpasste.[9] Auf La Gomera, 322 Kilometer von der Sahara entfernt und 1000 Meter über dem Meeresspiegel, zeigt uns der winzige Überrest der Wolkenwälder unserer Erde eine Welt, die besser ins Hochgebirge passen würde:

dichter Nebel, viel Regen und kühles, veränderliches Wetter. Dort existiert eine unglaublich vielfältige Flora, die eine große Menge Kohlendioxid speichert. Auf dem Gipfel des Garajonay in La Gomera konnte ich hautnah miterleben, wie Bäume Wasser zu ihren Gunsten manipulieren.[10] Ich stand unter einer Stechpalme und blickte hinab auf den nördlichen Teil der Insel. Schäfchenwolken trieben auf mich zu. Je näher sie kamen, desto höher schienen sie zu steigen. Drei Minuten später war ich klatschnass.

❧

Ich war mit dem Boot nach La Gomera gekommen, auf die Südseite, wo Drachenbäume im Hausgarten stehen und die Häuser sich vor der Hitze ducken. Auf dem Hotelgelände gab es ein spektakuläres Exemplar von *Dracaena draco* zu bewundern, dessen Krone aus schwertähnlichen grauen Blättern besteht, während sein Saft rot wie Blut ist. Seine großen weißen Blüten verströmen einen intensiven Duft.[11] Am Abend suchte ich mir ein verschwiegenes Plätzchen unter eben diesem Baum und blickte durch seine seltsam fraktalen Zweige hinauf in den Himmel. Wie die Lorbeerbäume auf dem Garajonay ist er ein Überlebender eines der ältesten Ökosysteme der Erde, das in Teilen heute noch existiert: der feuchtwarmen Wälder des Tertiär. Aber anders als die Lorbeerbäume hat er sich so gut angepasst, dass er mit winzigen Mengen Wasser überleben kann und davon so wenig wie möglich durch Transpiration an die Umgebung abgibt. Seine Verwandten besiedeln Afrika, die Kapverden und die zum Jemen gehörige Insel Sokotra im Indischen Ozean, wo sie unter der gleißenden Sonne faszinierende Wälder an den Hängen der Insel bilden. Die entfernteren Verwandten haben in China, Vietnam und Thailand überlebt, von den tektonischen Plattenverschiebungen zu dünnen Vorkommen vereinzelt. Zwei Arten finden sich sogar in Zentralamerika.[12] Als Kolumbus 1492 von San Sebastián zur ersten

Atlantiküberquerung aufbrach und seiner Mannschaft tunlichst verschwieg, wie groß die Distanz war, die sie zu überwinden hatte, und deshalb vor jedem Krebs, Vogel und anderweitigem Lebenszeichen zurückschreckte, das auf Land verwies, beeinflussten die schwertähnlichen Blätter der *Dracaena* schon seit Jahrmillionen das Klima auf beiden Seiten des Atlantiks.

Wie aber passen sich unterschiedliche Bäume an ihre speziellen ökologischen Nischen an und lenken dort das Wasser? Der schnellste Weg läuft sicherlich über die Anpassung der Blätter, vor allem der Stomata. Das sind mikroskopisch kleine Poren in der Epidermis der Blätter, durch die Wasser, Gase und andere chemische Stoffe ein und aus gehen. Ich hatte die grauen Blätter der *Dracaena* in einem Labor in Oxford unter dem Elektronenmikroskop betrachtet.[13] Man erkennt verschiedene Lagen von flockigem Wachs auf der Epidermis, wo sich rechteckige Zellen aneinanderreihen. Die navettenförmigen Stomata sind tief in die Epidermis eingebettet. Wenn die Epidermis eine Schutzschicht ist – ein Wall von Zellen zwischen dem Baum und der Außenluft mit all ihren Gefahren wie Bakterien, Pilzen und Sporen, die nur darauf warten, dem Blatt Zucker zu rauben –, dann sind die Poren Ventile, die sich öffnen lassen, damit Luft hineinströmen kann. Andererseits ist es Aufgabe der Epidermis, das Wasser in der Pflanze zu halten. Gerade bei Dürren können diese Poren schnell zur Belastung werden, wenn sie mehr Wasser verströmen, als die Pflanze verkraften kann.

Die Poren oder Stomata (von altgriechisch *stóma* für »Mund«) sind die Tore für das Kohlendioxid, und da diese für das Überleben des Baumes so zentral sind, können sie sich nicht allzu schnell verändern. Das wäre genauso riskant, als würde unsere Lunge plötzlich eine andere Form annehmen. Deshalb sehen die Stomata aller *Dracaena*-Arten weltweit gleich aus. Allerdings haben die Drachenbäume das Wachs, das die Stomata in den feuchtwarmen Tagen des Miozäns davor schützte, überflutet zu werden, heute zum Schutzschild gegen Wasserverlust umfunktioniert. Und im Winter können ihre schwertähnlichen Blattbüschel dank der glatten Wachsfläche auch noch den feinsten Nebelhauch, den der Wind über sie hinwegträgt, einfangen.[14] Die Wassertropfen, die auf den Blättern landen, wandern dann das Blatt entlang bis zur Blattbasis und zum Stiel, wo sie »Rücklagen« für den Sommer bilden.[15] Über die wassergefüllte Blattbasis legt der Drachenbaum seinen leuchtend roten Saft, ein Harz voller Ringmoleküle – granatrote Flavonoide, Steroidsaponine und antimikrobielle Polyphenole. Sie versiegeln die Öffnung und wehren tierische Schnorrer ab, die ebenso verzweifelt nach Wasser suchen. Diese heilsamen Verbindungen mit ihren antimykotischen und blutstillenden Eigenschaften erregten bald das Interesse der Menschen. Wer würde nicht den Saft eines Baumes anzapfen für solche Komponenten?

Nicht das ganze Wasser, das Drachenbäume aus der Luft holen, wird eingelagert. Ein Großteil davon tropft einfach auf die Erde und trägt so zum Überleben anderer Pflanzen bei. Nach starken Regenfällen öffnen sich die navettenförmigen Stomata und erhöhen so die Menge an Wasserdampf, die sie durch Transpiration an die Umgebungsluft abgeben. Auf diese Weise stellen sie Kondensationskeime für die nächste Wolkenwelle bereit. Doch trotz dieser Anpassungsleistungen haben die Drachenbäume mitunter selbst Schwierigkeiten zu überleben. Da die Menschen sie in immer größere Höhen treiben, wo die Luft trockener und die Hänge steiler sind, sodass sie mitunter sogar von Klippen herabhängen, nimmt ihr Vorkommen in der Wildnis massiv ab. In Gärten allerdings, wie dem in La Gomera, gedeihen sie prächtig weiter. Sie finden Wasser in Quellen oder versorgen sich aus dem Grundwasser, was viele ihrer evolutionären Anpassungen wiederum überflüssig macht.

Schon früh am nächsten Morgen marschierte ich, versorgt mit Trockenfrüchten und Wasser, los. Raus aus der Stadt und entlang des in ein enges Betonbett gezwängten Flusses hinauf zum Vulkan. Anfangs gab es dort neben den Kanarischen Dattelpalmen *(Phoenix canariensis)* nur wenig Bewuchs, und wie eine Eidechse, die sich in der Sonne aalt, genoss ich die sengende Hitze. Bald stieß ich auf Zeichen von Bewässerung: Obstbäume und Weinreben wuchsen an Bächen und Rinnsalen. Dann, als ich den Fluss hinter mir ließ und mich nach rechts wandte, auf den Zickzackpfad, der direkt zum Vulkan führt, änderte sich mit einem Mal die ganze Landschaft. Es war, als laufe man in einen Instagram-Grünfilter hinein. Moose, Stechpalmen, alles wandelte sich von Grasgrün zu tiefem Smaragdgrün. Die Vegetation wurde dichter, die Bäume waren dicker und wuchsen aus jeder Felsspalte. Epiphyten hatten sich auf ihnen angesiedelt, die Blätter wurden zu langen Nadeln oder schlanken, dunkelgrünen Ovalen. Zweige und Stämme nahmen jeden freien Platz ein. Und als ich den Bergkamm erreicht hatte und auf die andere Seite der Insel hinunterblickte, stand ich mitten in einer Wolke, einem tiefen, tropfenden Schatten.

Lorbeerbäume umgaben mich. Rund 30 Meter hoch, mit glattem braunem Stamm und speerförmigen Blättern. Sie dufteten aromatisch. Ein Geruch nach Wald und Bittermandeln umfing mich. Schon schob sich eine neue Wolke über uns. Ich richtete den Blick auf den Baum neben mir, eine *Ocotea foetens* mit glatter Borke und Zweigen, die sich wie betend der Wolke entgegenstreckten. Der Nebel hinterließ Tropfen auf den Blättern, die ihrerseits die auf dem Baum wachsenden Laubmoose benässten. Wenige Minuten später fiel rund um mich Regen. Das Wasser strömte aus den Bäumen, als seien sie Quellen. Und ich war keineswegs der erste Mensch, der dies bemerkte. Ein Baum derselben Art namens Garoé war das Totem der Bimbaches, des ersten Volkes, das auf der Kanareninsel El Hierro lebte.[16] Ein spanischer Beobachter bemerkte bewundernd: »Über dem Baum steht stets eine kleine Wolke [...] alle Blätter und Zweige tropfen Tag und Nacht, am stärksten aber am Morgen und am Nachmittag.«[17]

Als würde man zusehen, wie der Baum den Himmel melkt. Der mechanische physikalische Prozess der Kondenswassergewinnung war schön anzusehen und so greifbar, als wäre der Baum ein Alchemist mit einem Destillierapparat. Doch ich wusste ja, dass das, was über dem Laubdach passierte, viel wichtiger war. Die unsichtbaren chemischen Stoffe, die mir in die Nase strömten – diese intensiven Noten von Bittermandel und Kampfer und Zimt –, wurden hoch im Himmel aktiv und sorgten dafür, dass sich Wolken bildeten, die die Bäume einfangen konnten. Kleine, ringförmige Kohlenstoffmoleküle agierten wie das Sandkorn in der Auster. Sie waren die Keime der Wassertropfen und ließen diese zu Wolken anwachsen. Menschen haben jahrhundertelang Weihrauch als Brandopfer für den Himmel dargebracht. Einige der faszinierendsten Moleküle, die Bäume hervorbringen, verflüchtigen sich in der Luft, ein energetisches Opfer für wechselseitigen Gewinn. Nur dass wir im Fall der Bäume eine wissenschaftlich messbare Antwort erhalten.

In den Tropen entlassen 30 bis 50 Prozent der Bäume solche aromatischen Stoffe in die Lüfte. In den Monteverde-Wäldern der Kanaren wurden diesbezüglich noch keine Forschungsarbeiten angestellt, aber ich nehme an, dass es hier eher 80 Prozent sind. In dem kleinen Wald auf dem Bergkamm, in dem ich zu jener Zeit stand, duftete nicht nur der Stinklorbeer *(Ocotea foetens)* stark, sondern auch *Rhamnus glandulosa* (Drüsiger Kreuzdorn[18]) und *Apollonias barbujana* subsp. *ceballosi* (Barbusano) – ein klarer Hinweis, dass sie ein paar interessante Moleküle als Opfer darbringen. Diese Moleküle werden als flüchtige organische Verbindungen bezeichnet (oder »VOC« von *volatile organic compounds*). »Flüchtig«, weil sie leicht verdampfen; »organisch«, weil es sich um Kohlenstoffverbindungen handelt; und »Verbindungen«, weil ihre chemische Vielfalt beeindruckend komplex ist und aus vielen verschiedenen Atomen besteht.

Bäume optimieren diese chemischen Stoffe seit Jahrtausenden, aber wir wissen immer noch sehr wenig darüber, wie sie genau funktionieren. Nur dass sie unterschiedliche Effekte auslösen.

Nehmen wir ein Phenylpropanoid-Molekül als Beispiel für einen Kondensationskeim. Sehen wir uns ein Himmelsopfer des Barbusano an, der mit der Avocado verwandt ist. Die Struktur dieses chemischen Stoffes wurde 1995 offengelegt: 2-(3-methoxy-4-hydroxyphenyl)-1,3-Propanediol. Auch wenn der Name kompliziert klingt, ist die Struktur des Moleküls einfach: ein hexagonaler Kohlenstoffring. Ein Kohlenstoffatom steht hervor, ebenso verschiedene Stachelfortsätze aus Wasserstoff und Sauerstoff. Das Molekül reist, in Wasser eingebettet, den Baumstamm hinauf und hinunter. Wenn es durch die Stomata in die Luft austritt, löst es sich von den umgebenden Molekülen und steigt in die Atmosphäre auf. Nach Minuten oder Stunden hat es für gewöhnlich mit Ozon oder Sauerstoff reagiert, manchmal auch mit Stickoxiden oder vom Menschen verursachten Luftverschmutzungsmolekülen, und es wird ein winziges festes oder flüssiges Teilchen. Anschließend lagern sich unaufhaltsam Wassermoleküle an, sodass das Teilchen zum Tropfen wird und als Regen auf die Erde fällt.

Ich war sicher, dass ich das Molekül riechen konnte, als ich in jener Nacht frierend in meinem Biwaksack lag, auf einem flachen Moospolster unter einer kanarischen Stechpalme. Und ich konnte seine Wirkung fühlen, denn ich war klatschnass. Kiefern und Zedern, Eichen und Lorbeerbäume: Ihr Duft, den der Nebel weiterträgt, ist eine der Superkräfte unserer Bäume. Unsere Nasen können gar nicht alle flüchtigen organischen Verbindungen unterscheiden, die Bäume zu Hunderttausenden produzieren. Sie dienen ihnen als grundlegender Teil ihres Immunsystems, aber auch zur Kommunikation. Und sie beeinflussen nicht zuletzt deren Fähigkeit, sich mit Wasser zu versorgen, indem sie den Regen aus den Wolken holen. Sie sind der rote Faden, der sich durch dieses Buch zieht, das merkurische Quecksilber, das durch die Adern der Bäume strömt und ihrer unbeweglichen Macht erlaubt, auf Distanz zu agieren und auf oder unter der Erdoberfläche ein Netz zu spinnen. Der Großteil der Lorbeerbäume auf La Gomera wächst dort schon so lange isoliert, dass sie mittlerweile zu sehr seltenen Unterarten geworden sind. Doch was das Wolkenfangen angeht, verhalten sie sich wie alle anderen Bäume auf der Welt.

Bislang haben nur wenige Wissenschaftler sich der Erforschung flüchtiger organischer Verbindungen außerhalb des Labors gewidmet. Und so wurde 2014 das Amazon Tall Tower Observatory (ATTO) gegründet, um mehr über die Verbindungen zu erfahren, die Bäume so in die Luft entlassen.[19] Brasilianische Wissenschaftler errichteten einen spindeldürren Turm, der sich weit über das Laubdach des Amazonas-Regenwaldes erhebt. So lassen sich Luftproben in verschiedener Höhe entnehmen, die sodann auf die Konzentration verschiedener organischer Komponenten untersucht werden sowie auf deren Auswirkung auf die Wolken und die Interaktion mit menschengenerierten Verschmutzungsstoffen. Als die Wissenschaftler mit einem Kleinflugzeug über Manaus[20] unterwegs waren – für Tausende Kilometer die einzige größere Stadt –, konnten sie die menschengemachte Schadstofffahne messen und stellten fest, dass die flüchtigen organischen Verbindungen von Bäumen mit dieser interagierten. Mit dramatischen Ergebnissen: Überschwemmungen und Wasserfluten. Sie vermaßen die verschiedenen Formen der Wechselwirkungen, und fast alles hatte eine Auswirkung: Baumart, Temperatur, Licht, Blattalter und Kohlendioxidkonzentration in der Nähe des Baumes. Einige Bäume nahmen die flüchtigen organischen Verbindungen auch auf und gaben sie wieder ab. Die Forschungsarbeiten offenbarten auch Mechanismen bei der Wassergewinnung durch Bäume, die von der satellitengestützten Forschung bislang übersehen worden waren.[21] Eine wichtige Entdeckung war auch, dass das Isopren, der häufigste Kohlenwasserstoff, der von den Bäumen freigesetzt wird, dreimal so häufig ist wie bislang angenommen. Die Messungen zeigten auch, dass die Menge an freigesetztem Isopren zunahm, wenn die Bäume unter Dürre oder anderen Stressfaktoren litten. Das ist eine ganz wesentliche Entdeckung, denn das bedeutet, dass die Bäume versuchen, mehr Wasser zu bekommen, wenn es ihnen an dem kostbaren Rohstoff fehlt. Sie stabilisieren also das Ökosystem.[22]

❧

Wenn Bäume Regen rufen können, führt Entwaldung dann zu mehr Dürren? Der russische Autor Anton Tschechow war davon überzeugt. In seiner Kurzgeschichte *Die Hirtenflöte* beklagt ein alter Hirte, wie nach dem Fällen der Wälder der Regen ausblieb:

> *»Und wo sind die Bäche?«, sagte er. »Hier durch diesen Wald lief einst ein Bach, in dem die Bauern mit Netzen Hechte fingen, in dem die Wildenten überwinterten, heute ist aber selbst im Frühjahr kein richtiges Wasser darin.«*[23]

Die meisten viktorianischen Wissenschaftler glaubten im Übrigen dasselbe. Die Dürre von 1877 bis 1879 in Bengalen und die folgende Hungersnot veranlasste mehrere Forscher, den Zusammenhang zwischen Regen und Entwaldung zu untersuchen. Und die Yanomami, die am Amazonas leben, wie auch die in Indien lebenden Bishnoi gehen davon aus, dass das Fällen von Bäumen immer eine Dürre nach sich zieht.

Merkwürdigerweise wurde das nie bewiesen, und einige Gelehrte behaupteten gar das Gegenteil.[24] Die Wälder der Welt sind ein Ensemble von ebenso verwirrenden wie zufälligen Zyklen, in denen Millionen unterschiedlicher Organismen zusammenwirken, die sich einen komplexen Lebensraum teilen. Es gibt kein einziges auf breiter Basis akzeptiertes Modell, das zeigen könnte, wie Wälder die Niederschläge beeinflussen. Mangels einer solchen Theorie wurde es als gegeben erachtet, dass Niederschläge abnehmen, je weiter sie über Kontinenten landeinwärts ziehen. Die Erklärung hierfür wurde nicht in der Vegetation gesucht, sondern im Vorhandensein von Seen und Bergen. Obwohl dieses Modell nicht zu den tatsächlichen Niederschlagsdaten passte, konnte durch die Vielzahl an Faktoren, die diese Daten möglicherweise beeinflussten - Berge, Seen, Lufttemperatur und so weiter - , immer eine Erklärung gefunden werden.

Eine Idee, die seitdem viel Zuspruch erfahren hat, ist die Theorie der biotischen Pumpe: dass Bäume durch ihre Transpiration Wasser von der Küste ins Binnenland transportieren – zumindest solange der Baumbestand gleich bleibt. Als die Bäume erstmals ihre Blätter ausbreiteten, stießen sie nämlich auf ein Problem. Energie aus dem Sonnenlicht aufzunehmen, war zentral für die Photosynthese. Gleichzeitig aber konnte die Wärme der Sonne die Proteine im Blatt zerstören. Die Bäume überlebten dies, indem sie über ihre Blätter Wasser verdunsteten. Beim Verdampfen nahmen die Wassermoleküle die Sonnenhitze mit, und das Blatt kühlte sich ab. Das bedeutet, dass die Bäume einen Großteil – fast 97 Prozent – des von ihnen aufgenommenen Wassers verwenden, um sich Kühlung zu verschaffen. Ein einzelner Baum kann gut tausend Liter Wasser täglich freisetzen. Und wenn der Wasserdampf aufsteigt und dabei abkühlt, kondensiert das Wasser und senkt damit den Luftdruck über dem Wald. Wenn dies in Küstennähe passiert, wird Luft angesogen und stößt einen Kreislauf an, der sich kilometerweit ins Binnenland fortsetzt.

Die Theorie wurde nach Feldforschungsarbeiten von Anastassia Makarieva formuliert, einer theoretischen Physikerin, die im Institut für Atomphysik in Petersburg arbeitet. In den Ferien reist sie gewöhnlich an die nördlichen Küsten Russlands, in die Feuchtwälder aus Lärchen und Kiefern an der Karasee. Irgendwann fing sie an, sich für die physikalischen Mechanismen zu interessieren, die bewirkten, dass solche Mengen von Regen und Schnee über das Jenissei-Becken nach Süden transportiert wurden, ja im Landesinneren sogar die Mongolei erreichten. Nach gut 60 Monaten Feldforschung im hohen Norden veröffentlichte sie zusammen mit ihrem Kollegen Viktor Gorshkov ihre Theorie. Auf entwaldeten Kontinenten gelangt das Wasser nicht ins Binnenland, über Flussbetten aber wie dem des Jenissei oder des Amazonas schafft der Regen es auch ins Binnenland. »Das weist auf die Existenz einer aktiven biotischen Pumpe hin«, schreiben die Autoren, »die atmosphärische Feuchtigkeit vom Meer ins Binnenland lenkt.«[25]

Mit anderen Worten: Ähnlich wie der Schwengel einer Pumpe durch seine Bewegung bewirkt, dass im Pumpeninneren ein Unterdruck entsteht, der das Wasser nach oben transportiert, um das Druckgefälle auszugleichen, so erzeugen Bäume, indem sie die Luft über dem Wald mit Kondensationskeimen füllen, einen Luftdruckabfall, der weiter horizontal wassergesättigte Luft von den Ozeanen abzieht – Luft, die kondensiert und als Regen niederfällt. Ein durchgehender Wald von der Küste ins kontinentale Binnenland setzt ein Druckgefällesystem in Gang, das einen wassergefüllten Luftstrom verursacht – einen »fliegenden« Fluss.

Diese Flüsse sind über dem Amazonas so stark, dass sie auf Satellitenbildern zu sehen sind: Wolken bilden sich über dem Regenwald und laufen wie ein weißes Band aus Morsezeichen ins Binnenland weiter – Regen und Transpiration, Regen und Transpiration. So gelangt der Regen weit ins Landesinnere.[26] Die verschiedenen Schichten des Regenwaldlaubs – Bäume aus der Gruppe der Urwaldriesen wie *Dinizia excelsa*, die fast so groß wird wie der Turm, der Big Ben beherbergt; die Pflanzen der oberen Baumschicht wie der Kautschukbaum *(Hevea brasiliensis)* und der Kakaobaum *(Theobroma cacao)*, der in der unteren Baumschicht gedeiht – erzeugen Turbulenzen, die man den »Wäscheleineneffekt« nennt. Die Regenmenge, die auf den Blättern verdunstet, nimmt zu, und die Transpiration erhöht den Wasserdampfgehalt der Luft. Vom Amazonas steigen Tag für Tag 20 Milliarden Tonnen Wasser auf und fallen als Regen wieder zur Erde. Ein durchgehender Regenwald-Damm leitet Wasser ins Innere des Kontinents, was wiederum dafür sorgt, dass auch dort Wälder gedeihen. Diesbezügliche Experimente konnten für Brasilien zeigen, dass eine küstennahe Entwaldung von nur 1 Prozent dazu führt, dass die Niederschläge 200 Kilometer weiter im Landesinneren pro *Monat* um einen Viertelmillimeter sinken.[27]

Könnten ein paar von Menschen gepflanzte Bäume tatsächlich so einen gravierenden Effekt haben? Als ich als Beraterin an einem Dokumentarfilm über den Klimawandel mitgewirkt habe, sind wir dazu in die Türkei gereist, genauer gesagt nach Anatolien, wo wir in der Nähe von Konya Filmaufnahmen machten. Ich sprach mit dem Leiter des Mevlana-Klosters, der traditionellen Heimat der tanzenden Derwische, über die Umweltprobleme der Region. Er beklagte den Defätismus, den so viele Menschen bei diesem Thema zeigen, und zitierte den Religionsgründer Mohammed: »Selbst wenn du weißt, dass morgen die Apokalypse über uns hereinbricht, solltest du heute noch einen Baum pflanzen.« Und wir besuchten die Bauern, die in dieser flachen, ariden Landschaft genau das taten: Eine Gemeinschaft von Zuckerrübenbauern, die mit dem Geld der Konya Šeker, einer der größten Zuckerfabriken der Türkei, auf ihrem Land sage und schreibe 24 Millionen Bäume gepflanzt haben. Diese neuen Wälder aus Walnussbäumen und Platanen, Buchen und Zedern waren wirklich beeindruckend. Interessanterweise sagten beinahe alle Bauern, dass die Niederschläge dank ihres jungen Waldes zugenommen hätten. »Vor 25 Jahren hatten wir noch kaum Regen«, meinte einer der Bauern. »Heute vermehren sich die Niederschläge jedes Jahr um etwa ein Drittel, weil die Bäume immer größer werden.«[28]

Das eröffnet spannende Aussichten. Makarieva und Gorshkov nannten in ihrer ersten Veröffentlichung Australien als Beispiel einer von Menschen verursachten Trockenheit, die sich schnell über den ganzen Kontinent ausbreitete, weil man die Küstenwälder brandgerodet hatte. Ein weiteres, häufig zitiertes Beispiel für eine frühe Entwaldung findet sich im sumerischen *Gilgamesch*-Epos: Der Held fällt die Libanon-Zedern, jene Wälder, die früher alle Berge rund ums östliche Mittelmeer bedeckten: das Libanongebirge, den Dschebel Ansariye in Syrien und das Taurusgebirge in der Türkei. Die Region um Konya ist heute eine Hügellandschaft aus nacktem Fels und trockenen Feldern. Früher hätten die massigen Stämme und dunklen Nadeln der Zedern die ganze Südwestküste der Türkei bedeckt und Wasserdampf abgegeben, der als Regen wieder auf die Erde niederging, vielleicht sogar in der Nähe von Konya. Wenn die Baumpflanzungen von Konya Šeker das Wasser zurückholen konnten, besteht dann vielleicht die Möglichkeit, dass Baumpflanzungen in der Türkei, im Libanon und Syrien die Wasserknappheit im Nahen Osten lindern könnten? Es gibt Belege dafür, dass die Küstenwälder schon im Neolithikum abgeholzt wurden. Es gibt auch archäologische Belege dafür, dass etwa um dieselbe Zeit ein Klimawandel einsetzte, der dazu führte, dass wichtige Siedlungen im östlichen Syrien aufgegeben wurden. Leider lässt sich unmöglich vorab sagen, ob die Wiederaufforstung dieser Regionen die Trockenheit im Irak beseitigen würde oder ob Australien nicht auch ohne Brandrodungen ausgetrocknet wäre. Was wir gesichert wissen, ist: Es ist Teil der DNA von Bäumen, dass sie um das Wasser kämpfen, das ihnen so guttut.

Wie aber fingen die Bäume überhaupt an, das Wasser zu lenken? Und warum? Stellen Sie sich eine Welt ohne Bäume vor. Vor 390 Millionen Jahren, als sich an Land die ersten Bäume entwickelten, gab es kein Gras, kein Erdreich, keine Flüsse und ganz bestimmt keine Landtiere. Hohe Berge türmten sich auf und stürzten wieder zusammen. Stürme peitschten vom Ozean her, und der Regen, der auf die Felsen niederprasselte, ergoss sich in Strömen sofort wieder ins Meer.[29]

Am ehesten können wir uns eine Vorstellung von dem damaligen Chaos machen, wenn wir uns neu gebildete Bergketten ansehen, bei denen der blanke Felsen immer höher steigt. Ich habe einige Zeit im Hindukusch verbracht, in der Provinz Chitral im nördlichen Pakistan. Dort war ich auf der Suche nach seltenen Blumenzwiebeln von *Fritillaria chitralensis*, und es verblüffte mich, wie spannungsgeladen dieses junge Gebirge wirkte, als würde es immer noch zittern, während seine Felsen wachsen. Junge Berge mit ihrem harten, brüchigen Chaos gehören zu den furchterregendsten Orten der Erde. Die reißenden Flüsse führen häufig das Sediment riesiger Erdrutsche mit sich. Während der ersten Woche ließen mich Erdbeben jede Nacht erschrocken auffahren.

Dagegen fühlen sich die Catskill Mountains in den USA schläfrig und friedlich an. »Die Zeit heilt alle Wunden«, dachte ich, als ich die roten Ahornblätter und die Weidenbäume bewunderte, während der Zug mich von New York aus durch das Tal des Hudson trug. Im Geiste verglich ich die weichen Konturen der Catskills mit den Zacken des immer noch weiter wachsenden Hindukusch. Aber es ist ja nicht nur die Zeit, die die Gebirge abschleift – es ist auch das Leben. Der Hudson strömt gemächlich über Flussbänke, die von Salweiden und Hickorybäumen zusammengehalten werden. Das Wasser aus den verwitternden Catskills fließt von den dicht mit Buchen und Hemlocktannen bestandenen Bergen ins Tal.

Diese idyllische Szenerie stellt den krönenden Abschluss für die Bändigung einer Landschaft dar, die diese Bäume schon in den frühesten Jahren ihrer Entwicklung geschaffen haben. Von diesem Geschehen wissen wir, weil in den Felsen der Catskills entsprechende Beweise entdeckt wurden. Denn im Stein fanden sich fossile Wurzelsysteme und Baumstümpfe von einigen der ältesten fossilen Wäldern auf der Erde. Das sind Bäume, die vor 390 Millionen Jahren gewachsen sind, zu einer Zeit, als Europa noch heftig gegen Amerika drückte. An der konstruktiven Plattengrenze schoben sich immer noch in Veränderung befindliche Hochgebirge wie die Anden oder Gebirge mit hoher Gesteinsspannung wie der Hindukusch steil nach oben. Berge, die unter den zahllosen Blitzen und Erdbeben jener Zeit wieder auseinanderbrachen und Erdrutsche in das flache Meer schickten.

Die Spuren jener vergangenen Welt, die sich in die Felsen des Devon eingegraben haben, erzählen eine Geschichte von absolutem Chaos. An manchen Orten überzog eine harte Kruste die Erde, die aus Bakterien und Pilzen bestand, jedoch häufig einfach weggeschwemmt wurde. Die Flüsse schlängelten sich damals nur selten friedlich ins Tal, sondern rauschten wild bergab und hinterließen Sedimentschleppen, die sich übereinanderschoben wie Fischschuppen. Langsamere Flüsse bildeten Zopfmuster und sogen dabei alles verfügbare Land auf. Sie teilten sich in Nebenarme, die sich später wieder vereinigten, ohne ein klar definiertes Flussbett zu graben. Für die frühesten Bäume war es wichtig, dass genau die richtige Menge Wasser verfügbar war. Zu viel Wasser, und sie konnten sich nicht im Boden halten. Zu wenig, und sie konnten keine Photosynthese betreiben. Sturzbäche entwurzelten sie oder rissen sie mit. Daher entwickelten sich die ersten Bäume an dem friedlichsten Ort, den es damals gab: die Flachgewässer an den Meeresufern. Dort wuchsen sie versuchsweise zu Wäldern heran.[30]

Die Fossilien der ältesten Wälder werden im New York State Museum in Albany aufbewahrt. Das Gebäude, erbaut von Gouverneur Rockefeller, erinnert an ein riesiges Raumschiff aus Beton. Seit den 1970ern verunziert es die schöne Stadt, in der Henry James aufwuchs.[31] Ich war dort, um Bill Stein und sein Team zu besuchen, die für die Baumfossilien zuständig sind. Man führte mich durch zehn verschlossene Türen in eine Art Bunker, in dem die fossilen Baumstümpfe aufbewahrt werden. Sie sehen aus wie Elefantenfüße. Die Bäume selbst haben Abdrücke auf Steinplatten hinterlassen. Hinter Glas liegt das steinerne Bild eines riesigen Bärlappgewächses: fünf Meter lang und mit einer Borke, die einer Schlangenhaut gleicht. Eine andere Platte zeigt einen farnähnlichen Blattschopf, der sich sträubt wie ein Irokesenschnitt. Am faszinierendsten aber ist die Luftaufnahme des riesigen beige-roten Abdrucks eines fossilen Wurzelstocks, der vor 385 Millionen Jahren von *Archaeopteris* hinterlassen wurde, jenem Baum, der schon 150 Millionen Jahre vor den Dinosauriern gelebt hat. Der Abdruck zeigt einen ausgedehnten Umriss aus kristallisierter organischer Materie, die sich in grünem Siltstein verewigt hat: elf Meter breit und bis zu 1,6 Meter tief. Das ist das erste echte Wurzel-Netzwerk, das wir kennen. *Archaeopteris* war die Urahnin aller heute lebenden Bäume: eine Schönheit mit ginkgoartigen Blättern und einem fedrigen Blattschirm. Der Baum wurde bis zu 24 Meter hoch und scheint zu der ersten Gruppe von Bäumen zu gehören, die Wurzeln ausbildeten. Diese Wurzeln wurden – wie bei den heutigen Bäumen – über mehrere Jahre hinweg verstärkt, aufrechterhalten und *gesteuert*. Des Weiteren hatten besagte Bäume gut verzweigte Feinwurzeln für die Nährstoffaufnahme.

Die Wurzeln wuchsen Jahr für Jahr, bis sie schließlich ein Netzwerk bildeten, das dem Baum der Seelen im Film *Avatar* gleichkam. Hauptwurzeln, Sekundärwurzeln und Feinwurzeln, die sich in einem Ring um den Baum bildeten, während der Baum über dem Erdboden zu einer eustelischen[32], langlebigen und ausladenden Pflanze heranwuchs.

Solche Bäume brauchten ganz offensichtlich einen umfangreicheren Zugriff auf Wasser als ihre frühen Verwandten. Diese ringförmige Ausbreitung, die für heutige Bäume typisch ist, sowie die größere

Reichweite und Tiefe des Wurzelwerks senkten den Grundwasserspiegel ab, sodass der Boden rund um die Bäume austrocknete. So konnten sie sich besser gegen Entwurzelung durch Überschwemmungen schützen. Die Wurzeln stabilisierten das Erdreich und kanalisierten das Wasser zu Rinnsalen und Bächen, ein bisschen so, wie wir heute Eisenbahnschwellen verwenden, um das Ufer eines Baches zu befestigen. Dass sich diese Bäume in den nächsten 20 Millionen Jahren immer mehr ausbreiteten, größer wurden und zur dominanten Art in diesem Ökosystem heranwuchsen, hatte höchst erstaunliche Konsequenzen. Denn sie formten Flussläufe, die im Laufe des Devon immer mehr mäanderten, sodass sich bald fruchtbare Flussebenen und stabile Zonen in Küstennähe bildeten. Vor 298 Millionen Jahren hatten die Baumwurzeln das Sediment so weit stabilisiert, dass vergleichsweise enge und klar definierte Flussbetten die Norm wurden und Bäume an den festen Ufern in die Höhe wachsen konnten.

Das war der Abdruck, der im Cairo Quarry in den Catskills ausgegraben wurde.[33] Anders als der Großteil der fossilen Wälder in der Gegend, die regelmäßig überflutet wurden, stand der *Archaeopteris* im Cairo-Steinbruch nur einmal unter Wasser, vermutlich nach einer Springflut. Das Wasser hatte einen kleinen Fisch angespült, der sich in den Wurzeln verfing und mitversteinerte. Dieselbe Flut knickte den Großteil der Bäume dort um oder ließ sie absterben.[34] Neben dem *Archaeopteris* finden sich auch Spuren anderer Bäume der Gattung *Eospermatopteris*. Das waren Baumfarne, deren Stümpfe an Elefantenfüße erinnern. Sie hatten sich im sumpfigen Grund mit einer einfachen Wurzel verankert und starben bald wieder ab. Ihr Wurzelsystem hatte nur einen Durchmesser von etwa einem Meter. Es gab auch einige rätselhafte Bäume, möglicherweise frühe Bärlappgewächse – eine Art, die aussieht wie eine Kreuzung zwischen Bärlapp und Schachtelhalm.

Es gibt Belege, dass der Wald von Cairo – im Gegensatz zu anderen fossilen Wäldern jener Gegend – auf einer Seite eher trocken war, sodass die *Archaeopteris*-Wurzeln Richtung Wasser wuchsen.[35] Ihre Fähigkeit, mithilfe ihres Wurzelsystems Wasser zu bewegen, bedeutete, dass sie überall gleichsam den Hahn aufdrehen konnten. Das war ein starker evolutionärer Vorteil, und die Zunahme an Biomasse an Land machte *Archaeopteris* zur Patin der Süßwasserfische, die sich in dieser Zeit entwickelten. Sie ernährten sich von den abgefallenen Blättern seiner Zweige und profitierten davon, dass die Flüsse einem verlässlichen Lauf folgten.[36]

Mit dem *Archaeopteris*-Wurzelsystem und seinen elf Metern Länge setzten die großflächigen Wasserbauarbeiten durch Bäume ein, und doch sollte dies erst der Anfang sein. Bill Steins sorgfältige Untersuchung der frühesten pseudosporochnalen Fossilien, die er ausgegraben hat, überzeugte ihn, dass der Energiehaushalt von Bäumen nur funktionieren konnte, wenn sie schon früh blattähnliche Strukturen mit dickfleischigen Photosynthesezellen im Parenchym (im Grundgewebe) entwickelten, die sich entlang der Blattadern gruppierten. Damit war die Oberfläche, die Licht absorbieren und Wasser freisetzen konnte, viel größer als früher. Um die Erhitzung durch das aufgefangene Sonnenlicht zu dämpfen, musste die Transpiration massiv steigen. Über die nächsten 300 Millionen Jahre entwickelten die Bäume Blätter mit immer größeren Oberflächen und dazu effektivere Wurzeln und Sprosse, die sicherstellten, dass Wasser und Nährstoffe zu den Blättern gelangten, auch wenn diese über dem barometrischen Limit von neun Metern lagen.[37] Sonnenlicht wurde eingefangen, Zucker wurden hergestellt und so die optimalen Bedingungen für mehr Wachstum geschaffen. Dabei war Wasser natürlich zentral. Da die Bäume ihren Wasserbedarf auf immer raffiniertere Weise deckten, prägten sie weiter den Wasserfluss über und unter der Erdoberfläche. Einige der Bäume begannen zudem, sich unterirdisch zu vernetzen.[38]

Bäume können Wasser unter der Erde spüren oder »hören«. Daher wachsen sie häufig in Richtung wasserführender Rohre, ja auch in diese hinein.[39] Viele Baumarten schicken ihre Wurzeln bis ins Grundwasser hinab, wenn sie in der unmittelbaren Umgebung nicht genug finden. Das Grundwasser ist jene Wasserschicht, die die Hohlräume der Erde durchzieht. Es steht dort etwa so hoch, wie es in einem Brunnen stehen würde. [40] Selbst im Vereinigten Königreich ist dies häufiger der Fall, als man annehmen würde. Ein Kiefernwald in den schottischen Highlands bezieht in trockenen Sommern und vielleicht auch zu anderen Zeiten des Jahres Wasser aus dem Grundwasser.[41] Eukalyptuspflanzungen können in trockenen Sommern den Grundwasserspiegel um 0,7 Meter absenken. Tatsächlich werden sie manchmal aus diesem Grund gepflanzt.[42] Der Eukalyptus ist ein ungewöhnlicher Baum, weil er innerhalb von zehn Jahren den Grundwasserspiegel um zehn Meter absenken kann, ohne ihn wieder aufzufüllen. Denn im Normalfall füllen Bäume das Grundwasser auf, indem sie durch Infiltration Wasser einleiten. Der Regen fließt ungehindert an ihren Stämmen ab und durch die Kanäle des Wurzelwerks tief hinein in den Boden. Selbst Bäume ohne tief reichende Pfahlwurzeln leiten das Wasser von der Oberfläche ab, wie das schon der erste *Archaeopteris* mit seinen Wurzeln getan hat. So wird der Boden nicht mit Wasser durchtränkt, und es kommt nicht zu Sturzfluten.

Als ich im Irak arbeitete, erlebte ich immer wieder freudige Momente, wenn ich auf einzelne Exemplare der Euphratpappel *(Populus euphratica)*, stieß. Ihr Stamm hat eine olivgraue Borke und darüber spannt sich ein fluffig breites Laubdach, das fast immer Spuren von Schafverbiss zeigt. Das Laub leuchtet im Herbst rot und im Frühling silbrig grün. Die breiten, tief gezähnten Blätter tanzen im Wind. Der Baum wuchs isoliert auch an Berghängen, fernab von jeder Quelle. Aber er säumte auch Euphrat und Tigris, wo die Pappel ihre Wurzeln am Flussbett entlang schickt und so die Flussufer stabilisiert. Sie graben sich tief hinunter bis zum Grundwasser, bis sich ein neuer Spross bildet. An Flüssen ähneln die Blätter eher denen einer Weide. Das ist eine sehr erfolgreiche Überlebenstechnik für Regionen, in denen es zu Wasserextremen kommt. Die syrische Esche *(Fraxinus syriaca)* wiederum bildet nur selten Wurzelschösslinge aus und ist in den letzten fünfzig Jahren von den Flussufern des Irak fast ganz verschwunden, auch weil Euphrat und Tigris sehr viel weniger Wasser führen. Die Euphrat-Pappel aber gedeiht.[43]

Die Euphrat-Pappel in der ansonsten krümeligen, von Rissen durchzogenen und verbackenen Erde ist schon absolut bemerkenswert, aber einige Jahre später sah ich Fotos von *Populus euphratica* in der Taklamakanwüste – dieselbe Art wuchs hier auf bloßem Sand, eine ganze Reihe von Bäumen an einem unsichtbaren Fluss. Die Pappeln der Taklamakan schicken ihre Wurzeln metertief in die Erde, bis sie die Schicht direkt oberhalb des Grundwassers erreichen, danach kommt die *phreatische Zone*, deren Name auf das altgriechische Wort für »Brunnen« zurückgeht. Wenn ein Baum dann das Wasser erreicht hat, teilt er es mit anderen Bäumen, mit denen er vergesellschaftet ist[44]: seinen Klonen, die sich über eine Fläche von mehr als 121 Hektar ausbreiten können.[45] Pando, das Paradebeispiel für einen Klonwald, bestehend aus männlichen Zitterpappeln *(Populus tremuloides)* hat sich in Utah über mehr als 43 Hektar ausgebreitet. Er bringt gut 6000 Tonnen auf die Waage. Pando ist der schwerste bekannte Organismus der Welt und auch einer der ältesten. Man geht davon aus, dass die ursprünglichen Individuen dieses Waldes mehr als eine Million Jahre alt sind.[46] Während dieser Zeit hat Pando immer wieder Seitenwurzeln getrieben, in Zonen, in denen es genug Feuchtigkeit, Licht und Erde gab. Während der alte Stamm abstarb, wuchs daraus ein genetisch identischer Wurzelschössling heran und nutzte dazu die Energie, die der Rest des alten Baumes zur Verfügung stellte. Dieser Prozess erlaubt Bäumen, mit Dürren fertigzuwerden, Sandböden zu stützen oder, umgekehrt, viel Wasser abzuführen und das trockene Land stabil zu halten. Tatsächlich ist dies eine wunderbare, da arbeitsteilige Lösung für die unterirdische Wasserführung, denn auf diese Weise wird der Einsatz auf mehrere Exemplare gestreut.

Eine andere Möglichkeit zum Überleben in Dürrezeiten ist es, Millionen von Samen zu produzieren, wie die Weide es tut. Für die Zitterpappel allerdings ist es nicht so einfach, neue Klone zu bilden.[47] Die Frage, ob ein Wurzelschössling entsteht, hängt in erster Linie vom Wasser ab. In der Taklamakan etwa können Setzlinge nur während der seltenen Flutereignisse keimen. Dann muss die Wurzel allerdings schnellstens wachsen, denn nach der Überflutung fällt der Wasserspiegel wieder auf seine übliche Höhe zurück.[48] Doch es ist der Mühe wert: Da einige Bäume mit ihren Wurzeln 20 Meter in die Tiefe reichen (was in etwa der Höhe eines sechsgeschossigen Hauses entspricht) und dort alles Wasser aufnehmen können, das sie brauchen, und es mit anderen Bäumen teilen, die möglicherweise bessere Bedingungen für die Photosynthese aufweisen, sind mitten in der Taklamakan einige Pappel-Monokulturen entstanden, die produktiver sind als Wälder der gemäßigten Zone.[49]

Da Bäume, die Schösslinge bilden, Wasser gleichmäßig verteilen, stellen sie den Großteil der Arten in Regionen mit Wasserextremen – das heißt, in sehr trockenen oder in sehr feuchten Gebieten. Die Flussufer der Welt werden von solchen Bäumen besiedelt. Und diese Fähigkeit war entwicklungsgeschichtlich häufig von Vorteil, sodass sie für viele der außerordentlichen Eigenschaften verantwortlich ist, die wir Bäumen gewöhnlich zuschreiben: die Fähigkeit, sich durch Stecklinge, durch Okulation oder Sprossbildung zu vermehren.

Der erste Baum, der Wurzelschösslinge bildete, entwickelte sich vor 245 Millionen Jahren, im Trias, in der Antarktis.[50] Es handelt sich um eine heute ausgestorbene Konifere namens *Notophytum krauselii*. Die beeindruckenden Fossilien dieses außergewöhnlichen Baumes mit seinen schmalen und fleischigen grünen Blättern, die den Lorbeerbäumen auf den Kanaren ähneln und wie die Podocarpaceae auf der südlichen Halbkugel wachsen, wurden in einer Region entdeckt, in der kaum Leben zu finden ist: einem Berggipfel der Antarktis mit Namen Fremouw Peak, auf dem noch nicht einmal Schnee liegt. Abgesehen von ein paar Flechten und Moosen gibt es dort nichts Lebendiges. Andererseits findet man massenhaft tote Tiere und Pflanzen: eine perfekt versteinerte Flusslandschaft voller Reptilien und Koniferen, Farnen, Schachtelhalmen und Palmfarnen.

Als all diese Pflanzen und Tiere noch lebendig waren, wuchsen die restlichen Gymnospermen ein bisschen wie heutige Mammutbäume: langsam, mit deutlichen Abständen zueinander und klar erkennbaren Strukturen. Dass sich hier Wurzelschösslinge bildeten, lange bevor sich diese an den Bäumen in der restlichen Welt zeigten, verrät uns etwas darüber, warum es überhaupt dazu kam. Geschah damals etwas in den warmen Wäldern des Südens, etwas, das vielleicht mit den vielen Fließgewässern zusammenhing? Bei den häufigen Überschwemmungen war es wichtig, dass ein Baum, der am Flussufer stand und geknickt worden war, wieder aus seinen Wurzeln austreiben konnte, und zwar an einer Stelle, die nicht direkt am Fluss lag. Auch musste ein Baum, der so weit weg vom Äquator stand, die langen Sommertage ausnutzen. Daher war es sinnvoll, wenn ein umgeknickter Baum schnell wieder austreiben konnte. Aber ein Klon zu sein, ist gefährlich, und so starb *Notophytum* am Ende aus. Vielleicht konnte er zwischen oberhalb und unterhalb des Erdbodens einfach nicht gut genug unterscheiden. Doch die Fähigkeit, Wurzelschösslinge zu treiben, entwickelte sich weiter. Als die Angiospermen, die Blühpflanzen, den Staffelstab von ihren Koniferen-Cousins übernahmen, waren Wurzelschösslinge mit einem Mal der Normalfall.[51]

Mit den Mangroven erreichte das Wassermanagement der Bäume seinen Gipfelpunkt. Sie wachsen weit in die Höhe, weil sie ihren Wasserbedarf mit dem Bedarf an Luft unter einen Hut bringen müssen. Aber selbst sie haben Wurzeln entwickelt, die seitlich wachsen, um ihre Umgebung zu stabilisieren und um, in manchen Fällen, die Zellatmung zu erhöhen.[52] Das Resultat ist: Nur speziell angepasste Bäume kommen damit zurecht, dauerhaft im Wasser zu stehen. Sie müssen einen Weg finden, ihre Wurzeln mit Luft zu versorgen. Üblicherweise tun sie das mithilfe der grauen, periskopartigen Stelzwurzeln (Pneumatophoren), die rund um den Photosynthese betreibenden Baum aus dem Wasser wachsen. Mangroven sind die Stars im Chaos der Uferregion, da sie sowohl mit der Brandung als auch mit dem Salz fertigwerden. Weltweit bedecken sie eine Fläche von etwa 14 Millionen Hektar. In der warmen Welt des Eozäns waren sie allgegenwärtig: Man fand Nypa-Mangroven sogar in den Fossilien der London-Clay-Formation. Aber sie benötigen viel Energie, um das Wasser so gründlich zu manipulieren, wie sie das tun. Als die Welt abkühlte, reduzierte sich ihr Verbreitungsgebiet daher auf die Tropen.

Von einem kleinen Boot aus sehen Sie sofort, warum Mangrovenwälder in der Welt der CO_2-Zertifikate so beliebt sind. Sie sehen aus wie ein kunterbunter Packen Strohhalme, die mit ihren Wurzeln Wasser und Sediment ansaugen und durch die Pneumatophoren Luft einziehen. So wächst heimlich, still und leise die Baummasse. Die Wurzeln sind das Skelett, um das sich das Sediment ablagert und die Energie des Wassers abfängt. Außerdem drängen die Bäume das Meer zurück. Nur wenige Mangrovenwälder sind so stark wie die auf der Ilha Grande, die in einer dicht besiedelten Region Brasiliens kleine Inseln und eine fragile Küste vor dem Seegang des Atlantiks schützen. Hier wachsen hauptsächlich Rote Mangroven *(Rhizophora mangle)*, aber es gibt auch Weiße Mangroven *(Laguncularia racemosa)* und Schwarze Mangroven *(Avicennia germinans)*. Ihr Zusammenspiel stabilisiert die Küste. Rote Mangroven leben in dem am stärksten von Überflutung betroffenen Gebieten. Ihre Stelzwurzeln sind hoch und absorbieren durch Lentizellen Luft: Das sind lungenähnliche Korkporen in der Borke. Sie lagern für Zeiten der Überschwemmung Luft direkt in den Wurzeln ein und versehen diese mit Suberin, einem wasserfesten Überzug aus einer Art Wachs. So kann die Mangrove auch Salz aus dem Wasser ausfiltern, das sie aufnimmt.[53]

Mangroven tragen nicht nur dazu bei, Küstenstädte vor dem ansteigenden Meeresspiegel zu schützen. Sie können auch die erste Station sein, um Wasser ins Binnenland weiterzuleiten. »Ein Stamm färbte eine ganze Talsohle, schwärzte sie, um die vertikale Zufuhr von Luftmasse zu verstärken und dadurch die Möglichkeit von Regen, und errichtete hohe Gerüste, um die Unterseite einer Wolke anzubohren«, schreibt Michael Ondaatje in *Der englische Patient*.[54] Mein Vater erzählte mir, wie er ein Kleinflugzeug von Mombasa nach Lamu steuerte. Der Himmel war klar, das Flugzeug lag gut in der Luft – bis er über das schwarze Band der Mangrovenwälder an der Küste flog, wo die aufsteigende warme Luft es ins Trudeln brachte. Diese Konvektionsströme und die tropischen Regenfälle, die sie auslösen, ermöglichen den Mangroven, mit einem Minimum an Süßwasser auszukommen.[55]

In Gestalt der Mangroven sind die Wälder dorthin zurückgekehrt, von wo sie vor 400 Millionen Jahren aufbrachen und sich nach oben und unten, aber vor allem chemisch weiterentwickelten, weit mehr, als die ersten Bäume dies hätten erwarten lassen. Sie haben ihre evolutionären Fehlstarts und Sackgassen genutzt, haben sich diversifiziert, um schließlich die chemische und physikalische Wasserführung zu revolutionieren. Doch schon die *Archaeopteris* aus dem Cairo Quarry hat die Schwerkraft herausgefordert und es geschafft, das Wasser in winzigen Mengen so durch den Baumkörper zu leiten, dass die Bäume sich schließlich in aller Welt ausbreiten konnten.

2

Bäume formen die Erde

Wie Bäume in ihrem Streben nach Wachstum die Erde erfanden

> Als die Welt immer noch ganz neu war,
> der Himmel frisch und das feste Land noch
> nicht von Erdreich bedeckt, als die Bäume
> durch die Jahrhunderte atmeten …
>
> Intizar Husain, *Basti*

Geben Sie einem Baum ein wenig Zeit und ein Stück Felsen, und er macht daraus sein Habitat. Bäume brechen Gestein auf, verdauen es und entziehen ihm Phosphor und andere Mineralstoffe. Was dann noch übrig bleibt, vermengen sie mit Kohlenstoff und Stickstoff aus der Luft und stabilisieren den so entstandenen Boden. So bereiten sie sich selbst eine Heimstatt von tief verwurzelter Stabilität. In der Botanik heißt das Reich unter den Füßen der Bäume *Rhizosphäre*, wörtlich »Welt der Wurzeln«. Für uns ist dies immer noch eine nahezu unbekannte Welt unerwarteter Irrungen und Wirrungen, voller Rätsel und faszinierender Antworten.

Als sich vor 400 Millionen Jahren die Bäume zu entwickeln begannen, zogen sich ausgedehnte Pilz- und Bakterienmatten wie eine Kruste über die Felsen der Erde. Aber es waren in erster Linie abiotische Faktoren wie Eis und Wasser, die die Felsen spalteten und zu Sand und Staub zermahlten. Warum fingen die Wurzeln an, nach unten zu wachsen? Dafür existieren verschiedene Erklärungen: Die

Suche nach dem Grundwasserspiegel oder das Bestreben Photosynthese treibender Bäume, sich sicher in der Erdoberfläche zu verankern. Die grundlegendste Erklärung ist sicher, dass das Überleben von Pflanzen Wachstum voraussetzt. Anders als Tiere, die eine alte Zelle aus ihrem Verband lösen und am selben Ort durch eine neue ersetzen können, müssen Pflanzen ihre Zellstruktur so stabil halten, als wäre sie eine Steinmauer. Daher muss die neue Zelle neben die alte gesetzt werden.[1] Das ist der Grund, weshalb alte Bäume häufig einen sehr dicken, aber hohlen Stamm haben. Ihre Wurzeln verdauen das eigene Kernholz. Sie können nicht einfach Gewebe ersetzen. Sie müssen es zerlegen und bei null anfangen. Bei einem neu wachsenden Baum heißt Überleben für die Wurzeln, dass sie sich seitlich und in die Tiefe ausbreiten und alles zerkleinern, was ihnen dabei im Weg steht.

Noch wichtiger aber ist die Frage, warum Bäume sich so entwickelt haben, dass sie ins Gestein gewachsen sind und es zu Staub vermahlen haben.[2] Wenn die Baumwurzeln wachsen und den Felsen verdauen, auf dem sie stehen, haben sie mit einem Schlag allerhand Mineralstoffe zur Verfügung, die für ihr Wachstum unverzichtbar sind (was vor allem für die Phosphate zutrifft). Diese benötigen sie ferner für ihre DNA, die Zellmembranen und den simplen Transport von Energie durch die ganze Pflanze. Es entsteht eine Rückkopplungsschleife, bei der der obere Part des Baumes den unteren mit Sonnenenergie speist, während der untere Teil das Gestein zerkleinert und den oberen mit Phosphaten versorgt, die sein Wachstum unterstützen. Wurzelhärchen vergrößern die osmosefähige Oberfläche, sodass weitere Mineralsalze aufgenommen werden können: So wechseln Eisen, Zink, Magnesium, Kupfer, Kobalt und Kalium von den Felsen in die organische Welt über.

Warum aber binden die Bäume, nachdem sie den Felsen zerkleinert haben, seine Überbleibsel wieder zu Kohlenstoffketten zusammen und bilden daraus das, was wir heute Boden nennen? Warum hat sich das Sediment an Land abgesetzt und nicht weiterhin auf dem Grund der Meere? Warum ziehen Bäume Bakterien an und bieten ihnen in bestimmten, speziell dafür eingerichteten Organen Unterschlupf? Warum ernähren sie diese Bakterien so lange, bis sie die Erde in der unmittelbaren Umgebung mit zusätzlichem Stickstoff anreichern? Und warum trägt dies dazu bei, dass Wasser über dem Grundwasserspiegel festgehalten und verteilt wird? Kurz gesagt: Warum verwandeln Bäume den Planeten Erde in etwas, das wir Menschen als bewohnbar bezeichnen würden?

»Ich zeige dir die Angst in einer Handvoll Staub«, schreibt T. S. Eliot.[3] Für uns Menschen macht der Unterschied zwischen Erdboden und Staub den Unterschied zwischen Leben und Tod. Denn aus dem einen können wir Nahrung gewinnen, unerlässliche Energie. Der Staub aber ließe uns verhungern. Stellen Sie sich *kemet* vor, das »Schwarze Land« des alten Ägypten, wo der Nil Jahr für Jahr die Felder überflutet und fruchtbar macht. Und im Gegensatz dazu *desheret*, den unfruchtbaren roten Sand der Wüste. Es geht ja nicht nur darum, dass der Sand keinerlei Feuchtigkeit enthält. Er kann auch kein Wasser halten, weil es ihm an den komplexen Kohlenstoffketten fehlt, die Pflanzen mithilfe der Sonnenenergie zu einem Bindemittel zusammengesetzt haben. Während die »Erde« der Wüste weniger als 0,5 Prozent Kohlenstoff enthält und so gut wie keinen Stickstoff, finden sich in fruchtbarer Erde wie dem Kemet mehr als 20 Prozent Kohlenstoff und 0,01 Prozent Stickstoff. Ohne die Energie der Sonne, die die Pflanzen in ihr organisches Material packen, können die Menschen die Kohlenstoffketten ihres Lebens nicht zusammenhalten. Ohne sie würde uns die Entropie, der Sog der Unordnung im Universum, erfassen und zerfallen lassen.

Bäume verwandeln Staub in Erde, indem sie Kohlenstoff und Stickstoff vermengen. Das ist eine Art Grundbass, ein durchgängiger Rhythmus, der zahllosen anderen Organismen Leben schenkt. Ein Großteil der organischen Materie in der schwarzen Erde des Kemet stammt von den Bäumen am Ursprung des Nil: aus den tropischen Wäldern in Uganda, von den Wacholderbäumen im heiligen Gish Abay in Äthiopien und aus dem Ituri-Regenwald der Demokratischen Republik Kongo. Dieses organische Material besteht zum Teil aus abgestorbenen Blättern, Rinden- und Holzstücken, die von den Bäumen ins Wasser fallen. Aber die Bäume reichern die Erde auch ganz aktiv mit Kohlenstoff an, und zwar mithilfe von Wurzelexsudaten.[4] Wenn der Wind den mit Phosphaten aufgeladenen Wüstensand über baumbestandene Orte wie Kreta bläst, wird er auf der Stelle in Fruchtbarkeit übersetzt. Bäume sind fähig, aus Staub Erde zu machen. Sie, die ohne Wasser nicht leben können, können Texturen schaffen, die das Wasser festhalten. Aus dem Gestein bereiten sie das Feld, auf dem sie ihre Tätigkeit entfalten können. Aus der Luft entnehmen sie nur, was sie brauchen können – dasselbe Treibhausgas, das uns im Moment unerbittlich in den Strudel des Klimawandels hineinzieht.

Ohne diese Dynamik würde es uns an vielen landschaftlichen Merkmalen fehlen, die wir für selbstverständlich halten. Hügel und mäandernde Flüsse und fruchtbare Auenlandschaften scheinen heute selbstverständlich, aber ihre Entstehung verdankt sich etwas, das in der Paläobotanik die »Landschaftsfabrik im Devon« genannt wird. In einem Aufsatz von 2021 analysierten Neil Davies und seine Co-Autoren ein paar bestens erhaltene Felsen in Spitzbergen und zeichneten dabei ein Bild der Landschaft, wie sie vor 380 Millionen Jahren aussah: ein Gefilde von Hügeln, Tälern und mit Gras und Moos bewachsenen Bodenerhebungen wie aus der Welt von Willy Wonka. Inseln aus Schlamm und Sedimenten mit seltsamen Strukturen und merkwürdigen Mustern.[5] Umgestürzte Bäume und Baumwurzeln hätten die Landschaft dramatisch verändert, wie die Autoren schreiben. Und das zu einer Zeit, als Biber nur ein andeutungsweises Funkeln im Auge der Evolution waren.[6]

Der Vorläufer des holzigen Sediments, das später in den Nil fallen und den Kemet schwarz färben wird, taucht erstmals auf den Felsen von Svalbard auf. Dasselbe gilt für den Schelfschlick und das Treibholz, das ans Meeresufer gespült wird. Die Umpa-Lumpas in diesem Szenario sind die Bäume: chaotisch und schnell wachsend, mit ihren Rindentexturen, Blattformen und unterschiedlichen Konfigurationen von Wurzeln und Zweigen eine merkwürdige Kleiderordnung befolgend. Mit etwa sechs Metern Höhe waren sie groß genug, um massenhaft neue und ungewöhnliche chemische Stoffe zu produzieren und sich sehr schnell in ihrer neuen Welt auszubreiten. Wenn sie umstürzten, riss das Wurzelwerk große Löcher in den Boden. Und dort, wo die umgestürzten Stämme liegen blieben, bildeten sie ein Bollwerk gegen den Treibsand. Ihre Zweige und Blätter verloren sie oft und häufig, und wo das geschah, verzögerten sie die Ablagerung des Sediments, was zur Entstehung von unterschiedlichen Bodenstrukturen und zu neuen ökologischen Nischen führte. Die »Kinder«, die in dieser »Fabrik« alle neuen Leckereien probierten, gehörten zu den ersten Detritivoren (Abfallfressern): Tausendfüßler und andere Gliederfüßer sowie hin und wieder ein Wurm. Ihre fossilen Fraßgänge winden sich um die Bäume, eine einsame Beschwörung all dessen, was noch kommen sollte. *Denn es gab ja noch nichts, was sich von diesen Tieren ernähren würde.*

Als ich im Oktober 2023 nach Albany reiste, um mir die Überreste der fossilen Wälder von Gilboa und dem Cairo Quarry anzusehen, hatte ich keine Ahnung, dass der »älteste fossile Wald der Erde« nur 40 Minuten entfernt von dem Ort entdeckt werden sollte, an dem ich aufgewachsen bin. An diesen Klippen war ich oft mit dem Fahrrad unterwegs gewesen, meist aber zu Fuß. Die nördliche Küste der englischen Grafschaft Devon ist geprägt von dramatischen Klippen und plötzlich sich auftuenden Abgründen. Der Basalt bildet Haarnadelkurven, und von der Moorheide in Exmoor rauschen Wildbäche herab. Weißdorn- und Eichenwälder schlagen tiefe Schneisen in den Fels, und die Südküste von Wales scheint alles

Sonnenlicht zu verschlingen. Von den Felsen dieser Küste bekam das Zeitalter des Devon seinen Namen. Doch nach der Entdeckung und Klassifizierung einiger weniger Fossilien zogen die Paläontologen weiter nach Süden zu den Ichthyosauriern und Dinosauriern der Jurassic Coast. Doch als ein Team, bestehend aus Mitarbeitern der Universitäten Cambridge und Cardiff, die Fossilien noch einmal neu klassifizierte, machte es eine höchst interessante Entdeckung: die Überreste eines fossilen, über 390 Millionen Jahre alten Waldes – des ältesten der Welt.

Ich bin dorthin gefahren, um mir das Ganze anzusehen: Abdrücke im grauen Fels, schlanke, moosähnliche Stümpfe, höchstens so breit wie mein Handgelenk, mit einer Textur wie Schlangenhaut. Verglichen mit den Funden in Cairo und Gilboa waren die Bäume winzig – kleine Sprosse, die Palmen ähnelten, mit zweigähnlichen Blättern. Diese *Calamophyton* genannten Pflanzen waren vor allem sehr zahlreich. An manchen Stellen waren bis zu siebzehn Stämme übereinandergeschichtet. Die Abdrücke im Felsen geben auch Aufschluss, wie sehr die Bäume an der Wasserführung beteiligt waren: Es gibt Abdrücke von Baumsperren, die das Sediment festhielten. Die blattlosen Bäume hatten massenhaft ihre Zweige abgeworfen, die auf das Sediment fielen und so den Wasserfluss zu einem Rinnsal abschwächten.

Vom Devon an gehörten Wurzeln zu den entscheidenden Akteuren des Landschaftsumbaus. Was brachte Bäume nun dazu, in die Höhe und in die Tiefe zu wachsen, statt wie Bakterien oder Flechten nur Filme beziehungsweise Schichten auf dem nackten Gestein zu bilden? Die frühesten Pflanzen auf dem Festland tauchten vor 445 Millionen Jahren auf und produzierten kleine Auswüchse – die Rhizoide –, mit denen sie sich am Felsen festhielten. Rhizoide ähneln den Wurzelhärchen, feine Sonden so »dick« wie eine Zelle, die Wasser und Nährstoffe aufnehmen können. Wenn Sie ein Stück Moos aus einem Spalt im Pflaster ziehen, sehen Sie sie. Sie bilden immer noch die Organe, mit denen Moose sich in der Erde, an Steinen und Bäumen verankern. Wie wir gesehen haben, brauchen Gefäßpflanzen, vor allem Bäume, eine Struktur, die mehr Wasser aufnehmen und als Anker dienen kann. Daher haben sie dickere, stärkere und spezialisierte Wurzeln entwickelt, die sich munter verzweigen und die Welt erkunden. Sie werden von chemischen Stoffen und Pflanzenhormonen namens Auxinen nach allen Seiten dirigiert. Diese Stoffe wandern die Wurzel hinauf und hinunter, je nach Wasserbedarf, Lichteinfall, Druck und Nährstoffdichte. Sie fördern das Wachstum und die Zellteilung sowie die Verzweigung der Wurzeln.

Dazu brauchte es eine schnelle »Technik«, mit der sich der Erdmittelpunkt lokalisieren ließ, die Richtung, in der Wasser, Nährstoffe und Stabilität zur Verfügung standen. So entwickelte sich ein Mechanismus, der sozusagen das mikroskopische Äquivalent der neolithischen Steinkreise ist: Statolithen oder Amyloplasten sind von einer Membran umgebene schwere Stärkesäckchen. Sie sinken durch die Zellflüssigkeit auf den Grund der Zelle ab und finden sich nur in bestimmten Zellen an der Wurzelspitze. Wie die Steine von Stonehenge markieren die Statolithen einen besonderen Ort, an dem sich spezielle Vorgänge vollziehen können. Vergleichbar einem Steinkreis auf einem Hügel, der meilenweit sichtbar ist und Druiden und andere Menschen anlockt, um sich dort zu versammeln. Die Statolithenansammlung in der Wurzelspitze zieht PIN-Transportproteine an, die sich auf den Membranen versammeln wie die Druiden in Stonehenge. Einmal eingetroffen, geben sie Pflanzenhormone – Auxine – in die Zelle ab. Die Auxine bewirken, dass die Zelle in diese Richtung nicht weiter wächst. Auf diese Weise beugt die Wurzel sich der Schwerkraft und verlängert sich nach unten.

Das war ein enormer evolutionärer Vorteil, der einerseits die obsessive »Erdverbundenheit« der Pflanzen zementierte, sie andererseits aber auch in den Himmel wachsen ließ. Er erlaubte den ebenso zarten wie effizienten Wurzeln, dort, wo dies möglich war, unbeirrt nach unten zu wachsen, oder – falls nicht – sich ihren Weg um einen undurchdringlichen Stein herum zu ertasten und dabei nach Schwachstellen zu suchen. Fast jede Samenpflanze – ob nun Rose, Kresse oder Eiche – nutzt diesen Mechanismus, doch die Gymnospermen haben einen besonders starken Zug in die Tiefe verspürt. Extrem hoch wachsende Bäume wie die Fichte *(Picea abies)* oder die Weihrauch-Kiefer *(Pinus taeda)* weisen zwei Arten des PIN-Transportproteins auf, die vor langer Zeit durch eine Gen-Duplikation entstanden. Das sorgt dafür, dass ihre Wurzeln sich tiefer eingraben, und, wenn man so will, eine stärkere Neigung zeigen, dem Erdmittelpunkt zuzustreben.[7] Die Fichte kann bis zu 55 Meter hoch werden, doch sie könnte sich der Sonne nie so weit entgegenrecken, würde sie nicht diesen Zug zum Mittelpunkt der Erde verspüren.

Viele Bäume können sich tief im Erdreich verwurzeln. Die längste je gemessene Pfahlwurzel gehört einer wilden Feige und reicht 121 Meter in die Tiefe, sechs Meter mehr als der höchste bekannte Baum. Sie folgt der Schwerkraft durch Fels und Luft in den Echokammern der Höhlen von Mpumalanga in Südafrika. Die Pfahlwurzel ist gewöhnlich die erste Wurzel, die sich aus einem Baumsamen wie der Eichel entwickelt. Sie wächst gerade nach unten, um dem Baum Stabilität und Zugang zum Wasser zu geben.[8] Später entwickeln die meisten Bäume Herzwurzeln und Seitenwurzeln, die ab einem bestimmten Punkt anfangen, sich zu verzweigen und in die unzähligen Netzwerke der Erde einzutauchen. Was sie dort suchen, sind vergleichsweise große Mengen von Stickstoff und Phosphor, etwas weniger Kalzium, Magnesium und Kalium sowie Spuren von Aluminium, Selen, Bor, Schwefel, Kupfer, Zink, Eisen, Mangan und Molybdän. Während sie all diese Elemente aus dem Erdreich aufnehmen, können sie natürlich nicht über den »Tellerrand« hinausschauen. Allerdings können sie Konzentrationsgefälle erspüren. Unter der Erde sind Bäume blinde Forscher, aber wie alle Forscher verändern sie unwiderruflich die Welt, während sie sie erkunden. Manchmal stellen sie diese gar auf den Kopf. So können sie die Metalle, die sie dem Erdreich entziehen, ins 60 Meter hohe Laubdach pumpen. Im letzten Absatz von *Das Bewegungsvermögen der Pflanzen* schreiben Charles Darwin und sein Sohn Francis: »Wir glauben, dasz es bei Pflanzen keine wunderbarere Bildung gibt, soweit die Functionen derselben in Betracht kommen, als die Spitze des Würzelchens. Wenn die Spitze unbedeutend gedrückt, gebogen oder geschnitten wird, so leitet sie einen Einflusz auf den oberen, benachbarten Theil über und verursacht, dasz sich derselbe von der afficirten Seite wegbiegt; und was noch überraschender ist, die Spitze kann zwischen einem unbedeutend härteren und weicheren Gegenstande unterscheiden, von denen sie gleichzeitig auf entgegengesetzten Seiten gedrückt wird.«[9] Diese Mechanismen wurden nun bis auf die grundlegendste Ebene geklärt, aber die Darwins schrieben weiter: »Es ist kaum eine Übertreibung, wenn man sagt, dasz die in dieser Weise ausgerüstete Spitze des Würzelchens, welche das Vermögen die Bewegungen der benachbarten Theile zu leiten hat, gleich dem Gehirn eines der niederen Thiere wirkt; das Gehirn sitzt innerhalb des vorderen Ende des Kopfes, erhält Eindrücke von den Sinnesorganen und leitet die verschiedenen Bewegungen.«[10] Ein griesgrämiger Darwin schrieb 1879 an Joseph Hooker, den damaligen Direktor der Royal Botanic Gardens in Kew: »Unser Buch über die Bewegungen der Pflanzen wird viel Neues ans Tageslicht bringen, aber es wird reichlich langweilig ausfallen.« Weitere Forschungsarbeiten lassen Darwins Theorie vom »Wurzelgehirn« immer wahrscheinlicher wirken, und so ist das Buch längst keine langweilige Lektüre mehr. 2024 wies man nach, dass nicht-neuronale Zellen von Würmern sich an Wege zu schmackhafter Leber erinnern, die sie erlernt hatten, als sie noch mit einem Gehirn verbunden waren. Und sie sind in der Lage, diese Wege einem neuen Gehirn zu vermitteln, weil sie die Information mittels elektrischer Muster innerhalb der Zelle speichern. Die Idee eines vielschichtigen Gehirns, das sich durch das Erdreich zieht, ist nicht so verrückt, wie sie klingt, denn da und dort gibt es durchaus Belege dafür. Zellen, die von der Wurzelspitze abplatzen und ins Erdreich übergehen, setzen Kohlenstoff ab, binden giftiges Eisen und beeinflussen Bakterien und Pilze. Wurzeln wachsen auf das Geräusch von Wasser zu, genauer gesagt auf dessen Vibrationen. Elektrische Impulse lösen biochemische Reaktionen in einer bislang unvorstellbaren Geschwindigkeit aus. Andererseits geht es am eigentlichen Problem vorbei, wenn man fragt, ob Wurzeln Sinneserfahrungen machen können. Tiere müssen Sinnesorgane haben, um auf ihre Umwelt zu reagieren und jagen zu können. Bäume aber haben sich entwicklungsgeschichtlich für Ortsfestigkeit entschieden. Sie müssen nur existieren und finden und erschaffen. Dabei können Bakterien und Pilze als Scouts dienen. Diese sind gute Indikatoren für chemische Ablagerungen. Andererseits sind sie Trickster mit einer eigenen Agenda – was heißt, dass man ihnen nicht trauen kann, weil sie Nährstoffe gerne mal für sich behalten. Im Grunde müssen Wurzeln aus sich selbst heraus wachsen. Ihr Drang in die Tiefe wird dabei gebremst vom Muster der chemischen Stoffe unterhalb der Humusschicht und von ihren speziellen Bedürfnissen. Doch am Ende lassen sie sich auch von den härtesten Felsen nicht aufhalten.

❧

Phosphor ist eines der wichtigsten Elemente für alles Leben auf Erden. Er steht für ein Viertel der Nährstoffmenge, die ein Baum nicht selbst produzieren kann, sondern aus dem Gestein aufnehmen muss. Er wird als Teil der DNA und RNA gebraucht, für Zellmembranen und Proteine. Aber er ist auch unverzichtbar für den chemischen

Transport von Energie – dafür also, dass der Baum Energie in seine wachsenden Wurzeln und in seine Triebspitzen leiten kann. Viel von dem, was Bäume tun, um Erdreich zu bilden, ist ein Nebenprodukt ihres Hungers nach Phosphor.

Phosphor ist selbst ein hochreagibles Element, aber wenn es sich mit vier Sauerstoffatomen verbunden hat, entsteht ein stabiles Ion – Phosphat –, das weltweit in fast allen Arten von Gestein in kleinen Mengen vorkommt. Meist ist es in einem Mineral namens Apatit gebunden. Eine der aggressivsten Aktivitäten von Bäumen in junger Erde – das Zerkleinern von Felsen – steht in Verbindung mit dem Bemühen der Bäume, an das anorganische Phosphat zu gelangen, das eben in Gestein enthalten ist. In reifer Erde hingegen findet ein ständiger Wettstreit um das Recycling organischer Phosphate statt, also Phosphate, die bereits in Proteine, Membranen oder DNA eingebunden sind.

Auf der Jagd nach Phosphaten wurden Bäume häufig Opfer ihres eigenen Erfolges. Das frühe Meer war voll gelöster Apatitverbindungen, daher beruhen so viele chemische Stoffe, die für das Leben zentral sind, auf diesem Mineral. Als sich jedoch im Devon vor 358 Millionen Jahren die Bäume über die Erdoberfläche ausbreiteten, zerkleinerten sie die Erdoberfläche. Einer der unbeabsichtigten Effekte dabei war, dass Phosphate plötzlich schwerer zu finden waren. Bäume können kleinere Kohlenstoffketten absondern, die als Säuren Phosphate aus dem Fels lösen. Oder sie können Phosphatasen produzieren, große Proteine, die organische Phosphate aus Pflanzenabfällen abscheiden. Wie auch immer: Die Bäume sind ständig auf der Suche nach Phosphor und versuchen daher zu verhindern, dass Phosphor ausgewaschen und hinaus in den Ozean geleitet wird.

Gerade in kalkhaltiger Erde müssen Bäume Schwerstarbeit leisten, um Phosphate aufzutreiben, denn Phosphat und Kalzium binden sehr leicht aneinander, sodass die Bäume das Phosphat nicht mehr in flüssiger Form aufnehmen können.[11] Ich schreibe dies, während ich auf einer Geröllhalde in den Bergen sitze, und auf die Omalos-Hochebene in Kreta blicke. Über mir rascheln die Blätter der Ambelitsia oder der Kretischen Zelkoven *(Zelkova abelicea)*, die nach den ersten Frösten ein zauberhaftes Rot annehmen. In diesem Umfeld sind sie die Phosphat-Prospektoren, die ersten Bäume, die mit den Felsen hier zurechtkamen. Ihr Vorteil ist, dass es wenig Konkurrenz von anderen Bäumen gibt, denn es ist schwer, Phosphate aus dem Kalksteinboden zu lösen. Sie zerkleinern den Stein nicht nur mit ihren organischen Säuren, sondern auch mit der mechanischen Kraft ihrer Wurzeln. Die Blätter der Ambelitsien sind klein, steif und dick. Sie haben eine Mittelrippe, von der sieben Seitenadern nach links und rechts abgehen. Irgendetwas hat an den unteren Blättern genagt und so ihr Grundgerüst freigelegt. Ihr Bild findet sich auf Münzen aus Minos, die 5000 Jahre alt sind. Vom Tal herauf höre ich die Glöckchen der Schafe und Ziegen läuten. Die Luft ist klar, kalt und mineralisch. Es fühlt sich genauso an, wie es ist – im frühen Herbst, in dem sich alles auf die Regenfälle und den hohen Schnee im Winter vorbereitet.

Hinter mir wächst auf einem Felsen ein Adonisgärtchen, ein Garten, der sich mit wenig Erde begnügt. Hier sind es Habichtskraut und kleine Zwiebelgewächse wie *Allium callimischon* mit den bildschönen rosa gestreiften Blüten. Diese grünen Tupfen verteilen sich im Gefälle unterhalb der Bäume, als würden sie in deren Windschatten gedeihen. Man stelle sich die Geröllhalde als Bach vor und die Bäume als darin verankerte Pfosten, in deren Kielwasser sich Schlick anlagert. Einige der Bäume, die Kermeseiche oder die knorrigen Mittelmeer-Zypressen, ja selbst die kleinen, angeknabberten Wacholderbäume sind immergrün. Die Kretische Zelkove aber ist mit den Ulmen verwandt und wirft ihr Laub ab. In dem Zeitraum zwischen Laubbildung und Laubabwurf findet ein massives Kohlenstoffrecycling statt: Die Blätter fallen zu Boden, wo sie sich zersetzen und organische Säuren abgeben. Diese wiederum lösen den Kalkstein auf, auf dem der Baum wächst, und versorgen ihn so mit Phosphaten. Die Wurzeln, vor allem jene, deren Spitzen sich verkleinern, während sie sich einen Weg durch die Erde bahnen, setzen ebenfalls organische Säuren frei. Das ist der Grund, warum die Omalos-Hochebene, die ich im Moment vor Augen habe, eher rund ist. Vor langer Zeit begrenzte sie vermutlich ein Dreieck, dessen Hänge in verschiedene Richtungen zurückwichen. Dadurch senkte sich die Mitte ab. Aber die organischen Säuren, die die Bäume an den drei Hängen abgaben, haben den Kalkstein aufgelöst und so den Umriss der Hochebene geglättet.

Zelkova abelicea oder Ambelitsia wirkt ein wenig struppig, was sicher auch an der grauen Borke liegt, die sich streifig den Stamm hinaufzieht wie in Scheiben geschnittene Butter. Sie löst sich häufig, dann wird darunter eine blassere gelb-graue Rinde sichtbar. Die Borke ist von Moosen und Flechten durchsetzt. Das ist vermutlich der Grund, warum sie sich so oft löst. Dann knickt der Schnee im Winter nicht den ganzen Baum um. Auch die Flechten sondern übrigens Säuren ab und helfen so, den Kalkstein kleinzukriegen. Der spezielle Baum, unter dem ich gerade sitze, sieht alt aus – vermutlich gut hundert Jahre. Aber er könnte auch fünf oder zehnmal so alt sein. Irgendwann hat er einen Ast eingebüßt, vermutlich durch Schneebruch. Der gerade Teil des Stamms, der etwa so hoch ist wie ich, zeigt ganz oben einen dicken Wulst rund um die Bruchstelle – ein Loch. Die Borke hat sich um den Bruch herum verdickt, das graue Kernholz ist zum Vorschein getreten. Vielleicht hat sich auch einfach ein Schäfer einen Stab aus dem Ast geschnitzt. Als ich, von der Samaria-Schlucht kommend über den Gipfel des Melidaou zur Eligias-Schlucht gewandert bin, sind mir drei Schäfer begegnet. Alle drei hatten Stäbe aus der Ambelitsia in ihren Toyota-Pickups.

Der Baum ist selten, weil es ihn nur noch auf Kreta gibt, und auch hier nur in großer Höhe – mehr als 1200 Meter über dem Meeresspiegel. Im restlichen Kreta ist die Erdschicht zu dünn und zu nährstoffarm. Hier bildet die Ambelitsia nur kleinere Büsche. Die größten Bäume, die sich am wahrscheinlichsten vermehren, stehen auf der kreisrunden Hochebene selbst. Sie profitieren von der Erdschicht, die ihre Artgenossen über die Jahrhunderte aus dem Berg herausgelöst haben. Nachdem sie viel Energie in die Ausbildung ihrer Äste verwendet haben, sprießen daran kleine Blätter und Zweiglein, was ihnen einen knorrigen und struppigen Anstrich verleiht. Die Noppen auf der jungen Borke sind Sprossmeristeme, Bildungsgewebe, aus dem neue Seitenäste treiben können. Unter der Erde verhalten die Wurzeln sich durchaus ähnlich. Auch sie sprießen immer weiter aus Wurzelmeristemen und jagen in den Spalten und Rissen des Bodens nach Phosphaten. So findet die Ambelitsia in ihrer bergigen Oase auf einer Insel alles, was sie braucht, um zu einem Baum heranzuwachsen.

❧

Aber Bäume haben auch Mittel und Wege gefunden, um in saurer Erde Phosphor aus organischen Molekülen zu lösen, in denen er gebunden ist. In Böden mit niedrigem pH-Wert enthält die Erde größere Mengen Aluminium und Eisen. Beides geht eine starke Bindung mit den Phosphaten ein. Und Bäume auf alter Erde versauern ihre Umgebung häufig.

Der seltene Duraka – was in der Sprache des indigenen Barévolkes »der Steife« heißt – wächst nur in einer eng umgrenzten Region von Brasilien, am Rio Curicuriari. Dieser ist ein dunkler, saurer Nebenfluss des Rio Negro, der in der Nähe von São Gabriel da Cachoeira mündet, unter den schroff gezackten Gipfeln aus rotem Granit der Serra do Curicuriari. Der Baum hat einen beeindruckenden Stamm von 50 Meter Höhe und vier Meter Umfang, der sich manchmal in mehrere Stämme aufteilen kann. Die rote Borke weist tiefe Furchen auf und wird meist von dünnen Flechten besiedelt. 1935 ordnete Adolpho Ducke, der meisterhafte Klassifikator der Flora des Amazonasbeckens, den Baum als zur Art *Aguiaria* gehörend ein. Und er gab ihm den Namen *Aguiaria excelsa*, was so viel heißt wie »edel« oder »erhaben«. Was wiederum darauf hinweist, dass der Baum über das Laubdach des Regenwaldes hinauswächst. Die trockenen Samen erstaunten ihn: »Diese Art von Samenkammern kenne ich von anderen Pflanzenarten nicht«, schrieb er.[12] Anders als so viele der großen, fleischigen Früchte des Amazonas sind diese hier braun und trocken. Das Exokarp, die äußerste Schicht der Fruchtwand, teilt sich in fünf Klappen, die sich öffnen wie Flügel, sodass der Same langsam zu Boden schwebt. Unten angekommen, stehen die fünf Klappen auf dem Boden und lassen das Gebilde aussehen wie ein futuristisches Raumschiff oder einen Bakteriophagen. Der Same wird oben gehalten und unter dem Schutz der Klappen kann er keimen – immer noch oberhalb des Bodens. Später schickt er eine Wurzel nach unten, um an Wasser zu kommen, wodurch der Keimling sanft auf der tiefen Schicht Falllaub landet, einer Decke, die der Baum für seine Nachkommen ausbreitet, damit sie darin wurzeln können.

Dass der Baum so selten ist und nur in einem recht begrenzten Bereich des Amazonas wächst, hat vermutlich mit dieser Samenform zu tun: Die fünfflügeligen Hubschrauberblätter erlauben den Samen keine weite Reise, wie es zum Beispiel die saftigen Camu-Camu-Früchte tun, die von Fischen gefressen werden, oder die roten und schwarzen Huayruro-Samen, die von Vögeln verbreitet werden. Ich habe mich unter diesen Bäumen versteckt, als ein gewaltiger Sturm heranzog, und obwohl ich nass wurde bis auf die Haut, war unter den Bäumen nicht der geringste Windstoß zu spüren. Diese speziellen Samen sind ein Mechanismus, die den Duraka-Samling mit ausreichend Phosphor versorgen. Die Jungpflanzen, stramme Sämlinge mit hellgrünen Blattpaaren und langen Tropfspitzen, finden sich überall auf dem Waldboden, auf abgestorbenen Stämmen ebenso wie auf hängenden Lianen. Duraka-Bäume sind von Leguminosen umgeben, Bäume, die mithilfe von Bakterien Stickstoff fixieren. Aber Phosphor, den zum Beispiel Wacholderbüsche aus dem Kalkstein lösen, ist in diesen Wäldern eher selten. Unterhalb der Falllaubschicht stoßen wir nämlich auf weißen Sand, fast reines Silicium mit nur wenig Pflanzenmaterial, dem man beim Verrotten fast zusehen kann. Die Fähigkeit der Samen, auf den toten Blättern ihres Elternbaumes aufzusetzen und nicht in die beinahe knietiefe Falllaubschicht zu versinken, ist ein Vorteil, der den Sämlingen genug Phosphor verschafft.[13]

Flüsse erzählen uns so einiges über das, was an ihren Ufern passiert. Der Rio Negro weist einen ölig-schwarzen Schimmer auf, der Rio Solimões wirkt eher wie Cappuccino mit viel Milch. Die Flüsse unterscheiden sich massiv, was pH-Wert und Temperatur angeht. Organische Säuren, die etwa von Duraka-Bäumen in den Rio Negro abgegeben werden, senken den pH-Wert auf 4 ab. Da in seinem Einzugsgebiet im Hochland von Guyana[14] in Kolumbien und Venezuela uralte Granit- und Sandsteinfelsen verwittern (die vor 1,7 Milliarden Jahren, also lange bevor es Leben auf der Erde gab, aus Sanddünnen entstanden sind), filtern die Bäume am oberen Flusslauf den Großteil der Nährstoffe aus. Zurück bleibt einzig die Huminsäure, die sie ausscheiden und die dem Wasser sein torfiges Aussehen verleiht. Die jungen Berge in den Anden hingegen leiten ihr überflüssiges Sediment in den Rio Solimões ab – mehr als genug, um die organischen Säuren zu neutralisieren, die Palmen und Zedern am Rio Marañon in Peru absondern oder die dichten Wälder am Unterlauf des Rio Solimões. Sie liefern den Bäumen am Flusslauf genügend Nährstoffe.

Staub aus dem Rest der Welt, vor allem aus der Sahara, sorgt zwar für eine Extraportion Phosphate, die die Produktivität am Amazonas steigern. Doch über eine Fläche von 6,7 Millionen Quadratkilometer verteilt ist (was neunzehnmal so groß wie Deutschland ist) und bleibt der Phosphor der das Wachstum begrenzende Faktor.[15]

Wenn die Phosphate im Regenwald knapp werden, können die Pflanzen nicht viel dagegen unternehmen, außer sich zu diversifizieren und kleine Welten innerhalb der größeren zu bilden. Wurzeln und Myzele verbreiten sich durch die dünne Erdschicht an der Oberfläche und kämpfen um die Phosphate, die in hoher Konzentration im Falllaub vorhanden sind. Auch andere verrottende Stoffe setzen Phosphatasen frei. Die Wurzelspitze spürt Veränderungen in der Konzentration der freigesetzten Stoffwechselprodukte auf und übersetzt diese in Signale, die sich auf das Wurzelwachstum auswirken. So stimmt die Pflanze ihr oberirdisches Wachstum auf die unterirdisch verfügbaren Nährstoffe ab. Der schnelle Umsatz organischer Materie im tropischen Regenwald macht einen einfachen Zugang zu Phosphaten lebensnotwendig. In den uralten Wäldern am Amazonas dominieren in den obersten 30 Zentimetern des Erdreichs die Feinwurzeln, weil die Nährstoffdichte dort eher gering ausfällt. Häufig wandern Nährstoffe aus dem Oberboden ab, weshalb die Pflanzen tiefe Wurzeln ausbilden, um die Ionen wieder nach oben zu transportieren. Das gilt vor allem für Kalium.

Ich hatte keine Gelegenheit, das Wurzelwerk der Duraka-Bäume zu sehen, aber bei einer Bootsfahrt über den Fluss passierten wir eine Stelle, an der ein uralter Angelim-Vermelho-Baum umgestürzt war. Sein Wurzelrund war im Durchmesser größer als ich und hinterließ eine weite, halbrunde Grube aus weißem Sand. Der Baum war etwa zwei Monate zuvor umgestürzt, erzählten meine Begleiter, doch sowohl Wurzeln als auch der Stamm waren schon übersät mit grünen Trieben, die sich dem Licht entgegenreckten. Der Sandboden, in dem der Baum gewachsen war, lag nackt da und war knochenweiß. Ganz offensichtlich enthielt er keinerlei Nährstoffe und war pures Silicium. Sichtbar waren zwei Wurzelkanäle, geisterhafte Abdrücke der Pfahlwurzeln, mit denen der Baum in der Tiefe nach Nahrung gesucht hatte. An solchen Orten muss die Pflanze ständig abwägen: Anfangs bildet sie viele Blätter statt etwa holzige Strukturen. Später wachsen sehr schnell Feinwurzeln in die Richtung, wo Phosphat oder Kalzium verfügbar scheinen – durch ein totes Tier oder einen umgestürzten Baum. Dieser Mineralstoff wird schnell aufgenommen, sodass die Feinwurzeln auch ebenso schnell absterben.[16] Am längsten überleben sie in schwierigem Gelände – sauren, sandigen oder häufig überfluteten Böden –, wo sie den Oberboden durchwurzeln und nur hin und wieder Wurzeln in die Tiefe schicken, um seltenere Mineralstoffe wie Kalium zu ergattern.

Vielleicht liegt es ja an der Konkurrenz um Nährstoffe, dass bestimmte Bäume im Amazonasbecken Mittel und Wege gefunden haben, Mineralstoffe zu verwerten, die andere Bäume im Boden lassen oder toxisch finden. Dass Alfred Russell Wallace gleichzeitig mit Charles Darwin den Mechanismus der natürlichen Selektion entdeckte, lag vermutlich an seiner ausgiebigen Sammeltätigkeit während seiner Forschungsreise entlang des Amazonas. Er erzählt die Geschichte der Pupúnha-Palme, deren eleganter Stamm voller schmerzhafter Stacheln ist (und ich spreche hier aus persönlicher Erfahrung).[17] Wallace hatte am Rio Uapés, einem Nebenfluss des Rio Negro, ein paar unglückliche Papageien gefangen. Ihre »Einwendungen gegen die Beschneidung ihrer Freiheit bescherten mir enorme Schwierigkeiten«, schreibt er. Sie bissen sich nämlich in wenigen Stunden durch die Holzstäbe ihrer Käfige. Wallace fing schon an zu verzweifeln, als einer der örtlichen Helfer ihm zu Hilfe eilte. »Einer meiner Indios empfahl mir, es mit Pupúnha zu versuchen. Er versicherte mir, dass die Vögel dieses Holz nicht durchbekämen, und wenn ihre Schnäbel aus Eisen wären.« Wallace folgte dem Rat und stellte fest, dass die armen Papageien »mit ihren beständigsten Bemühungen in dem Holz kaum Spuren hinterließen«. Wie das bei vielen Bäumen am Amazonas so ist, ist auch der Stamm der Palme mit Silikaten verstärkt, die im Xylemparenchym eingelagert sind. Silikate stellen 95 Prozent des Granits im Quellgebiet des Rio Negro. Sie dienen einesteils dem Selbstschutz der Pflanze, neutralisieren aber auch das saure Flusswasser und die giftigen, aber verbreiteten Aluminiumionen, die manchen Pflanzen Schaden zufügen.

Den Amazonas ein wenig weiter hinunter sind es die schönen Ritterspornbäume *(Vochysiaceae)*[18], die Aluminium aufnehmen, um es als Waffe einzusetzen. Sie konzentrieren es in den essbarsten Teilen ihrer knackigen grünen Blätter und den purpurfarbenen oder gelben Blüten. Ihre Wurzeln treiben in gut zehn Metern Tiefe Bergbau, um Aluminium zu gewinnen. Sie sammeln das Aluminium, auch wenn es nicht zuhauf im Boden vorhanden ist. Dass sie die Metallionen an die Oberfläche bringen, verändert ganz entscheidend die Vegetation in ihrer Umgebung. Paradoxerweise wachsen die Bäume in Gegenden mit den ertragreichsten Bauxitlagerstätten der Welt und werden wegen des Aluminiumerzes von den Minengesellschaften bedroht.

Wo die üblichen Mineralstoffe, die die Strukturen des Lebens bilden, fehlen, suchen Bäume anderweitig nach Ersatz. Paranussbäume, die weit über das Laubdach des Regenwaldes hinausragen, holen Selen aus der Erde und transportieren es durch den 60 Meter hohen Stamm, damit es bei Schwefelmangel zur Produktion der Aminosäuren Methionin und Cystein in den sich herausbildenden Nüssen verwendet werden kann. »Ersatz« dürfte allerdings das falsche Wort sein, denn Selenomethionin oder Selenocystein sind ausgesprochen nützliche Stoffe, weil sie wenig hilfreiche Prädatoren wie den Menschen vergiften, allerdings nur, wenn zu viele Nüsse verzehrt werden.[19] Kurz gesagt: Das Ausmaß, in dem Bäume sich jedes Element, das sie unter der Erde finden, dienstbar machen, würde uns vermutlich verblüffen …

Diese Umformungsprozesse sind jedoch schwer zu quantifizieren und scheinen an der eigentlichen Frage auch vorbeizugehen. Denn wird Erdreich *geschaffen*, wenn Mineralstoffe daraus gelöst beziehungsweise konzentriert werden, um sie zu Waffen zu machen? Üben diese seltenen Bäume *tatsächlich* eine Wirkung auf globaler Ebene aus? Für eine Menschenwelt, die davon überzeugt ist, für das Anthropozän verantwortlich zu sein, scheinen diese molekularen Veränderungen unerheblich zu sein: Ein Satellitenbild wird die breiten roten Narben des Bauxitabbaus zeigen, aber nicht die kleinteiligen Variationen des Grüns an den Ritterspornbäumen, wenn sie Aluminium extrahieren und es in Blättern und Blüten einlagern, um sich vor Verbiss zu schützen. In anderen Regionen wie in Neukaledonien ist *Araucaria laubenfelsii*, die Nickel abbaut, hochgradig durch den Menschen gefährdet. Und wieder können wir nur die Narben sehen, die die Hand des Menschen zurücklässt – der Baum ist einfach nur grün. Wenn wir das Leben des Menschen auf der Erde als Momentaufnahme betrachten, scheint es beinahe engstirnig, sich um das Upcycling von Mineralstoffen durch die Bäume kümmern zu wollen, um diese unendlich winzigen Veränderungen in einem Sandkorn. Doch wenn wir uns klarmachen, dass Bäume 30 Prozent der Landmasse der Welt bedecken und sie der hauptsächliche Weg sind, wie solche Mineralstoffe in die Nahrungskette gelangen, dann sind selbst die merkwürdigsten Beziehungen von Bedeutung. Schließlich könnte irgendwann einmal der Rest des irdischen Lebens von ihnen abhängen. Vor allem, wenn das Chaos überhandnimmt.

Wir haben den großen Wandel an der Kreide-Paläogen-Grenze vor 66 Millionen bereits angesprochen. Die Fossilien aus jener Zeit sagen uns, dass damals Pollen in aller Welt von Pilzsporen verdrängt wurden. Zu jener Zeit starb der Großteil der vorhandenen Wälder ab. Die Bäume, die überlebten, hatten mit der Dunkelheit zu kämpfen und mit dem veränderten Klima. Als die Welt sich von dem Asteroideneinschlag erholte, breiteten sich die Angiospermen aus. Erst nach dem Chixculub-Asteroiden konnten die Blühpflanzen die Erde überziehen, bis sie 90 Prozent des Globus für sich beanspruchten.

Es gibt viele Theorien darüber, warum es zu dieser Veränderung kam. Jahrelang dachte man, es hätte mit Sex zu tun: dass die Blüten der Angiospermen den Bäumen eine schnellere Reproduktion erlaubten als die vom Wind übertragenen Pollen der Gymnospermen. Mittlerweile aber hält man andere Faktoren für ebenso bedeutsam. So geht man beispielsweise davon aus, dass Gymnospermen sich um etwas mühen mussten, was sie nicht hatten, Angiospermen hingegen Energie sparten, indem sie einfach nur das Vorhandene recycelten – was effizienter war, aber weniger originell. Natürlich ist es notorisch schwierig, in der schlüpfrigen Welt des Untergrunds etwas konkret zu beweisen, aber es scheint, dass Angiospermen die Gymnospermen zu kopieren versuchten. Sie nutzten ihre vielen, feineren und besser ausgerichteten Wurzeln, um sich dessen zu bemächtigen, was die dickeren und tieferen Wurzeln der Gymnospermen geschaffen hatten. »Ich folge den gewundenen Pfaden der Wurzeln, die die Erde sprengen«, schreibt die ukrainisch-brasilianische Dichterin Clarice Lispector, Pionierin eines experimentellen Schreibstils. Die Angiospermen folgten ganz offensichtlich den gewundenen Pfaden der Gymnospermen.

Doch dieses Recycling führte zu einem heftigen Konkurrenzkampf unter der Erde, mit Bäumen, die das Erdreich zur Waffe gegen die Konkurrenz machen. Die chinesische Region Shennongjia, die zum Daba-Gebirge gehört, ist ein verschachteltes Bergmassiv, bedeckt von einem Laubwald, der die höchste Biodiversität der Welt aufweist. Die dort gefundenen Fossilien zeigen, dass es sich um eine ausgesprochen stabile Region handelt, in der die Baumpopulation sich über Jahrmillionen langsam entwickeln konnte. Die Region wurde nach dem mythischen Bauernkaiser, dem Erhabenen Shennong, benannt, der im 14. Jahrhundert vor unserer Zeitrechnung den Tee, den Pflug und die Hacke erfunden haben soll. Eine Geschichte aus dem sogenannten Epos der Dunkelheit besagt, dass er eine *jia*, eine Rattanleiter, benutzt hat, um die Berggipfel zu erklimmen. Als er sie fallen ließ, zerbrach sie und aus ihren Bruchstücken entstanden die Wälder.

2020 konnte Lijuan Sun vom Institut für Ökologie in Beijing experimentell belegen, dass Angiospermen sich mithilfe der Exsudaten ihrer Wurzeln heftige Verteilungskämpfe liefern. Sein Team erfasste 18 miteinander verknüpfte Baum- und Straucharten und zeigte, dass sie einen lebhaften biochemischen Tanz aufführten, bei dem gelegentlich auch zum Degen gegriffen wurde. Mitunter wurden auch Allianzen geschmiedet zwischen immergrünen und laubabwerfenden Bäumen oder auch zwischen nahe verwandten Bäumen oder Bäumen unterschiedlicher Höhe. Aber abgesehen von solchen kurzfristigen Bündnissen bekämpfte man einander. Zur Fraktion der Immergrünen gehörten der Lorbeer, die Persimone und die Rhododendren sowie der halb-immergrüne Schneeball. Auf der Seite der Laubabwerfenden sehen wir den Ahorn, etwa *Acer davidii* und *Acer palmatum* sowie *Acer mono*. Diese koexistieren dort mit der Eiche, zu deren Arten der bildschöne *Cyclobalanopsis oxyodon* zählt, weil seine Eicheln aus einem runden Kelch herausragen und an das Magma eines trägen Vulkans oder eine der traditionellen chinesischen Kopfbedeckungen erinnern. Oder *Quercus serrata* mit langen ledrigen Blättern und einer tief gefurchten Borke. Ihnen zugesellt haben sich eine großblütige Magnolie und eine Vogelbeere. Der Kampf dieser 18 Arten wird mit harten Bandagen geführt: Jeder Baum versucht, durch die Freisetzung von Enzymen und Säuren zu beeinflussen, welche Metalle und anorganische Ionen im Boden verfügbar sind.

An anderen Orten in den Daba-Bergen enthalten sich die Gymnospermen jeglicher Art von Konkurrenzkampf und bilden nur kleine Gruppen aus einer oder zwei Arten. Zwischen den bizarr verwitterten Granitgipfeln des Massivs stößt man immer wieder auf Gruppen von *Cryptomeria*, der Sicheltanne. (Ihr botanischer Name bedeutet so viel wie »alles verborgen«, denn die Blütenzapfen verbergen sich unter den Nadeln.) Sie setzen dunkelgrüne Streifen in die nebelverhangenen Täler. Einige dieser Gehölze sind mehr als tausend Jahre alt. Man glaubt, dass sie aus Japan kommen, wo es *Cryptomeria* gibt, die mehr als 2000 Jahre alt sind: Der Jōmon Sugi auf Yakushima beispielsweise misst gut 25 Meter. Normalerweise allerdings werden *Cryptomeria* zur Holzgewinnung in Monokulturen gepflanzt. Der erfolgreiche Anbau zu wirtschaftlichen Zwecken in Japan, China und den Azoren, wo man sie im 19. Jahrhundert einführte, erregte das Interesse der Wissenschaftler. Man untersuchte das Erdreich in solchen Anpflanzungen und stellte dabei fest, dass lösliches Kalzium und Magnesium in höherer Konzentration auftraten als üblich. So wuchsen die Bäume schneller und gerader, und das in kürzerer Zeit. Unter warmen und feuchten Klimabedingungen sonderten die Bäume so viel Säure ab, dass sie den Fels unter sich sehr viel effizienter »verdauten«, was anderen Bäumen die Lebensgrundlage entzog.[20]

Cryptomeria findet sich auch in Fossilien in Derbyshire, Island und Italien. Wie beim Ginkgo oder beim chinesischen Mammutbaum waren ihre Vorfahren einst über die ganze nördliche Hemisphäre verbreitet, was heißt, dass diese Bäume mit ihren Säuren über Jahrmillionen den Großteil der Erde beeinflussten. Gymnospermen gelten auch als Ur-Archetyp für stresstolerante Organismen. Als die Angiospermen anfingen, sich an dem Erdreich zu bedienen, das die Tiefenwurzeln der Gymnospermen gebildet hatten, wurden diese in eher ungewöhnliche Regionen gelockt. Ein Ort, an dem Gymnospermen heute noch gedeihen, ist Neukaledonien, eine Inselgruppe im südlichen Pazifik, zwischen den Fidji-Inseln und Vanuatu. Dort wachsen 43 endemische Arten. Neukaledonien ist ein Bruchstück von Gondwana, dem uralten Superkontinent, der vor etwa 180 Millionen Jahren anfing auseinanderzubrechen. Ein Großteil des dortigen Gesteins ist ultramafisch: Vulkangestein mit einem hohen Gehalt an Magnesium und Eisen. Mitunter findet man auch hohe Konzentrationen von Nickel, Kobalt, Chrom und Mangan. Durch

Auswaschungen bilden sich Säuren. Nur an diesen Standort speziell angepasste Bäume wie die Araukarien – Gymnospermen mit schuppig angeordneten Blättern und seltsam unordentlich wachsenden Ästen (deren bekanntester Verwandter die Chilenische Araukarie ist) – können sich dort eine Nische zum Überleben schaffen. Sie müssen allerdings mit einem Mangel an Stickstoff, Kalium und Phosphor zurechtkommen.

Niemand hat je das Rätsel gelöst, wie die Araukarie auf diesem giftigen Erdreich bestehen kann. Andrew Smith, einer meiner Professoren in Oxford, stellte dazu interessante Forschungsarbeiten an. Er arbeitete mit einer kleinwüchsigen Steinkresse namens *Alyssum lesbiacum* (heute: *Odontarrhena lesbiacum*), die so heißt, weil sie nur auf Lesbos wächst, jener griechischen Insel, die bekannt ist für ihre ultramafischen Serpentinböden. Ich kenne diesen Bodentyp von den Berggipfeln der Westtürkei, wo man Gruppen von *Fritillaria serpenticola* findet, einer Zwiebelpflanze mit grau-grünen Blättern und hübschen glockenähnlichen Blüten in kräftigem Gelb, die in diesen Bergen endemisch ist. Serpentinböden ziehen sich als dünne Schicht über die Gipfel der Felsen, die schwer zu besteigen sind. Der Boden rutscht nach unten ab, gelangt so unter Fingernägel und in Wanderschuhe. Das Gestein hat eine wunderschöne rot-grün-braune Farbe und schimmert manchmal in der Sonne wie Schlangenhaut. Häufig windet es sich auch schlangengleich aus einem Kalksteinhügel hervor.

Viele Pflanzen, die mit toxischem Erdreich zurechtkommen, können nützliche von toxischen Metallen unterscheiden, die sie dann nicht aufnehmen. Die von Professor Smith untersuchte Art allerdings absorbierte Nickel und lagerte das Metall in den oberirdischen Trieben ein, bis zu einer Konzentration von vier Prozent. Das wäre unter den meisten Umständen gefährlich. Aber *Alyssum lesbiacum* produziert gleichzeitig freies Histidin, eine positiv geladene Aminosäure mit einem Stickstoff enthaltenden Ringmolekül, das Nickelionen binden und neutralisieren kann, sobald sie in die Wurzel eindringen. *Pycnandra acuminata*, ein Baum aus Neukaledonien, lagert so viel Nickel ein, dass er meergrünes Latex absondert, wenn man ihn schlägt, weil Nickel 25 Prozent vom Trockengewicht des Stammes ausmacht. Es scheint, dass diese Hyperakkumulatoren dies nicht etwa tun, um in derart toxischem Erdreich besser überleben zu können, sondern weil sie aus dem Metall einen Schutzwall gegen Pilze und Bakterien errichten. Ihr Falllaub erhöht zudem die Nickelkonzentration im Boden, sodass sie gegen Pflanzenfresser und Nährstoffkonkurrenten gleichermaßen geschützt sind.

❧

Warum aber reichern Bäume das entstandene Erdreich mit Kohlenstoff an, sobald sie das Gestein für ihre Zwecke zerkleinert haben? Nirgendwo ist der Bergbau, den Bäume mit Felsen treiben, sichtbarer als in den Wacholderwäldern der Provinz Ziarat in Pakistan.[21] Von Quetta aus ist es etwa eine Stunde Fahrt in die ariden Berge an der Grenze zu Afghanistan. Dann sehen Sie auf 110 000 Hektar einen Wald aus den ältesten und härtesten Bäumen der Welt: *Juniperus excelsa*, der größer und beeindruckender ist als der Gin-Tonic-Wacholder, erstreckt sich über die ansonsten kahlen Hügel.[22] Die Legende erzählt, dass diese Bäume einst von Afghanistan nach Pakistan wanderten und sich auf blankem Felsen niederließen, den sie zermalmten, um den herumziehenden Sufi-Heiligen und ihren Gemeinden eine Heimstatt zu geben. Wie diese Legende entstanden ist, lässt sich heute noch nachvollziehen. Hoch oben auf einem Hügel habe ich einen Baum gesehen, der auf einem riesigen Felsen wuchs. Seine Wurzel war fast so dick wie sein Stamm und bohrte sich in den Stein und spaltete den Fels.

Diese Bäume bauen Felsen buchstäblich ab, um Nährstoffe zu gewinnen, von denen sie leben können. Was übrig bleibt, verwandeln sie in Erde, indem sie Kohlenstoff ausscheiden. Ihre feinen Wurzeln sondieren ständig den umgebenden Fels. Dann sterben sie teilweise ab, wodurch komplexe Kohlenhydrate entstehen, die das um sie herum entstehende Ökosystem aufbauen und Erde bilden. Zuletzt profitieren auch die Bäume von der durch diese Zusammenarbeit geschaffenen Umwelt. Je älter die Bäume sind, desto mehr Kohlenstoff geben sie in die Erde ab. Sie sehen das an den riesigen Wurzeln dieser knorrigen Bäume, die mehr als tausend Jahre alt sein sollen. Ihre flockige Borke blättert ab, während die Wurzeln Felsen und Erde durchbohren, mit dem Drehmoment der Jahrhunderte. An einer Stelle durchschnitt eine Straße das Wurzelwerk eines solchen Baumes, und da lagen die Wurzeln nun frei und schoben sich horizontal durch die Erde. Das Bruchmuster ließ an die Spuren eines Pressluftbohrers denken, der sich vorsichtig in den zersplitterten Fels schiebt. Daneben ein winziger Wacholdersämling, der seine Wurzeln, länger als sein kleiner Stamm, in das Erdreich einer der Bruchstellen schickte, die der elterliche Baum hinterlassen hatte.

In den 1920ern begann ein schwedischer Botaniker namens Henrik Lundegårdh zu untersuchen, welche Auswirkung Pflanzen auf die Erde haben. Er war es, der herausfand, dass sie große Mengen Kohlenstoff an das Erdreich abgaben. Jahrhundertelang hatte man über das Problem der Bodenbildung nachgedacht, aber die Rolle des Kohlenstoffs ignoriert. Alle großen Naturphilosophen von Aristoteles über al-Kindhi bis hin zu Konfuzius hatten den Vorgang auf ihre Weise erklärt. Das mag daran liegen, dass Bäume drei verschiedene Wege kennen, um die Erde mit Kohlenstoff anzureichern. Der erste ist offensichtlich: Abgefallene Zweige und Blätter verrotten unter aktiver Mitwirkung von Millionen Mikroorganismen unter dem Baum zu Humus. Der zweite Transferpfad ist das Verrotten von Wurzeln im Boden; der dritte besteht darin, dass die Pflanzen kohlenstoffhaltiges Material über die Wurzeln in die Erde abgeben. Alle drei Prozesse bringen organisch gebundenen Kohlenstoff in den Boden ein. Diese von den Pflanzen gebildeten langen Kohlenstoffketten sitzen nun im Erdreich fest und können nur durch die Aktivität von Mikroben – manchmal auch der Pflanzen selbst – wieder freigesetzt werden.

Lundegardh und andere Botaniker, die den Kohlenstofffluss im Boden nachverfolgen, haben dabei den individuellen Stoffwechsel der Pflanze in den Blick genommen und die gefundenen Werte dann auf ein globales Niveau hochgerechnet. Aber weil für diese Experimente exakt messbare Werte gebraucht werden, haben sie mit Weizen und Kresse gearbeitet – mit kleinen Pflanzen, die wiederum kleine Wurzeln haben. Bäume sind sowohl größer als auch älter. Sie binden also während ihres Heranreifens sehr viel Kohlenstoff in der Erde. Das wiederum bedeutet, dass der organische Kohlenstoff im Boden eine Kraftquelle ist, die unter Wäldern und Forsten, Hecken und frei wachsenden Bäumen schlummert und für den Kampf gegen den Klimawandel ganz entscheidend ist. Es heißt auch, dass jede Form der Entwaldung Kohlenstoff in katastrophalem Ausmaß freisetzen kann. Die Wacholderbäume in den Wäldern von Ziarat weben Kohlenstoffketten durch die Felsen. Sollten diese Wälder verloren gehen, dann würde der Kohlenstoff sukzessive abgebaut und langsam in die Atmosphäre übergehen.

Würden Sie Ihr Leben für einen Baum riskieren? Würden Sie mit Ihrem Leben gegen den Klimawandel ankämpfen wollen? Würden Sie Leib und Leben gefährden, um mithilfe einer Exceltabelle auszurechnen, wie viel Kohlenstoff genau in jenen 110 000 Hektar Bergwald gebunden ist? Mit besonderem Augenmerk auf den organisch gebundenen Kohlenstoff im Boden? Als ich meinem Gastgeber in Karachi erklärte, dass ich gerne die Wacholderwälder in der Nähe von Quetta besuchen würde, blickte er ein wenig besorgt drein, denn sie liegen nur etwa 200 Kilometer von Kandahar in Afghanistan entfernt. Bald aber mailte er zurück: Wir könnten hinfahren und würden vom Balochistan Forestry Service empfangen werden.

Am Flughafen empfing uns Dr. Niaz Khan Kakar mit seinem Team mit einem riesigen Kranz weißer und roter Rosen, einem breiten Lächeln und einem stämmigen Personenschützer. In meinen Augen war das ein bisschen übertrieben, schließlich fuhren wir nur ein wenig über die Stadtgrenze hinaus zum Hauptquartier der Forstverwaltung. In einem Dorf war Markttag, und die Straßen waren blockiert. Alle Frauen trugen Burka und die Männer AK-47-Kalaschnikows. Einige hatten ausgewachsene Maschinenpistolen und andere Schusswaffen. Ein anderer wedelte mit seiner Panzerbüchse vor unseren Augen herum. »Unsinn!«, sagte ich zu meinem Begleiter. »Nur weil die Leute Waffen tragen, sind sie noch keine Taliban.«

»Taliban?«, sagte Dr. Niaz, der sehr schnell zu einem Freund wurde. »Natürlich sind das Taliban. Letztes Jahr haben sie meinen Bruder umgebracht, der Richter war. Aber du könntest ohne Weiteres über den Markt spazieren, und es würde dir nichts passieren. Du müsstest schon öfter hier sein, damit sie dir was tun. Aber wenn du das dritte oder das achte Mal über den Markt spazierst, dann kidnappen sie dich vielleicht, um Lösegeld zu erpressen. Zack und ab über die Grenze nach Afghanistan. Du siehst so amerikanisch aus und so unglaublich reich …« Beim letzten Satz lachte er, und ich dachte reumütig an mein Bankkonto und meinen langen Mantel, der fast schon auseinanderfiel. Ich hatte ihn von meiner Mutter geliehen, um den Regeln der Sittlichkeit zu gehorchen.

Später am Abend saßen wir im Licht der Dämmerung unter einer riesigen Platane *(Platanus orientalis)* und wickelten uns in Decken ein. Exilmusiker aus Kandahar sangen von blühenden Kirschbäumen und den Mädchen, die zur Quelle gehen und dann im Mondlicht unter den Weiden herumtändeln. Und mir wurde klar, was es bedeutete, zu einer Organisation zu gehören, deren Mitglieder jeden Tag ihr Leben für den Wacholderwald von Ziarat riskieren. Viele von ihnen sind Frauen. Maria stammte aus der heiß umkämpften katholischen Gemeinde von Quetta. Trotzig arbeitete sie immer noch ohne Kopftuch. Gul war eine Hazara, eine von den Taliban verfolgte Minderheit in Afghanistan. Sie nahm jeden Tag ihre elf Geschwister mit zur Arbeit. Babrak hatte zu den Taliban gehört, bevor er Beamter wurde. Er hatte sein Englisch von Jane Austen gelernt und kannte wie ich weite Teile von *Anne Elliot* auswendig. Er rezitierte daraus, während er uns überaus geschickt in einem Affenzahn über die Bergstraßen kutschierte. Er blies den Haschischrauch aus dem Fenster und meinte: »Niemand will doch sein Leben lang ein stilles Wasser sein.« Meine Hände krampften sich um den Griff der Wagentür, und ich konnte ihm diesbezüglich nur teilweise zustimmen.

Der Balochistan Forestry Service setzt sich zusammen aus mutigen Baumfreunden aus allen Teilen Pakistans, die nahezu täglich Bedrohungen für die Wälder abwenden – nicht nur die afghanischen Taliban auf der einen Seite der Grenze und die pakistanischen auf der anderen. Sie haben auch schwierige ethische Fragen zu lösen. Als wir eines Abends im Mondlicht beisammensaßen, erklärte uns Niaz Khan Kakar die Probleme, mit denen sie hier konfrontiert waren. Die Taliban schmuggeln Drogen und andere Güter über die Berge. Da Opium nicht mehr in größerem Umfang angebaut wird, sind es meist Methamphetamine. Diese lassen sich leicht aus *Ephedra* synthetisieren, einer kleinen dornigen Pflanze, die in den Bergen wächst.[23] Sie denken sich gar nichts dabei, einen Baum so zu beschädigen, dass er abstirbt. Mitunter sprengen sie Bäume, damit sie Straßen bauen können. Oder sie fällen sie, um sich einen kleinen Zusatzverdienst zu verschaffen. Und es gibt große Gebiete mit alten Bäumen an unzugänglichen Berghängen, auf die sie es abgesehen haben. Doch nötigenfalls kann man Bäume ebenso mit der Waffe verteidigen, auch wenn das gefährlich ist. Die schwierigeren Probleme sind die, die das Wohlergehen der örtlichen Bevölkerung betreffen: der Freunde, Nachbarn und Angehörigen der Forstamtsmitarbeiter, die diese Bäume jahrhundertelang geschützt und genutzt haben. Traditionell werden Wacholderzweige als Tierfutter verwendet,[24] aber auch als Feuerholz. Die braune, schuppige Borke gebraucht man zum Decken der Dächer. Je mehr die Bevölkerung wächst, umso weniger nachhaltig wird diese traditionelle Nutzung.

Die Lösung, die die Forstverwaltung gefunden hat, ist: Kohlenstoffgutschriften zu verkaufen. Die Menge Bodenkohlenstoff, den die Bäume im Erdreich binden, wird berechnet und an Unternehmen aus Nordamerika verkauft, die damit ihre Emissionen kompensieren. Das Geld wird verwendet, um die Bäume zu schützen und Alternativen für die lokale Bevölkerung zu fördern – mit Heizöl betriebene Kochherde, nachhaltige Futterpflanzen oder einfach ein bisschen mehr Geld für die Familie. Das funktioniert, weil das Forstamtsteam ständig draußen unterwegs ist, um mit den Leuten zu reden. Sie sind das soziale Unterstützernetzwerk und sie erforschen den Wacholderwald wissenschaftlich mit Drohnen mit LiDAR-Sensoren.

Die Forstverwaltung hat gründlich untersucht, wie viel Kohlenstoff in diesen Wäldern gebunden ist, und einige der Resultate kamen durchaus überraschend. Der Kohlenstoff im oberirdischen Teil eines Baumes ist vergleichsweise einfach zu kalkulieren: Zweige, Blätter, Äste und Stamm bilden einen wunderbar geformten und gefärbten Kohlenstoffpacken. Was Sie sehen, ist das, was Sie bekommen. Im Wacholderwald von Ziarat sind das Formen von außerordentlicher Komplexität: große, konisch geformte Nadeln, die sich gen Himmel recken. Ein Baum hängt wie mit zahllosen knorrigen Händen an einem Felsvorsprung über einem Abgrund und erinnert dabei an einen Krebs. Die Nadeln an diesem Gebilde wachsen nur nach unten. Ein wenig weiter unten am Berghang steht der wunderbare Allah-Baum: zuerst der gerade gewachsene Stamm, der das erste *alif* bildet, dann bildet der Stamm darüber die Ligatur für das *lam*, *lam* und *ha*, die vertikal daraus hervorwachsen. Vor zwanzig Jahren hätten Sie, um das CO_2 einer Baumgruppe berechnen zu können, diese fällen, wiegen und möglicherweise sogar das Holz verbrennen müssen. Heute können Sie einfach mithilfe einer Drohne oder Ihres Smartphones einen 3D-Scan vom Baum machen, dann haben Sie schon mal die Baummasse. Von der sind etwa 18 Prozent Kohlenstoff.[25] Das ist ein Beispiel dafür, dass Emissionszertifikate tatsächlich den beabsichtigten Effekt haben: Die Verschmutzer bezahlen, damit der Kohlenstoff an Orten, wo er möglicherweise verloren gehen könnte, gebunden bleibt. Aber es zeigt auch eine grundlegende Spannung zwischen Menschen und Bäumen auf: Selbst wenn wir uns wirklich Mühe geben, kommen wir der Produktivität eines Baumes kaum je hinterher.

Wir hatten ein paar anstrengende Tage hinter uns, und ich war schon fast eingenickt. Als ich meine Augen öffnete, hatte sich um das Feuer herum ein Kreis gebildet. Unsere Wächter, die immer hinter uns geblieben waren und sich leise unterhalten hatten, während die Musik spielte, hatten ihre Gewehre abgelegt und umringten zusammen mit unseren Gastgebern das Feuer. Die Musiker sangen und lachten, wobei sie immer schneller und schneller spielten. Unsere Wächter tanzten und sprangen höher und höher, während die Trommel einen immer frenetischeren Rhythmus schlug. In jener Nacht träumte ich, dass die Wacholderbäume zum Klang der Trommel wuchsen und ihre Äste wie Arme in den Himmel streckten. Die Wurzeln waren die Knie, ihre Füße trommelten geduldig, aber beständig auf die Erde.

❧

Die Rhizodeposition, die Abgabe von Kohlenstoff an den Boden, hat viele Vorteile. Der Druck, den eine Feinwurzel ausüben muss, um sich gegen Felsen oder Erde durchzusetzen, kann bis zu sieben Kilogramm pro Quadratzentimeter erreichen. Das sind fast 100 Psi: viermal weniger als der Druck eines Zehn-Zentimeter-Stilettoabsatzes von Louboutin, aber das Fünffache vom Druck eines Pferdehufes auf Ihrer Zehe. Ähnlich wie bei einem Tunnelbohrer, der sich durch einen Berg fräst und dabei immer wieder stumpf wird, zerstört der Druck die Wurzelspitze, daher bekommt sie eine Wurzelhaube aufgesetzt. Während die Wurzel sich vorwärtsschiebt, schälen sich diese Zellen ab. Um den schädlichen Effekt abzumildern und die restliche Wurzel zu schützen, sondert der Baum Schleim ab: eine Lage lang- und kurzkettiger Zuckermoleküle, die sich sogar unter hohem Druck übereinanderlagern können und so als Schmiermittel fungieren. Die Beschaffenheit dieses Zuckerschleims, den die Wurzeln abgeben, wird akribisch auf die Feinstruktur des Felsens oder die Körnung des Erdreichs abgestimmt. Der Schleim ist nicht in Wasser lösbar, sodass er nicht einmal von extremen Regenfällen weggewaschen werden kann. Da er außerdem klebrig ist, wird die Wurzel gegen eindringende Krankheitskeime geschützt. Wenn der Schleim im Boden verbleibt, fördert er die Aggregation von Felspartikeln, bindet Wasser und verhindert so, dass die Erde austrocknet. Die Zellen, die von der Wurzel abgelöst werden, bleiben auch ohne Verbindung zur Wurzel noch eine Weile lebendig. Sie geben immer noch Kohlenstoff ab und binden als letztes Opfer noch Schwermetalle im Boden.

Die Wurzeln scheiden außerdem organische Säuren und Enzyme aus, um Nährstoffe aus dem Boden zu lösen. Sie füttern Bakterien und Pilze, meist im Austausch für Stickstoff oder Phosphor. In aller Welt mühen sich Wacholderbäume mit solchen Strategien, um die harte Erde zu formen und schwierige Orte zum Habitat zu machen. Die Wacholderbäume in Gish Abay in Äthiopien, an einer der Nilquellen, geben Phosphatasen und organische Säuren ab, die ihnen helfen, an die für ihr Wachstum nötigen Nährstoffe zu kommen. Die surrealistische Gestalt des Großfrüchtigen Wacholders *(Juniperus macrocarpa)* auf Kreta und der kleinen Insel Gavdos wächst auf einem salzigen Sandboden unter dem gnadenlosen vom Mittelmeer reflektierten Licht. Einer dieser Bäume, der direkt am Mittelmeer wächst, ist der südlichste große Baum in Europa. Nur durch seine Wurzelexsudate konnte er sich so sicher in dem nicht allzu festen Erdreich verwurzeln. An anderen Orten der Erde finden wir *Juniperus phoenicea* auf Stock gesetzt, sodass die Äste sich waagrecht über Schluchten recken. *Juniperus oxycedrus* subsp. *macrocarpa* findet sogar in Sanddünen Halt. Und bei vielen Wacholderbäumen in Mexiko hat man Pfahlwurzeln gefunden, die auf ihrer Suche nach Wasser sieben Meter in die Tiefe wachsen. Im Hochland von Guatemala, das 40 000 Kilometer von Pakistan entfernt liegt, steht *Juniperus standleyi* auf nahezu blankem Fels und wird für Dachschindeln und Feuerholz genutzt. Ob nun auf Sand oder Fels, auf Höhe des Meeresspiegels oder im Hochland: Diese Bäume sind Meister darin, Felsen in Staub zu verwandeln und Staub in Erde.

Wacholderbäume sind möglicherweise deshalb so großartige Bodeningenieure, weil sie sich in Zeiten extremer Dürre entwickelt haben. Mittlerweile macht man sich diese Eigenschaften zunutze, um gezielt nach dürreresistenten Sorten zu suchen. Einige ihrer engsten Verwandten wachsen in warmen Feuchtgebieten überall auf der Welt. Das bekannteste Exemplar ist die Patagonische Zypresse oder Alerce, die 70 Meter hoch und über 3000 Jahre alt werden kann. Darwin höchstpersönlich stieß auf ein Exemplar mit einem Stammdurchmesser von 12,6 Metern. Die Alerce wächst in den Feuchtwäldern Chiles, die sich von den Bergen bis ans Meer erstrecken. Fossilien eines engen Verwandten wurden auch in Tasmanien gefunden, was nahelegt, dass der Baum früher auf der ganzen südlichen Halbkugel verbreitet war. Die mächtige Ahuehuete oder Montezuma-Zypresse wächst in Mexiko und Guatemala. Das größte Exemplar, ein Monster von 630 Tonnen (dreimal schwerer als ein Blauwal), wird von den Einwohnern des Städtchens Santa Maria del Tule am Leben gehalten, wo der Baum den Stadtplatz schmückt. Auf der anderen Seite des Globus lebt die vom Aussterben bedrohte Vietnamesische Sumpfzypresse in Sümpfen und Teichen in China und Vietnam, wo man sie pflanzt, um Flussufer gegen Erosion zu schützen.

Ohnehin scheinen Sümpfe das ursprüngliche Habitat von Zypressen und Wacholderbäumen gewesen zu sein. 2008 allerdings entdeckte ein Paläobotaniker namens Ignacio Escapa bei Grabungen in Patagonien Abdrücke von Zapfen mit Samen und Prä-Pollen, Zweigen und Ästen. Später stellte sich heraus, dass sie einem Mitglied der Zypressengewächse gehörten, das sich schon vor 200 Millionen Jahren an eine von Trockenheit geprägte Umwelt angepasst hatte.[26] Wie die heutigen Zypressen und Wacholderbäume hatte das Fossil Zapfen und eher flache, immergrüne Schuppen statt breiten Blättern. Das Fossil zeigt uns, dass die Zypressengewächse sich früh und erfolgreich über die ganze Welt ausgebreitet hatten und auch in unterschiedlichen Formen die Erwärmung und Austrocknung des späten Jura überstanden. Dann aber standen sie vor einer Entscheidung: sich anzupassen und weiter auszubreiten oder sich in ihren Nischen zu behaupten. Die Arten, die nun die trockenen Regionen der nördlichen Hemisphäre überziehen, waren die dynamischen. Sie passten sich schnell an und bildeten einen Gürtel um die ganze Erde.

Eine der Anpassungen scheint auf den ersten Blick unlogisch: Im trockenen Umfeld gaben sie über das Wurzelsystem mehr Kohlenstoff ab, nicht weniger. Tatsächlich geben durstige Bäume mehr Kohlenstoff ab. Die Annahme der pakistanischen Forstverwaltung, dass Pionierbäume unter den schwierigen Bedingungen der Trockenheit Schwerstarbeit leisten, um das Erdreich nährstoffreicher zu machen, wird von jüngeren Forschungsarbeiten gestützt. Israelische Wissenschaftler haben die Flüssigkeitsmenge gemessen, die Zypressen *(Cupressus sempervirens)* und Mastixstrauch *(Pistacia lentiscus)* in den Wurzeln produzieren, wenn es zu einer Dürre kommt. Stehen Bäume aufgrund von Wassermangel oder steigenden Temperaturen unter Stress, dann verwenden sie ein wenig von dem ihnen noch verbleibenden kostbaren Nass, um über Wurzelexsudate mehr Kohlenstoff an den Boden abzugeben. Tatsächlich steigern Zypressen in den heißen Sommermonaten die in den Boden eingeleitete Flüssigkeit um das Elffache, während die Mastixsträucher, die unter ihnen wachsen, viermal mehr Flüssigkeit absondern. Diese besteht üblicherweise aus Zuckern, Aminosäuren und organischen Säuren – die ersten Produkte des pflanzlichen Stoffwechsels – und komplexeren Kohlenstoffketten, die die Bäume gleich im Anschluss produzieren.[27] Damit konnten die israelischen Wissenschaftler zeigen, dass die Bäume des von ihnen untersuchten Waldes in das Erdreich investierten. In Dürremonaten geben sie mehr Kohlenstoff ab, um die Bakterien zu füttern, die ihnen den Großteil der Phosphatasen (Enzyme) und organischen Säuren liefern, die die Bäume brauchen, um im Boden an lebenswichtige Nährstoffe, vor allem Phosphor und Stickstoff, zu kommen.

Es war lange ein großes Rätsel, weshalb auf der nackten Erde der Klamath Mountains in Kalifornien einfach nichts wachsen wollte. Schließlich wurde es aber doch gelöst. Die Erde war giftig. Das Gift war Säure und führte zu einem Boden-pH-Wert von 4,5. Schuld daran waren Nitrate, die vor Jahrmillionen von Bakterien auf Glimmerschiefer produziert worden waren und die sich dann im tiefen Ozean zu Salpetersäure lösten. In den Kiefernwäldern, die auf den umgebenden Berghängen wuchsen, reichte der Stickstoff im Gestein nicht aus. Wie Tiere brauchen Bäume Stickstoff für jedes einzelne der Enzyme, die als gestaltwandelnde biologische Katalysatoren agieren. Das gilt vor allem für Rubisco, das großmolekulare Enzym, das CO_2 aus der Atmosphäre speichert. Ohne Stickstoff im Boden können Bäume nicht wachsen.

Nicht-organischer, löslicher Stickstoff in Felsgestein liefert ungefähr ein Viertel des Stickstoffs, den Bäume brauchen. Auch Blitze sind eine spektakuläre Form, die Stickstoff für Bäume bioverfügbar macht. Sie spalten von Stickstoffgasen aus der Atmosphäre Wasserstoff oder Sauerstoff ab. Der Großteil des vor 1910 gefundenen Bodenstickstoffs allerdings entstand aus einer symbiotischen Partnerschaft zwischen Bakterien und Bäumen. Die Bäume imitierten die tiefen Ozeane, die anoxische Heimat der diazotrophen Bakterien.[28] Diese Bakterien wandeln schon seit 3,4 Milliarden Jahren Stickstoff in Ammoniak um. Das aber geschah recht langsam und funktionierte nicht, sobald freier Sauerstoff vorhanden war. Als sich die Bäume im Karbon ausbreiteten, wurde Stickstoff plötzlich knapp. Gelöst wurde das Problem von einer Gruppe von Bäumen, die man Cycadeen oder Palmfarne nennt – Pflanzen mit fedrigen Blättern, die auf knollenförmigen, verzweigten Wurzeln standen, die sich jederzeit verändern konnten. Man nennt diese Wurzeln *koralloid*, weil sie Knollen haben und eine rötliche Farbe wie Korallen. Sie produzieren spezielle sauerstofffreie Areale, in denen stickstofffixierende Bakterien gedeihen.[29]

Die Cycadeen waren die ersten Stickstofffixierer. Sie boten Bakterien eine Heimat, die die Pflanzen des Karbon mit Stickstoff versorgten. Zur Zeit der Dinosaurier gediehen sie weidlich, heute aber ist der Bestand fast aller Cycadeenarten massiv zurückgegangen, weil sie von den Angiospermen verdrängt wurden – den Leguminosen, Sträuchern und Bäumen mit erbsengroßen Blüten wie jenen auf dem weißen Sand der Serra do Curicuriari. Es kostet viel Energie, Stickstoff zu fixieren. Die durch Fossilienfunde belegte Geschichte ist reich an Pflanzen, die sich als Stickstofffixierer versuchten, aber am Ende ausstarben, weil sie das nötige Energieniveau nicht aufbrachten.[30] Diejenigen, die es bis heute geschafft haben, sind höchst einflussreiche Wegbereiter, die anderen Bäumen erlauben, sich in wenig gastlichen Gefilden anzusiedeln.

Baumpflanzer wissen, dass die Erle ein Schlüsselgewächs für die Bepflanzung von schlechten, vernässten Böden ist. Wo der Untergrund feucht ist, reichern Erlen den Boden mit Stickstoff an und belüften das Erdreich, bevor irgendetwas anderes dort wachsen kann. Wie den Cycadeen gelingt dies auch den Erlen mithilfe von Bakterien, in diesem Fall *Frankia alni*.[31] Das Bakterium ist ein so machtvoller Verbündeter, dass Bäume von dem Moment an, in dem sie seine Nähe wahrnehmen, Mechanismen ausbilden, um es vor Sauerstoff zu schützen und zu sich zu locken. Als ich im von Erlen bestandenen Kalamasfluss beim Speerfischen war, war ich beeindruckt von den großen Wurzeln am Flussufer (wo Erlen ihre bakteriellen Armeen unterbringen). Da die Bäume sich seit den Tagen der Cycadeen weiterentwickelt haben, sahen die Wurzeln aus wie stämmige Würmer mit einem karminroten Körper[32] und weißen Spitzen. Der Baum umgibt die Bakterien mit einer dreilagigen Schicht, um sie vor Sauerstoff zu schützen: zuerst durch klebrige Pektine, dann durch Schichten aus spezialisierten, von Zellulose umgebenen Zellen und schließlich durch eine Veränderung im Stoffwechsel der spezialisierten Zellen. Außerdem wachsen die als Bakterienheimat dienenden Wurzeln am liebsten im Wasser, um nicht in Kontakt mit dem freien Luftsauerstoff zu kommen. Und sie sind rot, weil sie so viel Hämoglobin enthalten, dasselbe eisentragende Protein, das in unserem Blut an Sauerstoff bindet.[33] Der Baum erledigt also all diese Arbeit, nicht nur im Fall des Hämoglobins, sondern in jedem Sinne: Er stellt alles Nötige zur Verfügung – schützende Strukturen, Zucker und andere organische Stoffe, Wasser und Proteine –, damit die Bakterien Stickstoff binden und dann dem Baum in löslicher Form zur Verfügung stellen können. Daher gewinnen Erlen am Flussufer jeden Wettbewerb mit anderen Bäumen. Sie können das gesamte Uferökosystem mit Stickstoff beliefern.

Darüber, wie Wurzeln unsere Erde geformt haben, ist uns noch so vieles nicht bekannt. Bis heute weiß niemand, was da vor sich geht, wenn Wurzeln plötzlich ihre Wuchsrichtung ändern und dem Wasser zustreben. Diese Bewegung scheint von Auxinen – Wachstumsregulatoren – unbeeinflusst zu sein, folgt aber möglicherweise bestimmten Vibrationen. Wir wissen immer noch nicht genau, wie Bäume im Karbon an genügend Stickstoff kamen, aber möglicherweise spielten Pilze eine entscheidende Rolle. Und wir wissen nicht, warum Bäume im Untergrund manchmal kooperieren und dann wieder miteinander konkurrieren. Zu Beginn dieses Kapitels haben wir die Bäume als »blinde Forscher« bezeichnet. Alle Vorstellungen von exakten Sinnesorganen, die schnelle Wahrnehmungen und Reaktionen ermöglichen, sind unpassend, wenn es um Bäume geht. Aber die Steuerung ihrer Wuchsrichtung hat damit zu tun, wie sie die Welt formen. Und dabei prägen sie auch das menschliche Denken: Nicht umsonst ist die Welt der dunklen Rhizosphäre oder der noch dunkleren Bereiche darunter in vielen Kulturen der Ort von Tod und Verdammnis.

Meine Schwester erforschte für ihre Doktorarbeit die Felsgräber von Lykien in der südlichen Türkei – Kalksteinhöhlen, die an den Klippen ein geometrisches Wabenmuster bilden, weit offen, weil Grabräuber dort ihr Unwesen trieben. Während sie Inschriften von verblassten Bannflüchen studierte, bewunderte ich die Entschlossenheit der Wurzeln, die sich durch die geschlossenen Kalksteindecken der Gräber drängten und sie zu Staub zermalmten. Ich kann mich noch gut an eine byzantinische Zisterne erinnern, deren Decke mit einem neuen Granitblock gestützt wurde. Gleich Mistelzweigen umschlangen ihn die Wurzeln einer darüber stehenden Eiche. Die Frage, was diese Wurzeln in der dünnen Luft suchten, beschäftigte mich damals und tut es noch. Schließlich meldete ich mich für ein archäologisches Feldforschungsseminar in Belize an, um mehr über Wurzeln und die Unterwelt zu erfahren.

Die Maya-Kultur glaubte an eine Welt, in der der prächtige Kapokbaum *(Ceiba pentandra)* den Himmel von der Erde weghält und die Erde von der Unterwelt. Gleichzeitig ist der Baum ein Kanal, der die Welten verbindet. Der Kapokbaum hat eine glatte Rinde und sein Stamm erhebt sich in die Höhe wie eine mächtige Säule – dort, wo meine Schwester Ausgrabungen vornahm, stieß man ständig auf seine Wurzeln. In Baking Pot, einer der Stätten, wo bislang nur wenig gegraben wurde, wird eine ganze Palastwand von Stamm und Wurzeln eines riesigen Kapoks eingenommen, der sich geduldig durch die großen Kalksteinquader schiebt. An anderer Stelle lagen die Scherben von Maya-Tontöpfen herum, zerbrochen nicht von Grabräubern, sondern von herumschweifenden Kapokwurzeln. Wir folgten einem kalten Luftstrom in eine Höhle, die sich tief hinein unter die Maya Mountains im Cayo District zog. In den niedrigeren Höhlen schlängelten sich Wurzeln durch die Decke, bedeckten die Wände und wühlten schließlich in der dicken Guanoschicht auf dem Boden, die die Flughunde hinterlassen hatten. Gewaltige, dicht von Fledermäusen besiedelte Hohlräume schlossen sich zu engen Passagen voller schwarzer Holzkohle und zerbrochener Maya-Keramik, deren Inhalt den Göttern als Brandopfer dargebracht worden war. Jaime Awe, der Ausgrabungsleiter, der diese Höhlen schon erforscht, seit er als Teenager vor 25 Jahren zum ersten Mal darin herumgewandert war, erklärte uns, was die archäologischen Fundstücke belegten. In der Zivilisation der Maya kam es zu einer Dürreperiode und damit zu Hungersnöten. Mit drastischen Folgen für den Zusammenhalt unter den Maya, die im Umfeld dieser Höhle lebten. Immer mehr und immer größere Opferrituale wurden abgehalten. Man opferte zunehmend Menschen, besonders Kinder. Der Großteil dessen, was wir dort vorfanden, stammte aus dieser Phase des gesellschaftlichen Zusammenbruchs. Die Gemeinschaft versuchte verzweifelt, die Fruchtbarkeit in ihre Welt zurückzuholen. Und man suchte sie in der Unterwelt. Heutige Archäologen gehen davon aus, dass das Bevölkerungswachstum zu Entwaldung und Bodenerosion geführt hatte, und das in einer Region, in der die Humusschicht ohnehin schon recht dünn war.

Für mich kam diese Höhle meiner Vorstellung von Hölle schon recht nah. Ein finsteres Labyrinth, das sich immer mehr und mehr verzweigte. In der Luft vermengten sich Gerüche aus den verschiedenen Höhlen: nach Staub von den trockenen Felsbruchstücken, nach noch nicht verrottetem Fledermauskot, dazu die strahlenden Stalaktiten und dicke Schichten Schlamm, die die jüngsten Überflutungen zurückgelassen hatten. Hin und wieder ein Baumschössling, der aus den Samen im Fledermauskot keimte und stramm aufrecht wuchs, bevor er schließlich umkippte und in der Dunkelheit vermoderte. Der Stein war unglaublich steril, von Luft und Wasser zu harten, schroffen Gebilden geformt. Gelegentlich ließ uns das Geräusch herabfallender Steine die Haare zu Berge stehen. Nachdem wir uns zwei Kilometer lang in völliger Dunkelheit voranbewegt hatten, sahen wir einen Lichtschimmer auf dem Boden. In einem niedrigen Hügel aus Schlamm und Sediment öffnete sich ein Krater, in den ein reines, grünes Licht fiel. Von Lianen umrankte Bäume schoben sich, durch die eingestürzte Höhlendecke, zwölf Meter hoch ins Licht. Ein seltener Palmfarn hatte sich hier eine stabile Nische geschaffen.

Ich dachte an das unfruchtbare, finstere Umfeld aus Wasser, Mineralien und grauem Staub, das wir soeben hinter uns gelassen hatten. Ohne Bäume wie die Wacholdergewächse, die ihre Wurzeln mit Louboutindruck in die Erde stießen, wäre unser Planet heute noch eine kahle Mondlandschaft aus blanken Felsen. Wenn in einer solchen Umgebung ein Fels zu Staub zerfällt, dann sind keine klebrigen Kohlenstoffketten da, die eine Wurzel auf ihrem Weg zum Mittelpunkt der Erde rhizo-deponiert hat und die den Staub binden könnten. Er würde einfach vom Wind verweht oder vom Wasser weggespült, wie das auf der Erde Jahrmillionen lang so war, bevor Bäume anfingen, sich nach oben und unten zu orientieren. Phosphate waren in unlöslicher Form gebunden, tief in Felsen eingelagert, die nie von organischen Säuren oder Phosphatasen zersetzt wurden. Nitrate, ein wesentliches Element unseres Körpers und allen Lebens auf Erden, waren selten und nicht verfügbar – ein Blitzschlag da und dort würde eine geringe Menge freisetzen, aber ohne Gastgeber, die sie mit Kohlenstoff versorgen, konnten nur wenige Bakterien den Stickstoff fixieren. Doch Bäume haben die Dunkelheit der Erde erhellt und eine von Grün bedeckte Welt geschaffen.

3

Bäume und das Feuer

Warum Bäume sich so entwickelten, dass sie leichter brennen

> Wie ein vernichtendes Feuer hinflammt über den unendlichen Wald auf den Gipfeln des Berges, und von Weitem ist sichtbar der Glanz, so drang, als sie dahinschritten, von dem Erz, dem unsäglichen der Glanz, hellschimmernd durch den Äther hinauf zum Himmel.
>
> Homer, *Ilias*[1]

Abies equi-trojani, die Troja-Tanne,[2] wächst über der Ebene von Troja in der Türkei. Der Berg wird auch Kazdağı genannt, wörtlich »Gänseberg«, nach den schamanistisch orientierten Tahtacı-Turkmenen, die dort leben und Gänse verehren. Die Clans verehren aber auch Bäume und wurden im 15. Jahrhundert von Mehmed, dem Eroberer, dort angesiedelt, damit sie die Tannen fällten, die er für den Bau der osmanischen Flotte brauchte. Die Troja-Tanne wächst langsam und hat daher ein besonders hartes Holz. In den sechs Jahrhunderten, in denen die Tahtacı sich um sie kümmerten, blieb ihre Zahl weitgehend stabil.

In den letzten 30 Jahren aber ist die Troja-Tanne trotz aller Bemühungen zunehmend vom Aussterben bedroht. Es scheint, als sei sie ein Opfer des Klimawandels wie aus dem Lehrbuch: Da ihr früheres Habitat auf dem Berggipfel zu warm wird, wandert sie in tiefere Regionen ab.[3] Sobald man aber die Bewegung der Bäume in der Region nachverfolgt, wird diese These unhaltbar. Wissenschaftler der Universität im nahen Bursa glauben vielmehr, dass die Tanne seltener wird, weil sie von den Bäumen in ihrem Umfeld, nämlich der Schwarzkiefer *(Pinus nigra)*, quasi vom Berg weggebrannt wird. Die Forscher fanden heraus, dass es in jüngster Zeit mehrere kleine Waldbrände auf dem Kazdağı gegeben hat. Einige wurden von Menschen verursacht, andere von Blitzen. Danach haben die Kiefern die Tannen verdrängt. Sie wuchsen so schnell nach, dass sie die Tannensprösslinge überschatteten. So tragen sie zur Ausrottung der Troja-Tanne bei.

Auf den ersten Blick scheint dies einfach ein unglücklicher Umstand zu sein, aber die unterschiedliche Biochemie der Kiefern und Tannen zeigt, dass dies nicht der Fall ist. Wenn Kiefern mit Wassermangel konfrontiert sind, ist ihre erste Reaktion, dass sie ihre Stomata schließen – also die Atmung einstellen –, damit mehr Wasser in den Zellen verbleibt. Mit dem Ergebnis, dass biochemische Stoffwechselpfade, die normalerweise Zuckermoleküle entstehen lassen, stattdessen leicht entflammbare Substanzen produzieren, nämlich Terpenoide. Das erhöht die Gefahr, dass die Kiefer Feuer fängt. Setzt sich die Dürre dann fort und der Mangel an CO_2 bremst die Photosynthese aus, produziert der Baum Shikimisäure, die Vorläuferin flüchtiger Alkohole ist.[4] Alkohole fangen schnell Feuer, brennen aber bei niedrigen Temperaturen ab. Der Alkoholgehalt bewirkt, dass sich das Holz schneller entzündet. Aber wenn es brennt, dann bei so niedrigen Temperaturen, dass die Kiefernsamen nicht durch die Hitze zerstört werden. Bei meinen Spaziergängen durch den Kazdağı habe ich Kiefern gesehen, die von einem Blitz getroffen wurden. Der Baum ist tot, steht aber immer noch, hohl und höher als alle Bäume in der Umgebung. Ihre Harze bleiben erhalten, sodass der Baum bei Hitzeentwicklung zum Zündholz wird. Tannen machen genau das Gegenteil. Ihre Reaktion auf Dürre ist die Produktion eines Brandschutzmittels, eines dickflüssigen Oleoresins, das schwer entzündlich ist. Der Ökologe Oliver Rackham sagt dazu: »Bäume und andere Pflanzen entzünden sich nicht durch einen Unglücksfall, sondern durch Anpassungsvorgänge.«[5]

Aber warum bringen Kiefern sich selbst als Brandopfer dar? Warum entwickeln sich Pflanzen so, dass sie leichter brennbar sind? Für die Kiefern liegt der evolutionäre Vorteil klar auf der Hand. Kiefern wachsen, nachdem sie verbrannt sind, mit einer Geschwindigkeit von mehr als einem Meter pro Jahr. Sie treiben schnell neue Schösslinge und überschatten Bäume in der Nachbarschaft, in diesem Fall die Tannen. So macht man einen Marathon – den vermutlich die Tanne gewinnen würde – zu einem Sprint, bei dem sie chancenlos ist. Nimmt man dazu die Struktur der Kiefernnadeln, die Cluster formen und wenn sie abfallen eine lockere, gut durchlüftete Schicht bilden, in denen die Schösslinge gut gedeihen, dann sieht man deutlich, wie ein Baum Feuer zum Vorteil seiner Nachkommen nutzen kann. Unter Kiefern jagt das Feuer über den Boden und vernichtet auf seinem Weg Parasiten und Samen anderer Pflanzen. Die Hitze des Feuers lässt das Harz schmelzen, das die Kiefernzapfen vorher versiegelt hat. Die Samen fallen heraus auf die Ascheschicht, die reich an Magnesium, Kalium und Eisen ist. Diese Anpassung hat sich bei Bäumen, die in feuergefährdeten Regionen leben, recht schnell ausgebildet. Man nennt das Pyriszenz, wörtlich »Feuerfolge«. Mit etwas Glück ist der Blitz, der die Schwarzkiefer in Brand setzt, Vorläufer eines Gewitters, das mehr Blitze bringt und auch neue Regenwolken, deren Tropfen sich um die Rauchpartikel anlagern, die durch den Waldbrand entstehen. Ein einschlagender Blitz sorgt mit seinem hohen Energiegehalt dafür, dass der Luftstickstoff zu Nitraten im Boden wird. Und die zahllosen neuen Triebe, die zunächst schlechte Startbedingungen hatten, haben plötzlich ideale Wachstumschancen: keine Konkurrenten und ausreichend Wasser und Stickstoff.

1737 wurde in Paris ein Wettbewerb ausgeschrieben, der definitiv Aufschluss über die Natur des Feuers verschaffen sollte. Was »Feuer« tatsächlich war, war zu jener Zeit immer noch ein ungelöstes Rätsel. War es ein Element? Eine Kraft? Die Theorie des Phlogistons – einer Feueressenz, die brennbaren Substanzen innewohnt und beim Abbrennen frei wird – entstand, um Oxidationsvorgänge wie Verbrennen oder Verrosten zu erklären. Aber obwohl sie viele Anhänger fand, steckte sie doch voller Irrtümer.[6] Eine gewichtige Stimme, die sich in die Debatte einschaltete, gehörte der großartigen Emilie du Châtelet (1706–1749), Wunderkind und Philosophin, die sich – als sie mit nur 42 Jahren im Kindbett starb – mit ihren Schriften zu Physik und Ethik einen Namen gemacht hatte. Sie gab eine französische Fassung von Isaac Newtons *Philosophiae Naturalis Principia Mathematica* heraus, die bis heute aktuell ist. Darüber hinaus erweiterte sie das Konzept der Erhaltung der Gesamtenergie eines Systems, indem sie Gleichungen für die Bewegungsenergie einführte.[7] Außerdem war sie Voltaires Geliebte und Mitarbeiterin.[8] Sie war ihrer Zeit weit voraus, als sie begann, über die Methodik der Wissenschaft nachzudenken, und Kriterien für das Aufstellen von Hypothesen formulierte, die heute noch gültig sind. Sie schaltete sich 1737 heimlich in die Phlogiston-Debatte ein, informierte aber nur ihren Ehemann darüber, nachdem sie sich mit Voltaire nicht einigen konnte, wie einige der Experimente, die sie zu zweit durchgeführt hatten, zu interpretieren seien. Voltaire war überzeugt, dass Feuer aus Partikeln bestand, die eine Masse und ein Gewicht hatten und folglich Newtons physikalischen Vorstellungen gehorchen würden. Emilie aber schloss aus ihren Beobachtungen, dass Feuer keine materielle Substanz war. Sie konnte sich nicht durchsetzen, aber ihr Aufsatz darüber galt immerhin als so bedeutend, dass die Pariser Akademie der Wissenschaften ihn neben den ihrer Wettbewerber in einer eigenen Schrift veröffentlichte. So wurde sie zur ersten Frau, deren Arbeit von dieser Bastion der Wissenschaft publiziert wurde.

Ich konnte keine Übersetzung ihrer Arbeit finden und 53 Seiten ältere französische Abhandlung über Mathematik nötigten mir offen gestanden einigen Respekt ab. Doch ihre *Dissertation sur la Nature et la Propagation du Feu* liest sich geradezu lyrisch.[9] Emilie du Châtelet ist eine großartige Schriftstellerin. »Hitze und Licht«, so schreibt sie, »sind jene Auswirkungen von Feuer, die unsere Sinne am meisten beeindrucken [...] aber wir müssen auch begreifen, dass sie nicht immer zusammen vorkommen.« Sie erklärte dies durch gruselige Experimente mit Glühwürmchen: »Ich versenkte sie in kaltem Wasser und ihr Licht veränderte sich dabei nicht.«[10] Sie kam dem, was Lavoisier 1790 nachweisen würde, schon recht nahe: »Möglicherweise wird die Art der Substanzverminderung, die in Luft und Wasser vorgeht, vom Feuer selbst bewirkt.« Feuer, so erklärt sie, ist die Ursache der inneren Bewegung von Partikeln in allen Körpern, die wir als Feuer wahrnehmen und die »von unserer Existenz abhängen und der Art, wie wir existieren; denn ein blinder Mensch wird Feuer als etwas definieren, was wärmt, ein Mensch, der nicht zum Fühlen fähig ist, betrachtet Feuer als etwas, das erhellt.«

Wir haben es also mit Blinden – Bäumen – zu tun, und wir müssen versuchen, uns Feuer so vorzustellen, wie sie es erleben: als Kraft, vor der man nicht einfach schnell fliehen kann; als etwas, das man nicht nur im Rauch eines weit entfernten Berges sieht; als Wolke aus Kohlenmonoxid, Formaldehyd und Acrolein, die in die Stomata eindringt; als kochende Hitze in Xylem und Phloem; als sterile Wunden, die sich tief ins Kernholz brennen; und möglicherweise auch als den Tod alles Lebendigen auf der Erdoberfläche. Manchmal erleben Bäume Feuer und alles, was danach kommt, über ihre Blätter als Zunahme an Licht; über ihre Triebe als weniger Angriffe von Prädatoren; über ihre Wurzeln als Nachschub an Nährstoffen. Proteine leiten flexible Anpassungsvorgänge ein, um die

Gene auf die neue Situation einzustimmen, und diese epigenetischen Veränderungen werden weitergegeben. Wie wir noch sehen werden, können Bäume ihre Wuchsformen innerhalb von ein oder zwei Generationen verändern.

Über Feuer so nachzudenken, wie Bäume es erleben, versetzt uns in die Lage, seine Natur besser zu verstehen. Wenn wir eine Flamme sehen, die an einem Holzscheit leckt, ist das, was wir sehen, der Umriss einer Gasblase – pyrolisiertes Holz, also der Teil des Scheits, der sich in der Hitze schon aufgelöst hat. Diese Blase reagiert auf einer moleküldünnen Schnittfläche mit Sauerstoff und gibt dabei Energie in Form von Licht und Wärme ab. Wenn Sie an einem Herbstabend das Holz eines Apfelbaumes verbrennen, zeigt das Blau an den Rändern den süß riechenden Alkohol an, der den zarten Apfelduft bewirkt. Der Großteil des Gases aber entsteht aus der Pyrolyse von Cellulose und Lignin, die sich jeweils bei rund 150 und 300 Grad Celsius einstellt. Die Flamme grenzt den Rand der Blase mit kleinen Molekülen ab, die sich von den größeren lösen, während sie sich erhitzen: zuerst die sauerstoff- oder wasserstoffhaltigen Moleküle, dann mehr und mehr reine Kohlenstoffketten, wodurch das Feuer heißer und heißer wird. Köhler machen sich diesen Prozess zunutze, indem sie Holz langsam bei verringerter Luftzufuhr verbrennen. So brennen alle sauerstoff- und wasserstoffhaltigen Moleküle weg und übrig bleiben nur die reinen Kohlenstoffketten, schwarz und fest.

Für einen Baum ist der Verlust von Kohlenstoff gleichbedeutend mit dem Verlust der Struktur des Lebens. Das bedeutet für den Baum zwar nicht immer das Ende, doch es kann seinem Stamm schaden, über den er ja ans Sonnenlicht gelangt. Dieser kann in seiner Struktur und Einheit beschädigt werden. Die Folge ist, dass er zu einem Schattendasein verurteilt ist. Ein lebender Baum erlebt bei einem Waldbrand zuerst die Anfangshitze, wenn seine Alkohole außen an der Borke abbrennen. Dann die Trockenheit, wenn ihm das Wasser entzogen wird, und schließlich, wenn sich das Feuer durch die Borke gefressen hat, die Auflösung seiner eigentlichen Struktur: wenn das Feuer schmerzlich ins Kernholz eindringt und sein Lignin pyrolisiert. Alkohol verdampft schnell, und du Châtelets Argument, dass »Weingeist« leichter und bei niedrigeren Temperaturen brennt, weil er aus dem Stoff austritt und sich der Flamme nähert, ist absolut richtig. Wenn Bäume Alkohole produzieren, die leicht entflammbar sind, aber unter geringer Hitzeentwicklung abbrennen, können sie Feuer zu ihrem Schutz verwenden – ein Scheinfeuer bei niedriger Temperatur, um ein richtiges, heißes Feuer fernzuhalten.

Meine Schwester und ich haben in den langen und nassen Wintern in Devon immer Snapdragon gespielt. Dickens erwähnt es, aber die beste Schilderung stammt aus John Drydens Drama aus dem 17. Jahrhundert *The Duke of Guise*. »Ich schwöre Eide so schnell, wie man beim Snapdragon Rosinen verzehrt«, sagt der betrügerische Kurat. »Das ist ein falsches Feuer, das nie richtig brennt.« Meine Schwester und ich saßen auf dem Kaminvorleger, vor uns eine flache Schale voller Brandy und Rosinen. Diese wird leicht erwärmt, bevor der Alkohol entzündet wird. Man fischt sich die brennenden Rosinen aus der Schale und steckt sie in den Mund. Die blauen Flammen ziehen sich mitunter über die ganze Hand. Man kann sich sogar die Finger verbrennen, aber im Normalfall futtert man das »falsche Feuer« und wenn man den Mund gleich wieder zumacht, spürt man bei der ganzen Sache nicht mehr als ein himmlisches Kitzeln auf dem Arm. Eben dafür haben sich im immer wieder verblüffenden Verlauf der Evolution eine ganze Reihe von Bäumen entschieden.

Sie spielen seit mindestens 309 Millionen Jahren Snapdragon, seit die Schuppenbäume des späten Karbon, die *Lepidodendren* (von *lepido* für »Schuppe« und *dendron* für »Baum«), sich falsche Feuer dienstbar machten, die das Unterholz auslöschten, sie selbst aber unangetastet ließen.[11] Unterhalb eines solchen Schuppenbaumes hätten Sie sich in einer tiefen Falllaubschicht befunden, die einen trügerischen, öligen Sumpf verbarg. An den dicht stehenden Stämmen um

Sie herum hätten sich leuchtend grüne, rhombische Schuppen zu tesselierten Säulen aufgeschwungen wie in Münchner Barockkirchen. Diese auf den ersten fünf Metern vollkommen nackten und glänzenden Stämme waren zunächst in Blätter gehüllt, die wie Kiefernnadeln aussahen. Lange Nadeln legten sich von der Mitte jeder Schuppe um den Stamm und fächerten sich oben zu einem fraktalen Laubdach auf. Wenn der Baum dann heranwuchs, fielen die nadelförmigen Blätter von den Stammschuppen ab und bildeten unter dem Baum eine lockere, gut durchlüftete Schicht, die viele entflammbare Alkohole enthielt. Wenn ein Feuer ausbrach, fraß es sich zuerst in das Falllaub, vernichtete Fressfeinde und setzte Nährstoffe frei. Dass der Baum dabei Schaden nahm, war höchst unwahrscheinlich.

Dieses Scheinfeuer in den abgefallenen Nadeln des *Lepidodendron* gab dem Baum Schutz vor »richtigen« Bränden. Schuppenbäume werden gut 30 Meter hoch und können hundert Jahre alt werden und mehr. Sie mussten also lernen, ihre potenzielle Langlebigkeit zu schützen oder zumindest den Boden für ihre Nachkommen bereiten. So ein Scheinfeuer fegte über die gut durchlüftete Falllaubschicht und brannte mit geringer Wärmeentwicklung. Es war also unwahrscheinlich, dass es sich zum Großbrand entwickeln würde. Die Flammen würden nicht über die glatten grünen Säulen hinauf ins Laubdach gelangen, wo sie ernsthaften Schaden anrichten konnten. Die Schuppen waren feuerfest, und die Bäume waren alle gleich hoch. Keine andere Art konnte also dem Feuer als Leiter dienen, an der es weiter hinaufkriechen konnte.

Und diese Feuerresistenz war bitter nötig. Feuer geht immer dorthin, wo es etwas Brennbares findet, und in Bäumen ist die gesamte Energie des Sonnenlichts gespeichert, die sie im Laufe ihres Lebens aufnehmen und in den gebundenen Kohlenstoff ihrer Gestalt überführen. Das wäre tatsächlich der perfekte Brennstoff. Ein Kronenfeuer, bei dem die Laubdächer Feuer fangen, ist ein beeindruckendes Spektakel. Es saugt Luft vom Boden an und springt von Baum zu Baum. In seinen dramatischsten Ausprägungen kann es so heftige Aufwinde erzeugen, dass sich daraus ein Tornado entwickelt. Aber wann fingen die Bäume nun an, das Feuer zu zähmen? Wann haben sie begonnen, ihre Wuchsform und ihr Gewebe so zu verändern, dass sie es nutzbringend einsetzen konnten?

Die Vorkommen an Fusain – alter fossiler Faserkohle – zeigen, dass es schon vor 383 Millionen Jahren Wildfeuer gab. Die frühesten Feuer folgten dem Ausbreitungsmuster der Lignophyten.[12] Bäume wie der *Archaeopteris* waren die ersten echten Bäume.[13] Sie wurden mehr als zehn Meter hoch, weil sie ihre Adern mit Lignin verstärkten. Dadurch wurden sie allerdings auch zu hohen, reichlich brennstoffhaltigen Kaminen. Vielleicht waren tatsächlich Brände der Grund, weshalb *Archaeopteris* gegen Ende des Devon ausstarb. Doch dieses Geheimnis beschäftigt Baumforscher schon seit Langem.

Archaeopteris wuchs auf trockenerem Grund als die überlebenden Bäume, deren Vorläufer der *Lepidodendron* war. Die Blätter des *Archaeopteris* ähnelten denen des Ginkgo. Der Ginkgo ist so feuerfest, dass buddhistische Mönche ihn als Brandschutzmauer um ihre Tempel pflanzten. Doch am Ausgang des Devon war der Sauerstoffgehalt der Luft deutlich höher als heute. Und wenn nun die Feuer in den frühen *Archaeopteris*-Wäldern so gewütet hätten, dass die ganze Spezies stark dezimiert wurde und die Population kollabierte mit der Folge, dass nur einige Bäume unterschiedlicher Arten überlebten, die sich ans Feuer angepasst hatten oder in Sümpfen wuchsen? Möglich wäre auch, dass solche Wildfeuer in den trockenen *Archaeopteris*-Wäldern der hauptsächliche, wenn nicht sogar der einzige Grund waren für die Massenausrottung an der Grenze zwischen Devon und Karbon: ein Massenaussterbeereignis, das in drei großen Wellen verlief und fast 90 Prozent der Korallen und des marinen Lebens in Flachwasserregionen vernichtete. Es gibt belastbare Belege dafür, dass eine Algenblüte, bedingt durch zu viel Phosphor und Stickstoff im Meer, dem Wasser Sauerstoff entzog und so zum marinen Aussterben beitrug. Wie heute, wenn es zur Eutrophierung von Wasserläufen kommt, weil zu viel Dünger oder ungeklärtes Abwasser eingeleitet wird. In dieser Situation konnten nur noch Baumwurzeln für den nötigen Überschuss an Phosphor und Stickstoff sorgen, den sie aus dem Felsgestein lösten. Was bis heute niemand weiß, ist, wie Phosphate und Stickstoff ins Meer ausgewaschen wurden. Doch die massiven Feuer in den *Archaeopteris*-Wäldern[14] der Hochebenen könnten mit ihrer Rauchproduktion starke Regenfälle ausgelöst haben, die die in der Asche enthaltenen Phosphate und Stickstoffmoleküle ausgeschwemmt haben.[15]

Viele Zweige am Stammbaum der Bäume hat damals vermutlich das Feuer verschlungen. Übrig blieben die eher feuerresistenten Bäume, was diese Anpassungsleistung immer wichtiger werden ließ. Bäume wie der *Lepidodendron* verbreiteten sich im späten Karbon, was den Sauerstoffgehalt der Luft ansteigen ließ. Feuer wüteten so noch stärker.[16] Dafür gab es mehrere Gründe: Wenn der Sauerstoffgehalt der Atmosphäre 32 Prozent ausmacht, brennt einfach alles. Auch die Durchschnittstemperatur lag um die sechs Grad höher. Noch wichtiger war, dass es fast überall brennbares Material gab: Kalamiten, riesige Schachtelhalmgewächse; Schuppenbäume und die koniferenartigen Korditen. *Lepidodendren*, die vermutlich in Sumpflandschaften wuchsen und daher vor den Feuern im Devon geschützt waren, waren in diesem sauerstoffreichen Milieu extrem gefährdet. Da Feuer jedoch immer von sehr speziellen lokalen Bedingungen abhängen, kann jeder Baum, wenn er zusammen mit seinen Artgenossen wächst, in gewissem Umfang kontrollieren, wie er sich entflammen lässt.

Wenn der Trick mit dem Scheinfeuer nicht funktionierte, hatten Schuppenbäume noch ein weiteres Ass im Ärmel. Schuppenbäume, die zu Ehrfurcht gebietenden Monokulturen heranwuchsen, waren vielleicht noch merkwürdiger, als ihr Aussehen vermuten lässt. Ihre Zapfen entwickelten sich exakt an den Triebspitzen. Sobald eine Pflanze also fruchtbar wurde, konnte sie nicht mehr größer werden. Eine Gruppe von Schuppenbäumen würde also gemeinsam wachsen, gemeinsam Samen abwerfen und gemeinsam absterben. Dieser kollektive Exitus ist bei einem Feuer von Vorteil. Das leichte, schwammige Holz, das vom Exoskelett der harten Schuppen zusammengehalten wird, brennt schnell ab. Wenn man annimmt, dass die Samen feuerfest waren oder von einer Schicht nicht verbrannten Morasts geschützt wurden, den die Wurzeln ihrer Eltern zusammenhielten, dann konnten die Samen zur selben Zeit austreiben und den nächsten »Gemeinschaftswald« hervorbringen, genährt vom aschegedüngten Sumpf.

Lepidodendren sind mittlerweile ausgestorben, aber die Bäume von heute verwenden immer noch einige der Taktiken, die die Schuppenbäume entwickelten, um Brände zu überstehen. Von ihnen können wir mehr darüber erfahren, wie *Lepidodendron* mit Bränden zurechtkam beziehungsweise wie er Scheinfeuer einsetzte. Mehr jedenfalls als nur aus den fossilen Überresten. Auch heute noch folgen etwa hundert, mitunter seltene Baumarten der Strategie, sich synchron zu reproduzieren und dann abzusterben. Häufig ist der Auslöser dafür irgendein Schaden, der etwa durch Feuer oder Dürre verursacht wurde. Ein Beispiel ist der sehr seltene *Cerberiopsis candelabra*, der in Neukaledonien wächst. Er blüht erst, wenn er einen Zyklon überlebt hat – wie *Tachigali versicolor*, der brasilianische Selbstmordbaum – oder vom Blitz getroffen beziehungsweise von starken Winden geknickt wurde.[17] Andere Bäume schützen sich durch Scheinfeuer – ein leichter Brand bei niedriger Temperatur – gegen die heißen Feuer, die sie vernichten könnten. Kiefern gebrauchen Feuer nicht nur als Waffe im Konkurrenzkampf mit Tannen, sondern setzen auch Scheinfeuer ein, um Pflanzenfresser und Krankheitserreger abzutöten oder Nährstoffe freizusetzen. Die Emodi-Kiefer *(Pinus roxburghii)* hat Nadeln, die größenmäßig denen der *Lepidodendren* gleichen. Ihr Zyklus von Scheinfeuern und neuem Wachstum hat vermutlich einige Ähnlichkeit mit diesem ansonsten so ganz anderen Baum, der vor 318 Millionen Jahren gedieh.

Die Emodi-Kiefer bedeckt die Hänge des Himalaya ebenso wie die des Hindukusch von Afghanistan über Pakistan, Indien, Nepal und Bhutan bis nach Myanmar. Der Zyklus aus Scheinfeuer und neuem Wachstum ist zentral für das Leben der Bäume. Stellen Sie sich vor, Sie spazieren in 2000 Meter Höhe bei Biratnagar in Nepal durch die Ausläufer des Himalaya. Die Kiefern sind hoch und wachsen dicht an dicht. Nur wenige Pflanzen können sich im Unterholz behaupten – da und dort eine niedrig wachsende Banj-Eiche oder ein wenig Heidekraut. Der Waldboden ist durchgehend von langen braunen Nadeln in Dreiergruppen bedeckt. Der Boden ist locker und recht trocken, Sie rutschen bei jedem Schritt am Hang ein bisschen zurück. Der Wald ist erfüllt von Kieferndurft: nicht der frischfeuchte Geruch eines finnischen Kiefernwaldes, sondern ein scharfer Terpentingeruch, in den sich das Aroma von Nelken und Pfeffer mischt. Einige der flüchtigen organischen Verbindungen, die die Emodi-Kiefer freisetzt, verdampfen und werden zu Kondensationskernen für Wolken. Andere, weniger flüchtige, reichern sich in der Umgebung an. Wenn Sie sich unter die Bäume betten, wird der Geruch noch stärker: Terpinen-4-ol macht nämlich 30 Prozent der Flüssigkeit in den Kiefernnadeln aus.[18] Dazu kommen noch (E)-Caryophyllene mit 32 Prozent, die für den Geruch nach frisch gemahlenem schwarzen Pfeffer verantwortlich sind, dazu Alkohole wie Hexanol in kleinen Mengen.

Ob ein Baum diese Mischung an flüchtigen organischen Verbindungen nun tatsächlich produziert, um sich das Feuer dienstbar zu machen, ist kaum zu sagen. Aber wir wissen, dass das feine Skalpell der Jahrhunderte Samen selektierte, die nur bei bestimmten Temperaturen keimen. Man kann also durchaus annehmen, dass die Jahrtausende einen Cocktail gemixt haben, der Scheinfeuer begünstigt. Die alkoholischen Miasmen oberhalb der Nadelschicht vermengen sich unweigerlich mit Sauerstoff. Dazu jetzt noch ein Funke und eine Umgebungstemperatur von 79 Grad Celsius (die Temperatur, bei der Terpinen-4-ol zu brennen beginnt, obwohl diese auch niedriger liegen kann[19]), und die ausgelöste Reaktion würde den ganzen Boden miteinbeziehen und das Feuer sich nach allen Seiten ausbreiten. Die Flammen würden heißer werden und zu den Lufteinschlüssen in der und um die Nadelschicht vordringen. Sie würden über die Oberfläche der Nadeln züngeln, bis das Lignin und die Cellulose, die sie enthalten, Feuer fangen und in einer sichtbar gelben Flamme aufgehen. Als Nächstes wäre ein dünner Rauchfaden zu beobachten, weil die längeren Kohlenstoffketten nicht rückstandslos abbrennen. Käfer haben gegen dieses sich schnell ausbreitende Feuer keine Chance. Sie ersticken und ihre Flügel werden versengt. Auch Pilze würden eher nicht überleben. Die Nadeln würden rotglühend abbrennen und in einer Rauchwolke verkohlen. Und ebenso schnell, wie es sich ausgebreitet hat, würde das Feuer wieder verlöschen, weil es ihm an Nahrung fehlt.

Bis zu diesem Moment wird die Kiefer einem Scheinfeuer vermutlich trotzen. Wenn ein paar Nadeln braun werden, werden sie bald in frischem Grün nachwachsen. Greift das Feuer jedoch nach dem Stamm der Kiefer, verlegt sie sich gewissermaßen aufs Verhandeln. Das Feuer sucht und findet flüchtige Kohlenstoffverbindungen, denn sie sind das Nächste, womit es reagieren kann. Doch die Borke enthält nur vier Prozent Terpinen-4-ol. Solange das Feuer nicht zu heiß ist, kann es nur die Nadeln verbrennen. Andererseits macht (E)-Caryophyllen 35 Prozent der Borkenmasse aus. Wenn die Temperatur ansteigt, die Flammen höher klettern oder das Feuer genug Nahrung findet, um die Borke auf 120 Grad Celsius zu erhitzen, dann werden die Caryophyllene verdunsten, was auch die Borke in Brand setzt.

Die Zapfen der Emodi-Kiefer brauchen 24 Monate, um zu wachsen und zu reifen. Dabei wechseln sie die Farbe vom photosynthetischen Grün hin zu Braun, und im zweiten Jahr öffnen sie sich langsam. Wenn nicht ein Waldbrand sie aufplatzen lässt, sodass alle Samen zugleich zur Erde fallen. Und das passiert keineswegs zufällig. Dahinter steht ein molekularer Mechanismus, einer von vielen, der – wenn die Kiefern davon profitieren – gleichsam einen Schalter umlegt und das Scheinfeuer zu einem echten anheizt: einem langsam brennenden, aber heißen Feuer, das alles vertilgt und den Kiefern erlaubt, aus Sämlingen neu zu sprießen. Das ist beispielsweise der Fall, wenn ein Baum von Feuer beschädigt wurde. Dann finden wir auf dem Boden *jhukti*, Kernholz in kräftigen Farben, weil es von einem roten oder gelben spröden kristallinen Harz durchtränkt ist.[20] Dieses entzündet sich leicht und brennt lange. Meist wird es von Menschen als Anmachholz verwendet.[21] Das ist wie der Abschiedsbrief eines Selbstmörders. Auf jeden Fall entstehen so heiße, lang brennende Feuer, die den alten Baum in Rauch aufgehen lassen, damit die jungen Kiefern gedeihen können.

Eine andere Situation ergibt sich, wenn die Kiefer mit ernsthaften Konkurrenten im Clinch liegt und es andere Brennstoffe gibt, die das Feuer nähren. Unter der Emodi-Kiefer können Rhododendren wachsen, Banj-Eichen sowie *eonr* und *lodar* – beides Heidekrauttypen. In diesem Fall steigt die Wahrscheinlichkeit, dass die Borke Feuer fängt. Wenn das Feuer das Kernholz erreicht, dann brennt der Baum einige Tage weiter. Er setzt flüchtige Substanzen frei und bildet *jhukti*, auch wenn er selbst nicht komplett verbrennt.

Häufig entstehen solche Feuer auch nach Dürren, wo das Holz ohnehin eher in Brand gerät, oder wenn es längere Zeit keine Waldbrände gegeben hat. In diesem Fall bieten von Käfern befallene

Zweige oder abgestorbene Bäume (das Jhukti-Harz bildet sich auch nach mechanischen Schäden, nicht nur nach Bränden) sowie Zapfen und eine stark verrottete Nadelschicht den Flammen genug Nahrung für einen Feuersturm – kein Scheinfeuer, sondern ein echter Flächenbrand. Nach solch einem Feuer können Sträucher und Eichen (darunter auch die Banj-Eiche), die feuerhemmende Stoffe namens Tannine enthalten, schnell wieder sprießen. So können sie es mit dem Scheinfeuertrick der Kiefern aufnehmen. Aber wenn es tatsächlich zu einem Großfeuer kommt, können auch die frisch abgeworfenen Samen der Emodi-Kiefer innerhalb weniger Wochen keimen, während die Banj-Eiche länger braucht, um ihre alte Stärke und den vom Feuer vernichteten Kohlenstoff wieder aufzubauen.

Blitze sind, ob sie nun von den Göttern geschleudert werden oder nicht, eine augenfällige Manifestation der Macht der Natur – eine erschreckende, einzigartige Kraft. Wenn sich eine Gewitterwolke bildet, fallen die Wassertropfen in der Wolke nach unten, werden jedoch von Windstrudeln nach oben gewirbelt, um erneut nach unten zu fallen. Wenn dies immer und immer wieder passiert, wird der obere Teil der Wolke positiv geladen, der untere negativ.[22] Während die Wolke dann über die Erdoberfläche treibt, reagiert die Erde und spiegelt sie. Wie bei einem Fotonegativ werden negativ geladene Teilchen am Boden nach unten gedrückt, weg von der Wolke. Damit aber werden hohe Objekte – Felsen, Kamine, Baumwipfel – besonders angreifbar, weil sie ein positives Potenzial ausbilden. Ist die Potenzialdifferenz zur Wolke groß genug, geht ein Blitz hernieder. Die elektrische Energie rast für ein paar Millionstel Sekundenbruchteile durch den Baum. Die Hitze lässt Wasser, Pflanzensaft und das Holz selbst verdampfen. Ich habe einmal einen 15 Meter langen Splitter gesehen, der zu einem Baumstamm gehörte, der sicher mehrere Tonnen wog. Er steckte tief im Erdreich, als habe ein Riese damit Speerwerfen geübt.

Der Pazifik wird von einem Feuerring umgeben, und ich spreche nicht von dem allseits bekannten Vulkangürtel. Es gibt auch einen Ring aus Koniferen, die stehen wie die Zikkurats, wie gestufte Tempeltürme der Blitzgötter. Die Kauri-Bäume Neuseelands, die Mammutbäume Kaliforniens, die Patagonische Zypresse *(Fitzroya)* in Chile oder die Zedern Japans: Sie alle werden sehr alt und erreichen enorme Höhen – Bäume mit einem großen Charisma, die alles überragen. Paradoxerweise hängen gerade sie von Waldbränden ab, damit sie sich regenerieren können. Sie stehen weiter auseinander als die meisten Bäume, und nachdem sie gut hundert Jahre gewachsen sind, verändern sie ihre Wuchsform. Die Krone wird immer flacher und breiter. Doch bis dahin sind sie einfach nur riesige Zündhölzer, ein geradezu unwiderstehlicher Blitzableiter, der ihre Energie in die Erde herabzieht.

Koniferen, die auf diese Weise in Flammen aufgingen, legten einst einen Feuerring um die ganze Erde, der so undurchdringlich war, dass er die Dinosaurier 50 Millionen Jahre daran hinderte, die Welt zu beherrschen. Wir wissen dies von regenbogenfarbenen Fossilien, von Bäumen, die sich auf alchemistische Weise in der Wüste von Arizona erhalten haben. *Araucarioxylon arizonicum* ist das Staatsfossil von Arizona[23] und der harzige Vorläufer der Araukarie, der seltenen und wunderschönen *Araucaria angustifolia* Brasiliens, der Kauri-Bäume Neuseelands und der metallverbiegenden *Araucaria*-Arten in Neukaledonien. In seiner fossilen Form ist der Baum versteinert. Das Holz ist von Mineralstoffen durchsetzt, die sich aus vulkanischer Asche gebildet und zu Quarz verfestigt haben. Gefärbt werden sie durch Eisen, Mangan und Kohlenstoff, sodass sie strahlen wie Citrin, Amethyst und Jaspis. Sie lebten vor 220 Millionen Jahren und konnten bis zu 61 Meter hoch werden. Ihr spitz zulaufender Stamm hatte einen Durchmesser von 60 Zentimeter und wurde von einer Pfahlwurzel gehalten, die fünf Meter in die Tiefe reichte und sich nur selten verzweigte. Die verschiedenen Teile der fossilen Bäume, die gefunden wurden, zeigen, dass der Baum das Feuer zwar förderte, aber auch feuerempfindlich war. Bei den meisten Fossilien ist die Borke nicht erhalten, aber die wenigen Überreste, die wir haben, zeigen, dass sie der Aleppo-Kiefer oder der Emodi-Kiefer ähnelte: eher dünn und von langen Furchen durchzogen.[24]

Niemand weiß genau, wie oft das Feuer durch das Ökosystem tobte, in dem diese urzeitlichen Bäume lebten, oder wie sie sich davon erholt haben, aber die Silikatkristalle erlauben uns, Feuernarben zu analysieren, die im Holz »gespeichert« sind. Sie zeigen Muster, die zu einem Scheinfeuer passen: eine Phase mit kleineren Tracheiden (verholzte Zellen in den Leitbündeln) und niedrigem Wachstum, die offensichtlich von Dürren geprägt war; gefolgt von Verbrennungen an der windabgewandten Seite des Baumes, was zu einem Unterholzbrand mit niedrigen Temperaturen passt. Auf eine Phase der Regeneration, in der die Tracheiden immer noch klein ausfallen (und manchmal verformt sind), folgt eine Periode massiven Wachstums und guter Gesundheit, bei der Phosphor und Stickstoff aus der Asche in den Boden geschwemmt werden. Fehlende Konkurrenz führt dazu, dass der Baum sich wie Phönix aus der Asche erhebt.

Siebzehn Stunden Fahrt von Arizona aus in Richtung Süden führen uns in die ziegelroten Felsen rund um Ghost Ranch in New Mexico. Paläontologen haben dort Belege für katastrophale Wildfeuer entdeckt. Diese rasten mit 680 Grad Celsius über die nicht stabilen Koniferenwälder am Äquator und bildeten einen Feuerwall, der die globale Ökologie für Millionen Jahre verändern sollte. Dieser Feuergürtel hinderte die großen Dinosaurier daran, ins heutige Nordamerika einzuwandern. Sie mussten sich mit dem Süden begnügen. Erst als der Feuergürtel erlosch, in einer Zeit, die wir heute als Trias-Jura-Grenze bezeichnen, konnte das Zeitalter der Dinosaurier beginnen.

Die Fossilien in den Felsen zeigen, dass Ghost Ranch vor ungefähr 210 Millionen Jahren auf demselben Breitengrad lag wie Kerala in Südindien heute. Die Durchschnittstemperatur lag bei etwa 28 Grad Celsius. Es war also eine ähnliche Zeit wie die, als die großen vegetarisch lebenden Dinosaurier – die Vorfahren von *Diplodocus* – überall gediehen.[25] Eine Zeit, die von Feuerstürmen und einem ständigen Auf und Ab der Vegetation begleitet war. In den feuchten Phasen gediehen die Baumfarne, in trockeneren Perioden breiteten sich Koniferengewächse wie die Kiefer aus. Dann aber wurden diese von den Feuerstürmen hinweggefegt, sodass die großen Pflanzenfresser unter den Dinosauriern nicht mehr überleben konnten.[26] Vielleicht war es für die Bäume besser, zu brennen und ihre Nährstoffe zu recyceln, als von riesigen, immer hungrigen Tieren gefressen zu werden, die die Baumnährstoffe mit sich über den nächsten Hügel davontragen konnten. Der hohe Kohlendioxidgehalt der Atmosphäre sorgte dafür, dass die Vegetation geradezu wucherte, aber der hohe Sauerstoffgehalt und die ebenso hohen Temperaturen machten Feuer wahrscheinlicher. Die Bäume mussten das Feuer also zu ihrem Verbündeten machen.

In den nächsten 200 Millionen Jahren ließ die Kontinentaldrift die Felsen von New Mexico nordwärts wandern. Die Dürre vernichtete die Wälder, und Wind und Wasser gruben tiefe Furchen in den roten Stein. Als Georgia O'Keeffe sich auf Ghost Ranch niederließ, entdeckte sie, dass in den Fossilien, die sie fand, enorme Zeitspannen aufgezeichnet waren. »Im ersten Jahr«, schrieb sie, »pflückte ich Knochen, weil es keine Blumen gab.«[27] Spätere Forscher beschrieben, dass die Knochen kleiner fleischfressender Dinosaurier »aus dem roten Sand mehr oder weniger hervorstachen«. O'Keeffe spielte mit dem Gefühl der Urzeitlichkeit. In einigen ihrer Gemälde sind die Toten präsenter als die Lebenden. In *Gerald's Tree* steht das ausgebleichte Skelett eines Baumes vor rotem Sandstein.

Der Feuergürtel des Trias brach auf, als die Kontinente auseinanderdrifteten, aber in den harzhaltigen Koniferenwäldern, die rund um den Pazifik überlebt haben, sind seine Effekte noch heute greifbar. Der Kontinent Gondwana wanderte nach Süden. Zu seinen Überresten gehören die großartigen, metallverschlingenden Araukarien der Inselgruppe Neukaledonien, die chilenischen Alerce-Wälder und die Wollemi-Kiefern-Enklaven in Australien. Das Surfbrett der Kauri-Bäume war Zealandia, eine Scholle der kontinentalen Erdkruste, deren nördliche und südliche Hochlandspitzen die Inseln von Neuseeland bilden. Die meisten Bäume in Neuseeland sind nicht ans Feuer angepasst, was unter den dort herrschenden kühlfeuchten Wetterbedingungen auch nicht nötig ist. Die Kauri-Bäume aber, die in den Wäldern nördlich des 38. Breitengrades dominieren, nutzen Feuer und Blitze als Teil ihrer Welt wie einst ihre zu Quarz kristallisierten Vorläufer in Arizona. Für unsere Augen wirken die Kauri wie Säulen des Friedens, ihre in sich gedrehten Stämme erinnern uns an die Ewigkeit. Aber sie gebrauchen das Feuer, um Chaos zu säen. Wer ihre Bewegungen in Neuseeland über die Zeit hinweg verfolgt, stellt schnell fest, dass sie sich in ruhigen Zeiten immer weiter bergauf zurückziehen. Sie kehren nur ins Tiefland zurück, wenn es durch Überschwemmungen, Feuer oder die Hand des Menschen zu massiven Katastrophen kommt. Für einen Baum, der bis zu 2000 Jahre alt werden kann, scheint dies eine merkwürdige Taktik zu sein, aber Zündeln ist bei den Kauri Teil ihrer Überlebensstrategie. Und wie die Bäume vor 200 Millionen Jahren tun sie es mithilfe eines Harzes.

Als im 19. Jahrhundert Siedler Neuseeland kolonisierten, trug der berühmteste Kauri-Baum den Namen »Vater des Waldes«. Er hatte einen Stammumfang von sage und schreibe 22 Metern. 1890 starb er infolge eines Blitzeinschlages ab. Augenzeugen beschrieben, der gefallene Baum sei von Unmengen Harz überzogen gewesen, das sich um die Wunden gebildet hatte.[28] Harz besteht aus zwei Hauptelementen: flüchtigen kurzkettigen Molekülen, die das Harz fließfähig machen, sodass es im Baum zirkulieren kann. Sie verdampfen, sobald das Harz an die Luft austritt und fest wird. Die langkettigen Moleküle hingegen bilden das spröde, brüchige und klare Harz, das dann übrig bleibt (und später zu Bernstein werden kann). Für die europäischen Siedler war das Kauri-Harz verborgenes Gold: Zwischen 1850 und 1950 wurde eine halbe Million Tonnen von Auckland aus exportiert. Es wurde als extrem widerstandsfähiger Geigenfirnis verwendet oder als wichtiger Bestandteil von Farben.[29] Die Māori nutzten es als Kaugummi und zum Anzünden von Feuer. Am Baum versiegelt es Wunden und hält Pflanzenfresser ab. Was allerdings die Wildfeuer angeht, so hat es etwas von einer Zeitbombe.

Und wir haben es hier nicht mit einem Scheinfeuer zu tun. Wie das *jhukti* der Emodi-Kiefer, das in Uttarakhand zum Anzünden benutzt wird, oder die Tannenharze der Fackeln, die die Maya-Rituale in unterirdischen Höhlen erhellten, ist auch das Kauri-Harz leicht entflammbar und glimmt lange vor sich hin. Wird ein Baum von einem Blitz getroffen, sodass er sich mit Harzen füllt, wird der nächste Blitzeinschlag ein heftiges, heißes Feuer verursachen.[30] Verletzte, Harz produzierende Bäume brennen heftig, anders als intakte Bäume. Ein verletzter Baum kann Tage, ja Monate vor sich hin glimmen. Und wenn in der Umgebung genügend tote oder absterbende Bäume vorhanden sind, dann kann daraus ein Großfeuer entstehen, das einen halben Wald neu austreiben lässt. Einstmals, vielleicht zur Zeit großer Käfer und Gliederfüßer, waren diese Fressfeinde das Ziel der rituellen Tiefenreinigung. Die Harze bilden aber auch Schutz gegen Krankheiten, die den Kauri-Bäumen heute schaden wie etwa der Scheinpilz *Phytophthora agathidicida*, der für das Kauri-Sterben verantwortlich ist und einen Kauri-Wald nach dem anderen auslöscht. Als Reaktion auf die pilzähnlichen Oomycetes produzieren die Kauris viel Harz, das manchmal bis hinauf zum Laubdach reicht. Wird der Baum nun von einem Blitz getroffen, dann entzündet sich das Harz, das den Baum vor Insekten und Oomyceten schützt, und das entstandene Feuer ist stark genug, um der Bedrohung entweder Herr zu werden oder sie zumindest in Schach zu halten, und das hoffentlich für weitere 2000 Jahre.

In den Mythen der Māori ist das Kauri-Harz das, was übrig blieb, nachdem der Baum sein Öl verschenkt hatte, das wiederum zum Speck des Südlichen Glattwals wurde, der diese Tiere vor der Kälte in den südlichen Ozeanen schützt. Zum Dank schenkte der Wal dem Kauri-Baum seine schuppige Haut, damit er sich vor Epiphyten (Aufsitzerpflanzen) schützen konnte.[31] Dahinter steht die Vorstellung, dass Epiphyten einem alten Baum so zusetzen können, dass er abstirbt. Und wenn man sich einen alten Kauri ansieht, wird schnell klar, woher diese Idee stammt. Für die massiven alten Koniferen des Feuergürtels und ihre Nachfahren auf Gondwana war Feuer eine unentrinnbare Realität, die sie zu ihrem Vorteil wenden mussten, wenn sie in Wäldern gedeihen wollten, in denen die einzelnen Bäume weit auseinanderstanden. Als die Kontinente auseinanderdrifteten, entwickelten sich neue Baumarten, die keine Koniferen waren und schneller heranwuchsen. Die meisten alten Koniferen verschwanden daraufhin, weil sie nicht Schritt halten konnten.[32] Einige der ursprünglichen Koniferen wie die Zypressen hörten deshalb auf, Harze zu produzieren. Andere Koniferen, wie die Kiefern, entwickelten die Fähigkeit, schnell zu wachsen, starben aber auch früher. Und die neuen Bäume fanden Möglichkeiten, mit Feuer umzugehen.[33]

Pyrogene, also brandfördernde, Bäume gibt es in aller Welt. Und sie folgen bei ihrem Umgang mit Feuer bestimmten, vorhersehbaren Mustern. Die Bäume, die in ihrer Nähe wachsen, müssen also ebenfalls lernen, mit Scheinfeuern oder echten Feuern zurechtzukommen und diese zu kontrollieren. Eben das geschah auf der Insel Euböa, einem wahren Baumparadies. Dort haben Eichen, die andernorts einfach abbrennen und nicht wieder austreiben, einen Weg gefunden, mit Feuern zu leben.

Euböa ist eine bergige Insel an der Ostküste Griechenlands. Sie bietet die unterschiedlichsten Habitate, die von verschiedenen Baumarten besiedelt werden. Einer der seltensten Bäume lebt hoch im Norden der Insel, eine Eiche, die zwischen Tannen und nur auf dieser Insel gedeiht: *Quercus euboica*, die Euböa-Eiche. Ich war schon mehrmals auf Euböa gewesen: einmal am Meer, unter den Kiefern in Limnionas; einmal in den Bergen im Süden, wo die Wacholderbäume auf wenig Erdreich wachsen; einmal zur Kastanienblüte, die das Innere der Insel in ein weiß wogendes Meer verwandelt. Im August 2021 wüteten schwere Feuer auf der Insel und zerstörten 141 000 Morgen Wald und mit ihnen zahlreiche Dörfer. Im Mai 2023, 19 Monate später, reiste ich nach Euböa, um zu sehen, ob die dortige Population von *Quercus euboica* überlebt hatte.

Ich übernachtete bei zwei griechischen Freunden, die im Norden der Insel Walnüsse anbauten. Wir fuhren durch die abgebrannten Gebiete, in denen früher die Eichen gelebt hatten. Die verbrannten Kiefernstämme machten aus den Bergen traurige schwarze Igel. Der Kohlenstoff, den sie über viele Jahre gebunden hatten, war in die Atmosphäre entwichen. An den dünnen, verkohlten Stämmen hingen schwarze Zapfen wie Glöckchen – mehr war nicht übrig vom Laubdach. Doch der Boden war übersät von grünen, gelben und rosaroten Tupfen, weil die Erdbeerbäume wieder zum Leben erwachten, die Silberwinden blühten und die Zistrosen die Hänge mit ihren hellen Farben überzogen. Immer wieder stießen wir auf Flecken mit unversehrten Bäumen oder unberührte Wiesen, auf denen sich unzählige Blüten öffneten. Verbrannte Bergkämme bestimmten jedoch das Bild der Landschaft.

Die schwarzen Stämme waren einst Wälder von frisch grünen Aleppo-Kiefern *(Pinus halepensis)* gewesen, die zu den pyrogensten Bäumen der Welt gehören. Trotz ihres Namens wächst diese Kiefer in Italien, Spanien, Frankreich und Griechenland, wo sie mehr als acht Prozent der Waldfläche ausmacht und für ein Drittel aller Waldbrände verantwortlich ist. Warum wir sie heute als Aleppo-Kiefer kennen, liegt schlicht daran, dass der Botaniker Philip Miller, Kurator des Chelsea Physic Garden in London, 1768 beschloss, den Baum so zu nennen – vermutlich, weil er die Samen dafür vom britischen Konsul in Aleppo erhalten hatte.[34] Die Kiefer kann schwere Dürren überstehen, hat eine sehr dünne Borke und wird selbst von wenig intensiven Feuern zerstört. Aber sie wächst sehr schnell nach aus den Samen, die erst aufgrund der Wärme des Feuers aus den am Baum verbleibenden Zapfen fallen. Daher kommt es in Wäldern mit der Aleppo-Kiefer alle 15 bis 30 Jahre zu einem Feuer.

Da die Eichen unterhalb der Aleppo-Kiefer wachsen, mussten auch sie sich an das Feuer anpassen. Die Euböa-Eiche ist eine Unterart der Troja-Eiche, die auf den Ebenen um die frühere Stadt Troja in der Türkei wächst, 320 Kilometer entfernt auf der anderen Seite der Ägäis. In der Ebene ist die Troja-Eiche umgeben von Gras und wächst zu einem großen Baum mit einem einzigen Stamm heran. Feuer würde sie vernichten, und sie würde nicht nachwachsen. In den Bergen aber, wo sie von Kiefern umgeben ist, hat die Euböa-Eiche gelernt, mit Feuer umzugehen, und treibt recht schnell wieder aus. Meine Freunde führten mich auf einem schmalen Weg aus roter Erde zwischen verkohlten Bäumen hinauf zum Bergkamm. Oben war immer noch alles schwarz und rußig. Die schwarze Borke der Kiefern löste sich in Plättchen vom Stamm und legte sein weißes, trockenes Holz offen. Kiefernsprösslinge trieben bereits, aber die eigentliche Überraschung war ein kleines Eichendickicht zu beiden Seiten des Weges. Es war bis auf den Grund abgebrannt, schickte aber schon dicke, glänzende Triebe in die Höhe, voller Pigmente, die den ersten Blättern einen roten Hauch verliehen. Sie erhoben sich schneller aus der Asche, als ein Baum dies aus Samen tun könnte.

Quercus euboica wächst auf Serpentinböden, die reich an Eisen und Magnesium sind. Diese Mineralien färben die flockigen Erdschichten, die jedoch wenig Stickstoff enthalten, rot und purpurfarben. Während das Feuer zwischen den Kiefern wütet und die oberirdischen Teile der Eichen und der sie schützenden Pflanzen rundherum verbrennt, werden Stickstoff und Phosphate frei, die in der organischen Materie gebunden waren. Die so entstandene Asche schützt nun zusammen mit dem Boden das Wurzelmeristem der Eiche, das unterirdische Bildungsgewebe, aus dem der Baum wieder austreiben kann. Durch die Asche enthält der Boden auch ausreichend Stickstoff und Phosphate, sodass auch die Eiche verjüngt und kräftiger aus dem Feuer hervorgeht. Der Förster erzählte mir, dass die Eichen tatsächlich schon zwei Monate nach dem Brand wieder ausgetrieben hätten.[35] Die Aleppo-Kiefer hingegen, die sozusagen Harz ins Feuer gegossen hatte, würde zwei Jahre brauchen, bevor sie die Eichen wieder überschatten könnte.

Manchmal jedoch zahlt sich diese Zündelei auch für die Kiefern nicht aus. In der Sierra de Alcaraz im Südosten Spaniens wird die Aleppo-Kiefer nach einem Feuer häufig von niedrig wachsenden Pflanzen überrundet, etwa von der Kermeseiche *(Quercus coccifera)*, den Zistrosen und dem Gras *Brachypodium retusum*. Sie drängen die Kiefer zurück in die noch trockeneren Regionen an den südlichen Berghängen. Auf den Bergen von Euböa war der Boden ebenfalls von Zistrosen bedeckt. Der scheinbar simple und empfindliche Strauch wächst rund um das Mittelmeer. Er hat leicht brechende Zweige, eine schuppig braune Rinde, trockene, salbeiähnliche Blätter und einfache weiße oder rosarote Blüten mit fünf knittrigen Petalen wie bei einer Wildrose. Das gelbe Herz der Blüte soll Bienen anlocken. Auch der Erfolg dieser Pflanze geht auf ihre Trockenheitsresistenz und gute Anpassung an Feuer zurück. Die Zistrose produziert nämlich zwei Arten von Samen: Die eine keimt schnell, wenn genug Feuchtigkeit vorhanden ist; die andere muss vorher vom Feuer wachgeküsst werden. Das heißt: Während der Großteil der Samen Jahr für Jahr keimt und blüht, verbleibt ein Teil im Boden und sprießt 20 Jahre später, wenn ein heftiges Feuer über die Erde gefegt ist. Vermutlich verfügen auch andere Baum- oder Straucharten über diesen großartigen Mechanismus der Feueradaption, doch bisher hat ihn niemand beschrieben.[36]

Ein großes Feuer auf einem Berggipfel, wie Homer es beschreibt – ein Glanz, der hell schimmernd durch den Äther hinauf zum Himmel dringt –, ist ein beeindruckender Anblick. Ganze Berghänge fangen Feuer. Die Flammen springen mitunter über tiefe Schluchten, und die Hitze überwindet selbst die Barriere der Flüsse. Und doch kann inmitten all dieser Zerstörung ein kleiner Fleck unbeschadet davonkommen, weil das Feuer einen Bogen um ihn macht. Normalerweise verdankt sich dies einer Baumart, die anders mit dem Feuer umgeht. Wie die Troja-Tanne auf dem Kazdağı haben auch viele Bäume gelernt, Feuer zurückzudrängen. Die wunderschönen Walnusshaine am Strand von Kefales im nördlichen Euböa haben dem Feuer Einhalt geboten, wenige Meter bevor es sie erreichen konnte. Ihre Familie ist die einzige, die diese Form der Brandbekämpfung beherrscht, ob die Bäume nun in Amerika, Europa oder Asien wachsen. Ihr »Trick« ist ebenso einfach wie brillant: Sie verwenden einen chemischen Stoff namens Juglon, der nicht nur feuerresistent ist, sondern auch sämtliche Pflanzen in der unmittelbaren Umgebung vergiftet, sodass die Flammen keine »Leiter« finden, an der sie ins Laubdach des Walnussbaumes klettern könnten. Juglon ist ein täuschend einfaches Molekül, ein flacher Doppelring aus Kohlenstoffatomen. Es wird in seiner gelben Hydroxyform in der Walnuss gespeichert und oxidiert dann in Kontakt mit der Luft, wobei es schwarz wird. Wurzeln, Blätter, Schale, Borke und Frucht (nicht aber die Nuss selbst) enthalten hohe Dosen von Juglon. Dieses wird von den indigenen Völkern Amerikas immer noch zum Färben verwendet. Doch auch Teppichweber in Zentralasien und Friseure im alten Griechenland wussten sein farbechtes, glänzendes Braun zu schätzen.

Als Farbstoff schlüpfen die flachen Juglonringe in die Keratinspiralen des Haares und reflektieren dann nur die gelben, roten und braunen Anteile des Lichts, ähnlich seinem chemischen Verwandten Henna. Als Gift hingegen schiebt sich Juglon in bestimmte Enzyme, die für den Stoffwechsel gebraucht werden. Dort blockieren sie den Elektronentransport in den Mitochondrien, sodass die Elektronen sich ansammeln und hochreaktive Sauerstoffmoleküle bilden, die dann Schaden anrichten. Dieselbe mitochondriale Reaktion macht das Juglon giftig für die meisten Insekten, wenn sie es fressen. Reichert sich das Juglon in der Luft an, kann es die Stomata der Pflanzen am Funktionieren hindern. Interessanterweise sind Bäume, die zur selben Familie gehören, wie Buche und Birke, davon nicht betroffen. Das heißt, dass der Walnussbaum diesen Schutzmechanismus schon recht früh in seiner Entwicklung ausgebildet hat. Ähnlich wie die Eichen scheint die Walnuss in einem früheren Stadium Tannine gebildet zu haben, die ebenfalls Insekten fernhalten und feuerresistent sind. Walnussbäume haben eine dicke Borke, verlassen sich jedoch eher auf ihr Kernholz und ihre Fäulnisresistenz, um sich vor massiven Bränden zu schützen. Wenn die Walnuss bis auf den Grund niederbrennt, treibt sie aus der Basis wieder aus.

Wie kann es sein, dass chemische Stoffe wie Tannine und Juglon Insekten abstoßen und Feuer unterdrücken? Die Evolution ist nun einmal gnadenlos effizient. So kommt es, dass chemische Stoffe, die diese doppelte Schutzwirkung haben, immer wieder in den unterschiedlichsten Pflanzen-Stammbäumen auftauchen, wenn ihnen solche Gefahren drohen. Und das gilt natürlich auch für physische Anpassungen: Obwohl die Korkeiche *(Quercus suber)* Tannine enthält, ist ihr wichtigster Schutz doch die dicke Borke. Diese äußere Anpassung kann genauso effektiv vor Scheinfeuern schützen wie ein chemischer Stoff. Der Baum selbst ist nicht leicht entflammbar, meistens jedoch die Pflanzen in seinem Umfeld. Und die Borke der Korkeiche sorgt dafür, dass ein leichteres Feuer dem Baum nichts anhaben kann. Ein starkes Feuer wird Blätter und Zweige versengen. Übrig bleiben der Stamm und einige Äste, die jederzeit neu austreiben können. Eine Korkeiche, die mehrmals den Flammen ausgesetzt war, mag tiefe Narben davongetragen haben, aber sie ist letztlich kaum totzukriegen. Eine Anpassungsleistung wie diese bei einem Baum, der sich nur langsam reproduziert, sagt uns, dass die Art Hundertausende Jahre lang immer wieder Bränden ausgesetzt war. Sie ist auch einzigartig. Korkeichen liefern den Korken für Weinflaschen – schwammartige, luftgefüllte tote Zellen, deren dünne Wände aus Cellulose bestehen und aus dem wasserabweisenden Stoff Suberin. Suberin ist ein lipophiles Polymer, das wie ein flüssiges Pflaster funktioniert und Zellen durchdringt und abkapselt. Der Kork wird vom Phellogen (Korkkambrium) der Pflanze produziert. Soll er geerntet werden, setzt dies mehrere Schritte voraus. Zunächst wird der nutzlose Kork abgeschält – der ist noch spröde und nicht verwendbar. Wenn dann eine erste Schicht nachwächst, kann sie bereits für die Herstellung von Gegenständen benutzt werden, die nicht allzu sehr strapaziert werden. Doch erst bei der dritten und vierten Ernte ist der Kork so weit, dass man ihn auf vielfältige Weise verwenden kann: Er weist dann eine schwammartige, gleichmäßige Struktur auf, die sauber genug ist, dass man eine Flasche Riesling damit verschließen kann, ohne den Geschmack des Weines zu verändern.

❧

Menschen sind wie Bäume. Sie versuchen, per Versuch und Irrtum sinnvolle Methoden zu entwickeln, wie sich kleine Feuer gefahrlos einsetzen lassen. Wenn sie Holz verfeuern, beobachten sie, wie schwer oder wie leicht es brennt, um sich ein instinktives Wissen um alle chemischen und mechanischen Strukturen des Holzes – dünne Rinde, Harze, hohle Stängel – anzueignen, die es zum guten oder schlechten Brennmaterial machen. In *Mein Katalonien* schreibt George Orwell, wie er und seine Kameraden Feuerholz suchten, während sie mitten im Winter in einem Schützengraben ausharrten:

> *Der Eifer unserer Brennholzsuche verwandelte uns alle in Botaniker. Wir klassifizierten jede Pflanze, die auf dem Berg wuchs, nach ihren Brennqualitäten: die verschiedenen Heidekräuter und Kresse waren gut, um ein Feuer in Gang zu setzen, aber sie verbrannten in wenigen Minuten; der wilde Rosmarin- und der winzige Stechginsterbusch brannten nur dann, wenn das Feuer schon richtig entflammt war; der verkrüppelte Eichbaum, kleiner als ein Stachelbeerstrauch, war praktisch unbrennbar.*[37]

Die besagte Eiche war vielleicht eine Korkeiche, und die chemischen Stoffe, die sie »unbrennbar« machten, waren Suberin, Tannine und Lignin, ein feuerabweisender Mix, der über Jahrmillionen kultiviert worden war.

In weit größerem Umfang und über längere Zeiträume haben sich Menschen immer wieder in den Umgang der Bäume mit Feuer eingemischt. Aus dem mangelnden Verständnis für beides – Bäume und Feuer – kann sich schnell eine Katastrophe entwickeln. Feuer zu unterdrücken, war eine forstwirtschaftliche Strategie von Leuten, die Holz ernten wollten, das schnell und sauber wuchs (und die im Stile der deutschen Forstwirtschaft geschult waren).

So wurde zum Beispiel in Kalifornien auf rigorose Brandunterdrückung geachtet. Nun aber nutzen die dortigen Riesenmammutbäume *(Sequoiadendron giganteum)* aus Jura und Kreidezeit bis zum heutigen Tag – also bereits über einen Zeitraum von 200 Millionen

Jahren hinweg – Scheinfeuer, um sich zu regenerieren. Zu diesem Zweck bilden sie Harze und werfen ihre leicht entflammbaren Nadeln ab. Auch die Samen in den am Baum verbleibenden Zapfen werden erst freigesetzt, wenn die Hitze des Feuers sie austrocknet. Darüber hinaus sind sie außerordentlich feuerresistent. Große Bäume haben mitunter eine Borke, die einen Meter dick und fasrig wie Asbest ist. Diese verschrumpelt unter Hitzeeinwirkung, ohne dass sie dem Feuer Nahrung gibt. Brennt diese Schicht durch, treten aus dem Holz bittere, blass-rosafarbene Tannine aus, die Insekten und Feuer zugleich abwehren. Das Resultat war ein System, in dem vermehrt Brände niedriger Intensität auftraten, die kleine Bereiche der Bodenvegetation niederbrannten, deren Flammen es aber nur selten bis in die Laubregion der Bäume schafften, wo sie ein röhrendes, wütendes Feuer anfachen konnten, das von Aufwinden bis hoch in die Krone gepeitscht würde.

In den letzten 200 Jahren wurden diese Unterholzfeuer rigoros unterdrückt. Als die Siedler in die Redwoodwälder Kaliforniens kamen, waren sie tief beeindruckt von der Schönheit und der außerordentlichen Größe dieser Bäume – nur um sie dann so gnadenlos abzuholzen, dass es schließlich zu einem öffentlichen Aufschrei kam und sich eine der ersten Naturschutzbewegungen formierte.[38] In der zweiten Hälfte des 19. Jahrhunderts waren die Amerikaner, vor allem die New Yorker, alarmiert von Nachrichten über eine Serie von Waldbränden, die im Mittleren Westen Millionen von Hektar vernichtet hatte. Aus diesem Grund wurde ein Brandschutzdienst eingerichtet, der bald zu den bestausgebildeten und effektivsten der Welt wurde: Cal Fire. Cal Fire untersagte indigenen Völkern, Feuer zu machen, und verfolgte in puncto Brände eine absolute Nulltoleranzpolitik, die später zur »10 a. m. policy« wurde: Jedes Feuer sollte bis zum nächsten Tag um 10 Uhr vormittags gelöscht sein. George Rippey Stewarts Buch *Feuer* zeichnet ein anschauliches Bild der Feuerwehrleute von damals: Machos, gut bezahlt und gut organisiert; eine quasi-militärische Operation mit Brandwachen, die auf Hochsitzen den Wald kontrollierten, die Ebenen und die Bulldozer.

Bedauerlicherweise hat die Unterdrückung kleiner Feuer zur Folge, dass sich am Boden brennbares Material ansammelt. Was nicht selten zu einer verheerenden Katastrophe führt. Erst nach einer Reihe regelrechter Feuersbrünste regte sich bei Cal Fire die Einsicht, dass die indigenen Völker vielleicht recht hatten, als sie kleine Feuer legten, um die großen zu verhindern. Mittlerweile arbeitet man auch dort mit kontrollierten Bränden. Die Frage ist nun: Ist das zu wenig? Und kommt es zu spät? Ich bin nach Kalifornien gereist, um die Mammutbäume zu bewundern, aber auch um Cal Fire zu besuchen und zuzusehen, wie die Feuerwehr einen kontrollierten Brand legt – letztlich also, weil ich sehen wollte, wie es funktioniert, wenn Menschen ein Scheinfeuer legen.

Hoch oben in den Bergen steht eine Gruppe berühmter Riesenmammutbäume, der Trail of a 100 Giants. Die Feuerwehr hatte bereits damit begonnen, Scheinfeuer zu legen. Ich steuerte durch die Bäume in Richtung Parkplatz und sah sonnenerhellten Rauch, der sich durch die Bäume schlängelte. Kleine Flammenzungen leckten an Abfallhaufen. Aus sicherer Distanz betrachtet, machten vor allem das allgemeine Durcheinander und der Lärm Eindruck auf mich: Ein kontrollierter Brand ist keineswegs so simpel und harmlos, wie sich das anhört. Schwarzer Rauch erfüllte die Luft, der beißende Geruch des Feuers war allgegenwärtig. Orange Feuerzungen rasten den Hügel hinauf, umrundeten die Bäume und zögerten an der Oberseite. Dort stießen sie auf tote Zonen, wo schon früher einmal Feuer gewütet hatten, und die man *backburn* nennt. Erst dann kamen sie zum Stillstand. Immer wieder gab es einen lauten Knall wie bei einer Explosion, wenn ein massiger Baum gefällt wurde, um die Mammutbäume zu schützen. Die gefällten Stämme waren ebenfalls Riesen, meist Kiefern mit einer Borke wie geklöppelte Spitze.

Ignacio war ein Mitglied des Federal Fire Service und für das kontrollierte Abbrennen verantwortlich. Er kannte sich mit Feuer aus, weil er in einer Region von Mexiko aufgewachsen war, in der Waldbrände häufig vorkamen. Bei der Feuerwehr war er schon seit 2001 tätig. Mittlerweile fährt er Tausende von Kilometern durchs Land, um für die Sicherheit von Häusern und Wäldern zu sorgen. Ein schlimmes Feuer, das kurz nach seinem Dienstantritt beim Federal Fire Service ausgebrochen war, hatte eine ganze Reihe von Kündigungen nach sich gezogen. Die Feuerwehrleute waren um ihr Leben gerannt, mit versengten Augenbrauen und von Feuerbällen verfolgt. Das Programm zum kontrollierten Abbrennen wurde, so Ignacio, eingeführt, weil die Feuer, die vorher die Mammutbäume kaum bedroht hatten, eine Intensität erreicht hatten, die über der der Vorjahre lag. Jenes Großfeuer war in der Nähe des Black Mountain ausgebrochen, auf der Ostseite der Sierra Nevada. Es war über die Sierra hinweggefegt, hatte das Tule-River-Tribe-Reservat bedroht und dann den Wald mit den Mammutbäumen erreicht.[39] Glücklicherweise versengte es den Großteil der Redwoods nur leicht, aber es war wirklich äußerst knapp.

Mit dem Ergebnis, dass der Federal Fire Service und Cal Fire ein gemeinsames Programm zum präventiven Abbrennen eingeführt hatten, um das brennbare Material rund um den Wald zu reduzieren. Dies geschah mittels der Methode des sogenannten *pile-burn*: Man fällt hohe Kiefern und kleine Zedern und verbrennt sie zusammen mit dem Unterholz. Bei den allermeisten Riesenmammutbäumen setzen die Äste so hoch oben an, dass das Feuer sie nicht erreichen kann, wenn es keine »Leiter« aus Unterholz hat oder das Feuer die Borke wegbrennt und sich in den Stamm frisst. In diesem Fall aktivieren die Bäume eine zweite Verteidigungslinie: Ihre Tannine unterdrücken das Feuer, aber sobald die Borke sie nicht mehr schützen kann, brennen sie tatsächlich nieder. Dort, wo junge Äste abgefallen sind, bildet sich ein faustgroßes Stück »Zunder« unter der Rinde. Dann dringt das Feuer ins Kernholz vor, wo es tagelang schwelt. Der

Red Cedar ist der am wenigsten entflammbare Baum in dieser Region, was vermutlich an den langkettigen Fettsäuren liegt, die er mit anderen Zedernarten der Welt teilt, die alle ausgesprochen feuerresistent sind. Auch die Mammutbäume besitzen eine hohe Feuerresistenz, nehmen jedoch Schaden, wenn ein Feuer starke Hitze entfaltet oder sich schnell durch den Wald frisst. In der Vergangenheit konnten die Brände Stämmen mit über vier Meter Durchmesser nichts anhaben. In den letzten Jahren jedoch sind mehr als vierzig dieser Bäume verbrannt. Mittlerweile sind die Feuer zu groß und zu heiß, als dass die Bäume ihnen noch entkommen könnten.

An Orten, wo bereits kontrolliert abgebrannt wird, kriechen die Feuer an den Redwood-Stämmen trotzdem bis in gut 20 Meter Höhe hinauf. Diese Brandmale werden die Bäume bis an ihr Lebensende tragen. Trotz der riesigen Feuerwehrtrucks der Cal Fire und der gut organisierten Präventivbrände ist das Feuer mittlerweile eine echte Bedrohung für die Mammutbäume. In den letzten paar Jahren haben Waldbrände 20 Prozent der größten Bäume zerstört. Und ein Großteil der übrigen trägt Male von früheren Feuern – tiefe Kerben in der Borke, hohle Stellen im Stamm, Brandmarken am Boden und seltsame Flammenbögen, die man hier *cat-face arches* nennt. Diese Brandmale am Stamm sind einer der Gründe, weshalb wir so viel über die Intensität und die Veränderung des Feuermanagements in Kalifornien wissen.[40] Ein Querschnitt durch den Stamm eines Mammutbaumes liefert uns eine Chronologie von Feuern und Dürren, die bis zu 3000 Jahren zurückreichen kann.[41]

❧

In der Holzwirtschaft pflanzt man gerne brandfördernde Bäume, weil diese schnell und gerade wachsen und sich daher für Monokulturen gut eignen.[42] Häufig erweist sich dies als kontraproduktiv, weil dadurch gewaltige Großfeuer entstehen können. Zwischen 1940 und 1981 sind in Spanien mit seinen 12 000 Quadratkilometer großen Kiefernpflanzungen volle 40 Prozent abgebrannt, und dies in einem Zeitraum von nur acht Jahren. Weltweit ist das beste Beispiel für diese Problematik der Eukalyptusbaum.[43] Mit seiner flockigen Borke, den silbernen Blättern, dem frischen Duft und der engen Verbindung zum Koala[44] ist der Eukalyptus für mich ein toxischer Baum, der einzige, den ich vielleicht wirklich nicht mag. Der Grund dafür ist, dass er tatsächlich perfekt ans Feuer angepasst ist und daher umstehende Arten schädigt. Da er unglaublich schnell wächst – bis zu 3,5 Meter pro Jahr –, wurde er überall in der Welt zur Holzgewinnung angebaut. Mittlerweile gibt es in über 90 Ländern mehr als 20 Millionen Hektar Eukalyptuspflanzungen.[45]

Das ist eine unglaublich schlechte Wahl, vor allem, wenn man ausgerechnet diesen Baum pflanzt, um Kohlenstoff aus der Atmosphäre zu binden. Denn der Eukalyptus gerät mit sehr hoher Wahrscheinlichkeit früher oder später in Brand. In Australien tragen neun von zehn Eukalyptusbäumen Brandmale. Sie sind nämlich nicht grundsätzlich ans Feuer angepasst, nur an Brände bestimmter Intensität und Frequenz. 92 Millionen Hektar Eukalyptusbäume – drei Viertel der ursprünglichen Waldfläche Australiens – umgeben die Küsten des Kontinents.[46] Der Großteil davon gehört zur Art *Eucalyptus regnans*, dem Riesen-Eukalyptus. Dieser erreicht eine Höhe von bis zu 100 Metern und verströmt dabei so viele leicht entflammbare Terpenoide, dass seine ursprüngliche ökologische Nische, die Blue Mountains in New South Wales, in einen ständigen Lavendelduft gehüllt ist. Der Riesen-Eukalyptus hat sich im Zusammenspiel mit dem Feuer entwickelt. Seine Samen werden in Kapseln aufbewahrt, die im Jahreslauf jederzeit abgeworfen werden können. Während eines Wildfeuers fallen sie auf jeden Fall ab. Aus ihren Samen entsteht innerhalb von 20 Jahren ein 60 Meter hoher Wald. Und der Baum wird auch weiterhin dominant bleiben, weil er sich häufig entzündet und dann so schnell nachwächst, dass hier keine andere

Baumart eine Chance hat. Im Moment werden 80 Prozent des Waldes in Australien von Eukalyptusgewächsen beherrscht.

Sein Aufstieg geht auf eine ungewöhnliche Zusammenarbeit von Mensch und Feuer zurück. Die Eukalyptusarten waren immer schon pyrogene Bäume, aber als sich im Holozän das Klima erwärmte, drängten die Aborigines den Regenwald mit Brandrodung zurück. Mit dem Ergebnis, dass der Eukalyptus sich weiter ausbreiten konnte.[47] Die Pflanzenkohle- und Pollenreste zeigen, dass es in Australien bereits vor der Kolonialisierung Bemühungen zum Baummanagement gab. So breitete sich der Eukalyptus beispielsweise entlang der Songlines aus, Aborigineswanderwege, die in epischen Liedern beschrieben wurden.[48] Eine spezielle Songline – die Geschichte von den Sieben Schwestern – beginnt in den Blue Mountains und zieht sich bis zum Dampier-Archipel hin. Der Weg windet sich durch Eukalyptuswälder, die sich durch das gesamte Hochland ziehen.[49] Die Aboriginesstämme brannten den Weg mit Feuer frei, sodass die Eukalyptusarten die langsamer wachsenden, feuerfesteren Bäume wie die Eiche ersetzten.

1770 sammelte Joseph Banks während der Cook-Expedition Eukalyptussamen und brachte sie zurück nach England, in die Royal Botanic Gardens in Kew. Von dort aus wurden sie 1850 nach Kalifornien weitergegeben. Sie waren bald unglaublich populär und erreichten in den 1960ern auch die Tropen. Heute pflanzt man Eukalyptusarten in aller Welt, von Sri Lanka bis Cornwall. Sie sind mittlerweile die am stärksten verbreitete Faserholzquelle überhaupt. Sie wachsen nicht nur schnell, sie brennen auch leicht und vergiften die meisten Lebewesen, die versuchen, sich von ihnen zu ernähren.[50] Leider senken sie auch noch den Grundwasserspiegel. Die schönsten Eukalyptuswälder, die ich je gesehen habe, befinden sich rund um die georgische Stadt Batumi. Dort hat man sie im 19. Jahrhundert angepflanzt, um den Boden trockener zu machen. Dass Eukalyptusarten den Grundwasserspiegel senken, geht auf eine Anpassung zurück, die ihnen erlaubt, Bäume im unmittelbaren Umfeld auszutrocknen – was viele Leute nicht wissen. In von Dürre bedrohten Ländern wird der Eukalyptus in Baumschulen angeboten als schnell wachsender Baum, der für mehr Grün und Schatten sorgt. Doch zehn Jahre später kämpft die Region dann mit verbrannter Erde und dem Absterben anderer Bäume.

Der Mensch schreibt den Bäumen häufig einen besonders wohlwollenden Charakter zu, dabei ist dies in vielen Fällen nicht gerechtfertigt. Ich habe mit Menschen gesprochen, die mir alle begeistert von ihren Wiederaufforstungsbemühungen in Cornwall, Kirgisistan, Mossul, Angola und Amerika sowie im Irak und der Türkei erzählt haben. Alle sind davon ausgegangen, dass der Eukalyptus die schnelle Antwort auf die massenweise Entwaldung in aller Welt ist, und haben sich für die Tatsache, dass dieser Schuss schnell nach hinten losgehen kann, blind gezeigt. In *Traumpfade* beschreibt der Weltenbummler Bruce Chatwin, wie er eines Morgens erwachte, während »die Sonne weiß vom Himmel brannte und sich Rauchgeruch ausbreitete«. Er erzählt von einer schlaflosen Nacht, in der »der ganze Horizont von Flammen erhellt wurde. Das Feuer bewegte sich mit einer Geschwindigkeit von 80 Stundenkilometern … die Spitzen der Eukalyptusbäume explodierten in feurigen Bällen, die von den orkanartigen Winden vorwärtsgetrieben wurden«.[51] Chatwin erlebte dies in Australien, aber mittlerweile gibt es auch in Portugal, Sri Lanka und Brasilien Feuer wie diese. Und vermutlich werden sie sich weiter verschlimmern …[52]

Wie sehr befeuert die globale Erwärmung Brände? Die kurze Antwort lautet: massiv. Aber der Effekt ist nicht leicht zu quantifizieren, teils weil die Daten über frühere Brände notgedrungen lückenhaft sind, teils weil die Art der Landnutzung einen enormen Einfluss darauf haben kann, wie wahrscheinlich Brände in der jeweiligen Region sind. Aber diese Situation ist keineswegs neu. Im 11. Jahrhundert, während der mittelalterlichen Klimaanomalie vor der kleinen Eiszeit in Europa, waren Waldbrände in Großbritannien durchaus häufig. »In diesem Jahr«, so die *Angelsächsische Chronik* von 1032, »kam es zu Wildfeuern, die in dieser Stärke niemand verzeichnet hatte. Sie richteten an vielen Orten große Schäden an.«[53] Auch 1048 heißt es: »Das Wildfeuer brachte Derbyshire schwere Schäden.«[54] Und 1077: »Dies war in vielen Grafschaften ein trockener Sommer voller Wildfeuer. Dabei brannten viele Höfe und Ortschaften nieder.« Die Ortsnamen erinnern noch heute daran: Brentwood, Burntwood[55], Burntheath, Burnt Hill, Brantridge und Brant Fell in Westmorland.

Ob die Klimaerwärmung die Fähigkeit der Bäume, mit Feuer umzugehen, grundlegend verändern wird, ist eine drängende Frage, weil von ihrer Beantwortung abhängt, wie unser Forstmanagement künftig aussehen sollte. Einer der letzten Flecken mit uraltem Wald in den USA findet sich im Yaak Valley in Montana. Eine hochwachsende Gemeinschaft von Riesen-Lebensbäumen, Hemlocktannen, struppigen, spitznadeligen Fichten, Westamerikanischen Lärchen, Drehkiefern und Gelb-Kiefern, die sich in den Himmel recken. Sie gehört zum Kootenai National Forest mit seinen 890 300 Hektarn. 121 000 Hektar davon werden nun abgeholzt mit dem Ziel, »das Risiko für katastrophale Waldbrände einzudämmen und die Gesundheit des Waldes zu stärken«. Seit Jahren haben sich verschiedene Organisationen darum bemüht, einen Teil des Waldes zu schlagen, um die Feuergefahr zu verringern. Ein ausgedünnter Wald, so das Argument, würde weniger Brennstoff bieten. Andere kämpfen gegen diese Maßnahme an und meinen, es sei absurd, alte Bäume abzuholzen, weil dann nur jüngere und stärker brandgefährdete nachwachsen würden. Der lautstärkste Verfechter dieser These ist Rick Bass, der im Yaak Valley lebt und sich dafür einsetzt, dass dieses Tal als Landschaft mit nur minimalen menschlichen Eingriffen erhalten bleibt. »Diese Lärche soll ja das Feuer nicht nur überleben«, meint er, »sie soll davon profitieren. Diese Eigenschaften, die Artenvielfalt hier, die strukturelle Diversität des Waldes – wir sollten das studieren, nicht dem Kahlschlag preisgeben. Aber der Forest Service behauptet doch tatsächlich, dass ein Kahlschlag in einem gut 1000 Jahre alten Wald diesen resilienter macht?«

Ein starkes Argument. Und doch gibt es rund um den Globus Beispiele dafür, dass die natürlichen Abwehrkräfte und Anpassungen der Bäume letztlich über ein bloßes Scheinfeuer hinausführen und schwere, nahezu alles vernichtende Feuer verursachen können, die Bäume ebenso existenziell gefährden wie Menschen. John Vaillants ebenso großartiges wie erschreckendes Buch *Die Bestie* erzählt die Geschichte des Großfeuers, das 2016 die Stadt Fort MacMurray im nördlichen Kanada niederbrannte, das Herzstück der Bitumenindustrie in den Wäldern von Alberta.[56] Die borealen Wälder dieser Gegend sind erstaunlich modern. Sie haben vor ungefähr 10 000 Jahren angefangen, sich zu entwickeln, gerade als die Welt die letzte Kaltzeit hinter sich gelassen hatte, der Wisconsin-Eisschild sich zurückzog und das Land vor etwa 5000 Jahren die Gestalt von heute annahm – mit Birken, Tannen und Schwarzfichten, Balsampappeln, Espen und Nordischer Kiefer. Sie belegen, dass Bäume sich nicht immer an Brände angepasst haben, sondern nur im Rahmen bestimmter Umstände, die sie teils selbst geschaffen haben. Der Begriff Pyrotornadogenese (Feuersturm-Entstehung) existierte nicht bis zu den australischen Buschfeuern von 2003, als eine außergewöhnliche Kombination aus Terrain und Bäumen ein Feuer hervorbrachte, das sich seitwärts ausbreitete und einen Tornado von einem halben Kilometer Durchmesser formte, der Kiefern drei Meter über dem Boden umknickte wie Zündhölzer. Das sind Feuer, gegen die kein Baum sich wehren kann. In den borealen Nadelwäldern gingen große Flächen durch Brände verloren. Mittlerweile sind die Feuer auch zu heiß, sodass die Samen nicht mehr keimen können, die Bäume aber auch nicht aus dem Untergrund neu austreiben können, und Fichten können regelrecht explodieren …

Ein Feuer zerstört die fein verknüpften Kohlenstoffketten, die von der Sonne geschaffen wurden. Das Sterben des Regenwalds im Karbon vor 305 Millionen Jahren hat die tropischen Kohlewälder von Europa und Amerika auseinandergerissen. Es ist schon paradox, dass die Schuppenbäume jetzt, wo sie nach so langer Zeit wieder als Kohle aus ihrem Grab in der Erde hervorgeholt werden, so heiß brennen. Und dass sie im Gefolge der Industrialisierung letztlich für das Abholzen und Abbrennen von mehr Bäumen verantwortlich sind als irgendetwas sonst; vielleicht sogar für den Beginn eines neuen Feuerzeitalters.

❧

2020, während ich mit meinem kurdischen Freund im Irak campierte, beschlossen wir, den Jesidenschrein in Lalisch zu besuchen. Wir verließen Erbil vergleichsweise spät, denn wir machten einen Abstecher, um uns einen Wald aus Syrischer Esche *(Fraxinus euphratica)* anzusehen, der 1980 dort am Fluss registriert worden war, seitdem jedoch verschwunden zu sein schien. Es war also schon spät, als wir das enge Tal durchmaßen, das den Schrein schützt. Als wir ins Tal einfuhren, auf dessen Grund ein Flüsschen dahinströmt, dessen Ufer von Eichen bewachsen sind, nahmen wir unvermittelt Rauch wahr. Hinter der nächsten Biegung sahen wir eine Gasfackel am Grunde des Tales, eine ewige Flamme, in der das dort natürlich austretende, mit Spuren von Erdöl angereicherte Erdgas verbrennt. Dabei entstehen Verbindungen, die bei Kindern Krebs und Schwindsucht auslösen können. Schlimmer noch, die Berghänge waren schwarz von verbrannten Bäumen. Der Schuldige stand fest. Rund um die Ölförderanlage, am Fluss und an den Berghängen hatte man

Eukalyptus gepflanzt. Diese Bäume hatten Feuer gefangen und dabei die Eichen und die Weiden mitverbrannt. Das Tal endete dort noch nicht. Wir sprachen mit den Wachen am Checkpoint und durften weiterfahren. Lalisch ist ein großer Ort mit vielen Tempeln und seit dem Genozid in Sinjar ein sicherer Hafen für all jene, die aus ihrer Heimat fliehen mussten. Christliche Reisende des 19. Jahrhunderts hatten die Jesiden für Teufelsanbeter gehalten, weil sie einen gefallenen Engel namens Melek Taus verehren. Und weil sie Schlangen wertschätzen, die ihnen als Symbol neuen Lebens gelten. Schlangen können ihre alte Haut abwerfen, das ist ein starkes Zeichen der Erneuerung. Und die Jesiden verehren Bäume, was der IS aufgriff, als man dem Genozid eine Art Ökozid folgen ließ und den Großteil der Bäume in Sinjar abholzte.

In Lalisch stießen wir auf einen weiten Hof voll alter, wunderschöner Bäume, Maulbeer- und Pistazienbäume, unter denen die Menschen sich zum Plaudern versammelten. Hinter den geriffelten konischen Kuppeln liegt der Haupttempel mit dem Grab des großen jesidischen Heiligen Scheich Adi Ibn Musafur, der als Wiedergeburt von Melek Taus gilt. Das Tor ist geschmückt mit Sonnen, Blättern, Bäumen und einer schwarzen Schlange. Es ist Brauch, dass man die hohen Schwellen nicht berührt, also stiegen wir darüber und gingen schnell in den Tempel hinein, an der heiligen Quelle vorbei und hinunter in die unterirdischen Gewölbe, die schwarz vom Ruß sind und öligen Handabdrücken. Große Gefäße voll Öl standen im Dunkel, die alten Pithoi – Vorratsgefäße – lagerten weiter hinten. Im Schatten brannte ein Feuer aus heiliger Kiefer. Es roch nach Weihrauch, dem Mark eines Baumes, der mit Feuer in Kontakt gekommen war. Die Anpassung ans Feuer lag ihm im Blut, sie wurde den Menschen aber einzig durch die Macht des Mythos offenbart.

4

Bäume und die Luft

Wie Bäume Kohlenstoff binden und welche Probleme daraus entstehen

> Im Nu, wie ein im Spinnennetz gefangenes Insekt, wird es von seinem Sauerstoff getrennt, verbindet sich mit Wasserstoff und (so nimmt man an) mit Phosphor und wird schließlich in eine Kette aufgenommen, deren Länge keine Rolle spielt, auf jeden Fall ist sie die Kette des Lebens.
>
> Primo Levi, *Das periodische System*[1]

Als beim Kohletagebau im französischen Commentry das Fossil einer Riesenlibelle mit einer Flügelspannweite von fast einem Meter entdeckt wurde, war dies ein schlagender Beweis für das Verschwinden von Arten.[2] Sie wurde zum symbolträchtigen Zeichen für den Riesenwuchs, der das Insektenleben so lange gekennzeichnet hatte: eine grandiose Libelle, die über einen von Bäumen gesäumten See glitt. Denn im Fels fanden sich auch andere gigantische Insektenfossilien – »eine so erstaunliche Serie seltsamer Formen, dass sie selbst den am wenigsten Interessierten noch faszinieren würde«, wie ein Kommentator meinte.[3] Die Libelle und eine Maifliege von der Größe eines Kanarienvogels, Gliederfüßler von zweieinhalb Metern Länge und Kakerlaken, die gut 23 Zentimeter Körperlänge aufwiesen, lebten im Karbon, einer feuchtwarmen Periode zwischen dem

Ende des Devon vor etwa 359 Millionen Jahren und dem Beginn des Perm vor etwa 299 Millionen Jahren. Wie konnten diese riesenhaften Tiere existieren? Und warum gibt es sie heute nicht mehr? Die Diskussionen darüber wogten hin und her: Wie konnte diese Libelle (heute als *Meganeura* bekannt) atmen, geschweige denn fliegen?

In dieser Frage hat sich die Wissenschaftsgemeinde auf einen Konsens geeinigt. *Meganeura* ist einer der Belege dafür, dass zu ihren Lebzeiten der Sauerstoffgehalt der Atmosphäre bei 35 Prozent lag. Dadurch konnte er sich im großen Körper des Insekts ausbreiten und dessen Muskeln auf eine Art und Weise aktivieren, die heute nicht mehr möglich wäre, weil der Sauerstoffgehalt der Luft nur noch 21 Prozent beträgt. Aber woran lag es, dass der Gehalt an Atmosphärensauerstoff so hoch war? An den Bäumen.

Bäume nehmen über die Stomata in ihren Blättern Kohlendioxid auf, bauen es zu Zucker um und geben dabei Sauerstoff an die Luft ab. Sie nehmen aber auch anderweitig Einfluss auf die Beschaffenheit der Luft. Sie setzen flüchtige organische Verbindungen frei, kleine Kohlenstoffketten und -ringe, die nicht nur als Wolkenkeim dienen und die Wasserführung lenken. Ihr Duft wird von Tieren als süß empfunden und erlaubt den Bäumen, miteinander zu kommunizieren. Sie reinigen die Luft, indem sie Kohlenstoff- und Schwefelpartikel aus Auspuffgasen und Rauch binden. Aufregende neue Forschungsresultate zeigen, dass sie auch Methan binden und den Gehalt an Stickoxiden in der Luft verringern, weil sie Stickstoff einfangen. Einige der Veränderungen, die Bäume an der Luftzusammensetzung bewirken, sind kurzfristig. Sie variieren je nach Zeit, Raum und Baumart. Keiner der Prozesse erweist sich als so durchgängig wie die Bindung von Kohlendioxid und das Freisetzen von Sauerstoff, denn die Biomasse der Bäume selbst entsteht ja quasi aus der Luft. Wenn Unternehmen von Kohlenstoffspeicherung durch Bäume sprechen, ist es tröstlich zu wissen, dass Sie genau das bekommen, was Sie sehen. In jedem Quadratmeter Baum finden Sie rund 800 Gramm

Kohlendioxid: eine 3D-Welt aus Kohlenstoff in allen Wäldern. Millionen von Bäumen nutzen seit Millionen von Jahren das Sonnenlicht, um die Luft zu konsolidieren. Mit dem Resultat, dass der Sauerstoffgehalt der Luft über die Jahrmillionen hinweg gleichsam Achterbahn fährt. Und das wirkt sich am Ende auf alles aus, sei es nun die Geschwindigkeit, mit der Eisen rostet, oder die Größe, die Tiere erreichen können. Der Sauerstoff fing sozusagen klein an, erreichte aber häufig hohe Konzentrationen, sodass die Bäume selbst sich anpassen mussten, indem sie die Struktur ihrer Proteine und Blätter veränderten.

Das wirft ein eher beunruhigendes Licht auf die Anpassungsvorgänge, denen der Mensch sich unterziehen muss, wenn der Kohlendioxidgehalt der Atmosphäre weiter steigt. Und es ist Ironie des Schicksals, dass den Beleg für den hohen Sauerstoffgehalt, den die Luft schon einmal hatte, ausgerechnet Grabungen zur Kohleförderung lieferten. Die hohen Werte an atmosphärischem CO_2, die wir heute sehen – mehr als das Doppelte des vorindustriellen Wertes[4] – sind die Reste des Kohlenstoffs, den Bäume in Jahrmillionen der Photosynthese gespeichert haben. Er wurde vor 300 Millionen Jahren gebunden, eingelagert in Gestein und dann in den vergangenen 200 Jahren abgebaut und verbrannt.[5] Zu der Zeit, als die Kohleflöze entstanden, waren die Menschen, vielmehr ihre Vorfahren, nur einfache Landwirbeltiere wie wenig attraktive Molche. Die beiden Superkontinente Gondwana und Laurasia wuchsen zusammen und formten die gewaltige Landmasse Pangäa. Dadurch entstanden in Amerika die Appalachen, in Europa der Herkynische Wald, also die Mittelgebirge nördlich der Donau und östlich des Rheins. Pangäa erstreckte sich vom Nordpol bis weit in den Süden. Rund um den Äquator entstand ein weites, dauerhaft warm-feuchtes Land, in dem Bäume schnell wachsen konnten. Wenn sie eingingen, versanken sie in den Sümpfen, wo sie zu Kohle wurden. Seit 1822 nennen wir dieses Zeitalter Karbon oder (im englischen Sprachraum) *Carboniferous*:

von lateinisch *carbo* für »Kohle« und *fero* für »bringen«. Wir sprechen also vom kohlebringenden Zeitalter.

Meganeura wurde zusammen mit einigen anderen Rieseninsekten in die Wissenschaft eingeführt von Charles Brongniart, einem Paläontologen aus einer langen Linie von Fossilienjägern und Chemikern. Zwischen 1877 und 1894 führte er Grabungen in einem Steinbruch bei Commentry durch, einst ein schmaler Süßwassersee von neun Kilometern Länge und drei Kilometern Breite. 1894 veröffentlichte er seine Resultate in einer Publikation der *Societé de l'industrie minérale*. Eine Sensation! Bald wurden diese riesenwüchsigen Insektenfossilien auch in anderen Steinbrüchen gefunden, wo sie bislang unbemerkt im Untergrund gelegen hatten.[6] Bald entdeckte man fast überall dort, wo Kohle abgebaut wurde, von China bis Frankreich, Fossilien, die den Gigantismus der Insekten in einer heißen, tropischen Welt belegten. Sie offenbarten, dass es unterschiedliche Habitate und Lebensweisen gegeben hatte. 1979 wurde in der Bolsover-Zeche in Derbyshire das »Beast of Bolsover«[7] gefunden, eine weitere Riesenlibelle, jedoch von einer anderen Art – den Protodonten. Diese war weniger ein verträumt gleitendes Fluginsekt als ein Raubtier, das aus den Lüften zwischen die Bäume eines dichten Waldes hinabstoßen konnte.

Alle Entdeckungen des Brongniart-Clans und deren anschließende Verbreitung über den Atlantik wurden finanziert und ermöglicht durch Innovationen im Bergbau in Gefolge der industriellen Revolution. Unser Verständnis dessen, wie Bäume über Jahrmillionen die Luft veränderten, wurde also ebenfalls von diesem eher dreckigen Geschäft geprägt. Im 19. Jahrhundert wurden die in Europa gefundenen Abdrücke all der ausgestorbenen Pflanzen und Tiere verglichen mit lebenden Pflanzen aus tropischen Ländern. 1824 wurde Alexandre Brongniarts 1821 erstmals veröffentlichter Artikel über Pflanzenfossilien in Kohleflözen auf Englisch in den *Annales of Mines* publiziert: »Fossil Vegetables traversing the beds of the Coal

Measures«.[8] Darin führt Alexandre (Großvater von Charles Brongniart) an, dass er von den Minenbesitzern gebeten wurde, dort nach Fossilien zu suchen: »Diese Fundstücke aus alten Welten«, schreibt er, »scheinen nur deshalb so gut erhalten, um uns die nötigen Belege für die Naturgeschichte dieser so unterschiedlichen Zeiten zu liefern.«

Und er beschreibt das, was wir heute Lycopodiaceae nennen, riesige Bärlappgewächse, die sich hoch in die Luft erheben, und darunter viele Baumfarne. Alexandre Brongniart erkannte ganz richtig, dass die Kohleflöze ein »wahrer Fossilienwald« sind und dass »alle Pflanzen von tropischer Anmutung nicht mehr in der heißen Zone gesucht werden sollten. Auch kann man nicht davon ausgehen, dass sie durch große Fluten oder andere Katastrophen in unsere Breitengrade kamen.« Er stieß ins selbe Horn wie Leonardo da Vinci einige Hundert Jahre vor ihm: Ein intaktes Ökosystem wird nicht von einer biblischen Flut in den Stein gepresst. Alexandre schloss daraus, dass die Ökosysteme, die in der Kohle eingeschlossen sind, einst das natürliche Habitat der gefundenen Tiere waren. Dies war sein Beitrag zu zwei der großen Fragen seiner Zeit: ob das Klima in Frankreich einst tropisch war und wie man die Fossilien, die man dort und andernorts gefunden hatte, zeitlich einordnen sollte.

Alexandre Brongniart schrieb seinen Text, ein Jahr *bevor* der Begriff Karbon eingeführt wurde. Das Bild, das er zeichnete, von Sumpfwäldern und Kohlebildung in einem feucht-warmen Klima, das zur Ausrottung des *Archaeopteris* und zur Entstehung von dichten tropischen Wäldern auf der ganzen Welt – auch im späteren Europa – führte, würde dieses Zeitalter für immer definieren. Die Vorstellung von Fossilien und geologischen Zeiträumen war nicht neu. Schon Leonardo da Vinci hatte in Italien Fossilien in den Fluten des Arno entdeckt und daraus geschlossen, dass – da die Schalentiere, die sich im Felsen abzeichneten, keinerlei Anomalien aufwiesen – das Gestein, das früher eine Küste gebildet hatte, in seiner Gänze ins

Landesinnere gewandert war. Etwa hundert Jahre später entdeckte der Brite Robert Hooke Ammoniten in den Klippen der Isle of Wight. Er nannte sie »Schlangensteine« oder »Schneckensteine« und ging davon aus, dass es sich um ausgestorbene Verwandte des Nautilus handelte. Der einzige Unterschied zu den späteren Aufsätzen Alexandre Brongniarts war der, dass Letzterer eine besonders lebendige Beschreibung dessen lieferte, was im Steinbruch von Commentry gefunden wurde. Dementsprechend wurde Brongniarts Werk in aller Welt diskutiert, auch in China und Amerika. Das überzeugte unzählige Menschen davon, dass das Ökosystem des Planeten vor Jahrmillionen radikal anders war als heute. Und das traf auch auf die Luft zu.

Brongniart leistete mit seiner gewissenhaften Arbeit auch einen Beitrag zur Klärung der Plattentektonik, was dazu führte, dass in den 1920ern die Theorien zur Kontinentaldrift aufgestellt wurden. Am Ende stand unser Verständnis der unendlich langsamen Bewegungen von Kontinenten, von Bäumen, die auf Landmassen durch die Welt surften, um sich in ökologische Netzwerke einzufügen, die ganz anders waren als die, für die die Evolution sie entwickelt hatte. Mitte der 1850er kam die Vorstellung von einem Superkontinent – Gondwana – auf, aber die Beweise dafür mussten erst noch zusammengestückelt werden. Brongniarts Entdeckungen führten allmählich zu der Erkenntnis, wie alt die Welt war und wie sehr Bäume sie geprägt hatten. Schrittweise fanden Wissenschaftler heraus, dass lebende Organismen einen Klimawandel auslösen konnten, der wiederum massive Zerstörungen nach sich zog. Lebende Organismen konnten sich selbst zerstören, aber danach würden noch mehr Arten entstehen wie Phönix aus der Asche. Als das Karbon als eigenes Erdzeitalter definiert wurde, zogen die Ökologen die zeitliche Trennlinie am Ausgang jener Epoche, die von Gebirgsbildung und Vergletscherung geprägt war. Diese hatte die Landmassen ausgetrocknet und deren Fruchtbarkeit verringert. Doch die riesigen Bärlappbäume, die Lycopsiden, die in den gewaltigen Kohlewäldern gediehen, waren schon vorher ausgestorben.

Heute sprießen kleine Bärlappgewächse überall auf der Welt. Im Vereinigten Königreich sind sie selten und eher in Mooren anzutreffen – hellgrüne Flecken, die auf dem Torf wachsen wie winzige Katzenpfoten auf der Suche nach einem neuen Zuhause. In den USA werden sie etwas größer. Diese Winzlinge sind die Nachfolger der riesigen Bärlappbäume des Karbon: gewaltigen, schuppigen Bäumen von mehr als 30 Metern Höhe mit einem steifen Stamm, der einen Meter im Durchmesser erreichen konnte. Ihr Stamm rundete sich ums Mark und hatte zwei Xylemringe, Leitergewebe, das unglaublich effektiv darin war, aus den Auen, in denen sie gediehen, große Mengen Wasser über den Photosynthese treibenden Stamm hoch in die lanzettförmigen Blätter des Laubdachs zu transportieren. Früher dachte man, dass sie wie die Lycopsiden in die Höhe gewachsen seien, um zwanzigmal schneller als moderne Angiospermen ans Licht zu gelangen. Man ging davon aus, dass sie nur zehn oder 15 Jahre lebten,[9] aber diese Wachstumsrate gilt heute als physikalisch unmöglich. Die moderne Wissenschaft sagt, dass sie Jahrhunderte gelebt haben müssen. Sie legten offensichtlich Ringe aus versteifendem Gewebe wie Kork um die Außenseite ihres Stammes. (Solch eine Schicht nennen wir heute Periderm.) Diese Stütze verstärkten sie später mit holzigem Lignin. In fossiler Form sehen ihre Stämme aus wie Spuren gewaltiger, schuppiger Basilisken, ihre Zapfen wie Ananas mit Schnurrbart. Einst bildeten sie große Wälder, die Meile um Meile den Äquator umspannten, ihre Füße im Sumpf, ihre Wurzeln mit reichlich freien Luftzwischenräumen. Ihre abfallenden Zweige lieferten dem Moor Nachschub, und gelegentliche Wirbelstürme und starke Winde sorgten dafür, dass die Bärlappbäume umstürzten und von einer neuen Generation ersetzt wurden.[10] Die stark verzweigten Laubdächer, die bei den verschiedenen Arten zu unterschiedlichen Zeiten sprossen, warfen kantige Schatten aufs Wasser, die sich immer wieder teilten, ganz anders als der Tupfenschatten einer Weide oder Erle. Die *Meganeura* oder andere Rieseninsekten umrundeten ihre säulenähnlichen Stämme unter dem flockig grünen Laubdach. Nach der Reproduktion würden die Bäume in den Sumpf stürzen und die Wurzeln der nächste Generation[11] würden den weichen, zerfallenden Morast der alten Stämme teilen, bis diese, untergegangen und immer weiter komprimiert, sich schließlich zu Kohle wandelten, zu den großen Flözen, auf die wir uns heute noch verlassen.

Riesige Bärlappgewächse machten den Großteil der Biomasse im Karbon aus, vor allem in den Feuchtgebieten, wo sich die Kohle bildete. Aber vor etwa 305 Millionen Jahren begannen diese ikonischen Bäume plötzlich abzusterben. Der Boden, der ihren Wurzeln Raum bot, trocknete immer mehr aus. Ihre wasserhungrigen Strukturen zerfielen, weil es ihnen an Feuchtigkeit fehlte. Der Boden unter ihnen wurde hart und kalt. Heute spricht man dabei vom Regenwaldsterben im Karbon. Nach nur wenigen Millionen Jahren waren die 30 Meter hohen Baumriesen, die sich kilometerweit ausgebreitet hatten, am Wassermangel eingegangen oder konnten sich nicht aus Sporen vermehren. An ihrer Stelle erschienen die stämmigen Baumfarne, höchstens 15 Meter hoch. Dazu kamen noch kleinere Farne und die Palmfarne (Cycadeen). Sie bedeckten die Erde mit fedrigem Grün. Doch die Dürre dauerte an, sodass auch diese verstümmelten Wälder nur noch lückenhaft wuchsen, kleine, grüne Inseln in einer sich ständig ausbreitenden Wüste. Die Luft wurde immer trockener, bis ein arides Klima entstand. Das Eis fing an, den Süden des Superkontinents Gondwana zu bedecken. Ein Großteil des riesigen Kontinents trocknete ganz einfach aus. In Cathaysia im Osten – wo heute China, Korea, Japan, Laos, Thailand, Indonesien und Malaysia liegen – konnten sich einige Karbonwälder halten. Dort wurde, bis zum Ende des Perm vor 252 Millionen Jahren, Kohle produziert. Dann aber ereilten Kälte und Wassermangel auch diesen Teil des Superkontinents. Aber selbst da noch überlebten einige Baumarten aus den Kohlewäldern, unter ihnen die Vorläufer heutiger Ginkgos und Palmfarne, die sich bei dem Boom der Arten zu Beginn des Karbon schon auseinanderentwickelt hatten. Aber die riesigen Bärlappgewächse, die Lycopsiden, waren ein für alle Mal verloren.

Die meisten Geologen sind der Ansicht, dass die Kontinentaldrift das Klima zwar beeinflusste, doch einer der Hauptgründe für das Absterben der Lycopsidenwälder waren die Bäume selbst. Die Menge des Sauerstoffs, die von den Bäumen produziert wurde, sowie die gewaltigen Mengen Kohlendioxid, die aus der Atmosphäre entnommen worden waren, um erst die Biomasse der Bäume und später unsere Kohle zu bilden, führten letztlich, so heißt es, zu Veränderungen in der Atmosphäre, die eine dramatische globale Abkühlung zur Folge hatten. Aber selbst wenn man davon ausgeht, dass Bäume den Großteil der Erde bedeckten, wie konnten die CO_2-Werte so in den Keller stürzen und die Sauerstoffwerte so stark ansteigen? Wie konnten Bäume die Luftzusammensetzung so einschneidend verändern? Und so viel Kohlenstoff binden? Und was bedeutet das für uns heute, wo wir doch nach Wegen suchen, den Kohlendioxidgehalt wieder zu senken?

Holz, wie wir es kennen, ist heute allgegenwärtig. Es bildet imposante Strukturen, größer als Kathedralen: die majestätischen Säulen der rumänischen Buchenwälder, die gewaltigen Kastanien in Wisconsin oder die Komplexität der Eichenwälder am Helford River in Cornwall. Aber Holz durchläuft eine schwere, ja schmerzhafte Geburt. Um sein Verhältnis zur Luft zu verstehen und zu begreifen, wie es diese formen konnte, müssen wir einem Kohlenstoffmolekül durch die Irrungen und Wirrungen der Jahrtausende folgen: Es wird zunächst aus der Luft gefiltert und zu einem festen Stoff, nämlich Zucker, umgebaut. Vom Zucker wird es zu einer teflonähnlichen Substanz namens Sporopollenin. Dieses wandelt sich sodann zum Lignin, dem starren, nicht reaktiven Kohlenstoffrückgrat, das jeden Baum stützt.

Kohlendioxid ist ein flatterhaftes kleines Molekül, zwei Sauerstoffatome – beide innerhalb des Moleküls von negativer Ladung umgeben – sind gezwungen, sich ein Kohlenstoffatom zu teilen. Dabei entsteht ein Molekül, das aussieht wie ein gequältes Insekt. Die zwei ständig vibrierenden Sauerstoffatomflügel wollen voneinander weg, doch der Kohlenstoffbrustkorb, um den sie liegen, zwingt sie in eine unbequeme 180-Grad-Haltung und hält sie fest. Das grüne Pigment Chlorophyll[12] bindet Energie aus dem Sonnenlicht, und Pflanzen verwenden ein Protein namens Rubisco,[13] das häufigste Protein auf dieser Erde, um Kohlendioxid festzuhalten und mittels Sonnenergie zwei Sauerstoffatome in ein Molekül zu zwingen, das dann als gasförmiger Sauerstoff durch die Stomata austritt. Der Kohlenstoff wird in der Zwischenzeit, obwohl ihm das gar nicht passt, mit einem anderen Kohlenstoffatom zusammengeschweißt und in eine Kohlenstoffkette eingebaut: das Rückgrat von Zucker, Stärke und überhaupt eines Großteils von allem, was lebt. Nach sechsmaliger Kohlenstoff-Kohlenstoff-Bindung hat der Baum Glucose gebildet, einen Zucker mit sechs Kohlenstoffatomen. Nach zwölfmaliger Bindung ist Saccharose entstanden. Normalerweise würde die Atmung bei Tieren, Pilzen und Bakterien bewirken, dass diese Zucker wieder in ihre Bestandteil aufgebrochen werden. Dabei wird die in den Molekülen gebundene Energie frei und die Kohlenstoffatome verbinden sich wieder mit Sauerstoff zu Kohlendioxid, das in die Atmosphäre entweicht. Warum aber ist dies im Karbon nicht passiert?

Als die ersten grünen Zellen vor 500 Millionen Jahren an Land gespült wurden, wurden sie von der Sonne zerstört. Wenn Sie nach einem Sturm den Strand betrachten, werden Sie des Öfteren grüne Streifen sehen, die sich allmählich schwarz verfärben. So wie Menschen Sonnenbrand bekommen, schädigt die Energie der Sonne, vor allem das UV-Licht, die transparenten grünen Zellen der Algen, wenn diese nicht mehr vom Meer geschützt sind. Das UV-Licht lädt Elektronen hochenergetisch auf. Diese springen dann auf Sauerstoff über und bilden hochreaktive chemische Stoffe, die freien Radikale. Das ist eine treffende Bezeichnung, denn diese Radikale können Reaktionen zwischen Substanzen auslösen, die sich im Normalfall nie zusammentun würden. Vor allem können sie Kohlenstoffketten dazu bringen, sich wie die mythische Schlange Ouroboros in den eigenen Schwanz zu beißen. Wenn das UV-Licht der Sonne freie Radikale bildet, können unvorhergesehene Veränderungen eintreten. Dann kann auch genetisches Material, die Blaupause, die gewöhnlich sicher in der Mitte der Zellen sitzt, zerteilt und zerstört werden.

In Millionen von Jahren wurden immer wieder Algenzellen aus dem Meer an Land gespült und zerstört, bis eines Tages ein glücklicher Zufall eine Kettenreaktion freier Radikale auslöste. Bei dieser Reaktion, die sich vermutlich zwischen den Kohlenstoffketten von Fetten abspielte, entstand eine ungewöhnliche Menge von Kohlenstoffringen und -ketten, das Sporopollenin. Dieses sog UV-Licht und freie Radikale auf wie ein Schwamm. Die grüne Zelle, die als Erste an einem trockenen Strand dem Sonnenlicht trotzte, war eine Alge. Die heute bekannten Chlorella-Algen sind ihre nächsten lebenden Verwandten. Innerhalb der schützenden Schale des Sporopollenins konnte erstmals eine Photosynthese treibende Zelle überleben. Vor 470 Millionen Jahren entwickelten sich dann aus den von diesem Stoff geschützten Photosynthesezellen die ersten Landpflanzen.

Die Pflanzen lernten zu überleben. Die Nutzung von UV-Licht war ein Donnerschlag, ein prometheischer Moment. Durch ihn wurde eine bislang ungekannte chemische Entwicklung eingeläutet, und zwar in einem völlig neuen Umfeld: auf trockenem Land. Resultat: Bäume schützen uns heute in schattigen Wäldern vor der Sonne. Sicher vor Raubtieren, die für den Moment noch im Meer verblieben, konnten die photosynthesefähigen Zellen einen Weg einschlagen, der schließlich zur enormen Komplexität der Bäume führte, angefangen vom Amazonas-Regenwald über die Baobabs von Madagaskar bis hin zu unserem eigenen Habitat. Niemand kann mit Kohlenstoffringen besser umgehen als freie Radikale, und Kohlenstoffringe ermöglichen eine unglaubliche Vielfalt an Formen. Auf molekularer Ebene ist dies ungefähr so, als sprängen Sie in ein Bällebad und man drückt ihnen einen Tennisschläger in die Hand – die ganze Welt verändert sich und wird zu einem aufregenden, neuen Ort. Bald nutzten die Pflanzen das CO_2, um chemisch komplexe Kohlenstoffringe zu bauen: die Vorläufer dessen, was wir heute als aromatische Verbindungen kennen – chemische Stoffe, die köstlich duften und Grapefruit, Ananas, Zedern und Lavendel ihr Aroma verleihen. Diese Stoffe können Pflanzenfresser vertreiben, Bestäuber anlocken, Regen bringen und Feuer anziehen. Und das sind einige der grundlegendsten chemischen Reaktionen des Lebens.

Vor 400 Millionen Jahren gab es natürlich noch keine Pflanzenfresser oder Bestäuber. Trotzdem war für die ersten grünen Zellen an Land die Reproduktion ein Kampf, denn die Wetterbedingungen waren extrem: Tornados, Fluten und peitschende Winde. Mit Sex hatten sie nichts am Hut, aber die ersten Photosynthesezellen an Land verpackten sich in harte, runde Bälle, die wir heute Sporen nennen. Und für den Rest der Zeit reproduzierten sie sich, indem sie sich teilten, wann immer sie konnten. Sporopollenin, das Kohlenstoffgerüst, das den Algen als Schutzpanzer gegen das Sonnenlicht diente, wurde auch zum robusten Verpackungsmaterial für die Sporen. Eine beinahe unzerstörbare Hülle, die sicherstellte, dass genetisches Material von einem Ort zum anderen wandern konnte. Es war auch resistent gegen Dürren, sodass die Sporen sich immer weiter ausbreiten konnten. Diese frühen Zellen wurden immer erfolgreicher. Irgendwann fingen sie an, sich zu organisieren, sodass sie in Richtung des Lichts wuchsen. Und vor etwa 400 Millionen Jahren entstanden so die ersten verholzenden Pflanzen.

Was dieses Höhenwachstum ermöglichte, war ein steifes Skelett, in dessen Innerem Wasser vom Boden in die Blätter transportiert werden konnte. Dieses Skelett entstand aus vielen Sporopolleninen, die sich zu einem längeren, steifen, hydrophoben und nicht reaktiven Polymer zusammenschlossen: Lignin. Als die ersten Bäume, also *Archaeopteris* und die ersten, noch kleineren Bärlappgewächse (Lycopsiden), Höhen von acht Meter erreichten, machte Lignin jede Faser ihres Seins aus. Jede Lage alter Zellen versteifte sich, als der Baum in die Höhe wuchs. Dabei wurde auch der Stamm immer dicker. Am Ende des Devon starb der *Archaeopteris* aus, aber die Lycopsiden wuchsen und entwickelten sich weiter. Sie breiteten sich über jede ihnen erreichbare Region der warmen, feuchten Erde aus. Mit dem Ergebnis, dass Lignin überall zu finden war – 100 Gigatonnen Kohlenstoff, sicher gebunden und schließlich zu Kohle komprimiert.[14] 200 Millionen Jahre nach der ersten Bildung von Lignin konnte die *Meganeura* mit ihrer Flügelspannweite von einem Meter fliegen, atmen und fressen, weil die Atmosphäre 35 Prozent Sauerstoff enthielt.

Im Karbon dann erschienen die ersten Pflanzenfresser, die Synapsiden,[15] zu denen auch die Tetrapoden-Vorläufer der Menschen zählen. Bäume aber hatten gelernt, sich zu versteifen, damit sie das Wasser zu ihren Füßen 30 Meter hoch ins Laubdach transportieren konnten. Sie hatten sich ein Gehäuse geschaffen wie die Schalentiere: aus einem harten, nicht essbaren Material, das wir heute als Holz kennen. Lignin war geschmacklos, geruchlos, faserig und extrem schwer verdaulich.[16] Die starke Bindung zwischen gut hundert langen Kohlenstoffketten und die ziemlich langweiligen, ja prosaischen, weil nicht reaktiven Kohlenstoffbindungen sowie einige Kohlenstoffringe (und hin und wieder einem fest eingebundenen Sauerstoffatom) machen seinen Abbau fast unmöglich.

Für die frühen Bakterien und Pilze kam das Aufbrechen von Lignin dem Fällen eines Baumes mit bloßen Händen gleich. Sie hatten einfach nicht das nötige Werkzeug zur Verfügung. Die Resilienz des Lignins sehen wir heute noch in fast allem, was aus Holz gebaut wurde. In den Langschiffen der Wikinger, in mittelalterlichen Kirchenportalen, in modernen Stützbalken und Brettern von Baumhäusern. In alten Eichentruhen und Gartenschuppen, in hölzernen Booten, die tief im Schlamm versunken sind, und in den großartigen Holzschnitzarbeiten von Grinling Gibbons. Lignin steckt (neben der Cellulose) auch in den Bindungen, die das Papier dieses Buches zusammenhalten, sodass es nicht unter Ihren Händen auseinanderfällt.

Enzyme, die gewöhnlich Pflanzenmaterial abbauen, waren unfähig, ihre Zähne ins Lignin zu schlagen. Es gab eben kein saftiges Metallion oder Stickstoffatom, das die Ladung verändert hätte. Und die allgemeine »Passform« der Enzyme war an so etwas nicht gewöhnt.[17] Und da Lignin in den frühen Wäldern einen enormen Wettbewerbsvorteil darstellte, weil es Xylem und Phloem versteifte, die Leiterbahnen, die im Innern des Baumes Wasser und Nährstoffe transportieren, breitete sich Lignin recht schnell aus. Es sollte lange dauern, bevor sich etwas fand, das ihm zusetzen konnte. Selbst heute gibt es nur *einen* Prozess, der das Lignin tatsächlich kleinkriegt: die Weißfäule, mithilfe derer Pilze Holz verdauen können. Der Schlüssel zu seinem Abbau ist derselbe wie der zum Aufbau: die Chemie freier Radikale. Die Weißfäule gab es zwar auch schon im Karbon, aber sie war noch nicht so verbreitet, dass sie dem Biomasseaufbau von Holz tatsächlich hätte schaden können. Nur Feuer hätte ihm gefährlich werden können, aber solange die Menschen dem Feuer keine Nahrung gaben, stellte dieses auch keine echte Bedrohung dar. So kam es, dass gefallene, lebende Baumriesen im Ganzen erhalten blieben und der in ihnen gespeicherte Kohlenstoff begraben wurde. In der Zwischenzeit wurde der Sauerstoff, den all diese Bäume produzierten, nicht verbraucht, zumindest nicht in dem Ausmaß, wie wir dies heute tun. In den Feuchtwäldern kam es durchaus zu Bränden, aber nicht mit der Häufigkeit, die die vom Menschen geschaffene Welt heute kennt. Die blanken Felsen verwitterten langsam. Sie waren also schon oxidiert. Die Tiere, die durch die sehr sauerstoffhaltige Luft flogen, atmeten flach, sodass sie den Sauerstoffgehalt der Atmosphäre nicht wirklich senken konnten.

Der Kohlenstoff, der in den Bäumen gebunden war, blieb viele Jahrmillionen unter der Erde. Bis vor etwa 3000 Jahren in Fushan, einer Mine, die von der chinesischen Han-Dynastie betrieben wurde, Menschen anfingen, Kohle zu verbrennen. In der industriellen Revolution erreichte der Verbrauch völlig neue Höhen, mit dem Ergebnis, das wir heute nur zu gut kennen. Und doch beträgt der Kohlendioxidgehalt der Atmosphäre immer noch nur 0,04 Prozent, während der Sauerstoffgehalt durch die Einwirkung der Menschen nicht groß verändert wurde. Etwa 1,16 Billionen Tonnen Kohle liegen immer noch sicher im Boden, der Großteil davon in den USA, aber auch in Russland, Australien und China. Damit Bäume den Sauerstoffgehalt der Atmosphäre verändern konnten, mussten sie lernen, die chemische Entwicklungen von Milliarden Jahren Evolution zu meistern und sie zu nutzen, um eine neue Welt zu schaffen. Am Ende des Karbon sank die Temperatur in einigen Regionen der Erde um mehr als 20 Grad Celsius. Mit der Vergletscherung gingen die Monsunregen einher, die heftigen Waldbrände, ein starkes Absinken des Meeresspiegels und eine allgemeine Versäuerung. Diese Veränderungen zogen sich über mehrere Millionen Jahre hin, aber viele Baumarten konnten sich nicht anpassen, um ihrer Zerstörung zu entgehen.

Bäume bestimmen also weltweit die Zusammensetzung der Luft und verändern die Konzentration von Kohlendioxid und Sauerstoff über lange Zeiträume. Dabei verändern sie die Luft auch auf der Mikroebene, durch die Luftzirkulation in den Wäldern und die unsichtbare Decke, die sich um einen Baum legt. Die Erde ist ein großer, träger Kreisel, der bei seiner Bewegung Luftströme erzeugt, meist von Westen nach Osten, ausgenommen die Passatwinde, die ein Band um den Äquator bilden. Näher am Boden aber wird die Luftströmung meist von den Bäumen kontrolliert, und das war schon so, als die ersten Bäume in küstennahen Ebenen wuchsen. In den Städten hat man dieses Phänomen gründlich studiert, weil Bäume die Ausbildung von Windtunneln verhindern können. Außerdem reinigen sie die Luft, indem sie Staub und Abgaspartikel binden.

Viele Bäume wie Pappel, Weide, Birke, Hainbuche und Bergahorn nutzen die Winde zur Verteilung ihrer Samen, was man mit dem schönen Wort *Anemochorie* bezeichnet. Sie ermöglicht den leichten Samen von Pappeln und Birken, bei Herbststürmen weite Entfernungen zurückzulegen, bis sie Flutebenen oder Brachland erreichen, wo sie ohne Konkurrenz wachsen können. Aus diesem Grund nennt man sie auch Pionierbäume. Das war eine erfolgreiche Taktik, vor allem bei großen Landmassen wie Sibirien und der Mongolei, wo die Wälder in erster Linie aus Lärchen, Kiefern und Birken bestehen. Aber in den kahlsten Gebieten oder an Flussufern beherrschen Weiden, Sibirische Birken und Pappeln das Feld. Hier überleben sie, meilenweit entfernt vom nächsten Baum.[18]

Bäume wie Esche, Ulme und Bergahorn vertragen mehr Schatten und daher auch mehr Wettbewerb. Sie haben Flügelnüsse, schwerere Samen mit Flügeln. Wenn sie vom Baum fallen, beschreiben sie dabei kleine Kreise. Das Ganze erinnert an das Spiralminarett der großen Abassidenmoschee in Samarra im Irak. Flügelnüsse werden auch als Samara bezeichnet. Der Großteil der Samen verbreitet sich in Windrichtung, nicht allzu weit von den Elternbäumen entfernt. So wachsen sie im Schatten der Eltern auf und werden so groß wie diese. Sich selbst überlassen und über eine Ebene getragen, breiten sich die Samen langsam in westliche Richtung aus und bilden sozusagen die Vorhut für die anderen Bäume, die wiederum für sie eine Art Schild bilden und den Schutz verstärken. Sind die Winde nicht zu stark, breiten sich manche Samen auch gegen den Wind aus. Damit wird der Schutzschild für die in Windrichtung stehenden Bäume noch stärker und die Bäume büßen keine Handbreit Boden ein.

Diese evolutionäre Strategie erreicht ihren Höhepunkt beim Tulpenbaum *(Liriodendron)*, der nur zwei Arten kennt: eine hat grüne Schalenblüten und kommt aus China, die andere mit größeren gelben Blüten ist in Nordamerika heimisch. Beide haben große, leicht zu unterscheidende Blätter mit vier Lappen. Sie ähneln einem Herzen oder einer Fruchtbarkeitsgöttin mit breiten Hüften und spitzen Schultern. Einige dieser Bäume sind in geschützten Regionen sogar immergrün, die meisten aber verlieren im Winter ihre Blätter. In den Wäldern der gemäßigten Zone Nordamerikas sind es Winde, die die Hälfte der Bäume absterben lassen. Der Hauptfaktor dabei ist der »Segeleffekt« – der Widerstand, den die Blätter dem Wind bieten. Beim Tulpenbaum aber rollen die Blätter sich bei starkem Wind zu kleinen Röhren zusammen und bieten dem Wind daher keine Angriffsfläche. Die Samen dagegen sind einseitig geflügelte Nüsse wie bei der Esche, die wirklich weit fliegen können.

Eine der beeindruckendsten Sammlungen von Tulpenbäumen außerhalb ihres natürlichen Habitats in den Appalachen findet sich im New York Botanical Garden, ein uralter Wald der gemäßigten Breiten mit vielen ungewöhnlichen Pflanzen, und das Ganze gleich an der Grenze zur Bronx. Die riesigen Bäume bilden ein hohes Laubdach über den Wegen. Sie wurden 1903 gepflanzt, kippen aber in letzter Zeit des Öfteren um und machen daher Probleme. Tatsächlich hätten sie nie außerhalb eines Hains von ihrer Art gepflanzt werden dürfen, was sie im Übrigen durch die Verteilungsmuster ihrer Samen sicherstellen. Die nordamerikanische Art kann über 50 Meter hoch werden. (Der Star unter ihnen bringt es auf 58 Meter und ist damit einen Meter höher als der Schiefe Turm von Pisa.) Daher ist es für die Samen so wichtig, weit reisen zu können, damit sie ein Areal finden, in dem sie nicht unter dem Schatten ihrer Eltern heranwachsen müssen. 1890 fand John Loudon, ein schottischer Botaniker, heraus, dass Samen, die höher am Baum wuchsen, eher keimen als die tiefer ansetzenden. Der Grund dafür scheint tatsächlich zu sein, dass die höheren Samen wohl weiter fliegen und der Jungbaum nicht Gefahr läuft, im Schatten der Eltern heranzuwachsen.

Tulpenbäume werden mittlerweile an den Straßen Europas und Amerikas immer beliebter. Meist ist es die amerikanische Art mit den großen gelben Blüten, aber auch die grünblütige chinesische Art erfreut das Auge. Wie bei den meisten Straßenbäumen geht es auch hier nicht nur um das Spenden von Schatten und die Verhinderung von Windtunneleffekten. Die Blätter des Tulpenbaumes binden auch Rauch und Abgaspartikel besonders gut. Warum Bäume so fit darin sind, die Luft zu säubern, ist Gegenstand jüngster Forschungsarbeiten. Nichts reinigt die Luft in einer Straße effektiver als die von feinen Härchen bedeckten Blätter der Moorbirke *(Betula pubescens)*, aber auch der Platane.

Die Ironie am Ganzen: Wenn die Bäume die Partikel aus der Luft gefiltert haben, reichern sie diese oft mit eigenen Stoffen an. Fast 40 Prozent der Menschen in Japan leiden mittlerweile unter Heuschnupfen.[19] Das geht so weit, dass sie ohne Medikamente nicht mehr schlafen oder nach draußen gehen können.[20] Einer der Gründe dafür, warum es im Devon mit einem Mal zur Entstehung der Wälder und zum plötzlichen Wachstumsschub der Bäume kam, ist vermutlich, dass Pflanzen, je höher sie wachsen, ihre Sporen umso weiter verteilen und sich so einen evolutionären Vorteil sichern können. Bäume verbreiten ihre genetischen Informationen sozusagen auf dem Luftweg. Sie bilden Pollen, der so leicht und klein wie nur möglich ist, damit er in der Luft nötigenfalls Tausende Kilometer zurücklegen kann. Unter dem Mikroskop weisen die winzigen Partikel aus Sporopollenin artspezifische Rillen und Muster auf. Daran können die Bäume ihren eigenen Pollen identifizieren, wenn er auf der weiblichen Blüte landet. Unglücklicherweise ist diese Kombination aus Mustern und Ladungen genau das, was das menschliche Immunsystem triggert. Es hält die Pollen für Krankheitserreger und attackiert sie, was die Betroffenen zum lebenden Wrack macht.

In vielen Ländern der Welt machen Pollen Probleme. Besonders schlimm aber ist es in Japan, weil dort nach den umfangreichen Zerstörungen im Krieg ein Aufforstungsprogramm gestartet wurde. Man pflanzte Setzlinge von Zedern und Zypressen, darunter auch die Sugi, *Cryptomeria japonica*. Infolge der globalen Erwärmung produzieren diese Bäume nun eher und mehr Pollen als früher. Dazu kommt noch, dass man mehr männliche als weibliche Bäume pflanzte, weil diese weniger Energie für die Reproduktion brauchen, schneller wachsen und kräftiger wirken. Selbst Bäume, die im Normalfall hermaphroditisch sind, produzieren zu Beginn ihres Lebens mehr Pollen. Und sie reifen erst relativ spät. Glücklicherweise zeigt sich bei zwei von 8700 Bäumen bereits eine Mutation.[21] Diese sorgt dafür, dass die Zapfen des Baumes sich nicht richtig herausbilden und der Baum daher keinen Pollen freisetzt. Das kommt den von Heuschnupfen geplagten Menschen zugute.

Die meisten Koniferen geben Pollen an die Luft ab. Sporopollenin, das die ersten grünen Zellen vor UV-Licht schützte und das Lignin des Holzes bildet, wächst zu Kapseln mit vielen asymmetrischen Spitzen und in unterschiedlichen Größen heran. Sie enthalten DNA. An einigen Tagen im Jahr bringen kleine Auswüchse am Ende der Kiefernzweige große Mengen von pudrigem gelben Pollen hervor. Unter dem Elektronenmikroskop sieht Kiefernpollen aus wie ein Paar Kopfhörer oder wie ein Krebs mit eingezogenen Scheren.

Eine große runde Kappe weist zwei kleinere Rundungen unterhalb auf. Dabei handelt es sich um luftgefüllte Ballons. Die heranwachsende Kiefer produziert Zellen, die sich zwischen diesen beiden Ballons ausbreiten. Wenn der Baum den Pollen freisetzt, erlauben diese Rundungen dem Pollenkorn, auf den Flügeln des Windes große Distanzen zurückzulegen. Das ist vermutlich einer der Hauptgründe für die enorme Verbreitung der Bäume der Gattung *Pinus*, die so viel Pollen produziert, dass man ihn sogar noch vom Weltall aus sieht.[22] In China und Korea wird Pinienpollen als Topping für Reiskuchen verkauft. Man kann daraus auch ein köstliches Fudge zaubern. Pollenteppiche im Baltikum sind auf Satellitenbildern sichtbar. Sie stellen eine bedeutende Futterquelle für Meeresorganismen dar. Die Pollen der Pinus-Arten sind sogar im Eis der kanadischen Arktis nachweisbar, 3000 Kilometer weg von ihrer Quelle.

Selbstbestäubung ist für Bäume immer der letzte Ausweg, ein notwendiges Übel, wenn Fremdbestäubung und die damit einhergehende genetische Variation nicht verfügbar sind. Verglichen mit Angiospermen wachsen Koniferen in weitem Abstand voneinander, was ermöglicht, dass der Luftstrom zwischen den Zweigen sinnvoll genutzt werden kann. Das spiegelt sich auch in ihrer Wuchsform wider: Die Spiralwindung der Zweige der neukaledonischen Araukarien bewirkt, dass die Luft in einer Baumgruppe zunächst an den unteren Zweigen eines Baumes vorbeistreicht und dann in einem Wirbel nach oben zu anderen Bäumen weitergeleitet wird. Die männlichen Zapfen wachsen unten am Baum, die weiblichen oben. Das soll die Möglichkeit der Selbstbestäubung verringern. Alle Forschungsarbeiten zur Verringerung des Windtunneleffekts durch Straßenbäume stimmen darin überein, dass sie diese Aufgabe besser erledigen als alle anderen Methoden[23] – aber es gibt kaum Studien zum Windschutzgürtel, den die Billionen Bäume in aller Welt bilden.[24]

Bäume beeinflussen die Luftzusammensetzung auf globaler Ebene. Aber nicht nur das: Auch auf der Mikroebene arbeiten sie mit

Luft, im Herzen ihrer wichtigsten Bestandteile, den Zellen. Robert Hooke, der große Techniker der Royal Society, dessen Buch *Micrographia* die Natur bis ins kleinste Detail zeigt, richtete einst sein primitives Mikroskop auf eine dünnen Scheibe Kork. Mit dem Resultat, dass er 1663 als Erster die Zelle beschrieb. Er wählte diesen Namen, weil (wie er in *Micrographia* schrieb):

> *[D]ie Wände (wenn ich sie so nennen darf) beziehungsweise die Trennwände dieser Poren waren im Vergleich zu den Poren fast so dünn wie die Wachsfilme in einer Honigwabe (die ebenfalls die sechseckigen Zellen umgeben) im Verhältnis zu deren Gestalt.*[25]

Ganz offensichtlich dachte er bei »Zelle« eher an Kooperation als an etwas hermetisch Abgeschlossenes. Hätte er eine lebende grüne Zelle von einer Korkeiche unter dem Mikroskop betrachtet, wäre ihm aufgefallen, dass die Zelle durchaus Gefangene einschloss, dass alles Grün des Blattes tatsächlich in einer Menge winziger schwimmender Kapseln enthalten war, die sich individuell reproduzieren und nach dem Licht ausrichten. Die Rede ist von den Chloroplasten, die einst frei lebende Cyanobakterien waren, winzige Zellen, die heutigen Blaualgen ähneln.

Bäume brauchen Chloroplasten, diese winzigen Strukturen innerhalb der Zelle, damit sie den Sauerstoff aus dem Kohlendioxid lösen und den Kohlenstoff fixieren können. Die Bäume hätten nie den Sauerstoffgehalt der Atmosphäre auf über 30 Prozent anheben können, hätten sie nicht diese winzigen Organellen als Helfer gehabt. Wie Kühe oder Menschen, die mithilfe von Bakterien chemische Prozesse vollziehen, die sie allein nicht vollziehen könnten, nutzen auch Bäume und andere Pflanzen Bakterien, um mit Gasen wie Stickstoff, Sauerstoff und Kohlendioxid umzugehen. Wie menschliche Gesellschaften mittels einer funktionierenden Abfallwirtschaft sicherstellen, dass Müll nicht zum Problem wird, haben Bäume

Chloroplasten vor dem Sauerstoff geschützt, den sie produzieren, sodass sie weiterhin Kohlenstoff fixieren und den Sauerstoffgehalt der Luft erhöhen konnten. Statt einfach nur auf die Sauerstoffkonzentration zu reagieren, die die Atmosphäre in einem bestimmten Moment aufweist, trieben und treiben die Chloroplasten Photosynthese und verarbeiten dabei CO_2 in dem Maße, wie der Baum es vorgibt. Mit dem Effekt, dass Bäume Gaskonzentrationen auch über den Punkt hinaus anheben können, der noch in ihrem Interesse ist. Im Karbon erreichte die Sauerstoffkonzentration daher bis zu 35 Prozent.

Paradoxerweise flüchteten Chloroplasten in größere Zellen, um sich vor dem Sauerstoff zu schützen. Wie die Protagonisten von Doris Lessings Buch *Die Entstehung des Repräsentanten von Planet 8* sind sie die Überlebenden eines apokalyptischen Eiszeitplaneten. Vor Milliarden von Jahren produzierten ihre Vorfahren, die frei lebenden Cyanobakterien, so viel Sauerstoff, dass sie das Leben auf der Erde fast vollständig auslöschten. Diese winzigen, mit einer Membran ausgestatteten Zellen waren grün und trieben Photosynthese. Sie enthielten Pigmente wie Chlorophyll und Carotinoide, die die Bäume heute noch nutzen. Und sie hatten Membranen, die Proteine verwerten konnten, um sich daraus eine Hülle zu bauen oder sie als eine Art Batterie zu gebrauchen.[26] Unter den Bedingungen der damaligen Erdatmosphäre, die viel Kohlendioxid und nur wenig Sauerstoff enthielt, waren sie so erfolgreich, dass sie sich über viele Millionen Jahre ausbreiteten. Sie produzierten dabei derart viel Sauerstoff, dass die globalen Temperaturen sanken und die Erde bald von Pol zu Pol von mitunter kilometerdickem Eis bedeckt war.

Diese frühen Zellen banden Gase mithilfe von Metallen wie Eisen oder Magnesium, da Metalle eine deutlich lockerere Beziehung zu ihren Elektronen haben als Kohlenstoff oder Stickstoff, sodass sie leicht Elektronen aufnehmen oder verlieren können.[27] Die ersten Organismen hatten um eine gewisse Ordnung gekämpft, aber der erfolgreiche Umgang mit Gasen erforderte ein gewisses Chaos. Nur so ein bisschen, wie eine unordentliche Küche in einem ansonsten aufgeräumten Haus. Was die ersten Photosynthese treibenden Bakterien brauchten, war eine eher paradoxe Kombination: etwas, das die Gase so stark festhält, dass sie reagieren, aber nicht so stark, dass sie dann nicht mehr loslassen können – eine Art wieder lösbarer Halt, wie bei einem Lidschatten[28] oder einem Elektromagneten zum Anheben von Objekten.

Die Lösung, die vor 3500 Millionen Jahren gefunden wurde, war der Porphyrinring, ein Kohlenstoffring mit vier Stickstoffatomen, der das Metallion hält und stabilisiert wie ein Greifautomat für Plüschtiere. Das bekannteste moderne Beispiel dafür ist das Hämoglobin, das den Sauerstoff in der Lunge bindet und ihn zu unseren fernab liegenden Zellen transportiert. Dabei halten die Stickstoffgreifarme in diesem essenziellen Metallprotein das Eisen fest, aber in den Millionen von Jahren der Evolution gab es Hunderte von anderen Stoffen, die genauso funktionierten. Die frühe Photosynthese gehörte zu den elementarsten biologischen Vorgängen überhaupt: Ein Porphyrinring konnte Licht absorbieren und dank der so gewonnenen Energie Kohlenstoff mit Kohlenstoff verbinden. Alle Details der Photosynthese – bis hin zum Magnesiumion im Zentrum des Chlorophylls – sind Anpassungen, die die große Hand der Evolution über Jahrmillionen vornahm. Doch die ursprüngliche Porphyrin-Ringstruktur funktionierte so gut, dass die heutigen Strukturen nahezu identisch sind.

Unter dem Eis konnten sich einige Cyanobakterien am Gestein halten. Sie trieben sehr langsam Photosynthese oder holten aus der Erde jedes bisschen Energie, dessen sie habhaft werden konnten. Wenn Cyanobakterien unter Stress geraten, nehmen sie DNA aus der Umgebung auf. Nützliche Gene werden schnell weitergegeben, und als es auf der Erde langsam wieder wärmer wurde, breiteten sich alle möglichen Bakterien aus. Für die Cyanobakterien aber waren der Sauerstoff und die vorhandenen freien Radikale ebenso tödlich wie für die ersten Zellen an Land. Das Resultat war, dass sich vor 1200 Millionen Jahren ein Cyanobakterium im Meer in einen anderen einzelligen Organismus, ein Archaeon, einnistete. Dieses konnte Sauerstoff verarbeiten, und am Ende wurde die Kooperation von Cyanobakterien und Archaeen so eng, dass das Bakterium verschluckt wurde, denn es konnte dem Archaeon Wasserstoffionen liefern. Daraus entstanden die Chloroplasten, wie wir sie heute kennen.[29] Eine ähnliche Verschmelzung fand mit einem schwefelfreien Purpurbakterium statt, das dem Zugriff des Sauerstoffs entgehen wollte. Daraus ging eine Zelle hervor, die Chloroplasten ebenso enthielt wie Mitochondrien, eine winzige Kapsel, die Zucker verdauen konnte und Energie für die Zelle zur Verfügung stellte. Damit war die photosynthesefähige Eukaryotenzelle geboren. Dieser Zellentyp findet sich in jedem Blatt eines jeglichen Baumes auf der Welt.

Was heißt dies nun für die Bäume und die Luft? Nun, sowohl die Photosynthese (bei der Kohlendioxid verbraucht und Sauerstoff hergestellt wird) als auch die Atmung (bei der Sauerstoff verbraucht und Kohlendioxid ausgestoßen wird) fanden nun unter einem Dach in einer fein austarierten Umgebung statt: in einer Umgebung, die sie ernähren konnte, Kohlendioxid und Sonnenlicht zur Verfügung stellte, aber deren Endprodukte für sich selbst verwendete und den fixierten Kohlenstoff nicht mehr freigab. Die verschlungenen Bakterien wurden von etwas manipuliert, das größer war als sie selbst. Man kann die Eukaryoten – Zellen mit Organellen, die von einer Membran umgeben sind – auch durchaus unsympathisch finden: Sie machen die Bakterien bewegungsunfähig und versklaven sie. Dabei nehmen sie ihnen einige ihrer wichtigsten Gene weg, damit sie sich nicht ohne Erlaubnis der Wirtszelle replizieren können. Vor diesem Hintergrund ist ein Baum keineswegs ein Fanal der Freiheit, wie wir uns das gerne vorstellen. Es handelt sich vielmehr um einen riesigen

Turm versklavter photosynthetischer Symbionten – Chloroplasten, die eines Großteils ihrer Gene beraubt wurden; Mitochondrien, die ihre Flexibilität verloren haben; wie in dem Roman *Der Block* von J. G. Ballard, in dem die Bewohner schuften, schuften und noch mal schuften – für ihren Schwarm. Doch ein Werkzeug, und gar ein lebendiges Werkzeug, kann nicht genutzt werden, ohne seinerseits Profit aus dieser Situation zu schlagen.

❧

Wie bei einer uralten, tödlichen Blutfehde haben die Cyanobakterien, die um nützliche Gase kämpfen, ihre Milliarden Jahre währenden Konflikte ins Herz der Bäume getragen. Die Entdeckung, dass all die Winzlinge in Baumblättern, die einstmals frei lebende Bakterien waren, dafür verantwortlich sind, wie Bäume die Luftzusammensetzung prägen, verdanken wir Lynn Margulis, einem in jeder Hinsicht frühreifen biochemischen Genie. Schon mit 18 machte sie ihren Bachelor, mit 24 hatten sie den Doktorgrad an der Universität Berkeley erworben und war dabei, ihre wichtigste Theorie zu formulieren. Ihr Aufsatz über den endosymbiotischen Ursprung (bei dem ein Partner in den Körper des anderen eingeht) von Chloroplasten, Mitochondrien und den beweglichen Geißeln an einigen Zellen wurde von sage und schreibe 15 Fachzeitschriften abgelehnt, bevor er im *Journal of Theoretical Biology* endlich veröffentlicht wurde.[30]

Ihre Endosymbiontentheorie besagt: Eukaryotenzellen, diese gewaltigen Becken der Komplexität, Grundlage von Hefen und Menschen, von Antilopen und Eichen, sind das Produkt von Bakterien, die von anderen Zellen umschlungen und versklavt wurden. Wir können Eukaryoten besser verstehen, wenn wir uns Bakterien und ihren konstanten, schnellen und flexiblen Stoffwechsel mit Gasen ansehen. Margulis' gesamte Arbeit beruhte auf dem Grundgedanken, dass die Variationen in unzähligen lebenden Organismen auf

Symbiose und Zusammenarbeit zurückgehen und nicht auf Konkurrenz.[31]

Margulis wurde heftig kritisiert, aber es dauerte nicht lang, bis sich angesichts der schnellen Fortschritte in der Molekular- und Zellbiologie ihre Thesen bestätigten. Zum Erstaunen vieler replizierte sich ein DNA-Ring im Chloroplasten, als derselbe sich replizierte. Dieses zirkuläre Chromosom, das für Bakterien typisch ist, hatte nicht alle Gene, die Chloroplasten brauchen, um leben und funktionieren zu können, aber es hatte eines, das wirklich zählte: das Gen für eine bakterielle Version des Photosynthese-Reaktionszentrum, den Schlüssel zum Einfangen von Licht. Die Beweiskette wurde erhärtet durch die Ribosomen der Chloroplasten, die Proteine herstellten – bakterielle Kopien, die kleiner waren und eine leicht veränderte Struktur aufwiesen. Sie konnten die Aminosäureketten, die sie herstellten, nicht so gut editieren. Margulis hatte auf diese Weise beispielhaft belegt, dass eine Zelle nicht einfach nur eine Zelle war, sondern eine umgewandelte bakterielle Metropolis.

Diese Tatsache macht einen großen Baum zu einem Wunder an Balance zwischen unterschiedlichsten Kräften. Jedes Blatt besteht aus etwa 30 Millionen Zellen. In jeder Blattzelle leben etwa 40 Chloroplasten und vermutlich rund 300 Mitochondrien. Und in der Zelle, in der sie leben, machen die ihr einverleibten und modifizierten Bakterien zwei völlig unterschiedliche Dinge. Einerseits Stoffe zusammenbauen, andererseits sie abbauen. Einerseits Sauerstoff verbrauchen und Kohlendioxid ausstoßen, andererseits Kohlendioxid konsumieren und Sauerstoff freisetzen. Beide Aufgaben müssen in einem Organismus erfüllt werden, der kein zentrales Kontrollsystem besitzt, zumindest nicht nach unserem Wissen.

Bäume leben in einer blinden Welt, die extrem sensibel auf die Luft reagiert, die durch die Stomata eindringt. Jedes Jahr passieren etwa 40 Prozent des Kohlendioxids in der Atmosphäre die Stomata.[32] Wir haben bereits gesehen, wie Stomata auf Rauch oder Wasserverlust reagieren, doch wir erreichen ein ganz neues Niveau, wenn es um die Anpassung an das verfügbare Kohlendioxid innerhalb der Zelle geht. 1987 verglich man die Anzahl der Stomata bei Bäumen in Herbarien mit der »frei lebender« heutiger Bäume im Süden von England. Es stellte sich heraus, dass die heutigen Bäume etwa 40 Prozent weniger Stomata besitzen als vor 150 Jahren.[33] Die Bäume haben darauf reagiert, dass aufgrund menschlichen Einwirkens der Kohlendioxidgehalt der Atmosphäre gestiegen ist. Bäume wollen nicht mehr Kohlendioxid, als sie in ihren Zellen verarbeiten können, daher nutzen sie einen Mechanismus, der ob seiner Einfachheit geradezu genial ist. Ein hoher Kohlendioxidgehalt in der Zelle schaltet ein Gen namens HIC (High Carbon Dioxide) an, das die Ablagerung von Fettsäuren in den Stomata-Poren fördert. Was verhindert, dass sich Zellen in der unmittelbaren Nachbarschaft in Stomata verwandeln. So wird ein nicht nötiger Gasaustausch unterbunden.[34]

Vor einigen Jahren habe ich mich noch damit getröstet, dass der erhöhte Kohlendioxidgehalt in der Atmosphäre für die Bäume von Vorteil wäre. Sie würden schneller und besser wachsen und so dem menschengemachten CO_2-Anstieg entgegenwirken. Das war im Grunde eine vereinfachte Version von James Lovelocks Gaia-Hypothese, der zufolge die Erde sich selbst heilt. Ich glaube, viele Menschen hegen oder hegten ähnlich tröstliche Halb-Überzeugungen. Schließlich liefert das Karbon uns den Beweis: Wie drastisch sich die Atmosphäre auch verändern mag, irgendetwas überlebt immer.

In den 1960ern gab es mehrere NASA-Missionen mit dem Zweck, angesichts der Gefahren durch sauren Regen die Luftgase zu überwachen: Kohlendioxid, Sauerstoff, Stickstoff, Stickoxide, Schwefeldioxid und Ozon.[35] Lynn Margulis nahm an diesen Studien teil. Sie stellte die These auf, dass die Bakterien in der Erde und im Meer einen außerordentlich wichtigen Einfluss auf die Atmosphäre ausüben, was in einem System, das den menschlichen Kohlendioxidausstoß und die Auswirkung von Schwefeldioxid auf sauren Regen messen sollte, eine recht radikale Einstellung war. Saurer Regen hatte ganze Wälder hinweggerafft und Berghänge entwaldet, aber Margulis wusste besser als ihre Kollegen, die meist Geophysiker waren, dass saurer Regen für manche Bakterien nur ein Schluck *Citron pressé* war, quasi ein lebensfördernder Energydrink. Bei saurem Regen würden sich Bakterien, die ihren Energiebedarf mit Schwefelsäure decken, enorm vermehren und bald die ganze Säure im System aufzehren. Die Natur würde sich selbst korrigieren.

Margulis wusste außerdem, dass der Stoffwechsel von Bakterien so flexibel war, dass so gut wie alles, was der Mensch in der Umwelt ablud, bakterielle Abnehmer finden würde. Diese Bakterien würden sich schnellsten vervielfältigen und so diesen Veränderungen entgegenarbeiten, sodass das System wieder ins Gleichgewicht käme. Ihrer Ansicht nach konnten wir uns auf die Bäume verlassen – wie auf Bakterien eben. Diese würden für ein dynamisches Gleichgewicht in der Atmosphäre sorgen.

Margulis und Lovelock entwickelten gemeinsam im Geiste der 1970er die Gaia-Hypothese: Die Erde sei ein sich selbst regulierendes, komplexes System, in dem Organismen Nischen oder Räume besiedelten, in denen sie genügend Nahrung fänden. Sie würden die dort vorhandene Energie verbrauchen und die Umwelt so wieder ins Gleichgewicht versetzen. James Lovelock hatte in späteren Büchern Schwierigkeiten zu erklären, dass der Mensch den Klimawandel mit einer Geschwindigkeit vorantrieb, die die Natur nicht mehr ausgleichen konnte. Für Margulis aber hatte dies keine Bedeutung, denn wenn auch der Mensch unterginge, würden Bäume und der Großteil der natürlichen Welt einen Weg finden, sich anzupassen und mit einer menschengemachten Klimakatastrophe umzugehen.

1989 analysierte ein Forscherteam Satellitendaten und stellte fest, dass es in einer der wärmsten Perioden der letzten 200 Jahre, nämlich von 1981 bis 1990, zu einem dramatischen Zuwachs an Wäldern gekommen war. Grund dafür war eine Kombination aus Wärme und der Düngewirkung von Kohlendioxid – eine höhere Konzentration von Kohlendioxid führte dazu, dass Rubisco effizienter arbeitete und mehr Kohlenstoff in Holz einlagerte, ohne dazu mehr Stickstoff oder Phosphate zu benötigen.[36] In jungen Wäldern ist dieser Effekt ausgeprägt und wurde in so verschiedenen Klimazonen wie Schweden und Brasilien gemessen. Ein Aufsatz vom Juli 2024 belegt, dass sogar alte Eichenwälder im britischen Staffordshire von den höheren Kohlendioxidkonzentrationen betroffen waren.[37] Das Holzwachstum nahm zu, wenn es mehr Kohlendioxid gab. Dann wurde Kohlenstoff schneller eingelagert als vorher und wurde – anders als allgemein befürchtet – nicht gleich wieder an die Atmosphäre abgegeben, sondern wie immer fixiert.

Diese Hoffnung verheißende Reaktion der Bäume auf den höheren Kohlendioxidgehalt in der Atmosphäre, der entsteht, weil Menschen fossile Brennstoffe verheizen, wird aber vom Anstieg der globalen Durchschnittstemperaturen gedämpft. Nicht nur, dass aufgrund von Dürren und veränderten Wettermustern Waldbrände auf dem Vormarsch sind. Die zunehmende Wärme konterkariert auch die Effekte von höheren Kohlendioxidkonzentrationen. An diesem Punkt kommt es zur Photorespiration, bei der Kohlendioxid freigesetzt und Sauerstoff verbraucht wird. Sie erschwert den Bäumen das Überleben und die Reproduktion, und natürlich können sie dann auch nicht vermehrt Kohlenstoff einlagern. Erhöhte Kohlendioxidwerte sind also nicht genug, um den tobenden Waldbränden etwas entgegenzusetzen. Die weltweit voranschreitende enorme Entwaldung lässt sich unmöglich durch mehr Holzproduktion ausgleichen. Doch die Fähigkeit der Bäume, unsere Luft zu beeinflussen, sollte nicht unterschätzt werden. Sie tun das vielleicht nicht in Zeiträumen, die menschlichen Maßstäben gehorchen, aber mit genügend

Zeit und Raum werden Bäume so viel Kohlendioxid aufnehmen, dass sie – wie im Karbon – die Luftzusammensetzung grundlegend verändern.

Eine jüngst gemachte Entdeckung, die für eine Riesenüberraschung sorgte, war, dass Bäume die globale Erwärmung stärker verlangsamen können, als wir anfangs glaubten. Man dachte früher immer, dass Bäume Methan produzieren – dabei stellte sich heraus, dass sie es tatsächlich *verbrauchen*. Gase und ihre schnelle, fast unsichtbare Bewegung sind schwer nachzuverfolgen, vor allem auf globaler Ebene. Als die NASA erstmals Monitoringsysteme für CO_2 einführte, wurde Methan (CH_4) noch ignoriert. Heute wissen wir, dass Methan einer der bedeutendsten Treiber des Klimawandels und für 30 Prozent der weltweiten Erwärmung verantwortlich ist. Methan wird in Abwesenheit von Sauerstoff von Bakterien produziert, also in Sümpfen und Mooren und an anderen dunklen, feuchten Orten. Feuchtgebiete wie das Amazonasbecken können sehr viel Methan freisetzen, wie auch Kohleminen und Ölquellen. Man nahm an, dass Bäume ebenfalls geringe Mengen Methan abgeben, indem sie es aus der Erde aufnehmen und wie ein Kamin über den Stamm langsam wieder abgeben. Für den ersten Meter des Stammes stimmt das auch. Oberhalb von zwei Metern aber verzehren die Bakterien in der Rinde so viel Methan, dass sie – vor allem in tropischen Ökosystemen – es sogar aus der Luft aufnehmen, sobald sie alles Methan im Stamm verbraucht haben. Bäume (genauer gesagt, die mit ihnen vergesellschafteten Bakterien) nehmen weltweit 24,6 bis 49,9 Megatonnen Methan auf.

Und so gibt es nun ein neues Projekt, das Methan auf zwei Ebenen beobachtet – allgemein in der oberen Atmosphäre und gezielter über den Sümpfen und Mooren des Amazonas, über den Gasfackeln des Irak und den Müllhalden in Kanada. Bislang hat sich gezeigt, dass die Kohlenstoffsenken in den globalen Wäldern weiterhin funktionieren. Doch wir sollten die Fähigkeit von Wäldern, auf eine sich wandelnde Atmosphäre zu reagieren, nicht überschätzen. Bäume mögen in der Lage sein, ein dynamisches Gleichgewicht aufrechtzuerhalten, aber sie brauchen Zeit und Raum, um sich an die neue Situation anzupassen. Die Lektionen der Urzeit zeigen uns, dass Gase trickreiche Tunichtgute sind und man daher nie weiß, welchem man trauen kann.

5

Bäume und Pilze

Wie Bäume Pilze zu ihrem Vorteil nutzen und warum das mitunter schiefgeht

> Entdecker lass zu neuen Welten eilen,
> Karten lass anderen Welt um Welten reihen,
> Und lass uns, eine Welt besitzen, eine sein.
>
> John Donne, *Der Gute Morgen*[1]

Im Albany State Museum habe ich mir Bäume angesehen, die aus den ersten fossilen Wäldern Gilboas und dem Cairo Quarry stammten. Unter den Exponaten gibt es ein faszinierendes Fossil von *Prototaxites*, einen breiten, stammlosen Fuß eines schwarzen Steines. Ohne besondere Merkmale, aber trotzdem merkwürdig, steht er einfach in einer Ecke des Museums. Rekonstruktionen konnten zeigen, dass Prototaxites sich koniferenartig verzweigte und ein Myzelnetzwerk im Untergrund hatte. Der Name ist einer der häufigen Fehlklassifikationen eines frühen Fossils geschuldet. Der Mann, der diese schwarzen Monolithen[2] studierte, der Kanadier John William Dawson, beschrieb die Fossilien als teilweise verrottete Koniferen. Er ging davon aus, dass die Mikrotubuli, die er unter dem Mikroskop sah, jene Pilze waren, die den Baum zersetzt hatten. Und so nannte er die Gattung »frühe Eiben« – Prototaxites (von Taxus für »Eibe«). Dieser Name ist ihnen bis heute geblieben.

Obwohl Prototaxites mit seinen beinahe neun Metern alle anderen Pflanzen jener Zeit überragte (am nächsten kommt ihm noch

Cooksonia mit sechs Zentimetern Höhe), nahm er bereits Nährstoffe aus Pflanzen auf, indem er sie mit seinem Mycel infizierte. Das fossile Mycel ist in den Fragmenten der Rhynie Chert, fossilführenden Hornsteinen, die man nahe Rhynie im schottischen Aberdeenshire gefunden hat, gut zu erkennen. Sie stammen aus dem Devon und zeigen vollständig erhaltene Exemplare von Lebermoos und Prototaxites. Später finden sich noch mehr Mycelien in den Bäumen des Devon, zum Beispiel die ersten Ektomykorrhiza-Vergesellschaftungen mit einer 156 Millionen Jahre alten Kiefer. Heute bilden die meisten Bäume ein Assoziationsnetzwerk mit einer, zwei oder gar drei Pilzarten.[3,4]

Wie hinter den meisten artübergreifenden Beziehungen steckt dahinter nicht nur simples Wohlwollen oder der Wunsch nach gegenseitiger Unterstützung. Manche Pilze können einen Baum töten, manche fügen ihm keinerlei Schaden zu. Die meisten aber stehen irgendwo dazwischen und schaffen ein fragiles Gleichgewicht zwischen Nutzen und Schaden. Doch kann sich das Blatt in diesem Waldnetzwerk schnell wenden, sodass das Unterstützergewebe des Pilzes zum Verdauungsapparat umfunktioniert wird. Bäume spannen Pilze für ihre eigenen Zwecke ein, aber manchmal verlieren sie dabei auch.

Pilze oder *Fungi*, wie der Fachbegriff lautet, beziehen ihre Nährstoffe aus anderen Lebensformen, die sie dabei häufig zersetzen. Ohne photosynthesefähige Organismen könnten Pilze nicht existieren, während die Bäume auch ohne Pilze zurechtkommen könnten, auch wenn sie von deren Netzwerken profitieren. Das lässt sich aus zwei Entdeckungen ableiten. Erstens können Bäume auch in einer sterilen Umgebung wachsen, ohne jede Einmischung seitens der Pilze. (Wir werden uns noch damit beschäftigen, wie Straßenbäume ohne jegliches Mycel überleben.) Die zweite Entdeckung hat mit der allgemeinen Einschätzung eines sehr alten Baumes namens *Methuselah* zu tun.

Methuselah, die berühmte Langlebige Kiefer *(Pinus longaeva)* in Kalifornien, der man 4789 Lebensjahre zuschreibt, wäre nicht so alt geworden, wenn sie keinen Weg gefunden hätte, gegen möglicherweise krankheitserregende Organismen vorzugehen. Der Baum steht zwischen den Felsen der Inyo Mountains, einer kalten, trockenen Bergkette östlich der Sierra Nevada. Die Höhe und Weite der Sierra Nevada schirmt die Inyo Mountains gegen die Wärme und feuchten Luftmassen des Meeres ab. Die Bäume in diesem Gebiet müssen also vorsichtige Verbindungen mit den Fungi eingehen, damit diese organische Materie zersetzen und in dem ansonsten nährstoffarmen Boden des Hochwalds Stickstoff ernten. So hat sich ein fein austarierter Austausch eingespielt. Die Kiefer gibt eine streng reglementierte Menge Zucker, der durch Photosynthese entstanden ist, an einen assoziierten Pilz ab. Ist der benötigte Nährstoff zu weit weg für die Wurzeln des Baumes, übernimmt ein anderer Pilz, der nur auf Armeslänge entfernt lebt, die Ernte und schickt ihn durch lange Pilzfäden *(Hyphen)* zum Baum. Somit hat der Baum eine Pyramide aufgebaut, die genauso ausbeuterisch ist wie die Herrschaft der Pharaonen im alten Ägypten. Die Kiefer kontrolliert dieses System mittels Transportproteinen, die in millionenfachem Versuch und Aussterben feingetunt wurden, damit der richtige Pilz das richtige Quantum Belohnungskohlenstoff bekam.

In einem solchen System haben wir es mit Ektomykorrhiza-Pilzen zu tun: Fungi, die sich scheuen, die Zellwände ihrer Wirtspflanzen zu durchbrechen, und stattdessen Schnittstellen bilden, die man Hartigsches Netz nennt, ein Netzwerk aus Pilzfäden rund um die Wurzel und im Raum zwischen den Wurzelzellen.[5] Die Hyphen setzen rund um die Wurzel Nährstoffe frei, die von den Wurzeln aufgenommen und im Herzen der Zelle für lebenswichtige Prozesse eingesetzt werden. Als Gegenleistung gibt der Baum bis zu 20 Prozent des von ihm aufgenommenen Kohlenstoffs an den pilzlichen Partner ab. Normalerweise sind es langsam wachsende Bäume aus kälteren Klimazonen, die die Pilze außerhalb ihrer Zellen halten und sich auf solche Ektomykorrhiza-Kooperationen einlassen. Die Fungi bilden einen schützenden Mantel um die Wurzel. Und diese Zusammenarbeit kann sich rund um die Baumwurzeln in einer Tiefe von bis vier Metern abspielen.

Zu den Ektomykorrhiza-Pilzen (EKM-Pilzen) gehören die Steinpilze und die Trüffel, die Pfifferlinge und die Matsutake-Pilze. In gemäßigten Klimazonen feilschen sie mit den dort am stärksten verbreiteten Baumarten wie Händler auf dem Marktplatz. Im Fall der Langlebigen Kiefer wie Methuselah kann es sein, dass nicht einmal diese lose Verbindung eingegangen wird. Wissenschaftler stellten erstaunt fest, dass die Biegsame Kiefer *(Pinus flexilis)* sich häufig besser macht als die Langlebige Kiefer auf den Abhängen der White Mountains in Kalifornien. Daher untersuchte man ihren Umgang mit Pilzen. Die Biegsame Kiefer schien auf den kahlen Hängen besser voranzukommen, weil sie schnell Ektomykorrhiza-Bande mit gut 15 verschiedenen Pilzen knüpfte. Einzelne Biegsame Kiefern verbanden sich zweimal so häufig mit Pilzen wie die Langlebigen Kiefern und leiteten mit dreimal höherer Wahrscheinlichkeit weitreichende Interaktionen ein. Das scheint ihnen einen Vorteil zu verschaffen, zum Beispiel besseren Zugang zu Nährstoffen und damit ein schnelleres Wachstum. Die Langlebigen Kiefern allerdings wachsen weiter, nur sehr viel langsamer und ohne jedes Mycel. Ist ihr extrem wählerischer Umgang mit Pilzen vielleicht sogar das Geheimnis ihres langsamen Wachstums und ihrer Langlebigkeit?

Die Langlebige Kiefer kann sich wohl aussuchen, ob sie symbiotische Beziehungen mit Pilzen eingeht. Die meisten anderen Bäume aber profitieren davon, wenn sie sich Pilze so ziehen, dass sie ihnen in einer mehr oder weniger intimen Gemeinschaft zu Diensten sein können.[6] Weiter westlich in der feuchteren Erde der Sierra Nevada wachsen die Mammutbäume *(Sequoiadendron)* des Yosemite National Park. Sie und die weiter südlich gelegenen Wälder haben eine andere

Art von Kooperation mit ihren pilzlichen Helfern aufgebaut: das arbuskuläre Mykorrhiza-Netzwerk (AM).[7] Die Riesenmammutbäume leben sehr lange, sind aber in erster Linie die massehaltigsten Bäume der Welt. Sie unterscheiden sich daher massiv von der Zucker-Kiefer *(Pinus lambertiana)* und der Birke, die in ihrer Nähe wachsen und wie Methuselah eine EKM-Beziehung mit Pilzen eingehen. Bei den Riesenmammutbäumen dringen die Pilze der Gattung *Glomus* tief in deren Wurzeln ein. Die Fungi entwickeln sich am besten auf Erdreich, das schon einmal ein Feuer überstanden hat. Aber sie lagern sich jahrelang an Bäumen an, ob diese nun gebrannt haben oder nicht.[8] *Glomus claroideum* dringt tief in die Pflanze ein und bildet in deren Rindenzellen mit seinen Hyphen winzige baumähnliche Strukturen (sogen. *Arbuskeln*) aus. Anders als Methuselah und seine EKM-Pilze, die der Baum hübsch außerhalb der Wurzelzellen hält, lädt der Riesenmammutbaum die pilzlichen Partner in seine Zellen ein und bildet mit ihnen einen hybriden Organismus.

Unter dem Fluoreszenzmikroskop zeigt sich die Bildung eines arbuskulären Mykorrhizanetzes in einer Baumwurzel als wunderschöner Prozess. Die Pilzfäden bewegen sich auf die Wurzel zu und bilden darauf einen kleinen Fuß, das *Hyphopodium*. Diese Struktur sendet dann noch mehr Hyphen aus, die sich ihren Weg in die Wurzel erobern und sich zwischen den Zellen ausbreiten. Sie dringen auch in benachbarte Zellen ein und bilden eine perfekte Reihe kleiner Bäumchen, bis der Nukleus und die Vakuolen aussehen wie ein futuristisches Baumhaus an einer Allee, winzige Kapseln in den Zweigen des Pilzkissens. Als Nächstes fängt der Pilz an, das genetische Material im Zellkern zu entfalten. Er aktiviert Gene, die den freien Austausch verschiedener Kohlehydrate erlauben, die der Baum zur Verfügung stellt. Dazu kommen noch Stickstoff, Phosphor und andere Metallionen, Lithium, Kalzium und Magnesium. Die Bäume erlauben dem Pilz also, die DNA in ihrem Zellkern zu verändern. Dafür bekommen sie im Gegenzug einen willigen Mitarbeiter.[9]

Hygrocybe-Pilze beispielsweise siedeln sich gerne um Riesenmammutbäumen an.[10] Lange Zeit dachte man, diese Pilze würden saprotroph leben und sich ausschließlich von totem Holz ernähren. Mittlerweile weiß man, dass sie manchmal Stickstoff aus merkwürdigen Quellen, die in der Nahrungskette deutlich höher stehen, gewinnen. Möglicherweise verzehren sie, wie *Laccaria laccata*, der Rote Lackpilz, Würmer. Diesen Wurm-Stickstoff geben sie dann an den Riesenmammutbaum ab. Die Fruchtkörper von Hygocybe sind kräftig gefärbte, wachsartige Schirme mit weit auseinanderstehenden Lamellen. Normalerweise kommt die Art auf Grasland vor, und die Verbindungen mit ihren Wirtspflanzen fallen sehr unterschiedlich aus. Andere Pilze sind da wählerischer. Es gehört zu den geheimen Freuden beim herbstlichen Pilzsammeln, die Pilze an den Bäumen zu erkennen, unter denen sie wachsen. Der Buchenschleimrübling *(Oudemansiella mucida)*, ein zarter weißer Pilz mit einer fast durchscheinenden, schleimigen Kappe, wächst fast immer auf dem verrotteten schwarzen Holz von Buchen. Man sieht ihn gewöhnlich schon von Weitem. Sobald man den Schleim entfernt hat, hat er einen guten Geschmack, sehr *umami* wegen seines hohen Glutamatgehalts. Ich habe ihn in den Wäldern von Devon, in denen ich aufgewachsen bin, immer wieder gesucht, aber nur zweimal gefunden: einmal an einem toten Ast auf meiner liebsten Kletterbuche und einmal an einer toten, aber immer noch stehenden Buche in einer Hecke. An den wirklich alten Buchen über einem kleinen Steinbruch, der die Steine für unser Haus geliefert hatte, konnte ich ihn jedoch nie entdecken, obwohl diese Bäume schon seit dreißig Jahren vor sich hin rotten. Sie waren bedeckt von Lackporlingen *(Ganoderma)*, die so groß wurden, dass ich mich als Zwölfjährige draufsetzen konnte. Ich habe mich immer gefragt, ob die *Ganoderma*-Pilze den Buchenschleimrübling durch irgendwelche chemischen Attacken vertrieben hatten. Und was den anderen Baum dazu gebracht hatte, den Buchenschleimrübling nur auf einem toten Ast wachsen zu lassen.[11] Versuchte der zarte weiße Pilz mit seiner unterirdischen Arglist vielleicht gar, ins lebende Holz einzudringen und es zu verdauen? Jahre später, ich hatte die Uni gerade abgeschlossen, fiel der tote Ast von meiner Kletterbuche ab und wir zerkleinerten ihn für unser weihnachtliches Kaminfeuer. Und siehe da: Das bleiche Holz war durchzogen von großen schwarzen Fäden, die einzelne Abteile bildeten, schöne, dramatische Schichten wie bei einer schwarz-weißen Morgenröte.

❧

Das Jahr, in dem sich die Buchenschleimrüblinge zeigten, war auch das Jahr, da mein Cousin und ich beschlossen, unsere älteren Geschwister zu vergiften. Pantherpilze und Spitzkegelige Kahlköpfe wuchsen plötzlich im Wald. Ein rächender Engel, weiß, mit weißen Lamellen, spross gleich am angrenzenden Feld. Und dank des großartigen Buches von Roger Phillips – *Das Kosmosbuch der Pilze* – wussten wir ganz genau, wie giftig er war. Den Pantherpilz *(Amanita pantherina)*, einen weiteren Freund der Buche mit einer schönen braunen, weißflockigen Kappe, musterten wir aus, weil er uns zu gefährlich schien. Stattdessen konzentrierten wir uns auf die Spitzkegeligen Kahlköpfe, die so klein, graubraun und unschuldig schienen. Das lag an einem einzigen Wort: Essbar! Natürlich waren das die berühmten Magic Mushrooms *(Psilocybe semilanceata)*, deren Gebrauch 2005 verboten wurde. Glücklicherweise sah unser Pilzeintopf so wenig einladend aus, dass keine Fünfzehnjährige, die etwas auf sich hält, ihn auch nur gekostet hätte. Hätten sie das, wären sie vielleicht eingetreten in eine Welt, in der Bäume und Pilze verschmelzen und sich ab da zusammen weiterentwickeln und gegenseitig manipulieren – in die Welt der Strigolactone.[12]

Strigolactone sind Pflanzenhormone, chemische Stoffe, die die Bäume ausstoßen, um Pilze zu kontrollieren und zu formen. Wie sie das tun, das sind eigentlich zwei Geschichten, wobei die zweite ein Spiegelbild im Zeitraffertempo ist. Die erste Geschichte handelt von der Entwicklung der Pflanzenhormone, die den Pflanzen halfen, oberirdisches und unterirdisches Wachstum ins Gleichgewicht zu bringen. Das dauerte vielleicht 400 Millionen Jahre oder länger. Diese Hormone lockten Pilze zu den Wurzeln, die Zucker und andere komplexe chemische Stoffe an die Fungi abgaben. Die Wurzeln duldeten und benutzten die Fungi, um Stickstoff und Phosphate für den Baum zu sammeln. Bäume, denen es an Stickstoff, Phosphaten, ja sogar Schwefel[13] fehlte, schieden Strigolactone aus, um Pilze anzulocken.[14] Doch dies rief alsbald auch Pflanzenparasiten auf den Plan, die wie die Pilze anhand dieser Hormone merkten, dass da Baumwurzeln waren, in denen man sich einnisten konnte. Anders als die Pilze aber bedienten sie sich bei Wirtspflanzen zu reichlich und gaben nichts zurück. Als Reaktion entwickelten sich nun Bäume, bei denen die chemische Struktur des Hormons ganz leicht verändert war. Diese Varietäten waren gegen den Ansturm der Parasiten gefeit.

Die spiegelbildliche Geschichte dessen, was der Mensch über diese Hormone weiß, beginnt im Jahr 1966, als Wissenschaftler feststellten, dass es Arten gab, die der *Striga* entkamen, einer parasitären Pflanze, die in einigen subsaharischen Regionen Getreide wie Mais oder Hirse vernichtete. Man isolierte den Stoff, der dafür verantwortlich schien und nannte ihn Strigol. 2005 erkannte man die Rolle, die dieser Stoff als soziales Schmiermittel bei der Verbindung zwischen Pilzen und Pflanzen spielte.[15] Aber es sollte noch bis 2008 dauern, bis Wissenschaftler der Universität Berkeley herausfanden, dass die Strigolactone eine äußerst wichtige Klasse von Baumhormonen waren, die zusammen mit Auxinen genannten Wachstumshormonen alle Formen der Verzweigung kontrollierten.

Strigolactone sind eng vermaschte Kohlenstoffringe, Abkömmlinge der Carotinoide, jener Karbonringe, die Pflanzen ihre rote oder orangetonige Farbe verleihen. Die Evolution ist mit ihren Reaktionen auf wunderbare Weise sorglos, Reaktionen, die das Gegenteil von zielgerichtet sind. Hier geht es speziell um einen Mangel an Stickstoff und vor allem Phosphor: Wenn dieser eintritt, gerät der Signalweg zur Carotinoidproduktion außer Kontrolle und es entstehen Strigolactone. Diese Stoffe sind gewöhnlich dafür zuständig, ober- und unterirdisches Wachstum der Pflanzen im Gleichgewicht zu halten, damit die Pflanze nicht mehr Äste und Zweige produziert, als ihr Wurzelsystem erhalten kann. Mit der Zeit wurde aus der Anwesenheit dieses Stoffes ein Signal für Pilze, dass sie hier vielleicht willkommen sind oder zumindest toleriert werden, weil sie der Pflanze als unterirdische Stickstoff- und Phosphorquelle dienen können.[16] Und genau das können Pilze ja auch. Doch parasitäre Pflanzen wie die *Orobanche* wittern den Geruch der Pflanzenhormone ebenso, der ihren Samen das Signal zum Keimen gibt. Der Sämling verbindet sich mit den Wurzeln der Pflanze, die das Strigolacton ausstoßen, da diese ja geschwächt ist und den Sämling nicht so leicht abschütteln kann. Dies machen sich wiederum Trüffelsucher in Syrien zunutze, die den zarten Farben der orchideenartigen Blüten der Orobanche folgen, um *bint al ra'ad* – die Töchter des Donners[17] – zu finden, wie man die Wüstentrüffel auch nennt.

Bäume sind Meister im Handling von Angebot und Nachfrage. Ihre Lieferketten sind so gut organisiert, wie es die Napoleons einst waren. Doch wie Napoleons Vorrücken auf Moskau zeigte: Wenn der Nachschub nicht aufrechterhalten werden kann und irgendwie abreißt, dann droht eine Katastrophe. Doch Napoleon brauchte nur eine Kette in eine Richtung, nämlich an die Front. Bäume hingegen müssen die Nährstoffe aus den Wurzeln mit dem Zucker aus den Trieben ausbalancieren. Sie sind also abhängig von einem Zwei-Wege-System. Sie meistern diese Aufgabe, indem sie das Wachstum von Wurzeln und Trieben mit Hormonen steuern. Das aber macht sie anfällig, denn Hormone gehen in den Boden über und werden zum Signal für Raubpilze. Doch wie Pflanzen zwischen verschiedenen Untergruppen der Strigolactone unterscheiden können, um sich die Striga-Arten vom Leib zu halten, können sie sich so anpassen, dass sie keine unerwünschten Pilze anlocken, während sie die nützlichen anziehen.

Die genetische Flexibilität der Pflanzen erlaubt unterschiedlichen Varietäten, ihre Strigolactonformen genauestens anzupassen, sodass Pilzrezeptoren, die den Boden sondieren, ihre üblichen Opfer nicht erkennen. Dann können die Bäume eher Pilzfreunde finden, die besser mit ihnen zusammenarbeiten. Dafür hat die Biochemie einen wunderbaren Mechanismus bereitgestellt. Der Rezeptor ist ein Protein, das auf eine bestimmte Weise gefaltet ist, wie ein Schraubenschlüssel: Das Strigolacton wiederum ist wie ein Schraubenkopf, der exakt in den Schraubenschlüssel passt. Jede Veränderung des Ringes verändert auch die Passgenauigkeit. Und so haben die Bäume mit der Zeit die Schnittstelle so modifiziert, dass sie hochspezifisch ist: Kein Baum muss also mit einem Pilz in Kontakt kommen, der ihm schaden kann.[18]

Strigolactone können auch als Signal an Stickstoff fixierende Bakterien dienen, dass der Baum bereit ist, eine symbiotische Beziehung einzugehen. Aber auch wenn sich das Strigolacton strukturell verändert, so bleiben die Bakterien sich doch gleich. Allerdings kommt es zu einer Veränderung in der pilzlichen Zusammensetzung der Rhizosphäre (des Wurzelraumes).[19] Manchmal führt dies zu einer Spezialisierung der Pilze, und es entsteht eine neue Art, die an die spezifische chemische Varietät angepasst ist. Strigolactone wirken darauf ein, auf welche Weise und wie tief sich eine Wurzel in die Erde eingräbt, wann und wo eine Pilzspore keimt und wie die Hyphen sich untereinander verzweigen. So haben die Bäume die erstaunliche Vielfalt von Pilzen mitgeprägt, indem sie ihre Strigolactone abgeändert haben.

Vor diesem Hintergrund hat sich die Idee von einem *Wood Wide Web* etabliert – ein unterirdisches Netzwerk aus Mycelen, das die

Bäume miteinander verbindet, eine Welt der Inoskulation, in der verschiedene Baumarten ineinanderwachsen. Beim Menschen gibt es Rezeptoren auf der Zelloberfläche, die eine andere Zelle entweder als der Person zugehörig akzeptieren oder als nicht zugehörig ablehnen.[20] Ein Beispiel sind die Rezeptoren und Antigene, die unsere Blutgruppen ausmachen. Bei Pflanzen ist das durchaus ähnlich, nur dass sie die Oberfläche anderer Zellen danach beurteilen, ob sie zu ihnen passt oder nicht. Aus diesem Grund können Bäume auf Felsen wachsen, Stacheldraht überwuchern oder eben Bäume einer anderen Art inoskulieren. Pilze sind da eher wie Tiere. Sie haben einen hochgradig regulierten Mechanismus der Selbsterkennung und strecken ihre »Hand« daher problemlos den Hyphen anderer Pilze entgegen, mit denen sie in Kontakt kommen. Dieser Vorgang wird *Anastomose* genannt: Es wird eine Art Synapse gebildet, was zur Folge hat, dass potenziell unzählige unterirdische Verbindungen geschaffen werden können. Und so haben die Pilze das Potenzial, alle Bäume über ihre Mycele zu verbinden.

In den drei Tagen seines Lebens verblasst der Amethystblaue Lacktrichterling *(Laccaria amethystina)* von einem satten Violett zu dem gedeckten Purpur einer Gewitterwolke. Er wächst in Laub- und Nadelwäldern gleichermaßen und ist in der ganzen Welt verbreitet. Sie können ihn im Hampstead Heath in London antreffen oder im Sam Houston National Forest in Texas oder auf dem Fuji in Japan. Ich habe ihn an einem stürmischen Oktobertag in Highgate Wood gesucht und unter einer alten Buche tatsächlich ein Grüppchen der leuchtend violetten Pilze gefunden. Selbst an diesem dunklen Tag schimmerte er leicht unter dem Baum, und von seiner Kappe perlte das Wasser ab. Er sah aus, als sei er nicht von dieser Welt, irgendwie überirdisch beziehungsweise unterirdisch. Er wuchs aus dem Falllaub der Buche heraus, ein überzeugendes Symbol schattiger Perfektion mit seinem runden Hut und dem dünnen Stiel. Sein Aussehen hatte die beunruhigende Intensität alles Unterirdischen. Ich suchte weiter, fand aber nur dieses eine Grüppchen. Davon einmal abgesehen, schien die Laubdecke unter der Buche unberührt. Offensichtlich spross dort kein weiteres Leben.

Wenn Sie die trockenere Schicht zuoberst entfernen und zwei gut verrottete Buchenblätter aufheben, die zusammenzukleben scheinen, sehen Sie, wenn Sie sie auseinanderziehen, vermutlich die klebrigen Mycelfäden von Pilzen. Ein wenig unterhalb allerdings können Sie im Boden eine enorme Masse Leben entdecken: nicht nur das Mycel des Amethystblauen Lacktrichterlings, sondern Fäden aller anderen Pilzarten, die im Laufe des Jahres immer wieder für kurze Zeit Fruchtkörper hervorbringen – Morcheln und Buchenspeitäubling und Grünblauer Träuschling. Und dazu noch Pilze, die überhaupt keinen Fruchtkörper ausbilden: Der häufigste von ihnen ist *Cenococcum geophilum*, ein Pilz, der die Erde liebt und keine geläufige Bezeichnung hat, eben weil er keinen oberirdischen Fruchtkörper bildet und daher oberhalb der Erde nicht sichtbar ist oder, wenn überhaupt, nur als unauffällige schwarze Kruste. Unter seinen kugelförmigen Knäueln strecken sich die Pilzfäden aus und verwachsen mit den Wurzeln der Buchen. Sie schlüpfen vermutlich tief unter die Buchenwurzeln und erstrecken sich weiter über den Durchmesser des Laubdaches hinaus, vielleicht bis zum nächsten Stamm oder zum übernächsten. Es war kaum vorstellbar, dass dieses Netzwerk aus gewaltigen grauen Stämmen, das ebenso stolz dastand wie ein pubertierendes Elefantenmännchen, tatsächlich von diesem unsichtbaren Fadenwerk der Pilzhyphen abhängt. Aber der Gedanke, dass das Leben am seidenen Faden hängt, ist uns nun einmal fremd.

Das Konzept des Wood Wide Web informierte uns über eine neue Welt, in der alles auf dem Kopf stand. Unter jedem Wald und

Forst fand ein von Mycelen gelenkter Austausch von Stickstoff, Phosphaten und Zucker statt, von Signalmolekülen, Kalzium und Magnesium, von Glutamaten, Fetten und Aminosäuren, vielleicht sogar elektrischen Signalen – ein ständiger Strom der Interaktion von Pilz zu Pilz, der für das Leben der Bäume ausschlaggebend war. Der erste Beleg dafür, dass Pflanzen über ihre Pilzverbindungen miteinander Zuckermoleküle austauschten, kam 1984 vom Labor von David Read und Kollegen, die ein geniales Experiment mit radioaktivem Material ersonnen hatten. Pflanzen mit und ohne Pilz-Mykorrhiza wuchsen nebeneinander. Eine dieser Pflanzen erhielt jeweils Kohlendioxid, das das radioaktive Kohlenstoffisotop C-14 enthielt. Das Kohlendioxid wurde ins Blatt transportiert und in der Photosynthese verarbeitet. Der Kohlenstoff wurde in Zuckermoleküle eingebaut. Nach zwei Wochen machte man einen Röntgenfilm vom Wurzelsystem der Pflanzen. In allen Fällen zeigte sich der radioaktive Kohlenstoff im Pilznetzwerk der mit C-14 gefütterten Mykorrhiza-Pflanzen und dem der Nachbarpflanze. Pflanzen ohne pilzliche Partner hatten keinen radioaktiven Kohlenstoff ausgetauscht.

Bis dato waren diese Resultate zwar faszinierend, ließen sich aber nicht auf breiter Basis anwenden. Und so führte Suzanne Simard in den 1990ern im Forest Research Center in Kamloops in British Columbia ein ähnliches Experiment durch. Sie setzte Baumsetzlinge im Wald paarweise demselben radioaktiven Kohlendioxid aus und maß dann den Transfer von radioaktivem Kohlenstoff zwischen den Bäumen. Sie stellte fest, dass sich von dem radioaktiven Kohlendioxid, das eine Birke durch ihre Stomata aufgenommen hatte, sechs Prozent in einer Douglasie wiederfanden, die ein paar Meter weiter stand. Dieser Austausch war in ihren Augen durchaus relevant. Nachdem sie die Douglasien beschattet und auf Diät gesetzt hatte, erhielten diese von der nun nicht mehr beschatteten Birke sogar noch mehr Kohlenstoff als vorher, als sie selbst noch munter Photosynthese betrieben hatten. Im Winter, als die Birke keine Blätter hatte, verlief der Zuckerfluss in Gegenrichtung. In Simards Augen war dies ein klarer Beleg dafür, dass es eine Source-Sink-Beziehung zwischen den Bäumen gab: Die Bäume unterstützten einander, indem sie ihren überschüssigen Zucker den weniger Begünstigten zur Verfügung stellten. Ein Beispiel dafür, dass sich einzelne Individuen in einem gesunden Ökosystem gegenseitig aushelfen: Wer mehr hat, der gibt.

Wer je ein wenig Zeit in einem gut eingewachsenen Mischwald verbracht hat, versteht das auf Anhieb. Moose wachsen auf alten Bäumen. Die Riesenmammutbäume verwachsen mit den Zedern. Flechten bedecken die Blätter. So wie die Zellen in unserem Körper trotz aller Unterschiede zusammenarbeiten, so zeigt ein alter Wald einen Reichtum an Diversität, der aus vielen fein abgestimmten Rückkopplungsschleifen besteht. Und wo würden sich diese besser halten als im dunklen Erdreich? Das war großartige Feldforschung, die zwischen aufregenden Begegnungen mit Bären, schwierigen Anfahrtswegen, komplexer Ausrüstung im Gepäck und schlammigen, hochvernetzten Ökosystemen stattfand. Der Artikel wurde von der einflussreichen Fachzeitschrift *Nature* veröffentlicht, und so gelang es Simard mit ihren Co-Autoren David Perry und Melanie Jones, unsere Sicht auf das Zusammenleben von Bäumen in Wäldern ein für alle Mal zu verändern.

Das Wood Wide Web war ein perfektes Schlagwort und eine absolut faszinierende Idee. Seit der wissenschaftlichen Revolution des 17. Jahrhunderts war es das Ziel der Wissenschaft gewesen, die Elemente der natürlichen Welt aus ihrer Umgebung zu isolieren und ihre Wahrheit unbeeinflusst von anderen Faktoren zu suchen. Das war natürlich ein produktiver Ansatz gewesen, der dazu führte, dass Chemiker den Sauerstoff isolierten, Linné die Tiere, Pflanzen und Pilze in Arten einteilte und botanische Illustratoren wie Bauer, Ehret und Catesby Pflanzen außerhalb ihrer Ökosysteme mit absoluter

Präzision zeichneten. Dieser Ansatz hatte Darwins Theorie der Evolution gefördert und dafür gesorgt, dass wir die Struktur der DNA kennen. Seit den 1980ern aber wurden Wissenschaftler und Nichtwissenschaftler der ewigen Zergliederung gleichermaßen überdrüssig. Was sollte es bringen, die Namen aller Arten in einem Wald zu kennen, wenn man nicht verstand, wie dieser als Ganzes funktionierte? In den 1980ern trug die Ökologie viel dazu bei, dass die Einzelteile wieder zusammen gesehen wurden. Diese Sichtweise wurde durch das Wood Wide Web noch verstärkt. Sie war zeitgleich ein Triumph der Netzwerktheorie und der Sozialwissenschaften. Und sie passte auch zu anderen intellektuellen Ansätzen, die Wissen ganzheitlich sahen und sich nicht mehr auf Individuen konzentrierten. In den Geschichtswissenschaften untersuchte man eher die Gesellschaft im alten Mazedonien statt den Charakter von Alexander dem Großen. Und wenn das Wichtigste in der Natur nun nicht der individuelle Baum war, sondern die Interaktion vieler Bäume über ihre Pilzpartner?

Das Problem war nur: Während es klare Belege dafür gab, dass Bäume miteinander durch Mykorrhiza verbunden waren, waren und blieben die Beweise dafür, dass Bäume durch diese Netzwerke einen Austausch vollzogen, begrenzt und nicht unbedingt zwingend. Diese Verbindungen sind nicht geklärt und Wissenschaftler »werden zu Überträgern unbewiesener Behauptungen«, wie Justine Karst sagt, Professorin für Mykologie, die über Mykorrhiza-Netzwerke forscht.[21] Ein Artikel, den Karst zusammen mit Melanie Jones, der Co-Autorin von Simards frühester Studie, veröffentlichte, stellte fest, dass einige Veröffentlichungen Bestätigungsfehler aufwiesen, weil Studien, die Interaktionen durch Mykorrhiza behaupteten, von den Fachzeitschriften eher publiziert wurden als solche, bei denen dies nicht der Fall war. Außerdem zeigt dieser Artikel, dass schon die Bedeutung der ersten Belege übertrieben worden war. Manchmal kam es zu einem bedeutsamen Austausch zwischen Bäumen, dann wieder nicht.[22] 2009 wurde eine genetische Studie durchgeführt, die Proben von Pilz-DNA aus der Rhizosphäre verschiedener Bäume untersuchte. Sie zeigte, dass verschiedene Pilztypen an den Netzwerken beteiligt waren. Diese Studie wurde häufig angeführt, wenn es um Nährstoffaustausch ging. De facto aber handelte es sich um ein rein genetisches Experiment. »Unter den 2022 im Peer-Review-Verfahren veröffentlichten Studien«, sagten Karst und ihre Kollegen, »war weniger als die Hälfte der Aussagen über die eigentlichen Feldstudien korrekt.« Die Vorstellung, dass Bäume Netzwerke haben, die sich über mehrere Meilen erstrecken oder dass die Beziehungen zu Pilzen exklusiv oder kooperativ seien, scheint einfach falsch zu sein.

Vor allem wenden Karst und Kollegen sich gegen die Idee, dass »Mutterbäume« ihre Nachkommen unterstützen. Die Beweislage zeigt, dass ein gemeinsames Mycelnetzwerk zwischen älteren Bäumen und deren Nachkommen manchmal das Wachstum der Nachkommen verzögert, manchmal keine Auswirkungen zeigt und gelegentlich die jüngeren Bäume unterstützt. Dazu kommt, dass Suzanne Simards Bestseller *Die Weisheit der Wälder: Auf der Suche nach dem Mutterbaum* Bäume anthropomorphisiert und die Baumforscher schon deshalb aufbringt. Denn zum einen sind die Bäume, auf die Simard sich bezieht, nicht weiblich, sondern hermaphroditisch. Zweitens lässt ihr Vergleich mit dem Internet oder dem Kanalsystem die Mykorrhiza-Netzwerke als zur Unterscheidung unfähige, leere Rohre dastehen, ein Bild, das mit einem aktiven Mycel tatsächlich wenig gemein hat. Am schlimmsten aber war, dass die von ihr vermenschlichten Bäume sich im Buch doch recht seltsam verhalten. Sie reden und lieben und arbeiten zusammen, sie »wählen« ihre Nachkommen aus und wenden sich diesen voller Fürsorge zu. All das sind in erster Linie menschliche Züge, die man den Pflanzen aufoktroyiert, sodass sie menschlich wirken. Dabei ist gerade die Fähigkeit des Baumes zur Leidenschaftslosigkeit – weil er eben denkt und fühlt wie Holz – eines der größten Wunder. Den Giganten des Waldes ein Säugetiergesicht zu verpassen, ist Verrat an der Komplexität von Organismen, die teils Tausende von Jahren alt sind. Wenn man sich die 5000 Jahre vor Augen führt, in denen Methuselah ihre Existenz bewältigen musste, dann scheinen einfache Geschichten über den Austausch von nahrhaftem Zucker erstaunlich banal.

Die schiere Poesie des Wood Wide Web hat über die wissenschaftlichen Fakten vermutlich den Sieg davongetragen. Nichtsdestotrotz tut sich in gemeinsamen Mykorrhiza-Netzwerken eine ganze Menge. Im Labor dauert es 35 Minuten, bis eine Pilzfadenspitze mit einer anderen verschmilzt und beginnt, einzelne Partikel wie Vakuolen, Mitochondrien, Zellkerne und Fetttröpfchen auszutauschen.[23] Doch auch Gifte können über das mykorrhizale Netz weitergereicht werden. Bei einem Experiment wanderten Juglone (natürliche Farbstoffe) von einem Walnussbaum durch das Mykorrhiza-Netzwerk und sammelten sich um die Wurzeln von Tomatenpflanzen an, deren Wachstum sie dann behinderten.[24] Flüchtige organische Verbindungen, die als Wolkenkeime dienen oder Bäume zur Produktion von sekundären Pflanzenstoffen anregen, können sich über ein Mycelsystem austauschen und Ackerbohnen in der Nachbarschaft warnen, wenn Blattläuse im Anmarsch sind.

Möglich ist auch, dass elektrochemische Impulse über das Mycelnetzwerk geteilt werden. In den letzten Jahren wurden mittels grün fluoreszierender Proteine Wellen von elektrischen Impulsen sichtbar gemacht, die in Blättern auftreten, wenn sie geschädigt werden, speziell nach einer Schädigung durch Glutamate. Das zeigt einmal mehr, wie aktiv Pflanzen hinter ihrer scheinbar unbewegten Fassade sind. In der chaotischen, klebrigen und wechselseitig verzahnten Welt der Biochemie herrscht eine hochgradige funktionale Redundanz: Derselbe chemische Stoff wird für die verschiedensten Zwecke genutzt. Glutamate sind dafür ein gutes Beispiel. Es handelt sich um das Anion einer essenziellen Aminosäure – der Glutaminsäure –, die bei Bakterien, Pflanzen und Pilzen als grundlegender Baustein der

Proteine gilt. Wenn Sie bei Google »Glutamat« eingeben, wird Wikipedia Ihnen erklären, dass dieser Stoff der häufigste erregende Neurotransmitter im Nervensystem der Wirbeltiere ist. Was Wikipedia vermutlich verschweigt, ist, dass Glutamat auch bei der Pollen- und Sporenkeimung zentral ist[25] und sich in extrem hohen Dosen in Pilzen findet. Es macht den Umamigeschmack aus, dessentwegen wir Pilze so unwiderstehlich finden.

Im Spielfilm *Avatar – Aufbruch nach Pandora* erklärt die Wissenschaftlerin Dr. Grace Austin (dargestellt von Sigourney Weaver) die Magie des mythischen Planeten Pandora als Ergebnis der dort vorhandenen Konnektivität:

> *Wir glauben zu wissen, dass eine wie auch immer geartete Form von elektrochemischer Kommunikation zwischen den Wurzeln der Bäume existiert, wie die Synapsen zwischen Nervenzellen. Jeder Baum hat Zehntausende Verknüpfungen mit den Bäumen, die um ihn herum sind, und der Baumbestand hier auf Pandora beträgt 10 hoch 12 …*

Diese elektrochemischen Verbindungen zeigen sich auch in den realen Wäldern der Erde, selbst wenn sie dort etwas weniger spektakulär wirken.

❧

2019 veröffentlichte die renommierte Fachzeitschrift *Nature* einen ehrgeizigen Artikel, der nachzeichnet, wie Pilze, Bakterien und Bäume auf globaler Ebene zusammenarbeiten.[26] Die Karten zeigen eine neue globale Projektion der verschiedenen unterirdischen Interaktionen zwischen Pilzen und Bäumen, sozusagen die individuellen Komponenten des Wood Wide Web. Arbuskuläre Mykorrhiza (AM), die innerhalb von Baumwurzeln erstmals im frühen Devon, also vor 419,2 Millionen Jahren, auftauchten, bilden einen breiten

Gürtel rund um den Äquator. Sie umfassen das Amazonasbecken, dominieren in Angola und der Demokratischen Republik Kongo und schließen die Philippinen und Manila ein. Ektomykorrhiza-Pilze legen sich ringförmig um Nordamerika. Sie sind mit den meisten (nicht mit allen) Bäumen in Kalifornien assoziiert, nehmen im Vorbeigehen New York mit und etablieren in London, Paris, Oslo und Polen ein Beinahe-Monopol. Von dort aus geht es weiter nach Russland, wo sie Moskau hinter sich lassen, dann den Ural, bis sie nach Sibirien und Wladiwostok kommen.[27]

Bäume wählen ihre pilzlichen Partner sehr sorgfältig aus und ernähren nur jene, die keine Gefahr darstellen. Wenn man ihre Wurzel-Exsudate, den einzigartigen Mix, den jede Baumart produziert, in die Rechnung miteinbezieht, zeigt sich, dass manche Bäume ihre Produktion steigern, um bestimmte Pilze anzuziehen. Und nur einige der abgesonderten Stoffe sind Strigolactone.

Was also passiert da? Warum wollten Bäume in den Tropen Pilze in ihr Wurzelwerk einladen, aber nicht in kälteren Klimazonen? Die Antwort hat vielleicht mit Energie zu tun, genauer gesagt mit der Frage, wie viel davon ein Baum sich zu verlieren erlauben kann. In den Tropen hat es ein erfolgreicher Baum leicht mit der Energieversorgung, weil gewöhnlich viel Wasser und Licht zur Verfügung stehen. Wenn es ihm gutgeht, dann geht es ihm vermutlich *sehr* gut. Teilen sich viele verschiedene Arten ein relativ kleines Gebiet, tobt ein heftiger Konkurrenzkampf, und das heiße, feuchte Klima bewirkt, dass Bakterien und Pilze das Pflanzenmaterial am Boden schnell umsetzen. So entsteht viel Stickstoff, den der Baum aus der oberen Bodenschicht entnehmen kann. Phosphor wiederum, das der Baum braucht, um Energie durch seine Strukturen zu transportieren und das schnell, ist heiß umkämpft, denn es gibt viele andere Bäume, die den Stoff brauchen. Im tropischen Regenwald folgen die Bäume also einem Boom-and-Bust-Zyklus. Daher gehen sie das Risiko ein, arbuskuläre Mykorrhiza-Pilze in ihre Wurzeln aufzunehmen, auch wenn diese ihnen gefährlich werden können. Denn eben diese Pilze stellen massenhaft Phosphor zur Verfügung, was ein schnelles Höhenwachstum und eine ebensolche Vermehrung sicherstellt. Arbuskuläre Mykorrhiza-Pilze können sich also dort besser etablieren, wo das Pflanzenwachstum eine besondere Bedeutung hat und ein reiches Angebot an Nährstoffen besteht.[28]

Ektomykorrhiza-Pilze wachsen eher in gemäßigten Klimazonen oder in den trockenen Gebieten rund um das Mittelmeer. Dort ist Energie vergleichsweise knapp, daher müssen die Bäume eher langsam wachsen. Sie haben kaum Zucker übrig, den sie abgeben könnten. Andererseits herrscht kein scharfer Wettbewerb, sodass die Bäume keine potenziell schädlichen Pilze in ihre Wurzeln lassen müssen. Aber in diesem Klima zersetzen sich organische Abfälle auch nicht so schnell, daher ist es nützlich, jemanden zu haben, der zum Verrotten beiträgt: einen saprotrophen Organismus. EKM-Pilze sind viel stärker diversifiziert als ihre AM-Partner. Man zählt mindestens 20 000 verschiedene Arten und die ältesten bekannten EKM-Fossilien wurden in Kiefernwurzeln im Princeton Chert in Kanada gefunden. Sie waren nur 49 Millionen Jahre alt.[29] Die – noch nicht vollständig belegte, aber sehr überzeugende – Theorie dazu lautet: Als der Asteroideneinschlag die Erde zwei Jahre lang in Dunkelheit hüllte und die Photosynthese zum Erliegen kam, breiteten sich die saprotrophen Pilze rasend schnell aus. Und als die Bäume, vor allem die Angiospermen, endlich wieder ans Licht kamen, wollten sie die saprotrophen Pilze behalten.[30]

Die Radikalchemie ist heute eine der massivsten Kohlenstoffquellen auf der Erde. Sie setzt geschätzt 85 Gigatonnen Kohlenstoff jährlich in die Atmosphäre frei (im Vergleich zu den zehn Gigatonnen, die durch die Nutzung fossiler Brennstoffe frei wird). Man bezeichnet diesen Prozess auch als enzymatische Umsetzung. Vor 66 Millionen Jahren war dies einer der wenigen Wege zur Energiegewinnung.[31]

Aus den Sapotrophen von damals entwickelten sich die Ektomykorrhiza-Pilze. Wie das funktioniert, zeigt sich an den *Russula* (Täublingen). Sie verdanken ihren Gattungsnamen ihrer Rolle in der russischen Küche. Dort werden selbst die unbekömmlichsten Pilze – wie *Russula emetica* (Kirschroter Speitäubling) oder *Russula xerampelina* (Fleischfarbener Heringstäubling) – vor dem Verzehr sauer eingelegt. Die Täublinge bilden eine große Familie, und wer ihre Abstammung zurückverfolgt zu den nächsten saprotrophen Verwandten, wird feststellen, dass die Gattung sich zusammen mit den Angiospermen diversifizierte, wobei sie häufig sogar ihre saprotrophen Enzyme verloren. Wie also ist es den Pflanzen gelungen, die Pilze, von denen sie vorher aufgefressen wurden, zu zähmen und zu nützlichen Partnern zu machen? Indem sie sie mit Schutzgeld in Form von Zucker bei Laune hielten. Woraufhin die Pilze einige der Gene deaktivierten, die sie in die Lage versetzten, Holz abzubauen. Sie haben diese Fähigkeit aber nicht vollständig eingebüßt. Manche EKM-Täublinge bilden Fruchtkörper auf stark verrotteten Baumstämmen. Sie schließen sich mit Wurzeln im Wald zusammen. Das ergibt eine duale Nische, für die sie jene Lignin-Peroxidasen brauchen, die sie von ihren Weißfäule-Ahnen geerbt haben.[32] Diese Anpassungen könnten das Rätsel klären, das wir in der Einführung angesprochen haben, nämlich die Frage, warum Bäume Wurzeln in ihr eigenes Kernholz schicken und ihr von Pilzen vorverdautes Herz verzehren.

Die häufigsten Pilzarten sind jene, die sich – wie die Blätterpilze, die Rauköpfe und die Täublinge – mit einer bestimmten Baumart verbunden haben und darauf angewiesen sind, sich einen Platz in der Nähe ihrer Wurzeln zu erobern. Sie leben länger als die saprotrophen Pilze, und die Verbindung, die sie eingehen, lässt sie gedeihen, solange der Baum gedeiht. Die große Anzahl dieser Arten ist vermutlich dadurch begründet, dass es viele Wege gibt, sich eine Nische in den Baumwurzeln zu sichern, was zu einem scharfen Wettbewerb zwischen Bakterien und Pilzen führt. Diese Interaktionen werden seit Jahrmillionen von den Strigolactonen gelenkt. Manche Pflanzenarten wie Pappeln und Eukalyptus gehen mit AM- und EKM-Pilzen gleichermaßen eine solche Verbindung ein. Die AM-Pilze sind weniger wirtsspezifisch, aber es gibt klare Lieblinge und eine gewisse Selektivität. Die meisten AM-Wurzeln haben eine von Suberin überzogene Exodermis, die um die Kontaktstellen zwischen Pflanze und Pilz in der Rinde eine gas- und wasserundurchlässige Barriere bildet. Sie fungiert als Schutzschild für Pilz und Pflanze, der unerwünschten Pilzen den Zutritt verwehrt beziehungsweise sie am Senden irritierender chemischer Signale hindert.

Es ist ein heikles Gleichgewicht, das vom Menschen häufig gestört wird. Ein Beispiel dafür findet sich in Zentralmexiko, wo Bergbaukonzerne versuchen, eine Region wiederaufzuforsten, indem sie Wacholderbäume pflanzen, die mit ihren dicken Pfahlwurzeln tief in den Untergrund vordringen und das Erdreich effektiv stabilisieren. In dem in seinem Gleichgewicht gestörten Erdreich vergesellschafteten sich die Wacholderbäume mit arbuskulären Mykorrhiza-Pilzen. Diese Disbalance griff auf die etablierten Waldregionen rundum über, die hauptsächlich aus alten Eichen bestanden, die ihrerseits nur mit Ektomykorrhiza-Pilzen einen Verbund eingingen. Dementsprechend litten die Eichen. Einige von ihnen starben ab. Der Grund dafür scheint zu sein, dass die EKM-Pilze, die wegen der Konkurrenz der AM-Pilze außerhalb der Baumwurzeln verhungerten, pathogen wurden und sich ihren Weg in die Wurzeln erzwangen.[33]

Die Kontaktstelle zwischen Wirt und Pilz hat sich möglicherweise etabliert, um Lug und Trug zu verhindern, sodass die Schere von Kosten und Nutzen dieses Austauschs für beide Partner nicht zu weit aufgeht. Zapfen Pilze den Bäumen viel Energie ab, bleibt für Letztere nur wenig zum Wachsen übrig. Konsumieren sie weniger Energie, zeigt der Baum auch mehr Wachstum.[34] EKM-Pilze beispielsweise sind nicht nur auf bestimmte Baumarten spezialisiert, sondern auch auf deren Umgebung. Eichen zum Beispiel sind in aller Welt verbreitet, vom Irak bis Amerika, von China bis Mexiko. Das liegt vor allem daran, dass sie mit allen möglichen Umweltbedingungen zurechtkommen, statt sich wie Mimosen zu benehmen. Sie sind schon ziemlich taff. Aus diesem Grund findet man gerade im Vereinigten Königreich viele sehr alte und groß gewachsene Exemplare. Ein weiterer Grund ist der, dass sie häufig in Parks gepflanzt wurden, wo sie oft jahrhundertelang geschützt waren. Dementsprechend haben sich in ihrer Umgebung viele spezialisierte Pilze gebildet wie der Gezonte Büschelwärzling (*Podoscypha multizonata*), von dem 80 Prozent aller weltweit vorhandenen Exemplare im Vereinigten Königreich wachsen. Der Fruchtkörper dieser vielzonigen Rosette sieht aus wie ein besonders schmucker Zierkohl. Gerüscht und rostrot grüßt er vom Fuße riesiger Eichen, wobei er gut zwei Meter vom Stamm entfernt wachsen kann. Nichtsdestotrotz gehört er zum inneren Kreis der Mykorrhiza-Pilze an diesen uralten Bäumen, zusammen mit einem anderen Eichenspezialisten, dem Eichen-Milchling (*Lactarius quietus*), der seine blassen, nach Fett riechenden Kappen direkt am Stamm sprießen lässt.

In jüngster Zeit allerdings lassen Eichen in Norfolk und Suffolk zunehmend die Blätter hängen und sterben an einer geheimnisvollen Krankheit. Bei diesem akuten Eichensterben zeigen reife Bäume Schleimfluss am Stamm, die Borke löst sich ab, sodass die Bäume anfällig werden für Käfer und andere Schädlinge. Meist sterben sie dann innerhalb von vier bis sechs Jahren ab.[35] Bei einer Konferenz zu Baumkrankheiten im Vereinigten Königreich lernte ich Elena Vanguelova kennen, eine Bio-Geo-Chemikerin, die im Versuch, herauszufinden, was da geschah, einen Schritt weiter ging als andere und die Rolle der Mycel-Netzwerke an Eichen detailliert und umfassend untersucht hat.

Was sie und Laura Martines-Suz zusammen mit anderen Kolleginnen und Kollegen herausfanden, war, dass die meisten reifen Eichen ein Mycel-Netzwerk haben, das aus drei sich konzentrisch ausweitenden Sphären besteht. Jede Sphäre ist durch bestimmte Mycel-Kontakte und durch unterschiedliche Pilze gekennzeichnet. Manche Pilzarten waren direkt mit den Eichenwurzeln verbunden. Das war sicher, aber ein wenig einfallslos. Mit ihnen waren Pilze verbunden, die in einem etwas größeren Umkreis lebten – schon eine Spur gewiefter, aber immer noch vorzugsweise auf Kooperation ausgerichtet. Darum herum zog sich ein dritter Ring von ausgesprochen entfernt wachsenden Pilzen (manche in gut 100 Meter Distanz), die mit dem zweiten Ring in Verbindung standen. Vereinfacht gesagt, schien der fernste Ring aus Pilzen zu bestehen, die durchaus Schadpotenzial besaßen, was sie allerdings clever kompensierten. Das waren sozusagen die Außenseiter, die seltene Ionen an den Baum abgaben. Bei Bäumen, die vom akuten Eichensterben betroffen waren, schien der äußerste Pilzring nicht zu existieren. In diesen Fällen waren die Pilze nicht so diversifiziert und breiteten sich auch nicht so weit um den Baum herum aus. Selbst die am entferntesten stehenden hatten ihre Abenteuerlust wohl eingebüßt und suchten nicht nach besonderen Ionen. Das Resultat scheint zu sein, dass der Baum dadurch geschwächt wird, vielleicht weil es ihm an bestimmten Mikronährstoffen fehlt. Wir haben es möglicherweise mit einer Art Eichenskorbut zu tun. Offensichtlich war es nicht die Präsenz von Krankheitserregern, die das Eichensterben auslöste, sondern das Fehlen des dritten Rings von Unterstützer-Pilzen. Es war die Abwesenheit von Mykorrhiza-Partnern, die den Baum schädigte und die mysteriöse Krankheit auslöste.

Warum dieser äußere Ring fehlt, ist bis heute unbekannt. Das Ganze scheint jedoch mit einem hohen Stickstoffgehalt im Erdreich und in der Luft zusammenzuhängen, was wiederum mit den ausgebrachten Düngermengen zu tun hat. Die Frage ist nun: Stirbt der äußerste Mycel-Netzwerkring ab, weil er in der Nähe eines regelmäßig mit Gülle gedüngten Feldes liegt? Oder lässt der Baum diese pilzlichen Helfer absterben, weil er sie angesichts des Stickstoffüberschusses nicht mehr braucht und daher den Zucker nicht mehr freigibt, den er im Austausch für die seltenen Ionen bereitstellt? Möglicherweise beginnen die Probleme bereits viel früher, weil die Bäume den äußeren Mycel-Ring gar nicht erst ausbilden, da so viel Stickstoff im Umlauf ist.

Was auch immer der Grund für das akute Eichensterben sein mag, es ist bedauerlicherweise nicht die einzige Krankheit, die durch ein dysfunktionales Pilz-Netzwerk verursacht wird. Wie Pilze über einen langen Zeitraum in Symbiose mit Bäumen leben, erinnert verblüffend an die Beziehung zwischen Mensch und Haus- beziehungsweise Nutztieren wie Hunden oder Schafen. Wie die meisten Hunde seit nun 30 000 Jahren vom wilden Wolfshund zum beherzten, aber doch kleineren Dackel geworden sind, so verlieren Pilze, die als Ektomykorrhiza-Arten leben, häufig ihren »Biss« und lassen sich von der leicht verfügbaren und zuckrigen Energie der Bäume zur Trägheit verleiten. Chemisch werden sie zu hochspezialisierten Organismen, die ihre Energie nun nicht mehr von überallher beziehen können: die nicht mehr mit Bakterien kooperieren, um die ersten Phasen der Stickstofffreisetzung zu bewältigen oder Eisen aus komplexen Mineralstoffen zu lösen. Doch die Domestizierung ist ein gefährliches Spiel, das mitunter schiefgeht. Infolge von Klimawandel und globalem Handel sind Bäume immer häufiger mit Pilzen und Bakterien konfrontiert, die die Regeln nicht verstehen und die Abwehr des Baumes durchbrechen und ihn innerhalb eines Jahres töten.

Das deutlichste und traurigste Beispiel in unserer Generation ist der Pilz, der das Eschentriebsterben verursacht: das Falsche Weiße Stängelbecherchen *(Hymenoscyphus fraxineus)*. Er war auf schnellem

Wege von China eingewandert, wo eine andere Eschenart den Pilz als Ektomykorrhiza-Partner nutzt. Der Pilz hat sich in Windeseile unter den europäischen Eschen verbreitet und fand heraus, dass er sie vertilgen kann, statt mit ihnen zusammenzuarbeiten. Zu Beginn der Infektion treten Pilzsporen durch die Stomata in die Blätter ein. Dann wandert der Pilz im Stamm weiter, verzehrt den durch Photosynthese hergestellten Zucker und blockiert das Wasser, das von unten den Stamm hinauftransportiert wird. Wenn dann totes Holz und tote Blätter zu Boden fallen, frisst er sich an der verrottenden Materie satt, bevor er Fruchtkörper ausbildet, die die Luft mit noch mehr Sporen überfluten. Wie ein tollwütiger Hund, der seine Stammbaumkumpels satt hat und sich auf Menschen stürzt, die er tötet, bevor er ihre Knochen frisst.

Im Vereinigten Königreich starben geschätzt 125 Millionen Eschen ab, seit Hymenoscyphus 2010 dort ankam, und man rechnet mit weiteren Verlusten.[36] Irgendwann ging man davon aus, dass gut 90 Prozent der europäischen Eschen absterben würden. Erfreulicherweise wurde diese Zahl mittlerweile nach unten korrigiert. Wenn die Esche viel Wasser zur Verfügung hat, kann sie auf den Pilz reagieren und sich erholen. Anders als die Ulmen verfügen Eschen über eine hohe genetische Diversität, vor allem im Vereinigten Königreich, wo zwei große Populationen – eine von der iberischen Halbinsel und eine aus Nordeuropa – sich vermischten. An 192 Stellen wurden Variationen in den Genen der Esche entdeckt, und man geht davon aus, dass sie den Baum schützen können. Von diesen haben 62 mit dem Immunsystem des Baumes zu tun. Dabei geht es um komplexe chemische Stoffe, die von einer Krankheit befallenes Holz zerstören oder einhegen können. Die Esche hat also Möglichkeiten, die Pilze zurückzuschlagen. Ich habe einmal einen Kollegen begleitet, der Bäume, die stark vom Eschentriebsterben befallen waren, fällen musste, damit sie nicht auf einen Fußweg stürzten. Die großen Bäume waren an der Spitze vollkommen tot. Sie hatten nur noch

Oben: Störche nisten auf den Valonia-Eichen am Großen Zab, einem Fluss im irakischen Kurdistan. **Unten links:** Fossile *Archaeopteris*-Wurzel, 390 Millionen Jahre alt, aufgenommen an der Grabungsstätte des Cairo Quarry im Staat New York. **Unten rechts:** Einer der alten Wacholderbäume der Wacholderwälder in Ziarat, an der Grenze zwischen Pakistan und Afghanistan. Aufgrund der geringen Bodentiefe wachsen die Wurzeln aus dem Erdreich heraus.

Oben links: Eine Maserknolle von der Größe eines Kleinwagens an einem Riesenmammutbaum am Trail of a Hundred Giants in Kalifornien. Sollte der Baum umkippen, treibt er aus der Maserknolle wieder aus. Man geht u. a. davon aus, dass dieser Mechanismus sich zu einer Zeit entwickelte, als die Dinosaurier die Bäume niedertrampelten. **Oben rechts:** Riesenmammutbäume wachsen häufig als »Zwillinge«, deren Wurzelsystem und Gefäße sich ineinander verschlingen. **Unten:** Kontrolliertes Abbrennen am Trail of 100 Giants.

Oben links: Ein Kastanienbaum, der aus den Felshängen der Vikos-Schlucht im nördlichen Griechenland herauswächst. Aus diesem Refugium heraus hat sich die Rosskastanie über die gesamte Nördliche Hemisphäre ausgebreitet. **Oben rechts:** Der Blütenstand (Kerze) einer Kastanie. Die roten Flecken weisen auf bereits bestäubte Blüten hin und stoßen Bienen ab, weil sie in deren Wahrnehmung schwarz wirken. So machen sie sich an die nicht bestäubten Blüten heran, die einen gelben Fleck tragen, der für Bienen UV-leuchtend erscheint. **Unten links:** Männliche Kätzchen von der Haselnuss (*Corylus avellana*) sind auf Windbestäubung ausgelegt. Die weibliche Blüte ist von der Knospe eingeschlossen, sodass nur die klebrigen roten Griffel sichtbar werden. **Unten rechts:** Die roten Blüten locken auch Vögel an, die ebenfalls für die Pollenverbreitung sorgen. Hier beim Asiatischen Kapokbaum *(Bombax ceiba)* im Jallo Park von Lahore.

Oben: Der Rio Negro bei São Gabriel da Cachoeira. Er ist einer der wichtigsten Nebenflüsse des Amazonas. Der Name kommt von der tiefbraunen Farbe seines Wassers. Diese wiederum geht auf die hohe Konzentration von Huminsäure zurück, die sich aus dem Laubfall der Bäume an seinen Ufern bildet. **Links unten:** Der weiße Sand der Serra do Curicuriari in Brasilien ist uralter Boden und sehr nährstoffarm. Doch unter dem Laubdach dort findet sich trotzdem eine unglaubliche Vielfalt an Hülsenfrüchten. Diese spezielle Samenkapsel stammt von einem vergleichsweise kleinen Baum, erreichte selbst aber eine Länge von 16 Zentimetern. **Rechts unten:** Das pflanzliche Immunsystem besteht hauptsächlich aus chemischen Stoffen. Diese haben meist starke antibakterielle und antimykotische Eigenschaften, oder sind giftig. Das Baré-Baumharz wird als Reaktion einiger Bäume auf Käferattacken ausgeschieden. Dazu gehört zum Beispiel der Breu *(Protium heptaphyllum)*. Die Aufnahme entstand im März 2024 am Rio Negro.

Oben: Eine Josua-Palmlilie *(Yucca brevifolia)* im Joshua Tree National Park in Kalifornien. Als Einkeimblättrige haben diese Bäume keine Wachstumsringe, weshalb ihr Alter schwer festzustellen ist. Viele sind über 150 Jahre alt. Wenn ihre Triebspitzen durch Frost beschädigt werden, dann treiben sie gleichzeitig Blüten und Zweige, was die seltsam fraktalen Silhouetten schafft.
Unten: Libanon-Zedern bei Kahramanmaras in der Türkei.

Oben: Golden belaubte Zitterpappeln in China. Vermutlich handelt es sich um Klone von *Populus davidiana*, die sich an einem Wildbach entlang durch den dunklen Kiefernwald ziehen. **Unten links:** Die Chinesische Goldlärche *(Larix potaninii)*. Die Flechten (vermutlich *Usnea* bzw. Baumbart), die darauf wachsen, und die rote Berberitze, die darunter sprießt, sind vermutlich die einzigen Pflanzen, die in dem hochgradig sauren Ambiente gedeihen, das dieser Baum hervorbringt. **Unten rechts:** Das grauweiße »Lacebark«-Muster bei *Pinus gerardiana* am Hindukusch. Der Baum hat dieselbe schuppende Borke wie sein nächster Verwandter, *Pinus bungeana*, der in den gebirgigen Regionen der chinesischen Provinz Shanxi wächst.

Oben: Ein Dattelpalmenhain in der irakischen Provinz Anbar, die von einem Sandsturm verschleiert wird. **Unten:** Der Berg Bai Ma Shan in der chinesischen Provinz Yunnan im Herbst: mit den Gymnospermen *Larix potaninii* und den Angiospermen *Populus davidiana*.

Oben: Ein Nebelwald im chinesischen Sichuan: Ausläufer des Gongga-Shan-Berges im Sommer. Die Fiederblätter links gehören zu *Pterocarya macroptera* var. *insignis*: Die Laubbäume halten sich an der feuchten Klippe fest. Die Kiefern hingegen wachsen am Bergrücken entlang.
Unten: Regenwolken über dem Laubdach des Amazonas bei Manaus in Brasilien, gesehen vom Turm des National Institute of Amazonian Research. Die Ströme der Feuchtigkeit in der Luft sind so stark, dass man sie als »fliegende Flüsse« bezeichnet. Sie werden oft Tausende von Kilometern vom Meer ins Landesinnere gesogen.

wenige Blätter und der Verlust vieler kleinerer Triebe ließ sie aussehen wie Vogelscheuchen. Aber als der gewaltige Stamm herniederkrachte, sah man an der Schnittstelle der Kettensäge immer noch Pflanzensaft austreten. Nein, das war kein trockenes totes Holz, wie es manche Bäume zeigen. Kein schwarzes Herz, sondern ein klarer rosaroter Schimmer. Der Baum wehrte sich, so gut er konnte: Er pumpte chemische Stoffe durch seine Leitungsbahnen, die den Pilz abwehren sollten. Aber jetzt, da so viele Eschen absterben und der Pilz sich so schnell ausbreitet, frage ich mich unwillkürlich, ob die Bäume, die jahrhundertelang Einfluss auf die Pilze genommen haben, auch diesen Pilz irgendwann zu ihrem Vorteil werden nutzen können.

Wenn junge Bäume verschiedener Arten in einem Bereich gepflanzt werden, der schon lange von Bäumen bestanden war – vor allem, wenn dieser Bereich von Menschen bearbeitet wurde –, dann werden einige dieser Bäume heimlich, still und leise absterben, scheinbar ohne Grund. Hier geht es nicht um eine von Eichhörnchen beschädigte Borke oder um das langsame Vertrocknen bei einer Dürre. Hier haben wir es mit einer plötzlichen, zunächst unauffälligen Paralyse zu tun, auf die der Tod folgt. Im gemäßigten Klima ist der Schuldige meist der Hallimasch *(Armillaria)*, der Psychopath der Pilzwelt. Diese Pilze sprießen am Fuß des Stammes, meist mit honiggelben Hüten auf vielen Stielen. Unter der abgestorbenen Borke finden sich verräterische schwarze Stränge, eingebettet in ein intensives Kalkweiß. Nun sterben aber nicht alle Bäume am selben Standort gleichzeitig am Hallimasch. Das zeigt, dass der Baum gelernt hat, seine Strigolactone so zu verändern, dass sie eine Interaktion zwischen dem Mycel des Hallimaschs und ihren Wurzeln verhindern können.

Manche Baumarten erwehren sich des Hallimaschs leichter als andere. Der Hallimasch findet sich in fast jedem älteren Wald der gemäßigten Zone. Waldbäume wie Buchen oder Eichen haben sich so entwickelt, dass sie dem Pilz etwas entgegenzusetzen haben. Daher sterben eher Pionierbäume: Bäume, die im Offenland wachsen, in dem es vorher keine Bäume gab. Dazu gehören Vogelbeere, Birke und Linde und andere Bäume, die an kahlen Berghängen gedeihen. Die Esche, die sich einst gut gegen den Hallimasch zur Wehr setzen konnte, ist wegen des Eschentriebsterbens mittlerweile besonders anfällig.

Auffällig ist, dass die betroffenen Arten auch dann befallen werden, wenn sie in ihrem ursprünglichen Verbreitungsgebiet im Gebirge gediehen. Im Vereinigten Königreich etwa ist die Wald-Mehlbeere aus Schweden ebenso anfällig wie die Vogelbeere aus Schottland. Beide gehören zur Gattung *Sorbus* aus der Familie der Rosengewächse. Offenkundig konnten sie den Kontakt mit dem Hallimasch lange vermeiden, was jetzt dazu führt, dass sie keine Schutzmechanismen haben. Im Moment scheint niemand zu wissen, ob das daran liegt, dass sie Pionierbäume sind, die schnell wachsen und sich deshalb leisten können, jung abzusterben. Oder ob es einfach am Kontakt mit dem Hallimasch fehlte, sodass sie ihre Strigolactone nicht an etwas so Offensichtliches anpassen konnten. Jedenfalls werden die Pionierbäume leicht befallen und sterben schnell, während sich der Hallimasch in ihren Zellen ausbreitet. Das ist deshalb so interessant, weil es seine Vorgehensweise ist, die den Hallimasch so tödlich macht.

Wenn das Hallimasch-Mycel eine Wurzel besiedelt, dann stellt es den Kontakt über die Strigolactone her wie ein ganz gewöhnlicher Pilz. Doch statt sich auf diesen Teil der Wurzel zu beschränken, den der Baum unter Kontrolle hat, bildet er im Erdreich unter dem Baum einen Ring und pumpt Giftstoffe unter das Leitergewebe direkt unterhalb der Borke am Fuß das Stammes. Anfangs fließt immer noch Wasser den Stamm hinauf. Nur die Zuckerlieferung von oben wird abgesaugt. Mit dem Ergebnis, dass das Holz sich mit Wasser vollsaugt, was Weißfäule anzieht und die Stabilität des Baumes bedroht. Der Pilz setzt Enzyme zur Ligninverdauung frei, während die Wurzeln verhungern und absterben. Kaum haben die Wurzeln ihre Funktion eingebüßt, wird das Holz trocken und brüchig. Dann kann sich das weiße Pilzmycel den Stamm hinauf ausbreiten. Es trennt die Borke vom Holz, umringt den Baum und pumpt weitere Toxine hinein.

Das letzte Stadium des Hallimasch-Lebenszyklus besteht aus Verdauung und Verbreitung. Lignin und Cellulose werden durch einen fein abgestimmten Enzymcocktail zersetzt, der Pilz zieht noch mehr Zucker und Proteine ab und verwendet sie zu seinem Vorteil. Das lebhafte Senfgelb des Hallimasch sprießt am Fuß des Baumes weiter oder zieht sich durch den Stamm nach oben. Im Untergrund schickt der Pilz schwarze, kabelartige Mycelbündel – die Rhizomorphen – durch den Boden. Sie suchen nach einem neuen Opfer, bevor das alte ausgesaugt ist. Ist ein Wald bereits vorgeschädigt, zum Beispiel durch das Eschentriebsterben, verbreitet der Pilz sich so stark, dass er Waldflächen so groß wie ganze Fußballfelder umbringt.

So ein »Eichen-Amageddon« ist selten, aber es kommt vor, dass Hallimasch-Netzwerke jahrtausendelang Hunderte von Hektar durchziehen. Der Rekordhalter ist ein Exemplar der Gattung Dunkler Hallimasch *(Armillaria ostoyae)* im Malheur National Forest in Oregon. Er hat 965 Hektar unterwandert. Wenig überraschend taufte man ihn *Humongous Fungus* (Riesenpilz). Wie können Bäume gegen einen so starken Gegner bestehen? Wie bei allen Baumproblemen besteht die Lösung in: Einhegung, Evolution und Nutzung der eigenen Stärken.

Im Mai besuchte ich einen Ort namens Hemelrijk in den Niederlanden, wo vor 30 Jahren zwei Menschen – einer aus Slowenien, einer aus Belgien – ein Feld erwarben und Blumen und Bäume aus aller Welt anbauten. Einige der berühmtesten Sammlerstücke kommen von Yakushima, einer kleinen Insel vor der japanischen Küste, die meist in Nebel gehüllt ist, aber große, alte Wälder besitzt, in denen Sicheltannen *(Cryptomeria)* und Hemlocktannen *(Tsuga)* wachsen, Scheinkamelien *(Stewartia)* und Radbaum *(Trochodendron)*. Und viele, viele Rhododendren.[37] Es regnete den ganzen Tag, aber am Abend kam die Sonne heraus und erhellte die Bäume. Sie waren überall. Am See standen seltene Walnussbäume aus Kirgisistan und japanische Kastanien. Die beeindruckend spitzen Blätter einer Eiche mit Namen »Hemelrijk Silver«, einer Kreuzung aus speziell selektierten Valonia-Eichen aus dem Zagros-Gebirge im Iran und Irak, zeichneten silbergraue Reflexe ins Dunkel der Eichenwälder. Die Rhododendren blühten in leuchtendem Karminrot, zartem Rosa und cremigem Weiß unter dem Laubdach von Hainbuchen, Eichen und Rotbuchen. Die Luft roch nach Philadelphus, dem Bauernjasmin, und dem frischen Duft junger Blätter. Der Frühling war da. Es war unmöglich, die Luft nicht tief in sich einzusaugen. Es war der Himmel auf Erden.

Hemelrijk heißt übersetzt »Himmelreich« und wie alle Königreiche war es jünger, als es aussah. Die Zusammensetzung der Bäume spiegelte den Reichtum der Erde wider, der hier auf einem schlichten Acker gedieh. Nur die großen Eichen am Wegesrand und ein paar Rotbuchen waren schon hier gewesen, als man die restlichen Bäume pflanzte. In diesem Wald aber, der wie angegossen in die Landschaft zu passen schien, wuchsen 35 Arten, die sich im Laufe der Evolution über Hunderte Millionen Jahre und die ganze Welt ausgebreitet hatten. Eine Eiche aus Japan hätte sich höchstens vor 200 Millionen Jahren mit den heutigen Eichen in Kalifornien fortpflanzen können. Ihre Mycel-Netzwerke, mit denen sie Tiere, Pflanzen und andere Elemente prägen, sind verschieden, weil 200 Millionen Jahre biochemische Differenz in ihre Stoffwechselpfade eingeschrieben waren. Was man heute an ihren Genen ablesen kann.

Was dieses Experiment so faszinierend macht, ist, dass all diese Bäume, von ganz wenigen Ausnahmen abgesehen, hier koexistieren. Man hat sie neu zusammengewürfelt, über Raum und Zeit hinweg, in einem wasserdurchtränkten Feld in Holland. Und sie verlassen sich auf die Stärke der anderen, um eine Kraftpyramide aufzubauen. Nun, wo sie so plötzlich in die Nähe von Fremden katapultiert wurden, wachsen sie vielleicht und überschatten die anderen Bäume, aber sie greifen diese niemals an. Möglicherweise stellen sie im Untergrund sogar Nährstoffe zur Verfügung. Zumindest prägen ihre Wurzelexsudate das Erdreich rundherum und sorgen dafür, dass ihre recht entfernten Verwandten gedeihen können. Mit den von ihnen beibehaltenen Mechanismen können sie kooperieren, um einen Himmel auf Erden zu schaffen, auf eine Weise, wie es die meisten Tiere vermutlich nicht fertigbringen würden. Und wenn sie, für menschliche Augen, die sich leicht täuschen lassen, nach 30 Jahren aussehen, als wären sie ein Wald, dann werden auch die Interaktionen zwischen ihnen Jahr für Jahr komplexer, fast wie in einer menschlichen Gemeinde. Die Fähigkeit von Mensch und Pilz, sich über die Grenzen von Kontinenten hinweg anzupassen und zu kommunizieren, wurde von den Bäumen strukturiert, die ihre Entwicklung beeinflusst haben. Der Unterschied zu uns liegt darin, dass unsere Welt eben nicht grenzenlos anpassbar ist, weil unsere Proteine – die verflixten klumpigen Dinger – sich nicht einfach verdoppeln können wie die von Bäumen. Würde man uns einfach aus dem Nebelwald von Yakushima herausholen und auf einen nassen Acker in Holland verpflanzen, würden wir krank werden und sterben. Wie die vielen Europäer, die tropische Regionen kolonisiert haben.

6

Bäume und Pflanzen

Wie Bäume die unter ihrem Laubdach lebenden Pflanzen geformt haben (und wie manche dieser Pflanzen selbst zu Bäumen wurden)

> Hoch oben wie Pulsadertropfen des zauberischen Urwalds schwingen die roten Schlingpflanzen (Lapageria rosea) …
>
> Pablo Neruda[1]

Auf den Britischen Inseln sind Hasenglöckchen *(Hyacinthoides non-scripta)* ein sicheres Zeichen für einen alten Wald, auch wenn sie unter den knorrigen alten Bäumen nicht immer am besten blühen. In jedem Mai begebe ich mich auf Pilgerschaft in einen Wald in Devon, um diese schwebende Vision zu genießen, den zarten Schleier der blauen Glöckchen an filigranen Stielen über aufrecht stehenden grünen Blättern. Das Abendlicht stiehlt sich durch das Laubdach der alten Eichen, gerade im richtigen Winkel, um jedes einzelne Glöckchen mit goldenem Licht zu krönen. Der Duft erinnert an Honig mit einer leicht rauchigen Note. Die Bienen sammeln Pollen, bis die Sonne untergeht. Das fehlende Unterholz und ein gewisses Gleichmaß in der Höhe der Bäume lässt vermuten, dass man diese Eichen vor gut 100 Jahren geschlagen hatte und ihre Stöcke austreiben ließ, sodass jetzt alle Bäume in etwa gleich groß sind.

Das magische Bild der Sonnenflecken auf dem Blau erzählt eine ganz eigene Geschichte. Obwohl die Hasenglöckchen Waldgeschöpfe sind, brauchen sie erstaunlich viel Licht. Ihre Blätter treiben schon im Winter aus und die Blüten erscheinen zu einer Zeit, in der die Bäume gerade die ersten, zartgrünen Blätter ansetzen. Die Hasenglöckchen mögen es feucht. Unter den Bäumen sammelt sich Feuchtigkeit, sodass sie ein kühles, feuchtes Klima vorfinden. Allerdings wissen sie auch einen feuchten Westwind vom Atlantik zu schätzen. Aus all diesen Gründen sind sie recht heikel, was ihren Standort angeht. Während sie sich auf Lundy Island energisch durch die Farne kämpfen, dringen sie selbst im Schutz von Bäumen nicht weiter südlich vor als bis Bordeaux oder östlich bis Brüssel. Sie ziehen ihre blaue Schleppe durch die Wälder von Aberdeenshire und entfalten in den Wäldern von Sussex und Kent einen regelrechten Hype. Doch breiten sie ihre hyazinthfarbenen Schleier auch über die Küste Irlands, in der Karstlandschaft des Burren.

Manche Pflanzen sind ganz offensichtlich an Bäume angepasst. Lianen und Epiphyten sind dafür die besten Beispiele. Pothos-Pflanzen, die sich in Ringen um einen Stamm wickeln; Wisterien, die ihre blauen Kandelaberblüten von der Höhe eines Laubdaches baumeln lassen; oder ein Fensterblatt *(Monstera)*, das sich im Schatten nach einem Baum umsieht, den es erklettern kann. Aber wenn eine Waldpflanzenikone wie das Hasenglöckchen mit oder ohne Bäumen gedeihen kann, was sagt uns das darüber, wie Bäume Pflanzen prägen? Die Schriftstellerin Zoë Schlanger warf eine Frage auf über die so ganz anderen Bedürfnisse der Pflanze: »Was, wenn nicht die Jagd uns Nahrung böte, sondern das Sonnenlicht, das sich über uns ergießt, sodass wir darin baden können. Was, wenn wir uns genau so entwickeln mussten, um es in Empfang nehmen zu können?«[2]

Diese Frage würde ich gerne um folgende ergänzen: Was, wenn das Laubdach von Bäumen, die größer sind als wir, unsere Nahrung, das Sonnenlicht von uns fernhalten würde? Was, wenn die meisten Pflanzen sich in einem System entwickeln würden, das einem repressiven Feudalsystem gleicht?

Genau das war nämlich über Millionen Jahre hinweg die Realität. Bäume haben die Erde bedeckt, und alle anderen Pflanzen – alles, was nicht aus Holz war – musste sich eine Existenz darunter oder auf ihren Zweigen erkämpfen. Wir sind so sehr an schattige Forste und an von Sonnentupfen erhellten Waldboden gewöhnt, dass wir ganz vergessen, was das eigentlich heißt. Dieses grün-kühle Waldbad bedeutet, dass das Licht ausgesperrt wird und der Boden dessen lebensspendende Energie nicht genießen kann. Und natürlich gibt es dann auch keine Kohlenstofffixierung – die Pflanzen da unten werden gnadenlos auf Diät gesetzt. Es dauerte 300 Millionen Jahre, bis sich im Wald ein vielschichtiges Leben etablieren konnte. Davor mussten die meisten Pflanzen unter dem Dach riesiger Koniferen leben – in einer Welt aus hoch aufragenden Baumstämmen und Epiphyten mit nur wenig Unterwuchs aus Moosen, Farnen, Palmfarnen und Schachtelhalmen.

Der Großteil der Pflanzen, die heute existieren, hat sich vor 167 bis 199 Millionen Jahren aus einem gemeinsamen Vorfahren entwickelt. Die breite Mehrheit davon (mehr als 352 000 Arten) sind Angiospermen, und ihre Urahnen, die ersten Blütenpflanzen, haben sich als Teil eines warm-feuchten Unterwuchses im Wald entwickelt, wo sie sich unter den Koniferendächern, die langsam an Diversität einbüßten, bedeckt hielten. Die Analyse der genetischen Abstammung von Blütenpflanzen und ihre Rückverfolgung bis zu den fossilen Belegen zeigt, dass die Klasse der Angiospermen sich vor 100 Millionen Jahren diversifizierte, als der Kontinent Gondwana auseinanderbrach.[3] Doch es brauchte ein Massenaussterbeereignis – in diesem Fall verursacht durch den Chicxulub-Asteroiden (der die Dinosaurier tötete) –, damit sie unter dem Schatten der Bäume hervorkommen und wirklich dominant werden konnten. Wie das genau abgelaufen ist, ist eine lange Geschichte, aber wir können uns ja eine beschleunigte Version zu Gemüte führen, indem wir unseren Blick dorthin richten, wo die Bäume mittlerweile verschwunden sind.

Einer dieser Orte ist der Burren an der Westküste Irlands, eine bemerkenswerte Kalksteinlandschaft, die sich über verschiedene Plateaus bis ins Meer erstreckt. Eine karge Küstenlandschaft, gepeitscht von den Atlantikwinden, die über 6500 Kilometer anrennen und ungehindert über sie hinwegfegen, wenn man mal von den winzigen Aran-Inseln absieht. Vor der Bronzezeit war diese Gegend dicht bewaldet, aber Menschen und klimatische Veränderungen haben die Wälder zerstört. Übrig blieben Haselsträucher, hin und wieder ein kleinwüchsiger Baum und ein Gehölz aus Irischen Kiefern. Erstaunlicherweise aber haben sich eine ganze Menge typischer Waldpflanzen hier gehalten. Tatsächlich sind nur drei von 64 typischen Waldpflanzen zusammen mit den Bäumen verschwunden. Neben den Hasenglöckchen findet man Sauerklee und Salbei-Gamander, die sich hier meilenweit entfernt von jedem Baum erfolgreich etabliert haben. Auch der Pyramiden-Günsel, der haarigere, gedrungenere Verwandte der hochgewachsenen, dunkelblauen Art aus den Wäldern, gedeiht dort. Der Burren ist ein ungewöhnlicher Ort, und viele seiner Geheimnisse sind immer noch ungelöst. Doch die Präsenz so vieler Waldpflanzen, die mit den Bäumen kamen und nach ihrem Verschwinden zurückblieben wie Treibholz nach der Flut, ist ein Sinnbild für die Entwicklungsgeschichte von Pflanzen. Auch wenn es heute so scheinen mag, als hätten Pflanzen immer weit weg von Bäumen gelebt, wurden sie doch von diesen beeinflusst. Überall auf der Welt wurden die meisten Pflanzen in erster Linie von Bäumen geprägt, weil sie sich unter ihnen entwickelt und dann von ihnen gelöst haben wie die Waldpflanzen auf dem Burren.

Die meisten Waldpflanzen gedeihen in einer feuchten Umgebung, wo es im Sommer nicht zu heiß und im Winter nicht allzu kalt wird. Bäume können ein solches Umfeld bieten. Sie sind der nötige Schutz, der Feuchtigkeit zurückhält, heftige Winde abschwächt und den Boden frostfrei hält. Am Burren wird dieser Effekt durch tiefe Risse im Kalkstein bewirkt, einige ausgewaschen vom Wasser, andere aufgebrochen durch tektonische Bewegungen. Einige der Kalksteinplatten sind so flach, wie der Name vermuten lässt. Dünne Kalksteinschichten, die zu regelmäßigen Reihen scharfer Steine geschliffen wurden. Gletscher haben den Stein von Erde befreit, und die Platten beziehungsweise die Spalten dazwischen sind bekannt als *clints* und *grikes* – was ebenso hart klingt, wie es sich anfühlt. Burren ist ein gälisches Wort für »steiniger Ort« (das englische Adjektiv *barren*, karg, hat dieselbe Wurzel). Die Hügel, die über dem Meer aufsteigen, sehen von unten auch aus, als wären sie nur blanker Stein, dessen Härte kein lebendes Wesen mildert. Doch dieser Eindruck täuscht: Aus der Vogelperspektive erkennt man, dass die Kalksteinterrassen von Pflanzen überzogen sind. Die Terrassen wurden durch klimatische Veränderungen geformt, die das Gestein prägten. Mit dem Resultat, dass von unten nur die graue, kahle Oberfläche der steilen Klippen sichtbar ist, nicht das frische Grün in den Mulden der Plateaus, wo sich Erde und Wasser ansammeln konnten.

Dort und in den Spalten im Fels wächst ein unendlicher Reichtum an Pflanzen heran. Wir haben hier eine klassische Karstlandschaft vor uns, in der der Kalkstein immer wieder aufgelöst wurde und ein geheimes Labyrinth von Höhlen und Gängen entstand, sowie Öffnungen für Quellen, die unvermittelt aus dem Stein sprudeln. Eine Million Nischen, von denen jede anders gefüllt ist. Mein Liebling ist der Irische Augentrost *(Ephrasia salisburgensis* var. *hibernica)*, eine außergewöhnliche Pflanze mit dunkelroten Blättern und kecken weißen Blüten, die ein gelbes Auge haben und tief purpurfarbene Sprenkel. Sie gedeiht als Halbschmarotzer auf Thymian und wurde früher zur Behandlung von Bindehautentzündungen verwendet. Diese spezielle Varietät findet sich nur in Westirland, Neufundland und Labrador, ein ausgesprochen zerrissenes Verbreitungsgebiet! Zwei nur sehr lose verwandte Blumen – die Weiße Silberwurz *(Dryas octopetala)* und das weißhaarige Oeland-Sonnenröschen *(Helianthemum oelandicum)* – lugen aus den Spalten hervor. Eine konvergente Evolution hat sie alle zwangsläufig in die gleiche Form gepresst: dunkelgrüne Blätter und offene Blüten mit gelbem Auge.

Nicht ganz so spannend waren zwei weitere Waldbewohner, die ich aus den Wäldern in Devon kenne: Wald-Sanikel und Buschwindröschen. Der Wald-Sanikel hat tiefgrüne Blätter und niedliche weiße Pomponblüten. Er tauchte in Devon auf, ein Jahr, nachdem wir den Haselstrauch auf Stock gesetzt hatten – ein wunderschöner, langstieliger Eindringling. Das Buschwindröschen hat einfache, weiße Blüten, zartrosa überhaucht. Der Wind lässt sie leicht erzittern – keine auffallende Pflanze, aber wunderschön, mit einem gelben Auge in der Mitte. Auf dem Burren haben diese Pflanzen sich tief im Kalkstein vergraben. Noch erstaunlicher ist vermutlich die Anwesenheit des Großblättrigen Irischen Efeus *(Hedera hibernica)*, eine speziell irische Varietät des Efeus, der überall von Japan bis Spanien wächst, und die des Geißblatts. Beide wuchern flach über den Boden. Eine seltsam beigefarbene Efeu-Sommerwurz *(Orobanche hederae)* hat sich als Parasit über den Efeu hergemacht, und die gelben Röhrenblüten des Geißblatts bedecken den Boden. Die wenigen Bäume, die in den Spalten wurzeln, ducken sich ebenfalls über den Boden. Purgier-Kreuzdorn, Wacholder und Kriech-Weide würde man in dieser Gegend zwar erwarten, aber auch sie kommen kaum über die schützenden Kalksteinrisse hinaus. Ein Mann, dem ich auf dem Burren begegnet bin, erzählte mir jedoch von einer Avocado, die dort einige Jahre munter wuchs, in den Kalksteinspalten sicher vor Frost und peitschenden Winden geschützt. Vermutlich hatte ein Besucher den Kern weggeworfen, ein menschengemachter Versuch der Etablierung einer Megaflora. Der Kalkstein absorbiert Wärme und gibt sie langsam wieder ab – eine großartige Hitzesenke. Zusammen mit dem Golfstrom sichert er diesem Teil der Küste ein warmes, gemäßigtes Klima. In der Vergangenheit wurde der Burren als Winterweide genutzt.

Die niedrige Wuchsform der Bäume sagt uns, dass der Wind immer am längeren Hebel sitzt. Andererseits zeigt sie auch, wie anpassungsfähig und resilient die Arten sind, die von den Bäumen geprägt wurden. Nur der Wettbewerb um das Licht bringt Geißblatt und Efeu dazu, in die Höhe zu streben – sobald sie eine nährstoffarme Gegend finden, die ihnen vollen Zugang zum Sonnenlicht ermöglicht, nutzen sie dies aus. Die Kalksteinerde des Burren ist karg und dünn, und die Fähigkeit der Waldpflanzen, im Dunklen zu keimen, tief in den Karstrissen, verschafft ihnen einen Vorteil gegenüber der restlichen Flora, von der sie sonst vielleicht überwuchert würden. Vor allem aber können sie sich von Spalt zu Spalt fortpflanzen, ohne sich je hinaus auf die Platten wagen zu müssen.

Aus diesem Grund konnten die Pflanzen hier überleben, während die meisten Bäume aufgeben mussten. Ich war auf dem Burren unterwegs, um mir eine geheimnisvolle Population von Kiefern anzusehen, eine kleine Insel Überlebender des Waldlandes, das die Pflanzen des kargen Küstenkarstes ernährt hat, bis die Kiefern selbst weichen mussten. Die meisten glauben, dass der ursprüngliche Wald bereits 400 v. Chr. ganz verschwunden war und im 17. Jahrhundert durch die Schottische Kiefer ersetzt wurde. Doch genetische Analysen aus dem Jahr 2016 zeigten, dass diese wenigen Bäume schon seit der letzten Kaltzeit hier stehen.

Irland ist reich an Torf, und die im Torf erhaltenen Pollenkörner erzählen uns einiges über die Geschichte der Vegetation in Irland seit der letzten Kaltzeit. Irland war über mehrere Tausend Jahre von arktischer Tundra-Vegetation[4] bedeckt. Ein wunderbares Beispiel dafür ist die Weiße Silberwurz *(Dryas octopetala)*, die geduckt wächst und cremeweiße Blüten hat. Sie kommt hauptsächlich rund um den Polarkreis vor. Vor ungefähr 10 000 Jahren erwärmte sich das Klima dann und schon übernahm die Waldflora. Wacholder war der Pionierbaum. Er bildete die buschige Vorhut. Ihm folgte der Mischwald aus Birke, Hasel und Kiefer. Vor ungefähr 8000 Jahren mischten sich Ulmen- und Eichenwälder mit Eiben und Eschen, was die Kiefern auf trockeneren Grund verdrängte. Danach wurde das Klima feuchter, was dazu führte, dass immer mehr Erlen wuchsen, während die Kiefern weniger wurden. Vor ungefähr 5900 Jahren dezimierte irgendetwas – eine Krankheit oder der Mensch – die Ulmen, und vor etwa 5500 Jahren, im Neolithikum, machte sich der Mensch großflächig ans Abholzen. Im Burren verloren die steinigen Gefilde ihre Bäume für immer. Dort, wo es noch Erde gab, wurde diese mit Algen gedüngt und landwirtschaftlich genutzt.

Woher kamen nun Irlands Bäume? Und was sorgte dafür, dass sie kamen beziehungsweise gingen? Wie lange waren sie in welchen Regionen vorhanden? 1651 jedenfalls meinte Edmund Ludlow, einer von Oliver Cromwells Generälen, dass es am Burren »nicht genug Wasser gibt, um einen Mann zu ersäufen, nicht genug Holz, um ihn aufzuknüpfen, und nicht genug Erde, um ihn zu bestatten«.[5] Damit lag er falsch. Wie bereits erwähnt, war die Schottische Kiefer in den meisten Regionen schon 400 v. Chr. ausgerottet und musste im 17. Jahrhundert neu angepflanzt werden. Doch in einer Gegend, die tief im Burren liegt, lässt sich der Pollen der Schottischen Kiefer nahtlos über einen Zeitraum von heute bis 8000 Jahre zurück nachweisen. Das passt ganz gut zu der Vorstellung, dass alle Bäume, die nach Irland eingewandert waren, das vor 10 000 Jahren taten, als die Gletscher der letzten Kaltzeit sich zurückzogen. Davor war ganz Irland von einer dicken Eisschicht bedeckt, wie im Übrigen auch Britannien, nämlich vom Britisch-Irischen Eisschild. Sollte es neben dem Eisschild auch Land gegeben haben, hätte dies unter einem extrem ariden Klima gelitten, vermutlich mit Permafrost. Keine der Pflanzen, die heute in Irland leben, hätte hier bestehen können. Wie aber besiedelten die Bäume Irland, sobald sich der Eisschild zurückzog? Und was sagt uns das darüber, wie Bäume andere Pflanzen prägten?

Erstaunlicherweise wandelte sich das Klima in Westeuropa innerhalb von zehn Jahren von arktisch zu gemäßigt. Die karge irische Tundra wurde bald von Bäumen kolonisiert. Der Wacholder war der erste, denn seine Beeren wurden von Vögeln über ein größeres Gebiet verbreitet. Der Wacholder erhielt jedoch bald Konkurrenz von der Birke, deren Samen der Wind über die Insel trug. Sie wiederum wurde von der Hasel verdrängt. In dem von diesen Arten geschaffenen Umfeld breiteten sich bald auch die Waldblüher über das vom Eis befreite Land aus. Der Eisschild war dick gewesen, an manchen Stellen gut einen Kilometer. Der Meeresspiegel lag etwa 120 Meter unter dem heutigen. Als das Eis schmolz, führte der Druckunterschied zwischen eisfreien und noch vom Eis bedeckten Regionen dazu, dass die Erdkruste sich hob. So kam es in der Zeit von vor 11 000 Jahren bis vor 9600 Jahren zur Ausbildung von Landbrücken über die Irische See. Pollenfunde zeigen, dass die Bäume sich nordwärts bewegten und dabei Irland im Verlauf von gut 1000 Jahren bedeckten. Birken, Ulmen, Eichen und Kiefern wanderten gemeinsam von Süden nach Norden. Sie durchquerten Täler, umgingen Berge und – im Fall der Kiefer – klammerten sich an Kalkstein fest. Als die Linden vor 7000 Jahren in Wales ankamen, versanken die Landbrücken, und so schafften es die Linden nie bis nach Irland. Obwohl sie und die Buchen munter gediehen, nachdem sie von Menschenhand eingeführt worden waren.

Mit den Bäumen kamen Blumen und andere Pflanzen.[6] Efeu stirbt bei Temperaturen unter minus 15 Grad Celsius ab und auch das Geißblatt hat in der Kälte so seine Schwierigkeiten.[7] Es war also durchaus eine Herausforderung, sich auf eine Insel zu wagen, auf der es nach dem Ende der Kaltzeit immer noch starke Temperaturveränderungen gab. Doch die Analyse der Pollen beider Pflanzen zeigt, dass sie ankamen, bald nachdem die Wacholderbäume den Höhepunkt ihrer Verbreitung erreicht hatten: das Geißblatt vor 11 500 Jahren und der Efeu vor 10 000 Jahren. Sie wanderten unter dem Schutz der Bäume ein und bezogen ihren Lebensraum im Schatten der Äste.

Wenn wir heute unsere Blicke über den baumlosen Burren schweifen lassen, fällt es schwer, sich vorzustellen, wie wichtig die Bäume dort einst waren. Niemand weiß heute genau, was dazu geführt hat, dass Irlands offene Wälder verschwanden, aber verantwortlich scheint eine Kombination verschiedener Faktoren gewesen zu sein: die Ausbreitung der Torfmoore[8], ein wärmeres Wetter und der Einfluss des Menschen. Der erste Beleg für die Anwesenheit von Menschen in Irland ist ein abgeschabter Knochen vom Knie eines Bären, den man auf einen Zeitpunkt vor 125 000 Jahren datiert.[9] Man kann also annehmen, dass die Menschen zusammen mit den Bäumen nach Irland kamen und wie die Flora in deren Schatten lebten. Was wir an späteren Belegen für die menschliche Präsenz in Westirland noch haben, zeigt leider, dass die Leute eben jene Bäume zerstört haben, die sie anfangs beschützten.

Torfstecher, die im 19. und 20. Jahrhundert in den Mooren Irlands unterwegs waren, fanden häufig Stümpfe von Kiefern, die Jahrtausende zuvor gefällt worden waren. Eine Ausgrabung aus dem Mesolithikum zeigt, dass damals enorme Mengen Kiefernholz verbraucht wurden: nicht nur die Seitenäste oder Zweige, sondern tatsächlich Stamm und Hauptäste. Auch Grabstellen aus dem Neolithikum zeigen, dass 85 Prozent des dabei verwendeten Holzes von Kiefern kam, was dafür spricht, dass die damaligen Kiefernwälder radikal abgeholzt wurden. Und die Kiefern wuchsen nicht nach. Wenn eine mesolithische Steinaxt eine Irische Kiefer fällte, wurde alles, was den Baum zusammenhielt, aufgelöst. Es kam zu einem katastrophalen Verlust an Wasser. Anders als die Eiche kann die Kiefer nicht einfach wieder austreiben, wenn der Stamm gekappt wird: Die Tracheiden, die das Wasser in den Wipfel des Baumes leiten, sind unwiderruflich beschädigt und können nicht nachwachsen.

Der Baum war also dem Untergang geweiht, und bald verschwand eine Kiefer nach der anderen aus der Landschaft. Weiden, Erlen und Hasel (sogar die Eiben!) treiben wieder aus, wenn der Stamm gefällt wurde. Aus diesem Grund haben sie auf dem Burren auch in Zwergform überlebt. Aus dem gleichen Grund gibt es dort heute noch Geißblatt, Efeu, Sanikel und Hasenglöckchen.

Um das letzte Grüppchen Irischer Kiefern auf dem Burren zu besuchen, mussten wir von den Anhöhen her kommen, drei Steinwälle übersteigen, durch einen Sumpf waten und uns durch eine Hecke kämpfen. Wir erkannten die Bäume sofort als dunklen Flecken in der Landschaft. Als wir näher gekommen waren, leuchtete ihre Borke uns rot entgegen und die Nadeldächer bildeten runde Schirme. Die Kiefernpopulation steht in einer offenen Senke, umgeben von Gras und Riedgräsern, Rosen und Schneeballsträuchern. Die Bäume wachsen in der feuchten Umgebung auf verwittertem Kalkstein. Sie sahen aus wie alle Bäume, die zur Art der Schottischen Kiefern gehören, nur die Nadeln saßen nicht ganz so dicht an den Zweigen. Und auch die Borke ließ gewisse Unterschiede erkennen. Schließlich hatten wir es hier mit einer Schar von Überlebenden zu tun. Junge Kiefern kämpften sich durch das Unterholz nach oben. Der Farmer, der sich um sie kümmert, sorgt dafür, dass sie das auch schaffen. Die Population gedieh ganz offensichtlich. Rundherum wuchsen die Waldblumen des offenen Burren, aber hier unter den Bäumen erging es ihnen nicht so gut. Sie waren rarer und viel kleiner. Es war offensichtlich, dass der Baum die Blumen wie ein übervorsichtiger Lehrer im Zaum hielt. Und auch wenn dies auf den ersten Blick nicht einleuchtend scheint: Im Grunde ist dies die Geschichte fast aller Pflanzen auf einer viel weiter zurückreichenden Zeitskala. Selbst Pflanzen, die in der offenen Landschaft am besten gedeihen, wurden anfangs von schattigen Bäumen »erzogen«.

Rosen in der Abendsonne in umzäunten Gärten; Mohnblumen, die rote Schleier durch die Weizenfelder ziehen; Sonnenblumen, deren Köpfe dem Lauf der Sonne von Osten nach Westen folgen; selbst die Jungfer im Grünen, die sich scheu in einem Beet sonnt: Sonnenbadende Blumen sind für uns ein normaler Anblick, und uns ist nicht bewusst, welche Glieder in der langen zeitlichen Kette der Evolution ihnen ermöglicht haben, genau das zu tun.

Das Auftauchen und die Identität der ersten Blütenpflanzen sowie die Geschwindigkeit, mit der sie sich ausbreiteten und bald die Welt beherrschten, haben Evolutionsforscher seit jeher beschäftigt, auch Charles Darwin. Noch 2017 schrieben Christenhusz, Fay und Chase: »Wie genau sich Blumen entwickelten und aus welcher der zuvor existierenden Gruppe von Gymnospermen (Samenpflanzen ohne Blüten) die Blühpflanzen hervorgingen, ist immer noch ein Mysterium.«[10] Viele Jahre lang nahmen Wissenschaftler an, dass die Magnolien, holzige Pflanzen, die mit ihren großen wächsernen Blüten schwerfällige Käfer anziehen, die nächsten noch lebenden Verwandten der frühen Blühpflanzen seien. Jüngere Studien aber haben diese Theorie widerlegt.

Vor nicht ganz 200 Millionen Jahren, als die Dinosaurier ihren Kopf noch ins Laubdach der Koniferen steckten, entwickelte sich am Waldboden eine neue Pflanze, die die Welt revolutionieren sollte. 1999 taten sich kanadische und US-amerikanische Evolutionsforscher der verschiedensten Disziplinen zusammen – ein Botaniker, eine Geowissenschaftlerin, ein Ökologe und ein integrativer Biologe. Doch sie studierten nicht nur Pflanzen in der Wildnis, sondern legten in Alabama auch einen Garten mit sämtlichen Pflanzen an, die mit dem gemeinsamen Vorfahren aller Blühpflanzen nahe verwandt sind. Wenn man die DNA aller Blütenpflanzen zurückverfolgt, stößt man auf vier Gruppen von Pflanzen, die früh vom Baum der blühenden Arten abzweigten und heute noch existieren. Die ihnen gemeinsamen uralten Merkmale verraten uns, dass die frühesten Blühpflanzen Wasser mochten, Schatten und regelmäßige Störungen. Vom ersten Seitenast ist uns nur noch eine Art erhalten geblieben, ein kletternder Strauch mit gewellten Blättern und kleinen cremefarbenen Blüten, der nur noch in Neukaledonien vorkommt: *Amborella trichopoda*. Die zweite Gruppe bilden die Seerosengewächse oder *Nymphaeaceae* mit ruhig treibenden Blättern und wachsartigen Blüten, die sich für die Sonne öffnen. Einzig die Amazonas-Riesenseerose *(Victoria amazonica)* blüht in der Nacht. Die dritte Gruppe sind die *Austrobaileyales*, intensiv duftende und kletternde Pflanzen, zu denen beispielsweise der Sternanis *(Illicium verum)* gehört. Und dann ist da noch die merkwürdige, aber interessante Gruppe der *Chloranthaceae* (wörtlich die »grün Blühenden«). Sie umfasst 77 Arten von Blühpflanzen, die in Mittelamerika wachsen, auf Madagaskar und in Malaysia. Man findet sie von den Marquesas-Inseln bis Borneo. Sie alle haben ganz einfache Blüten mit sehr viel Pollen, um Käfer anzulocken, die frühesten Bestäuberinsekten.

In ihrem Artikel *Dark and disturbed: A new image of early angiosperm ecology* wurden diese vier Gruppen miteinander verglichen.[11] Das Team geht davon aus, dass frühe Angiospermen sich in feuchten Tropenwäldern entwickelt haben. Der Schatten der hohen Koniferen zwang die Blütenpflanzen, sich schnell an ihre Umwelt anzupassen – sie brauchten also eine gewisse vegetative Plastizität. Das mag anfangs ein Handicap gewesen sein, das sie daran hinderte, sich ihren Platz an der Sonne zu erkämpfen, aber zuletzt erwies sich das Ganze doch als Vorteil. Stellen Sie sich die dunkle Atmosphäre einer Tannenpflanzung vor, mit ein paar lichteren Flecken dazwischen; schlammige Flussufer oder Bäche und Teiche, Stellen, wo ein Baum umgestürzt ist. Hier kann mehr Licht auf den Waldboden fallen. »Licht« bedeutet Kohlenstofffixierung, die wiederum die Voraussetzung für Wachstum und Leben ist. Wenn ein Baum einen Ast verliert, ist das wie eine Einladung zum Gratis-Mittagessen: Man muss sich schon beeilen, denn nur wer zuerst kommt, mahlt auch zuerst.

Die Blühpflanzen, die man üblicherweise Angiospermen nennt, um sie von den Gymnospermen zu unterscheiden, bewahren ihre Samen gut versteckt in einem zentralen Teil der Pflanze, dem Fruchtknoten oder Ovar. Der Pollen muss erst einen Pollenschlauch ausbilden, der durch den Griffel auf die Eizelle zuwächst. Dann kann die männliche Spermienzelle die Eizelle befruchten, und daraus entsteht ein Samen. Der Samen verbleibt im geschlossenen Fruchtknoten, bis er reif ist. Viele Angiospermen entwickelten auch Kronblätter (Petalen) und Duftstoffe, um Insekten anzulocken, die den Pollen von Blüte zu Blüte tragen und so für die Fremdbestäubung sorgen, die der Selbstbefruchtung vorzuziehen ist. Über Jahrmillionen haben sich Blüten und Insekten und sogar Vögel gemeinsam entwickelt und dabei häufig ebenso subtile wie spannende wechselseitige Abhängigkeiten ausgebildet.

Die erste Methode, wie Blühpflanzen neue Bereiche besiedeln konnten, war, kleine Samen zu entwickeln, die auf dem Erdreich keimen konnten, das Tiere oder umgestürzte Bäume freigelegt hatten. Oder in offenem Wasser – nicht aber in tiefen Schichten von Falllaub. Sobald der Same irgendwo gelandet war und gekeimt hatte, durchlief er verschiedene vegetative Regenerationsprozesse, die ihm erlaubten, mit diversen Störungen fertigzuwerden. Die neuen Pflanzen konnten an jedem Punkt ihres Lebenszyklus neu von der Basis austreiben. Ihre Sämlinge konnten auch eine Phase durchlaufen, in der sie auf dem Waldboden dahinkrochen, bis sie ein Plätzchen fanden, auf dem sie wachsen konnten. Sie hatten Rhizome, die »mobil« waren und trotzdem austreiben konnten. Wurzeln und Schösslinge konnten sich gegenseitig überlagern und sich trotzdem neu verwurzeln. Daher waren sie extrem resistent gegen trampelnde Pflanzenfresser und andere Widrigkeiten. Sie hatten keinen einzelnen Haupttrieb, sondern viele kleinere, was dafür sorgte, dass sie auch noch austreiben konnten, wenn sie kurzfristig unter herabgefallenen Ästen begraben wurden. All das sind Anpassungen an die Verhältnisse auf der unteren Etage des Waldbodens, an das Leben unter Bäumen. Diese spezielle Keimfähigkeit ist offensichtlich ein sehr altes Merkmal von Blühpflanzen.

Unter ihren Koniferenherrschern mussten die neuen, blühenden Pflanzen lernen, jedes bisschen Licht auszunutzen. Das geschah, indem sie sich schnell entlang von Bächen und Flüssen verbreiteten und dabei auf Böden wuchsen, die zu arm für Bäume waren, oder in Gebiete vorstießen, wo große Tiere eine Lichtung im Wald geschaffen hatten. Alle bekannten frühen Blühpflanzen haben sich an diese Erfordernisse angepasst. Interessanterweise geschah dies durch die Produktion lebender Zellen mit dünnem wandähnlichem Gewebe, das man *Parenchym* nennt. War das Parenchym anfangs vermutlich ein schwerwiegender Unfall – ähnlich wie die Entwicklung von Krebszellen beim Menschen – wurde es bald zu einem entscheidenden Vorteil.

Farne und Palmfarne und andere nicht blühende Pflanzen kommen mit Schatten zurecht, weil sie ihren Stoffwechsel auf ein Minimum herunterfahren. Sie wachsen wenig oder gar nicht und lassen sich in der Dunkelheit Zeit.[12] Es war das Parenchym, das die neuen Blühpflanzen in die Lage versetzte, auch im dunkelsten Schatten mehr Licht aufzunehmen. Im Blatt entwickelte sich eine neue Schicht, das Schwammparenchym. Dieses funktioniert wie ein Spiegelsaal. Das wenige Licht, das durch das Dach der Koniferen einfiel, wurde im Blatt in einer Art wässrigem Labyrinth gefangen. Das Licht wird darin hin- und zurückgeworfen und von einer Masse von Licht-Wasser-Interfaces in alle Richtungen gelenkt, bis es auf eine Photosynthese-Zelle fällt, die nach dem Zufallsprinzip in dieser Schicht verteilt sind. Anders als das frühere System, bei dem eine Wand von ordentlich aneinandergereihten rechteckigen Zellen das Blatt durchzog, verlängert dieses chaotische Hin und Her den Weg, den ein Photon im Blatt zurücklegt. Das erhöht die Chancen, dass das Lichtteilchen genutzt werden kann.[13] Dieses System ist genial einfach und brillant, aber es brauchte eben diesen Unfall der Evolution, damit es zustande kam.

Sobald sich das System etabliert hatte – weniger geordnete Zellen und stattdessen das diffuse, zufällig angeordnete Parenchym –, konnte es die Art und Weise revolutionieren, wie Stiele und Wurzeln wuchsen und sich selbst reparierten. Stellen Sie sich vor: die wilden Horden des Dschingis Khan gegen die kriegerische Phalanx von Alexander dem Großen. Eine Masse von Zellen, die sich selbstständig dort hinbewegen konnten, wo sie gebraucht wurden, statt einer starren Formation, die enorme Probleme hatte, die Lücken zu schließen, sobald sie einmal durchbrochen war. *Amborella*, die entwicklungsgeschichtlich älteste noch lebende Blühpflanze, hat immer noch Tracheiden in ihrem Stamm – diese steifen, stark verholzten Zellen der Koniferen. Die Seerosen hingegen verlieren die steifen Tracheiden und entwickeln lange Gefäße, weil die Zellen sich zu Röhren umbilden, die das Wasser nach oben und unten leiten können. Die lianenförmigen Sternanis-Verwandten und Chloranthus-Arten haben ausgedehnte Gefäße, die von Fasern und Parenchym gestützt werden. Das Resultat dieser Anpassung ist, dass die energetischen Kosten für einen Schössling und eine breitere, von Adern durchzogene Blattfläche bei den von Fasern gestützten Gefäßen des Stieles/Stammes weit niedriger sind als für die Gewinnung der Menge Kohlenstoff, die benötigt wird, um jede Tracheidenzelle mit einer Schicht Lignin zu ummanteln. Das Ganze ist eine nicht besonders exakte Konstruktion, aber sie ist schnell und sie funktioniert. Und so wurde sie zur Grundlage aller weiteren Veränderungen.

Die netzartige Blattaderung, ein Geflecht von Gefäßen, ermöglichte die Entwicklung größerer, flexiblerer Blätter, die die wenigen Lichttupfen im Untergeschoss der Wälder auffangen konnten. Und schon begannen die Angiospermen, sich auszubreiten. Sie krochen am Boden entlang oder in die Bäume, bildeten viele Meristeme (Bildungsgewebe) aus, aus denen sie sich reproduzieren konnten. Das war der optimale Weg, um sich in den von Dinosauriern bevölkerten dichten Wäldern des Mesozoikums verankern zu können. Die Angiospermen lauerten in der feuchten Dunkelheit in vielfacher Gestalt: als mittlerweile ausgestorbenes *Ficophyllum*, eine Kletterpflanze mit so großen Blättern wie ein Feigenbaum; als immergrüne *Chloranthus*-Arten und Sternanis.

In der Sonne gereichten ihnen die neuen Anpassungen einmal mehr zum Vorteil. Ein Blatt ist so gebaut, dass es das Sonnenlicht gut einfängt. Was aber auch bedeutet, dass es leicht überhitzen kann oder dass die Photosynthese durch ein Überangebot an Licht gehemmt wird (Photoinhibition). Die neuen Möglichkeiten der wasserleitenden Gefäße ermöglichten es den Pflanzen, so schnell zu transpirieren, dass sie sich in der Sonne schnell abkühlen konnten. Frühere Pflanzen hatten dieses Problem dadurch gelöst, dass sie ihre Wachstums- und Photosyntheseraten reduzierten. Das sieht man etwa sehr schön an den grau-grünen, drahtigen und blattlosen Stielen des Meerträubels *(Ephedra)* im südlichen Afghanistan und in den semi-ariden Klimazonen weltweit (ihr Pollen ist übrigens schon seit dem späten Trias nachgewiesen). Die neuen Pflanzen aber hatten so etwas nicht mehr nötig: Sie konnten schneller Photosynthese treiben als die Pflanzen vor ihnen. Die Euphrat-Pappeln in der Wüste Gobi sind dafür ein perfektes Beispiel. Sie wirken der Überhitzung ihrer Blätter entgegen, indem sie Wasser verdunsten, das sie aus der Tiefe holen. Man nennt diesen Prozess auch *hydraulische Redistribution.*[14] Ein weiteres Beispiel sind die Enzianpflanzen in den Alpen, die während der alljährlichen Gletscherschmelze schnell wachsen. Oder die Zuckerbüsche *(Protea)* in Südafrika, die unter der heißen Sonne eine sehr schnelle Photosynthese vollziehen.

Viele tropische Arten, die heute unter dem Dach des Regenwaldes liegen, zeigen ähnliche Eigenschaften wie die frühesten Angiospermen: eine erstaunliche Plastizität und die Fähigkeit, sich schnell an viele verschiedene Reize unter den Baumkronen anzupassen und mit diesen zu wachsen und zu gedeihen. Die frühesten Blühpflanzen hatten diese Tricks unter schwierigen Bedingungen gelernt. Nun konnten sie die im Wald erworbenen Fähigkeiten anderswo zu ihrem Vorteil nutzen. Wie Kindern, die unter schwierigen Bedingungen aufwachsen, ermöglichte ihre Gabe der schnellen Anpassungsfähigkeit ihnen großartige Leistungen. Wie seltsam dieses Erbe aus grauer Vorzeit mitunter ist, wurde mir klar, als ich eines Tages an der Küste von Sussex einen Strandspaziergang machte. Als wir noch Kinder waren, war meine Großmutter häufig triumphierend nach Hause gekommen, weil sie einen fossilen Haizahn entdeckt hatte. Also nahm ich das Wasser in den Blick, das ständig vor und zurück strömte. Und tatsächlich entdeckte ich etwas, das aussah wie fossiler Sternanis. Wie die Nilpferdzähne, die man unter dem Trafalgar Square gefunden hatte, schien auch dieses Fossil völlig anachronistisch, wie es da an einem windgepeitschten Apriltag in England zum Vorschein kam. Ein Gewürz, das in China und Japan wuchs, wurde von den kleineren Wellen des Meeres an den Saum einer englischen Küste angespült. Aber genau das waren diese Fossilien: Samen von Angiospermen, 46 Millionen Jahre alt, aber immer noch von der Form der frühesten Angiospermen. Eine Reminiszenz an Zeiten, in denen tropische Hitze im südlichen England die Norm war.

❧

In der Zwischenzeit entwickelten sich viele der frühen blühenden Pflanzen weiter zu breitblättrigen, blühenden Bäumen: Eiche, Hasel und Buche; Magnolien, Baobab und Eukalyptus. Einige wurden so groß wie Koniferen. Andere duckten sich unter die Baumkronen und sicherten ihr Überleben durch andere Techniken. Lang gezogene Gefäße übernahmen den Transport von Nährstoffen, Holzfasern die Stützfunktion. Axiales Parenchym (auch bekannt als Xylem-Parenchym) diente ihnen zur Speicherung und Reparatur bei Embolien.

Bei tropischen Arten findet man mehr Xylem-Parenchymzellen im Gewebe. Besonders zahlreich sind diese in den plastischsten aller Pflanzen: den Lianen und den Stammsukkulenten.[15] Ein sehr schönes Beispiel dafür ist *Machaerium floribundum*, das ich in Brasilien bewundern durfte. Die Baumform kann gut 25 Meter hoch werden und hat gelbe, erbsenähnliche Blüten, die von den hängenden Zweigen baumeln. Ich sah die Lianenform, die sich um einen höheren Baum rankte. Als Liane hatte sie geschätzt doppelt so viel Axial- und Radialparenchym in ihrem Xylem (Leitgewebe) wie die Baumform.[16] Dieses Parenchym ermöglicht die Flexibilität und Mobilität der Pflanze. Im Vergleich mit den steifen Tracheiden der Koniferen ist es fast, als hätte man sie aus einem Fischbeinkorsett befreit. Und davon, mit wenig Licht und geringer Photosynthese auskommen zu müssen.

Als der Chicxulub-Asteroid die Erde mit seiner Zerstörungskraft traf und zwei Jahre lang keine Photosynthese möglich war, waren es die frühen Angiospermen, die aus ihren Meristemen (den Bildungsgeweben) austreiben konnten, die überlebten, und nicht die hoch aufragenden Gymnospermen. Das gilt vor allem für die Sequoien, die unter diesen Umständen nur aus ihren Maserknollen, knotigen Auswüchsen am Stamm, frisch austreiben konnten. Die Angiospermen schufen die am stärksten diversifizierte Landschaft, die es bis dato auf der Erde gegeben hatte. Die offenen Wälder der Gymnospermen wandelten sich in sehr kurzer Zeit zu den vielschichtigen Wäldern der Angiospermen, die zum Fundament der Evolution terrestrischer Biodiversität wurden.[17]

❧

Monica Carvalho, eine junge und brillante Botanikprofessorin an der Universität von Michigan, war die Erste, die erkannte, dass die modernen Wälder aus dem extrem dramatischen Einschlag des Chicxulub-Asteroiden hervorgegangen sind.[18] Die enorme Diversität der

Regenwälder entstand in eben jenen beiden Jahren, als auf der Erde keine Photosynthese möglich war. Eine riesige Wolke aus Öl und Teer brannte, und der Rauch ließ kein Sonnenlicht durch. Es dauerte sechs Millionen Jahre, bis die Diversität wiederhergestellt war, aber die Erde erholte sich tatsächlich. Carvalho und ihr Team untersuchten autochthone Ansammlungen von Fossilien (die in ihre ökologischen Netzwerke integriert waren und daher als Teil eines Ökosystems angesehen werden konnten). Das ist eher eine Momentaufnahme als ein Längsschnitt durch Tausende von Jahren und Hunderte von Kilometern. So konnten Carvalho und ihre Mitarbeiter nachvollziehen, wie die fossilen Blätter sich entwickelt hatten. Sie konnten die Regenmengen einschätzen, indem sie Veränderungen an den Blättern wie Tropfspitzen und die Blattmasse untersuchten. Sie konnten sich eine Vorstellung davon machen, wie viel Kohlendioxid zu jedem Zeitpunkt in Blättern und Biomasse fixiert wurde, indem sie die Größe der Stämme und Zweige an Ort und Stelle berücksichtigten. So wurde deutlich, wie produktiv jeder Quadratmeter Wald war.

Die Veränderungen waren einschneidend. Stellen Sie sich einen Wald voller Araukarien vor, der weite Areale vollständig einnimmt. Alles ist von einem tiefen Smaragdgrün. Die Bäume sind alt und haben eine breite Basis, die Borke sieht aus wie Elefantenhaut, der Stamm liegt auf den ersten beiden Metern bloß und Harz fließt aus den Noppen, wo Zweige abgefallen sind. Weiter oben formen die trägen Zweige einen Kegel. Jeder Zweig ist von eng gepackten Schuppen umgeben gleich der Haut eines smaragdgrünen Schuppentiers.

Das ist das Thema, über das variiert wird: eine Fuge, komponiert aus verschiedensten Formen, die sich in der Landschaft darbieten. Einige der anderen Koniferen haben kleine Zweige. Die Spiralen rund um den Stamm sind ausgeprägter, wie bei der schönen Norfolk-Araukarie *(Araucaria heterophylla)*. Manche Bäume sind größer und haben eine eher blättrige Borke wie die Zypressen. Oder eine schwammartige wie die Riesenmammutbäume. Das sind die Schlüsselarten. Zu ihren Füßen gedeihen Farne und Schachtelhalme, Palmfarne und Pilze. Der Unterwuchs ist dicht, und vieles wird vom Falllaub gedüngt. Die Farne sehen so aus, wie wir sie heute kennen: schwer von Sporen und symmetrisch um ihre Mitte sprießend. Die Palmfarne sitzen auf ihren knolligen Stämmen, aus denen kreisrund die steifen Blattwedel wachsen. Schwärme von Insekten lassen sich gelegentlich auf den Pflanzen nieder und entblättern bestimmte Arten in einem ständigen Auf und Ab. Riesige Saurier wie der Diplodocus wandern durch die Landschaft und entwurzeln nicht selten Bäume, an denen sie sich dann gütlich tun. Die Bäume haben sich darauf eingestellt und treiben aus den Maserknollen wieder aus. Manche gedeihen auch an den freigeräumten Stellen. So entsteht ein stabiles, aber dynamisches Ökosystem.

Dann plötzlich der Asteroideneinschlag: Dunkelheit, Chaos, Pilze und verrottendes Fleisch. Die grüne Farbe der Bäume verbleicht zu Grau, während die Staubwolke vom Einschlag das Licht der Sonne zwei Jahre lang schluckt. Die Saprotrophen (wörtlich »Verzehrer von verfaulten Dingen«) erlebten einen rasanten Aufschwung. Jener Teil von Südamerika, der jetzt der Amazonas-Regenwald ist, wurde zur Todeszone voll verfaulender Hölzer und abgestorbener Bäume, verhungernder Dinosaurier und sterbender Insekten. Das Klima blieb feucht, doch nach zwei Jahren der Dunkelheit waren enorm viele Pflanzenarten ausgestorben. Vor allem die Araukarien und die Palmfarne hatten gelitten, ebenso wie die Farne, als der Regen aus Asche und Staub auf sie herniederging und die Erde mit einer grauen Schicht bedeckte. Die toten Bäume warfen ihre Nadeln und Blätter ab und stürzten schließlich um.

Diese Decke aus Asche und Tod, die in den geologischen Annalen eine klar abgegrenzte Schicht bildete, erstickte Farne und Palmfarne. Die Blühpflanzen aber kämpften sich durch sie hindurch.

Die Sternanispflanzen und ihre Verwandten betraten die Bühne, die *Amborella* breitete sich aus. *Chloranthus*-Arten kletterten über das, was von Araukarien übrig geblieben war. Unzählige andere Blühpflanzen entwickelten sich in den verschiedenen Nischen mit ihren größeren Blättern und flexiblen Zweigen. Die würdevolle Sarabande der Araukarien, die ihre Kronen singulär in den Himmel gereckt hatten, wurde von einem Massentango fließender Bewegungen abgelöst, bei dem eine große Pflanzenfamilie, die Leguminosen, den Takt angab. Sie fixierten Stickstoff für alle, sodass sich viele Schichten von Pflanzen etablieren konnten. In den nächsten drei Millionen Jahren begann sich der Regenwald, wie wir ihn heute kennen, zu entwickeln.

Wenn wir die Produktivität des Regenwaldes verstehen wollen, können wir sie als eine chaotische Art von Demokratie begreifen, anders als die feudalen Systeme der Vergangenheit, als strenge Hierarchien gewahrt werden mussten. Was zu dieser engen Vernetzung führte, ist offensichtlich: zwei Jahre voller Asche, Ruß und Pilze. Aber angesichts der Tatsache, dass das Klima vor und nach der Katastrophe recht ähnlich war, stellt sich doch die Frage: Warum haben sich dort, wo früher Koniferen wuchsen, keine neuen entwickelt?

Eine mögliche Antwort ist das Aussterben der Dinosaurier und anderer großer Pflanzenfresser. Denn diese schufen einst regelmäßig Chaos im Wald. Durch den Asteroideneinschlag vollkommen ausgelöscht, gab es niemanden mehr, der wie sie früher große Mengen Biomasse vertilgte. Dementsprechend begann nun der Wettkampf um mehr Licht. Man kann sich das so vorstellen wie das heutige Bemühen um die Renaturierung von Graslandschaften, wo man große Pflanzenfresser wie Bisons und Rinder grasen lässt, um den Aufwuchs größerer Pflanzen zu verhindern.

Eine zweite Möglichkeit ist, dass stabile Wälder wie die Koniferenforste, die Jahrmillionen die Welt beherrschten, das Gestein unter ihren Wurzeln sehr schnell zerkleinern. So entstehen verwitterte und extrem unfruchtbare Böden. Koniferen sind an arme Böden gut angepasst, doch die Asche, die nach dem Asteroideneinschlag vom Himmel regnete, verpasste dem Boden einen stark phosphorhaltigen Nährstoffschub, den die Angiospermen nutzen konnten, um die Koniferen zu überflügeln. Angiospermen, die Stickstoff fixieren konnten wie die Leguminosen, stießen so auf keinerlei Hindernisse. Um etwa diese Zeit wurden die Hülsenfrüchtler *(Fabaceae)*, die heute im Regenwald allgegenwärtig sind, zu einer bedeutenden Familie. Ein modernes Beispiel für den Nährstoffschub ist der Saharastaub, der mit seinen Phosphaten die armen Böden des Amazonas-Regenwaldes düngt.

Der dritte und sehr wahrscheinliche Grund für diesen Wandel war die Tatsache, dass viele Koniferen und andere Gymnospermen selektiv ausgerottet wurden. Die Araukarien waren keine sehr diversifizierte Gattung. Sie waren eine Schlüsselart, die alles, was unter ihnen wuchs, massiv prägte. Sie waren aber auch wenig flexibel und wandelten sich nur langsam. Daher war ihre Aussterbe-Wahrscheinlichkeit viel höher als die der Angiospermen, die mit Schwierigkeiten eher zurechtkamen und auch die ersten und letzten Sonnenstrahlen eines bewölkten Tages nutzen konnten. Außerdem legten die Angiospermen in Bezug auf ihr Genom eine gewisse Fingerfertigkeit an den Tag. Sie konnten ihre Gene spleißen, beherrschten die Kunst der selektiven Genexpression und konnten ihre DNA beliebig duplizieren. Sie lassen sich also besser »formen« als die Koniferen. Selbst langlebige Blühpflanzen wie die Eiche können sich schnell und flexibel an eine neue Umgebung anpassen.

An der Küste von Namibia und im südlichen Angola hat eine Gymnospermenart unter sehr ungewöhnlichen Umständen überlebt und sich über die Jahrtausende kaum verändert. *Welwitschia mirabilis* ist ein langsam wachsender, kegelförmiger Holzhöcker, der im Wüstensand sitzt. Daraus wachsen zwei ledrige, rissige, riemenartige Blätter hervor, die sowohl die extreme Wüstenhitze als auch den kalten Nebel vom Meer unbeschadet überstehen. Sie kann während ihres Lebenszyklus bis zu 1000 Jahre weiterwachsen. Auf zweigähnlichen Stämmen, die unter den Blättern hervorlugen, stehen männliche oder einsamige weibliche Zapfen. Die Welwitschie war früher weiter verbreitet, denn ihr Pollen wurde auch in Nordamerika, Portugal und Brasilien gefunden.

All das zeigt, dass die Angiospermen, die sich mit den schwierigen Bedingungen unter dem Laubdach der Koniferen entwickelt haben, fähig waren, das zu nutzen, was der Asteroid an Leben übrig gelassen hatte. Und so entwickelten sich viele Angiospermen selbst zu Bäumen, nie so groß oder alt oder wohlstrukturiert wie die Gymnospermen, aber trotzdem mit prächtigen Baumkronen. Sie wurden alpin[19], besiedelten die Berggipfel, das Wasser und das offene Grasland.[20]

Bessere Lichtausnützung hieß auch, dass sich die Vegetation in vielen Schichten übereinanderlagerte. Es entstanden unglaubliche Mengen an Biomasse und das Laubdach wurde dicht geschlossen. Der Regenwald, wie wir ihn heute kennen, nahm seinen Anfang. Es gibt Illustrationen, wie sich die Veränderungen durch den Asteroiden in der schönen Landschaft niederschlugen, die in Brasilien bis heute überlebt hat. Im kühleren Süden Brasiliens, am Meer, hat eine Araukarie überlebt: Die Brasilianische Araukarie *(Araucaria angustifolia)* gedeiht immer noch in Wäldern, die man fachsprachlich als »ombrophil«, also schattenliebend, bezeichnet. Sie ragt hoch auf, wo das Laubdach nicht ganz geschlossen ist, und kontrolliert alle Pflanzen in ihrer Umgebung, nach wie vor eine Schlüsselpflanze unter all den Angiospermen, Lorbeer- und Myrtengewächsen und den vielen Pflanzen, die zur zirkum-antarktischen Flora gehören. Dieser Wald und andere, ähnliche Wälder kommen denen, in denen die Saurier umherstreiften, noch ziemlich nahe: mit einzeln stehenden Bäumen und den fraktalen Mustern ihrer Äste, mit den rundum nadelbesetzten Zweigen, die sich fragend in die Luft strecken.

Dieser Wald ist auch ein Sammelsurium dessen, was danach kam. Gräser haben die Farne ersetzt, und die einzigen Dinosaurier, die überlebt haben, sind Vögel wie der Azurblaurabe *(Cyanocorax caeruleus)*. Er verspeist die fünf Zentimeter langen Samen der Brasilianischen Araukarie, wenn sie von den Zapfen freigesetzt werden. So werden diese verbreitet. Es gibt ein paar Epiphyten (Aufsitzerpflanzen), das Ökosystem ist ausbalanciert, unflexibel und die Bäume prägen die Pflanzen rundherum abiotisch, also durch Boden und Wasser statt durch direkten Einfluss von Pflanze zu Pflanze.

Am anderen Ende der Skala steht der Amazonas-Regenwald, vor allem die Gegend um den Rio Curicuriari an der Grenze zu Kolumbien. Der Rio Curicuriari ist ein Nebenfluss des Rio Negro, der nährstoffarme schwarze Strom voller Huminsäure, der bei Manaus in den Amazonas mündet. Die Erde ist hier alt und verwittert, nahezu reiner Silikatsand, und doch herrscht eine enorme Biodiversität, die sich Schicht um Schicht erobert. Es gibt einige sehr große Bäume wie den seltenen Duraka, der trotz der dünnen Erdschicht bis zu 60 Meter hoch wird. Diese Diversität wird zum größten Teil von den Leguminosen getragen, den kleineren Bäumen mit den Samenhülsen, den Fiederblättern und der nahezu zauberischen Fähigkeit, sich in sonnige Plätzchen zu drängen und Stickstoff noch in der ärmsten Erde anzureichern. Der Unterwuchs fällt spärlich aus, da nur wenig Licht auf den Boden trifft. Daher übernehmen die jungen Bäume diese Rolle und lassen sich Zeit mit dem Großwerden, bis irgendwann ein Baum umstürzt und das Licht den Boden überflutet. Dann geht das Rennen zur Sonne los. Der Waldboden ist übersät von großen und kleinen Samenhülsen, viele mit gekräuselten Rändern, ein klares Zeichen dafür, dass wir es mit einem Stickstofffixierer zu tun haben. Die Bäume blühen auf tausendundeine Art, winden sich umeinander und um andere Pflanzen, um ihre Samen verteilen, sich entwickeln und wachsen zu können.

Pflanzen, die keine Bäume sind, sind gewöhnlich Epiphyten. Sie wachsen auf den Ästen der Bäume hoch unter dem Laubdach: Orchideen auf Augenhöhe mit trügerischen weißen Petalen an langen Stängeln; kletternde Lianen mit herzförmigen, wachsgrünen Blättern; steife, ananasähnliche Bromeliaden und frisch grüne Philodendren; behaarte, röhrenblütige Gesnerien und in Astgabeln wachsende Blattkakteen, die sich den Stamm hinaufhangeln, um mehr Licht zu erhaschen, wobei sie sich erstaunlich innovativ zeigen.

Giovanna, eine Botanikerin, die mich beim Baré-Stamm unterbrachte, wies mich auf einige dieser Pflanzen hin. Einer begegneten wir schon an unserem ersten Tag im Regenwald: *Paubrasilia echinata* mit ihren gefiederten Blättern und den hellroten und gelben Blüten. Wir hatten das Kanu, mit dem wir flussaufwärts unterwegs waren, in einer Igarape (einem Kanal mit geringer Wassertiefe, der sich in den Wald wand) festgemacht und kletterten die Uferböschung hoch, als unser Blick auf ein paar rote Blätter fiel, die sich rund um den Stamm einer kleinen *Tabebuia impetiginosa* anordneten. Mich erinnerten die klebrigen Blätter eher an Blutegel, aber Giovanna war begeistert. »Das ist ein *Strophocactus wittii*«, rief sie. »Die Illustratorin Margaret Mee hat ihn als Erste gezeichnet.« Es handelte sich um die Amazonas-Mondblume, wobei man diese kaum je in Blüte erlebt. Sie blüht nicht jedes Jahr, und wenn, dann nur eine Nacht Ende April oder Anfang Mai.

Ich schloss halb die Augen und wusste, was sie mit dem Verweis auf Margaret Mee meinte. Vor meinem geistigen Auge sah ich ein Bild in einer Galerie der Royal Botanic Gardens, Kew in London, 11 000 Kilometer entfernt. Dort setzte mich mein Vater immer ab, wenn er ungestört am Herbarium arbeiten wollte. Es war ein Bild, das zeigte, wie die flachen Blätter sich vom Stamm lösten und aus den Zwischenräumen Stängel hervorsahen, an deren Ende sich fedrige weiße oder rosafarbene Blüten in der Dämmerung dem Mond entgegenstreckten. Um dieses Bild zu malen, musste die Botanikerin Margaret Mee von Rio de Janeiro, wo sie lebte, für zwei Monate in den Regenwald umziehen. Es war ihr fünfzehnter Trip zum Amazonas, und das, obwohl sie gerade erst zwei neue Hüftgelenke bekommen hatte. Sie suchte zwei Wochen lang in den überfluteten Wäldern des Anavilhanas-Archipels, bevor sie einen Kaktus mit Blütenknospen fand. Sie wartete bis zur Abenddämmerung, um die Blüten zu sehen. Und tatsächlich, sobald der Mond aufging, öffneten sie sich. »Ein außergewöhnlich süßer Duft drang von der Blüte zu mir«, schrieb sie, »und wir waren alle erstarrt angesichts der Schönheit dieser zarten und unerwartet großen Blüte, die sich innerhalb einer Stunde vollkommen öffnete.« Mee dachte, dass die Blüte von einem großen Nachtfalter oder einer Fledermaus bestäubt werden würde, aber außer kleinen Fliegen war nichts zu sehen. »Unser Eindringen hatte den Bestäuber vertrieben«, klagte sie, »und so das heikle Gleichgewicht zwischen Blüte und Bestäuber gestört, das sich in Jahrmillionen entwickelt hatte.«[21] Das war ihre letzte Expedition, denn sie starb sechs Monate später.

In vielen Fällen haben die Koniferen die Blühpflanzen geprägt, die ihrerseits nun wieder andere Blühpflanzen rundherum, auf oder unter ihnen beeinflussten. Für Bäume ist das leicht, weil sie sich den Löwenanteil des Kohlenstoffs einverleibt haben und so strukturiert, so groß sind, dass sie zu einem dreidimensionalen Habitat heranwachsen. Aber sie beeinflussen Pflanzen häufig auch unmittelbarer und gezielter, indem sie bestimmte chemische Stoffe freisetzen. In den ältesten und langsamsten Regenwäldern der Welt resultiert dies in einer mitunter geradezu überirdischen Schönheit.[22]

Der chilenische Regenwald ist nicht tropisch, sondern gehört zur gemäßigten Klimazone. Der Dichter Pablo Neruda hat ihn als »senkrechte Welt« bezeichnet.[23] Eine ganz neue Dimension des Planeten, lebend, atmend und Verbindungen eingehend. Einer der größten und ältesten Bäume in Nerudas chilenischem Wald (und in der gesamten südlichen Hemisphäre) ist die Patagonische Zypresse *(Fitzroya cupressoides)*. Unter diesen riesigen Koniferen spazieren zu gehen, war, als würde man durch einen antiken Säulentempel schreiten, auf dessen Boden ein dichter Teppich brauner Schuppen lag, dazwischen verstreut kleine Zapfen und Zweige. Gewaltige Stämme (Darwin maß bei einem solchen Baum einen Umfang von 12,6 Metern) mit einer dicken, silbernen, sich in Streifen abschälenden Borke, die das Feuer abwehrt. Statt des verknitterten Eindrucks von Elefantenhaut, wie die Araukarien ihn hinterlassen, erinnern die ältesten Patagonischen Zypressen mit ihren Knubbeln eher an gedrechselte Bettpfosten. Die Blätter sind schuppenförmig, und das Laubdach wirkt unpassend für die dicken Stämme. Es schwebt weit oben und reicht hinauf in einen meist grauen, regnerischen Himmel. Die Patagonischen Zypressen verbinden Himmel und Erde. Sie schicken Phosphate, Stickstoff, Wasser und andere Mineralstoffe 60 Meter nach oben, um im Sonnenlicht Kohlenstoff zu binden und Zucker herzustellen, der dann wieder 60 Meter nach unten geleitet wird, wo er gespeichert und fürs Wachstum eingesetzt wird. Die Patagonischen Zypressen können erwiesenermaßen 3613 Jahre alt werden. Der älteste Baum dieser Art aber ist Gran Abuelo, der »große Großvater«. Er ist vermutlich 5500 Jahre alt und scheint ein wahrer Wasserfall aus Grüntönen zu sein.

Unter diesen Urwaldriesen wirken selbst die gewaltigsten Laubbäume unbedeutend. Die Magellan-Südbuche *(Nothofagus betuloides)* kann bis zu 30 Meter hoch werden, aber neben den gewaltigen Patagonischen Zypressen wirken sie trotzdem unscheinbar. Die Südbuche hat kleine, ovale und steife Blätter mit einer ausgeprägten Aderung. Ihre glatte braune Borke verdreht sich leicht, wenn der Stamm sich in die Höhe schraubt. Direkt unter ihr wachsen Lorbeerbäume und Winterrinde *(Drimys)* mit großen, mandelförmigen smaragdgrünen Blättern und weißen Blüten. Daneben die Myrten mit ihrer duftenden, weiß- und orangefarbenen Borke, die mit ihren vielen Grundtrieben eher an einen Strauch erinnert. Und dazu noch die Scheinulmen *(Eucryphia)*, die von Bienen und Nachtfaltern gleichermaßen bestäubt werden. Unter dem Lorbeer gedeiht die Magellan-Fuchsie *(Fuchsia magellanica)* mit ihren Blüten in Purpur und Karminrot, ansonsten aber nicht viel – Moose, Farne und hin und wieder Schilfrohr.

Die meisten Pflanzen allerdings treibt der Lichtmangel hinauf in die Bäume. Eine Studie an sechs Patagonischen Zypressen zeigte, dass von 83 Pflanzenarten, die mit dem Baum leben, ganze 50 sich in der Krone etabliert haben: Lianen, Schleierfarne und zwei andere Baumarten. Für Neruda waren die Bäume die Arterien des Waldes, und es dauerte nicht lange, bis Pflanzen und Tiere gelernt hatten, sich diesen vertikalen Flüssen anzuvertrauen. Einige Anpassungen an diese vertikale Welt fallen sofort ins Auge, andere sind subtiler und beruhen auf Vernetzung. Die chilenische Wachsglocke *(Lapageria rosea)* mit ihren exquisiten pink leuchtenden Glockenblüten ist die Nationalblume Chiles. Sie benutzt ihre glatten, steifen Ranken, um sich an Bäumen nach oben zu hangeln, bis sie ihre Blüten der Sonne präsentieren kann – lebenswichtig, um die Kolibris anzuziehen, die sie bestäuben. Eben diese Kolibris wiederum brauchen einen Mistelzweig der Gattung *Tristerix corymbosus*, um überleben zu können. Denn das ist tatsächlich die einzige Pflanze mit tiefen, roten Röhrenblüten, die es sich (mithilfe der Bäume rundum) erlauben kann, im Winter zu blühen. Mit dem Ergebnis, dass die Südbuche chemische Stoffe produziert, die diese parasitisch lebende Pflanze anziehen und so das Gedeihen von *Tristerix* und *Lapageria* sicherstellen, die dem Baum beide nützlich sind, weil sie den Stamm vor Schaden bewahren und in der Krone für Ausgeglichenheit sorgen.

Alexander von Humboldt, der deutsche Forschungsreisende und Botaniker des 19. Jahrhunderts, hat viel Zeit mit der Erforschung Südamerikas verbracht. Er glaubte, dass die enorme Biodiversität der Blütenpflanzen in dieser Region auf ein ausnehmend stabiles Ökosystem hindeutete. Leider lag er damit vollkommen falsch. Es handelt sich vielmehr um eines der instabilsten Ökosysteme der Welt. Die Blühpflanzen, die mittlerweile 90 Prozent aller bekannten Pflanzenarten ausmachen, können diese Instabilität in einen Vorteil ummünzen, weil ihre Struktur vielfältiger ist. Dass sie sich vor 100 Millionen Jahren in dem dunklen, feuchten und ständig durcheinandergewirbelten Umfeld unter den Koniferen entwickelt haben, lange bevor der Chicxulub-Asteroid einschlug, hat sie grundsätzlich flexibel, anpassungsfähig und chaotisch kreativ werden lassen. Sie haben jeden nur erdenklichen Raum erobert, Kohlenstoff fixiert und Biomasse in einem vorher nie gekannten Ausmaß produziert. Und sie können heute in nahezu jeder bewohnbaren Nische der Welt siedeln.

Selbst Pflanzen, die auf den ersten Blick nicht mit Bäumen zusammenzuhängen scheinen, wurden von ihnen geprägt. Auf 3900 Metern Höhe, am Tosor-Pass im nördlichen Tian-Shan-Gebirge, tief unter dem Schnee, der China von Kirgisistan trennt, lebt eine Pflanze, deren Blüten aussehen wie eine Mondscheibe. *Trollius lilacinus* gehört zur Gattung der Trollblumen. Sie wächst in ganz Sibirien und der Mongolei, doch der nächste Baum – in diesem Fall die Tian-Shan-Fichte *(Picea schrenkiana)* – ist meilenweit entfernt. Er verbirgt sich 1000 Meter tiefer auf dem Grund einer Schlucht. Neun Monate im Jahr versteckt sich *Trollius lilacinus* unter dem Schnee auf dem Berggipfel und gleitet nur manchmal mit einem Erdrutsch tiefer oder wird von einem Erdbeben verschoben. Aber noch bevor der Schnee geschmolzen ist, streckt die Pflanze versuchsweise ein oder zwei Stängel aus, dann drei und schließlich folgen fünf Kugeln, die zu einer Menge eisblauer Blüten mit mehreren Reihen Petalen aufgehen. Ein wenig später folgen die Blätter, mit denen sie munter Photosynthese treibt, ungeachtet aller Gefahren, die sie umgeben. Sie saugt das eisige Schmelzwasser in ihre Gefäße, und bietet den bestäubenden Fliegen ein hübsches Plätzchen zur Rast. In der blendenden Helligkeit des Schnees, umringt von Berggipfeln, deren Grate in den Wolken schweben, scheint es völlig unmöglich, dass diese winzige Trollblume je einen Baum zu Gesicht bekommen hat, geschweige denn von ihm geprägt wurde. Doch tief in ihren Stängeln und Blättern ruht die verkörperte Erinnerung an jene evolutionäre Zeit. Aber die Flexibilität, die der kleinen Trollblume erlaubt, ihre Knospen über die vom Schmelzwasser geschliffenen scharfen Steine zu erheben, die Gefäße, die ihr ermöglichen, sich zuerst unter den Schnee zu ducken, um später in der Sonnenwärme zu einer zartlila Wolke zu werden, und vor allem die Blüten selbst, die sich zu einem Köpfchen voller Samen entwickeln, die nur darauf warten, auf den kargen Boden zu fallen – all das trägt den Stempel des Waldbodens in sich.

7

Bäume und Tiere

Wie Bäume Tiere auf chemische und physikalische Weise beeinflussen und sie zur Fortbewegung nutzen

Und all unsere Gestern führten Narren den
Pfad des staub'gen Todes. Aus! Kleines Licht!
William Shakespeare, *Macbeth*[1]

Im Haarkleid eines Dreifinger-Faultieres können sich mehr als 900 Käfer tummeln. Und ganze Populationen hoch spezialisierter Motten und einzigartiger Algen, die im Fell des Faultiers hausen und selbiges in ein zartes Waldgrün tauchen.[2] Das ist zum einen eine gute Tarnung, zum anderen liefern die Algen dem Faultier (und seinen Motten) fettreiches Futter, um die energiearme Blätterkost auszugleichen. Die Motten wiederum bieten dem Faultier und den Algen eine stickstoffhaltige Proteinquelle. Der Stickstoff wiederum wird von dem Faultier einmal pro Woche feierlich recycelt, wenn es (ganz langsam) zu Boden klettert und sich bedächtig in ein vorher gegrabenes Loch am Fuße seines Baumes erleichtert. Diese scheinbar unnötige und gefährliche Prozedur ermöglicht den Motten, ihren Lebenszyklus in der Erde zu vollenden. Der Vorteil für den Baum liegt in der Düngung: Das Faultier garantiert einen steten Zufluss an Stickstoff und Phosphaten, direkt an den Wurzeln.

Wie aber steuert der Baum diese einzigartige Interaktion? Die Antwort liefert uns die Chemie: Sie hat mit Stoffen im Gehirn des Faultiers zu tun. Das einzelne Faultier bleibt oft einem speziellen

Baum treu, den es als sein Zuhause betrachtet, als seinen Blattproduzenten. Dieser Baum gehört zu einer von insgesamt 90 Arten. Es kann ein Kakaobaum sein oder eine *Dinizia excelsa*. Sehr häufig aber ist es eine *Cecropia*-Art, ein Trompetenbaum, der in den Regenwäldern von Zentral- und Südamerika häufig vorkommt. Dieser weist nämlich eine ganze Reihe von Anpassungen auf, die für Tiere von Vorteil sind. Trompetenbäume wachsen vorzugsweise in einer vorgeschädigten Natur. Hier bringen sie große Fächer vielfach gefiederter Blätter hervor, die zunächst verknittert und silbrig erscheinen, sich dann aber auf ihren weißen Stielen entfalten wie grüne Schirme. Diese saftigen Blätter produzieren am Blattgrund Glykogen, das wiederum Ameisen anzieht. Ameisen schützen den Baum vor Insekten und Lianen, Faultiere lassen sie aber in Ruhe. Wenn ein Trompetenbaum umstürzt, sieht man sofort, weshalb diese Baumart so schnell wächst – die Stämme sind hohl und unterteilt. Das Ganze sieht aus wie ein hastig hingeschustertes Regal. Dass sie in Trompetenbäumen oder anderen Bäumen mit nicht allzu starken Ästen leben, heißt für Faultiere, dass sie nicht zu groß werden dürfen. Ihr Energiestoffwechsel unterliegt also gewissen Beschränkungen. Daher müssen sie sich auch so langsam bewegen, denn sie dürfen nicht mehr als 460 Kilojoules pro Tag verbrauchen – das entspricht ungefähr 110 Kilokalorien oder einer kleinen gebackenen Kartoffel. Den Abstieg zum Sich-Entleeren zu wagen, ist schon mit einem enormen Energieverbrauch verbunden.

Faultiere gehören zu den wenigen größeren Tieren, die sich ausschließlich von nährstoffarmen Blättern ernähren. Ihr Lebensstil in den Bäumen hat sie tiefer geprägt als die meisten anderen Tiere, sodass sie selbst ein bisschen wie Bäume geworden sind. Wenn es eine Tierart gibt, die Tolkiens Ents entsprechen könnte, dann ist dies das grüne, sanfte Faultier, das mehr als 30 Jahre alt wird. Sein Weg hinunter zum Boden und wieder zurück ist so, als müsse ein Mensch erst acht Kilometer laufen, um die nächste Toilette zu erreichen.[3]

Während Faultiere beinahe zum Baum werden, werden die meisten Tiere von Bäumen so geprägt, dass sie noch tierischer werden und all das tun, was ein Baum nicht kann.

Im Besonderen nutzen Bäume Tiere als Fortbewegungsmittel. Als Primärproduzenten haben Bäume nicht nur Größe und Gestalt der Tiere, mit denen sie interagieren, geprägt, sondern auch deren Sinne: Sehen, Hören, Schmecken und manchmal auch den Tastsinn. Der Paranussbaum hat an seinem Standort sukzessiv die Kräfte der Bienen gestärkt, weil er nur Bienen unterstützt, die wie die sogenannten Prachtbienen *(Euglossini)* stark genug sind, sich ihren Weg in seine Blüten zu bahnen. Dank ihrer Größe können sie die langen Wege zwischen den weit auseinanderstehenden Bäumen zurücklegen. Der Kapokbaum *(Ceiba pentandra)* wiederum hat die Schnauze verschiedener Fledermausarten so geformt, dass sie nur an seinen Nektar kommen können. Weil diese Fledermäuse andere Futterquellen nicht nutzen können, zwingt der Baum sie, weite Wege zurückzulegen, um einen Baum zu finden, der gerade blüht. Dabei nehmen sie Pollen auf und sorgen für eine gute genetische Durchmischung. Der Rosenholzbaum *(Aniba rosaeodora)*, von dem der Mensch eine der Ingredienzien für Chanel No. 5 bezieht, hat Tukane dazu erzogen, rastlos nach seinen Blüten zu suchen und so seine Samen zu verbreiten. Kakaobäume der verschiedensten Arten verwenden ein ordentliches Quantum Energie darauf, ihre Früchte mit Koffein, Fett und Zucker aufzupeppen, damit Säugetiere weite Wege auf sich nehmen, um mehr von diesen tollen Früchten aufzuspüren. Größere Tiere sind meist klüger und lassen sich nur von greifbaren Belohnungen verleiten. Aber auch sie werden von den Bäumen häufig chemisch und physikalisch beeinflusst. Der Vorteil von größeren Tieren ist zudem, dass sie längere Strecken zurücklegen können. Sie verteilen die Samen der Pflanzen daher weiträumiger. Insekten wiederum sind leichter zu manipulieren, da ihr Gehirn einfacher aufgebaut ist. Daher werden sie häufig in eine Vermittlerrolle gesteckt. Sie verteilen Pollen meilenweit und werden so zu persönlichen DNA-Kurieren für bestimmte Bäume.

❧

Stellen Sie sich vor, Sie sind ein Baum und möchten eine Biene anlocken. Im allgemeinen Lauf der Welt wäre das kein Problem: Bienen würden die Wälder und Felder in Ihrer Umgebung durchsuchen und ganz selbstverständlich auch bei Ihnen »landen«. Und nun stellen Sie sich vor, wie es wäre, wenn der Pollen, den Sie brauchen, *einfach nicht kommt.* Die einst blühende Baumpopulation, der Sie angehörten, ist ein Opfer des Klimawandels geworden. Sie haben nur überlebt, weil Sie sich in eine tiefe Schlucht zurückgezogen haben.

Eben das ist vor drei Millionen Jahren der Rosskastanie passiert, als sich die Welt zu Beginn des Pleistozäns abzukühlen begann. Einige Mitglieder der Art überlebten in Bulgarien und in der Vikos-Schlucht in Griechenland, wo sie gut unter überhängenden Felsen versteckt waren. Sie haben sich vermehrt, weil sie die Bienen ausgetrickst haben. Die Schlucht bot den Bäumen zwar Zuflucht, aber sie mussten schon mit der Aussicht auf eine enorme Belohnung locken, damit Bienen sich dort hinunterwagten. Um während der kritischen, drei Wochen dauernden Blütezeit Bienen anzuziehen, bemühten die Rosskastanien einen umwerfenden visuellen Effekt: große weiße Blütenkerzen. Die Bäume lassen nicht zu, dass die Polyphenole in den Blütenblättern oxidiert werden, was zur Folge hätte, dass die Blüten braun werden und abfallen. Stattdessen sorgt die Rosskastanie dafür, dass selbst bereits bestäubte Blüten in reinstem Weiß erstrahlen, und signalisiert den Bienen so ein Schlaraffenland. Damit die Bienen aber nur in Blüten kriechen, die noch nicht bestäubt sind, haben die Kastanien den winzigen Farbfleck in der Mitte der Blüte – den man auch als Saftmal bezeichnet, das die Bestäuber leitet – minimal verändert. Unbestäubt ist er leuchtend gelb, bestäubt aber schlägt er um in zartes Pink. Und das heißt: kein Nektarausschank. Mit diesem Farbleitsystem dirigiert der Baum die Bienen.

Seit ich gehört hatte, wie sie überlebt und sich verbreitet haben, wollte ich diese Kastanien in Blüte sehen. Vor einigen Jahren zog ich dann endlich los, nachdem mir Jahr für Jahr mein iCal die Nachricht angezeigt hatte: »Rosskastanienblüte in Vikos«. Irgendwann dann passte alles. Mein Freund Josh, den man ohnehin nicht leicht erwischt, lebt nämlich in Ano Pedina, nur einen Katzensprung über die Berge. Und er war gerade mal da, ich hatte Zeit, und die Kastanien standen vermutlich in Blüte. Dieser Teil Griechenlands ist eine Kalksteinlandschaft. Das Dorf mit seinen Kalksteinhäusern, die unter der Last ihrer Steindächer ächzen, schmiegt sich an einen Abhang nahe der Ebene von Pedina und ist berühmt für die Vielzahl seiner Nachtigallen. Wir lauschten jeden Abend ihrem Gesang. Man hörte sie in Gruppen tirilieren, irgendwo draußen in der Dunkelheit, manchmal näher, manchmal weiter weg.

Als wir zur Vikos-Schlucht aufbrachen, nieselte es stark, aber für das Frühlingsgrün war das wunderbar. Uns begegneten Tausende grüner Schattierungen, gelegentlich durchbrochen vom Grau eines Stammes. Die verschiedenen Bäume hatten einmal mehr, einmal weniger ausgetrieben. Zwischendrin tupften die Blüten der wilden Birne ihr Weiß ins Grün, während die Tannen sich schwarz gegen die Berghänge abhoben. In der Ferne grüßten weiße Gipfel vor dem Grau der Wolken, die nicht selten das Grün umschlossen. Rund um das Dorf Monodendri (wörtlich »der Platz eines einzigen Baumes«) ballten sie sich über der Schlucht zusammen. Die steilen Kalksteinklippen zeichneten durch die grüne Decke hindurch den gewundenen Verlauf der Schlucht nach.

Obwohl das Dorf gleich dahinter liegt, gibt es nur wenige Orte, von denen aus die Schlucht zugänglich ist. Also fuhren wir zur Brücke von Koukouli, einer Steinbrücke aus der Zeit der Osmanen, die sich im Halbrund über den Voidomatisfluss wölbt. Und schon erschien das helle Grün der Rosskastanien. Nicht eben üppig, nur da und dort entlang der Schlucht, über jenen Bäumen, die das Gestrüpp am Fluss entlang bilden. Sie wachsen aus den Spalten in den Klippen und recken sich senkrecht in die Höhe. Dicke Blütenkerzen in den verschiedensten Stadien der Transformation, von den grünen Knospen bis hin zur weißen Pracht.

Wir ließen das Auto stehen und spazierten unter der Brücke durch. Es war, als schlenderten wir durch eine byzantinische Basilika: Dunkelheit nahe den steilen Wänden, hin und wieder eine steinerne Säule, einzelne Lichtstrahlen, die durch das Laubdach fielen, und dazwischen die hellen Kerzen der Rosskastanie, die zur Ikonenwand führten, hinter der der Fluss verschwand. Selbst im kühlen Frühling des griechischen Nordens konnte man die Wärme und Feuchtigkeit in der Schlucht spüren, eben jenes Mikroklima, das einem Baum das Überleben ermöglichte.

Die Schlucht schneidet mitten durch ein Bergmassiv. Von dort aus sieht man andere Berge mit Schneehauben, unter denen sich weitere botanische Schätze verstecken. Sie alle tragen wohlklingende Namen, die sie treffend charakterisieren: Tymphe, der Berg mit den Schneestreifen; Smolikas, der Massige; Mitsikeli, der kleine mit seinen vielen südlichen Gipfeln. Die Schlucht, die das Tymphe-Massiv durchtrennt, sieht aus, als wäre sie durch einen gewaltigen, plötzlichen Riss entstanden. Tatsächlich aber war es der Fluss, der sich über Jahrtausende dort eingegraben und dabei den Kalkstein von Jahrmillionen aufgelöst hat. Der Kalkstein aus dem Eozän entstand unter einem Meer. Er bildet die höchste Schicht, und der Fluss ergießt sich durch die Kreidezeit bis in die tiefsten Lagen des grauen Dolomitgesteins im Jura. Hier ist man absolut geschützt. Die Schlucht windet sich durch den Berg, und in dem feuchten Klima riecht buchstäblich alles intensiver. Hier konnte ein Baum während des Zeitalters von

Eis und Schnee überleben, auch nachdem der letzte Lorbeerwald, mit dem er aufwuchs, abgestorben war.

Hier konnten die Rosskastanien an den vielen Bachläufen, die während der Kaltzeit den Fluss speisten, überdauern. Doch die Schlucht muss sich eben zu jener Zeit gebildet haben. Es war also ein Wettlauf gegen die Zeit, bevor die Bäume dort ein Mikroklima vorfanden, in dem sie sich verstecken konnten. Ihr Überleben hing natürlich auch vom Überleben der richtigen Bestäuber ab. Das waren vorzugsweise Bienen, und die Rosskastanien fanden Mittel und Wege, sich so zu verändern, dass sie selbst dem Menschen auffielen.

Am Ende der Schlucht ballten sich dunkle Regenwolken, doch wir gingen unbeirrt weiter und registrierten jede Kastanie auf dem Weg, neben Hainbuchen, Spechten, gelegentlich auftauchenden Nachtigallen und Orchideen. Die meisten Kastanien hatten schon dicke Knospen, blühten aber noch nicht. Bis wir vor einer weiteren dieser wunderbaren Regenbogenbrücken standen und leuchtendes Weiß uns begrüßte: eine Rosskastanie in voller Blüte vor einer Klippe. Wir überquerten die steile Brücke und sprangen von Stein zu Stein über den Fluss, bis wir direkt unter den Blütenkerzen standen. Und da waren sie nun. Die neueren Blüten mit ihren gelben Tupfen, die älteren mit den karminroten, und eine Biene, die von Kerze zu Kerze streifte, von einer gelbherzigen Blüte zur nächsten. So wie es sein sollte.

Sobald eine der gelbherzigen Blüten bestäubt ist, setzt eine chemische Reaktion ein, die die gelben Tupfen in rote umwandelt, das Weiß der Blütenblätter aber intakt lässt. Wir wissen nicht, wann sich diese Reaktion entwickelt hat, aber das Ergebnis kann sich sehen lassen: Bienen machen das Bestäubungssignal schon von Weitem aus und tragen den Pollen durch die gewundene Schlucht, was für eine Durchmischung der genetischen Information sorgt und diese kleine Baumpopulation am Leben erhält.[4] Weiter oben in der Schlucht stand eine ältere Rosskastanie. Auf dem Felsen breitete sich in ihrem

Schatten ein kleiner Teppich des Serbischen Felsentellers *(Ramonda serbica)* aus. Diese seltsam urtümlich anmutende Pflanze mit ihren tiefgrünen Blättern und den vollkommenen fünfteiligen Rosettenblüten ist eine der schönsten Überlebenden des Tertiär. Sie wird von Bienen bestäubt, bietet aber als Gegenleistung nur Pollen an.

Rosskastanien hingegen spendieren den Bienen Nektar und Pollen, aber sie tricksen die Bienen auch aus, indem sie ihnen eine noch bessere Nahrungsquelle anbieten, als sie selbst es sind. Wo Menschen vor grünem Hintergrund weiße Blütenkerzen sehen, die gelbe oder rote Male tragen, nimmt die Biene eine zusätzliche Dimension wahr. Das starke weiße Signal der Blüten verwandelt sich nämlich für das Bienenauge in eine Stroboskopshow: Das reflektierte UV-Licht lässt Staubgefäße und -beutel inmitten des gelben Blütenflecks golden glühen. Bei den roten Malen hingegen senden die Staubbeutel nur schwache Lichtsignale. Für das Bienenauge sehen diese Nektarlieferanten schwarz aus.

Bienen wurden von den Bäumen so geprägt, dass sie kein Rot wahrnehmen: Sie sehen nur UV-Licht, Blau und Grün.[5] Sie können zwar auch Gelb und Orange sehen, aber wie bei Menschen mit Aphakie (wie Claude Monet in seiner blauen Periode nach einer Augenoperation wegen grauem Star) legt sich bei Bienen ein Schillern über Purpur, Violett und Blau, die den Großteil ihrer Farbwahrnehmung ausmachen, ein Mosaik glühender goldener Punkte, die die großen violetten Blüten zu faszinierenden Mustern von Millionen Blüten arrangieren. Selbst unter grauem Himmel leben Bienen wie die Byzantiner in einer Welt leuchtender Farben und einzelner Lichtstrahlen aus der ultravioletten Welt. Ihre großen Facettenaugen können Licht wahrnehmen, das von Molekülen in der Atmosphäre polarisiert wird. Sie erkennen die Muster des polarisierten Lichts am Himmel und richten daran ihren Schwänzeltanz aus, mit dem sie ihren Stockgenossinnen anzeigen, wo sich Nahrungsquellen finden. Drei kleine Ocellen (Punktaugen) an der Stirn liefern der Biene Informationen über UV- und Sonnenlicht. Studien, wie Bienen sich verhalten, wenn ihnen kein UV-Licht zur Verfügung steht, zeigen, dass sie dann so lange im Stock bleiben, bis massive Nahrungsknappheit und Hunger sie nach draußen zwingen. Ein Leben ohne UV-Licht ist für Bienen also einfach zu langweilig. Ohne die Farbkunst der Bäume war das angebotene Futter so fad, dass sie es gar nicht haben wollten.

Die blühende Rosskastanie erzeugt diese Lightshow mittels Aesculin, ein fluoreszierendes Molekül, das unter UV-Licht blau leuchtet. Dasselbe Molekül ist zugleich Giftstoff und zuständig für einen anderen Aspekt der Überlebensstrategie der Kastanie. Dank dieses Stoffes kann sie Tiere so manipulieren, dass sie zu nützlichen Helfern werden. Die Samen des Baumes, die Kastanien, reifen in einer stachligen Kapsel am Baum, die rechtzeitig aufplatzt, um die glänzend braunen Samen in die Freiheit zu entlassen. Manche fallen dabei in den Fluss am Grunde der Vikos-Schlucht und finden bei einer kurzfristigen Überschwemmung ein neues Zuhause. Sie sind an sich durch ihre harte, runde Schale und ihre Glattheit gut geschützt, aber deutlich öfter werden sie eben doch von Wildschweinen, Rotwild und Eichhörnchen gefressen oder in einem Versteck verbuddelt, wobei sie zuvor mitunter über weite Strecken transportiert werden. Der Samen enthält Gifte – eigentlich Seifen beziehungsweise alkaloide Saponine. Diese sind dafür verantwortlich, dass sich die Fette des Tieres auflösen. Dazu kommen noch Glucoside wie das Aesculin, das Cumarin freisetzt, ein Gift, das sich bildet, wenn zu viele Samen verzehrt oder die Samen nicht richtig verdaut wurden.

Sofern Menschen Rosskastanien überhaupt je verzehrt haben, haben sie die Samen vorher in feuchte Erde eingegraben, wodurch die Giftstoffe in den Boden übergehen. Außerdem verliert der Same an Giftigkeit, je näher er der Keimung ist. Tiere machen sich diesen Mechanismus zunutze, um einer Vergiftung zu entgehen – ein beeindruckendes Beispiel für eine zeitlich getaktete chemische Strategie: Die Giftigkeit der Samen stellt sicher, dass die Tiere sie vergraben. Dabei verbleiben mit Sicherheit einige in der Erde, die dann an dieser Stelle keimen können. So wie die großen Blütenkerzen und die deutlich sichtbaren Bestäubungssignale hat vermutlich auch dieser Mechanismus dazu beigetragen, dass die Rosskastanie allen Widrigkeiten zum Trotz überlebte.[6]

Eine saubere Lösung zum Anlocken von Bienen, und unabhängig davon hat sich in China ein ähnlicher Mechanismus entwickelt, der die Ausbreitung von Pollen in tiefen Schluchten ermöglichte. Der Taschentuchbaum *(Davidia involucrata)* steht während seiner Blüte als leuchtend weißes Fanal in den Tälern von Szechuan. Der Baum hat große weiße Hochblätter gebildet, die sich schon in der sanftesten Brise bewegen. So zieht er Bienen an, die auf ihrer Suche meilenweit durch Berge und tiefe Schluchten fliegen. Diese und andere Techniken haben sich den Bienen und anderen Insektenbestäubern eingeprägt, sodass sie sich nun auf Bäume verlassen. Die meisten brauchen Pollen und Nektar der Baumblüten, um zu überleben, vor allem in Jahreszeiten, in denen sonst nicht viel blüht.

Bienen so zu prägen, dass sie Wellenlängen jenseits von Violett wahrnehmen, war ein wichtiger Schritt in der Entwicklung von Bestäubungstechniken und Blütenformen. Doch Bäume haben auch den Gesichtssinn von Vögeln und Fledermäusen beeinflusst. Viele Fledermäuse sehen reflektiertes UV-Licht mit hoher Intensität, was für jene Tiere von Bedeutung ist, die sich von Nektar ernähren. Erstaunlicherweise spannen auch Bananenbäume Fledermäuse ein, damit sie ihren Samen verbreiten. Der Baum dirigiert die Fledermäuse nicht nur, indem er die reifen Bananen süß macht, sondern auch dadurch, dass er sie mit braunen Flecken überzieht. In Verbindung mit dem gesprenkelten Lichteinfall anderer Bäume hält diese Camouflage-Technik Tiere wie Affen vom Verzehr ab. Sie würden die Frucht zwar vertilgen, aber nicht die Samen weitertragen. Auf Fledermäuse aber übt dieses Fleckenmuster eine andere Wirkung aus.

Unter UV-Licht wirken die von Chlorophyll verursachten braunen Flecken fluoreszierend, sodass die Bananen hervorstechen wie Simmentaler Fleckvieh. So verleiht der Bananenbaum seinem Nachwuchs Flügel.

Und die Fledermäuse sind darauf angewiesen, ultraviolettes Licht sehen zu können, weil sie ja immer in der Dämmerung unterwegs sind. Allerdings sind sie wie die meisten Säugetiere, denen die Evolution die Fähigkeit zum Dunkelsehen mitgegeben hat, nicht besonders gut im Unterscheiden von Farben. Auch im Wald lebende Vögel entwickeln häufig die Fähigkeit, UV-Licht wahrzunehmen. So finden sie sich beim Navigieren unter dem dichten Blätterdach des Regenwaldes besser zurecht. Häufig hat die Oberseite der Blätter einen Wachsüberzug, der das Blatt vor Regen schützt. Dieses Wachs reflektiert UV-Licht und erscheint einem fliegenden Vogel daher heller als die Unterseite. Viele Bäume nutzen diesen Mechanismus und überziehen ihre Beeren mit einer Wachsschicht, was nicht nur Frucht und Samen schützt, sondern sie auch für Vögel gut sichtbar macht. Diese schnabulieren dann die Beeren und verteilen die Samen.

❧

In Guatemala begrüßte uns die Morgendämmerung. Nach einem Monat, in dem wir in Belize gegraben und geschabt und dabei Tonscherben und winzige Pflanzenfragmente freigelegt hatten, übertraten wir die Grenze, um eine der großen antiken Maya-Städte zu besuchen: Tikal. Wir hatten uns im Dunkeln aus dem Bett gewälzt, um Tempel IV zu besichtigen und den Sonnenaufgang über dem Wald zu bewundern. Während wir durch den berüchtigt schwülen Wald marschierten, hopste vor uns ein großer grauer Vogel im ersten Licht des Tages von Baum zu Baum. Oben am Tempel lichtete sich der Dunst und die Pyramiden erschienen in der Landschaft, unglaublich groß und wunderschön zwischen den blühenden Zedern,

Ceiba- und Mahagonibäumen. Der Wald unter uns leuchtete in einem zarten Schimmer aus Gelb und Weiß. Papageien und andere Vögel überflogen das Laubdach. Der wuschlige, zerzauste Eindruck der Bäume kündete von der unbezähmbaren Kraft des Lebens.

Auf dem Rückweg sah ich denselben Vogel wieder – diesmal nicht im grauen Halbdämmer. Er war unverkennbar. Der große Schnabel, die Knopfaugen, die faszinierende Färbung: ein Tukan, genauso bunt wie in der Guinness-Werbung, nur viel majestätischer. In Brasilien fressen und verbreiten die Tukane die purpurfarbenen Beeren und Samen des Rosenholzbaumes *(Aniba rosaeodora)*, der einen der Duftstoffe für Chanel No. 5 liefert, aber auch die glänzend schwarzen Früchte der Baumstammkirsche (oder Jaboticaba) und jene der Açaí-Palme *(Euterpe oleracea)*, die ebenfalls dunkelviolett sind und einen wächsernen Überzug haben. Die Früchte ziehen sie magisch an, weil tiefviolette Früchte ultraviolettes Licht reflektieren und für die Tukane so unwiderstehlich sind wie für uns gebrannte Mandeln mit einem goldenen Zuckermantel. Auch die orange-rosafarbene Süße der Papayas ist ganz nach dem Geschmack der Tukane, ebenso wie die leuchtend roten Früchte der Erdbeer-Guave *(Psidium cattleyanum)* und die dunkelroten Feigen des *Ficus calyptroceras*.

Vögel und Bäume haben ihre wechselseitigen Beziehungen vor mindestens 50 Millionen Jahren aufgenommen. Möglicherweise aber reichen sie auch 170 Millionen Jahre zurück, als die Dinosaurier, die Vorfahren der Vögel, mit ihrem rudimentären Federkleid zwischen den riesenhaften Bäumen herumschweiften. Und davor waren es die Palmfarne, die um ihre giftigen Samen Früchte in leuchtenden Farben ausbildeten und sich über die ganze Erde ausbreiteten, weil sie von Dinosauriern weitergetragen wurden.[7] Palmfarne können sich zu hohen Bäumen entwickeln oder klein bleiben. In einem außergewöhnlichen Fall wurden sie sogar zu einer Aufsitzerpflanze (Epiphyt), zur einzigen Gymnosperme, die auf einem anderen Baum wächst. Sie haben steife, spitze Blätter, die sich zu einem Fächer öffnen. Darüber hinaus haben sie hochwirksame Gifte entwickelt, um nicht von den Dinosauriern gefressen zu werden. Das Neurotoxin Cycasin, ein dem Aesculin ähnliches Glykosid, und das krebserregende Macrozamin sind für die meisten Tiere tödlich, auch für den Menschen. Bei Rindern verursachen sie eine Krankheit, die man *zamia staggers* nennt. Nach dem Verzehr von Palmfarnblättern stellt sich unmittelbar Erbrechen ein, gefolgt von Lähmungen und schließlich vom Tod. Langfristig verursachen die Blätter selbst in niedrigen Dosen Krebs und neurodegenerative Krankheiten. Ein Tier, das diese Blätter frisst, ist nicht mehr reproduktionsfähig. Nur wenigen Insekten können diese Gifte nichts anhaben, unter anderem einer Schmetterlingslarve, die das Cycasin gegen ihre eigenen Fressfeinde einsetzt.

Palmfarne sind ein hochinteressantes Modell, denn sie erlauben uns, unseren Blick zurück in die Vergangenheit zu richten und Aufstieg und Fall von Arten gleichermaßen zu beobachten. Die Dinosaurier waren mächtige Pflanzenfresser, die die Palmfarne anderen Gymnospermen wie Ginkgo oder Araukarien vorzogen, obwohl Erstere starke Gifte produzierten. Doch die Dinosaurier mähten die Palmfarne einfach nieder wie Bisons, die im Naturschutzgebiet grasen. Dass die Dinosaurier ihre Samen verbreiteten, hatte für die Palmfarne so manchen Vorteil. So konnten sie sich nicht nur geografisch ausbreiten, sondern auch resilienter werden. Sie wurden fremdbestäubt, was den Genpool vergrößerte, konnten sich in verschiedene Nischen vorwagen und so auf Veränderungen in Wetter und Klima reagieren. Und sie konnten den Kontakt mit Insekten und mikrobiellen Schädlingen vermeiden, die sich sonst vielleicht unter ihnen ausgebreitet hätten. Die Steine im Verdauungstrakt der Sauropoden, sogenannte Gastrolithen, die statt Zähnen das Zerkleinern der Nahrung übernahmen, waren für die Palmfarnsamen wie Poliersteine. Sie reinigten sie von Krankheitserregern und versahen die Schalen mit leichten Rissen, sodass sie leicht keimen konnten. Möglicherweise ersetzten bei den Sauropoden aufgrund ihrer Palmfarndiät scharfe Kneifzähne und eine mikrobielle Verdauung die breiten, mahlenden Molaren, wie sie später bei den Hadrosauriern üblich waren. Sie hätten mit ihrem Gebiss die Samen zermahlen und sich daran vergiftet. Noch wichtiger am System der Palmfarne ist es, einen großen, giftigen Samen im süßen Fruchtkleid zu entwickeln. Das stellte sicher, dass nur Saurier, die groß genug waren, die weiten Distanzen zwischen den einzelnen Pflanzen zurückzulegen, sich an der Frucht gütlich tun konnten. Das Glykosid, das die Palmfarne entwickelten, war sozusagen die eiserne Faust im Samthandschuh der Frucht. Doch eine wissenschaftliche Denkschule geht davon aus, dass die Palmfarne fast zu sehr auf die Dinosaurier fixiert waren. Zu ihrer Hochzeit waren diese Pflanzen die am weitesten verbreiteten Gymnospermen der Erde, aber diese Symbiose hatte auch zur Folge, dass sie nicht mit den Angiospermen konkurrieren konnten, sobald die Dinosaurier ausgestorben waren.

Zurück in Belize wollte ich eine überlebende, aber sehr seltene Palmfarnart sehen, die erst 2009 entdeckt worden war. Man nannte sie »liegender Palmfarn« oder *Zamia decumbens*, weil sie an kurzen Stielen über den Boden robbt wie eine Raupe. Man findet sie nur in ein oder zwei Kratern in den sogenannten Maya Mountains, einem Gebirgszug aus Kalkstein, der auf die guatemaltekische Grenze zuläuft und weiter an ihr entlangführt. Diese Berge sind für Botaniker ein Paradies. Bruce White von den Marie Selby Botanic Gardens in Sarasota, Florida, erzählte mir von einer Exkursion 2007, als zwei Hurrikane der Kategorie 5 über das Land hinwegfegten und das Team mit Hubschraubern aus der unzugänglichsten Region des Waldes ausgeflogen werden musste. Doch hatte er, wie er sagte, nie eine größere Diversität von Pflanzen erlebt. Die Sonderstellung dieser Region wird noch verstärkt, da es sich um eine entmilitarisierte Zone handelt. Die umstrittene Grenze zwischen Belize und Guatemala wird auf einer Seite von britischen Truppen gesichert, auf der anderen von US-amerikanischen. Wir erkundigten uns nach den speziellen Wuchsstellen (die geheim gehalten werden, weil diese Palmfarnart so extrem selten ist). Dann entschieden wir uns für einen der Krater und zogen nach langen Trekkingplanungen endlich los.

Unseren Zielort erreichten wir aber nie. Es gab keine Wege und der dichte Wald tauchte die Route, der wir zu folgen versuchten, in undurchdringliches Dunkel. Wir hätten dem Kraterrand nahe sein müssen, aber obwohl einer von uns schon einmal dort gewesen war, fanden wir ihn nicht. Alles hatte sich verändert. In gewisser Hinsicht war ich erleichtert. Ich habe *Zamia decumbens* später in einem botanischen Garten gesehen: ein Stängel, der am Boden lag, rote Früchte auf Stielen, die man leicht abzupfen konnte. Hätte ich die Pflanze in ihrem ursprünglichen Krater sehen können, wäre dies eine Begegnung mit einer der letzten Überlebenden eines ausgestorbenen Reiches gewesen.

Als sich rund um die Palmfarne der Regenwald ausbreitete, nahm ihre Verbreitung kontinuierlich ab. Ohne Dinosaurier, die ihre Samen verteilten, kam es immer häufiger zu Inzucht, und ihre Populationen vereinzelten sich immer mehr. Doch kamen ihnen auch andere Tiere zu Hilfe. Im Fall das Kananga-Palmfarns *(Encephalartos poggei)* in Angola ist das einzige Tier, das zu seiner Verbreitung beiträgt, zugleich auch der letzte Überlebende der Megafauna, der afrikanische Elefant. Er verschlingt große Mengen der Samen, ohne sie jedoch zu kauen, und scheidet sie ein paar Tage später wieder aus. Die Samen des seltenen Mexikanischen Riesen-Palmfarns *(Dioon spinulosum)*, der bis zu zwölf Meter hoch werden kann, werden gelegentlich vom Mexikanischen Schwarzbär verteilt. Meist aber sind es große Vögel, die diese Aufgabe übernehmen. Der Australische Palmfarn *(Macrozamia riedlei)* trägt Samen, die vom Emu verteilt werden und vom Moyadong, einer Papageienart.

Wer in Westeuropa oder Skandinavien lebt, vergisst vielleicht manchmal, dass es blühende Bäume gibt. In Belize oder Brasilien, auf den Philippinen oder Madagaskar, aber auch in Pakistan wäre das unmöglich. Im Bagh-al-Jinnah zum Beispiel (wörtlich »Jinnah-Garten«) in Lahore spannen die prächtigen roten Blüten des Asiatischen Kapokbaumes (*Bombax ceiba*, nicht zu verwechseln mit *Ceiba pentandra*) ein Laubdach von beeindruckender Farbigkeit aus. Auf den Philippinen ist es der Mangkono *(Xanthostemon verdugonianus)*, der rote Pinselblüten treibt. Die Straßen von São Gabriel da Cachoeira in Brasilien sind dermaßen übersät von seinen leuchtend pinkfarbenen Staubblättern, dass man meinen könnte, am indischen Fest der Farben teilzuhaben. Man hat den Baum von der anderen Seite der Welt nach Brasilien gebracht, aus Java und Sumatra, wo er heimisch ist, und aus Australien. Der Wasserapfel *(Syzygium malaccense)* kam ebenfalls per Schiff nach Ozeanien und wurde vor 1700 Jahren nach Hawaii verpflanzt. Er bringt nicht nur bezaubernde rote Blüten hervor, sondern auch große, rote Früchte, die fast zu groß sind, um von Vögeln gefressen zu werden. Der Baobab in Madagaskar trägt hellorangefarbene Trompetenblüten von außergewöhnlicher Schönheit. Und in Angola zeigen auch die Mpingo-Bäume bezaubernde Blüten.

Insekten können kein Rot sehen, wir können also ziemlich sicher sein, dass die Samen dieser Bäume von Vögeln verbreitet werden. In den offenen Gymnospermen-Wäldern erfolgte die Bestäubung meist durch den Wind. Die Abkömmlinge von Kiefern beziehungsweise Tannen wie die Araukarie, die Sicheltanne oder der Riesen-Mammutbaum erfüllten die Luft mit ihrem Pollen, sodass es keine anderen Mechanismen brauchte. Als sich vor 50 Millionen Jahren die Angiospermen diversifizierten und die Wälder immer dichter wurden, funktionierte diese Technik nicht mehr, sodass es eine neue Strategie brauchte, um die Pollen zu verbreiten. Die Lösung waren Insekten, aber natürlich auch Vögel, jene 11 000 Tierarten, die damals auf der Suche nach Futter die Wälder durchstreiften.

Das Auge der Vögel ist wie das der Dinosaurier so beschaffen, dass es den Unterschied zwischen Rot und Grün sofort erkennt. Signaturdüfte dienen gewöhnlich dem Anlocken von Insekten, während andere Bestäuber wie Vögel eher den Nektar riechen. Aus diesem Grund duften rote Röhrenblüten nur sehr selten. Damit die Frucht sich vom umgebenden Grün unterscheiden konnte, tauchte sie ihr Äußeres in Rot. Um die Samenverbreitung sicherzustellen, hüllte die Pflanze Zuckermoleküle in Kohlenhydratüberzüge. Nach dem Aushärten wurde der bittere Geschmack versüßt. Und wie die Palmfarne entwickelten auch die Angiospermen-Samen eine Reihe von Giftstoffen und eine harte Schale, damit die Samen im Kaumagen der Vögel intakt blieben. Meist sind diese Gifte wie bei den Palmfarnen Glucoside, ganz einfache, aber tödliche Moleküle, die an Glucose oder einen anderen Zucker binden. Ein geniales System: Pflanzen produzieren Zucker, daher ist es eher unwahrscheinlich, dass diese Moleküle in der Pflanze aufbrechen, weil diese daraus ja ganze Molekülketten macht. Das Verdauungssystem eines Tieres aber löst das Gift aus seiner Bindung und schadet sich damit selbst. Bei Aprikosen, Äpfeln und Pflaumen ist das Glycosid Amygdalin. Wenn sein Zuckermolekül ausgelöst wird, bleibt Blausäure übrig. Dieses Molekül aus Kohlenstoff und Stickstoff, das den Energiefluss grundlegend ausbremst, ist für Menschen tödlich, schädigt aber auch die verschiedensten Vertreter des Tierreiches. Das Aesculin der Rosskastanie verwandelt sich bei Verlust der Glucose in Cumarin, wobei ein Duft nach Vanille und Tonkabohnen freigesetzt wird sowie ein Appetitzügler, der Fressfeinde vom Zubeißen abhalten soll. Das Cycasin der Palmfarne ist eines der tödlichsten Gifte überhaupt. Dabei wird zunächst Formaldehyd frei, mit dem man die Opfer sozusagen beizen kann, und dann Diazomethan, das sie ein für alle Mal erledigt.

Der Samthandschuh und die eiserne Faust – giftige Samen in weichem, köstlichem Fruchtfleisch –, diese Methode hat sich gehalten, um Vögel dazu zu bringen, Samen über die ganze Welt zu verteilen, vom Amazonas am Äquator bis hin zu den Regenwäldern der gemäßigten Klimazone, zum Beispiel in der Türkei.

Von Çamlıhemşin nahe der georgischen Grenze stieg ich den Berg Richtung Pokut Yaylasi hinauf, die traditionelle Hemşin-Weide am Ende des Tals. Die Berghänge sind hier so steil, dass man Seilrutschen benutzt, um Nahrungsmittel nach oben zu transportieren. Der erste Schnee war diesmal früh gekommen, und Wolken zogen durch das Tal. Aus dem wasserschwangeren Dunst wurde schnell ein Nieselregen und schließlich ein kräftiger, kühler Schauer, durchzogen von wallenden Nebelschwaden.

Die tiefen Täler der Pontischen Alpen sind ideal für Bäume, die große Blätter und Tropfspitzen haben. Sie sind an ein Mikroklima mit viel Regen und wenig Wind angepasst. Und so gedeihen dort Kirschlorbeer und Kaukasische Stechpalme sowie der Kaukasische Faulbaum *(Rhamnus imeretina)*, dessen Blätter eine Länge von 25 Zentimetern erreichen können. Die Pontische Eiche *(Quercus pontica)* hat ebenfalls große, ovale Blätter. Als ich den Hang hinaufstieg, bemerkte ich erstaunt die unglaubliche Vielfalt an Beeren. Stechpalme und Schneeball hatten ähnlich tiefrote Beeren, was besonders auffiel, weil die Vogelbeeren ihr Laub längst abgeworfen hatten und nur noch die Früchte in Trauben aus dem Geäst leuchteten. Überall zwitscherten kleine Vögel: Tannenmeisen, Drosseln, Spatzen und Grasmücken. Da es im Tal kaum Wind gibt, haben viele der Bäume, vor allem solche, die den Unterwuchs bilden, rote Beeren entwickelt, die von Vögeln verbreitet werden. Auch Bären, die sich mit erstaunlicher Geschmeidigkeit durch den Wald bewegen, genießen die abgefallenen Nüsse und Beeren, aber die Tiere sind dort doch eher selten. Die eigentliche Zielgruppe dieses reichen Beerenangebots – Stechpalme, Vogelbeere, Schneeball und Heidelbeeren – sind die Vögel.

»Was für ein schönes Leben führe ich doch, die reifen Äpfel fallen nieder … und Nektarinen oder herrliche Pfirsiche wachsen mir buchstäblich in die Hände.« Dieses launige Gedicht wurde von Andrew Marvell im 17. Jahrhundert verfasst, aber es ist tatsächlich wahr. Die Reifezeit ist (bildlich gesprochen) so, als würde der Baum ein Taxi rufen. Äpfel zum Beispiel fallen vom Baum, wenn Äthylengas die Produktion von Cellulase und Polygalacturonase anregt, zwei Enzyme, die den Leim, der die Zellen des Apfelstiels zusammenhält, fast ganz auflösen. Die reife Frucht fällt zu Boden und somit kann der Same verbreitet werden. Dies ist ein weiterer Mechanismus, mit dem Bäume Tiere manipulieren und mitunter ihren Lebenszyklus kontrollieren. Merkwürdigerweise sind ausgerechnet Dodos und andere flugunfähige Vögel wunderbare Beispiele dafür.

Der Name »Dodo« stammt übrigens vom niederländischen Wort *dodaerse* ab, was so viel heißt wie »dicker Hintern«. Die niederländischen Seeleute, die im 17. Jahrhundert diesen Vogel als erste Europäer zu Gesicht bekamen, nannten ihn so, weil er langsam über die Insel Mauritius watschelte und sein Hinterteil in die Luft reckte.[8] Es war Juni, als sie erstmals dort landeten, und der Dodo trug sein flaumiges Sommerfederkleid. Wäre es Januar gewesen, hätten die Seeleute einen ganz anderen Vogel gesehen: schlank, wendig und so mager, dass sie ihn vor dem Verzehr erst stundenlang hätten kochen müssen. Und selbst dann hätten sie sich beschwert, dass das ledrige Fleisch Übelkeit verursachte. Dieses zyklische Schwanken von Unter- zu Übergewicht und zurück hatte mit den Bäumen auf Mauritius zu tun, genauer gesagt mit dem für sie idealen Zeitpunkt, um ihre Früchte abzuwerfen. Möglicherweise war sogar das geschlossene Ökosystem der Insel der Grund dafür, dass sich eine kooperative Evolution zwischen Bäumen und Dodo einstellte, in deren Gefolge der Dodo flugunfähig blieb. In der Regenzeit von Dezember bis März war der Dodo gezwungen, zu fasten oder sich während der Baumblüte von Insekten zu ernähren. Im April schickten die Palmen und Schraubenbäume *(Pandanus)* am Strand sich an, ihre Früchte abzuwerfen, an denen sich die Dodos bis in den Oktober hinein laben konnten. Dann zogen die Vögel sich in den Wald zurück und fraßen die Früchte, die sie dort fanden. Das waren deutlich weniger als vorher, und ab Dezember begann das Fasten von Neuem. Eben diese Fastenzeit führte dazu, dass der Dodo groß und flugunfähig blieb, auch wenn das auf den ersten Blick kontraintuitiv erscheint. Aber nur große Vögel können ohne Futter überleben, und da der Dodo nicht fliegen konnte, konnte er auch keine unreifen Früchte zu sich nehmen. Für die Bäume war es wichtig, dass der Vogel groß war, sodass die großen Samen unbeschadet seinen Verdauungstrakt passierten.

Bis der Mensch seinen Fuß auf die Insel setzte, war es auch nicht nötig, dass der Dodo fliegen lernte. Die Bäume ließen ihre kalorienreichen Früchte gerade zur richtigen Zeit auf den Boden fallen, und der Vogel hatte keine natürlichen Fressfeinde. Mit dem Menschen und seinem schändlichen Appetit kamen auch die Ratten und andere Räuber, sodass der Dodo bald ausgestorben war. Wie im Übrigen auch die Bäume auf Mauritius. Daran ist zum einen eine irrsinnige Entwaldung schuld, die mehr als 95 Prozent der Insel betraf. Manche Bäume aber wurden auch selten oder starben aus, weil ihr Samenverbreitungsmechanismus – der Dodo – nicht mehr zur Verfügung stand.[9] Einer dieser Bäume war der Tambalacoque *(Sideroxylon grandiflorum)*, ein hoch wachsender Vertreter der Sapotengewächse, von dem es 1973 angeblich nur noch 13 Bäume gab. Seine Früchte, die aussehen wie kleine Pfirsiche, haben große, harte Samen, die eingeritzt werden müssen, bevor sie keimen können. Der steingefüllte Kaumagen des Dodo, so die Theorie, machte genau dies. Versuche, dies nachzuweisen, indem man die Früchte zwangsweise an Truthähne verfütterte, waren besonders erfolglos, denn die Tiere spuckten das Zeug einfach aus.

Die Debatten hierüber waren eines der großen wissenschaftlichen Streitthemen der 1970er und beförderten eine weitere Diskussion, die uns die 1980er hindurch begleiten sollte: Waren die Früchte, die der Mensch heute verzehrt,[10] ursprünglich für den Konsum der mittlerweile ausgestorbenen Megafauna vorgesehen, und wenn ja, wie viel davon?[11] Das goldene Zeitalter der Megafauna lag im frühen bis mittleren Pleistozän. Danach nahm die Anzahl dieser Arten ständig ab, was vermutlich mit der Vergletscherung zusammenhing. Wie beim Dodo, nur 15 000 Jahre früher, war der Todesstoß für den Großteil dieser Arten die Ausbreitung des Menschen. Als K-Strategen – die lange leben und viel in ihren Nachwuchs investieren – konnten sie die getöteten Tiere nicht ersetzen.

Das größte Säugetier, das den Asteroideneinschlag vor 66 Millionen Jahren überlebt hatte, brachte nicht einmal ein halbes Kilogramm auf die Waage. Aber weniger als 100 000 Jahre später wogen seine Nachkommen schon sechs Kilogramm und 200 000 Jahre nach dem Asteroiden wogen sie 20 Kilogramm, weit mehr als jedes Säugetier, das es vor dem Einschlag gegeben hatte. Vor etwa 15 Millionen Jahren erschien dann die eigentliche Megafauna auf der Bildfläche und erreichte ihre maximale Ausbreitung vor 2,5 Millionen Jahren. Es besteht wenig Zweifel, dass die Bäume die Megafauna massiv beeinflusst haben. Sie versorgten die Tiere mit Fetten und Proteinen und schufen sich so die vollkommenen evolutionären Partner, um große Samen zu verbreiten. Solche Samen sind ganz wesentlich, wenn sich unter einem bereits existierenden Laubdach neue Bäume bilden sollen. Der Same muss Gelegenheit haben, ans Licht zu wachsen. Wenn Bäume sich also proteinreiche Guaven wachsen ließen oder Avocados voller Fette, dann lockten sie damit die Megafauna an und sorgten dafür, dass die Tiere groß bleiben – groß genug, um einen Avocadokern unverdaut durchs Amazonasbecken zu transportieren.

Dieses Bestreben, ausschließlich die Megafauna anzulocken, führte dazu, dass die Avocados beim Heranreifen ihre Farbe nicht ändern. Ohnehin reifen sie nicht am Baum. Ihr üppiges Fleisch mit hoher Nährstoffdichte war als Nahrung für Gomphotherien gedacht, jene riesigen Rüsseltiere, die bis vor 20000 Jahren durch Südamerika streiften. Papayas und Persimonen, Jackfrucht und Cherimoya, Mangostan und Guabafrucht scheinen sich durchweg entwickelt zu haben, um der Megafauna vor die Füße zu fallen und verspeist zu werden, bevor die Tiere dann zum nächsten Baum in einigen Kilometern Entfernung weitertrabten. Selbst das Riesenfaultier scheint hier mitgeholfen zu haben. Ihm verdankt die Josua-Palmlilie *(Yucca brevifolia)*, die nur an Wüstenrändern lebte, dass sie andererseits doch weit genug verbreitet war, um den Klimawandel zu überleben.[12]

Als Kollektiv setzten die Bäume auf unterschiedliche Fruchtzeiten, um die Megafauna auf Trab zu halten. Wie die von Vögeln oder Fledermäusen verbreiteten Pflanzen ihre Fruchtzeiten abstimmten, stellten auch die Bäume, deren Samen von der Megafauna herumgetragen wurden, sicher, dass die Tiere die Wälder durchwanderten. Der Versuch, diese Routen nachzuzeichnen, hatte mal mehr, mal weniger Erfolg. Aber man konnte durchaus zeigen, dass die Bewegung der Tiere zur genetischen Vielfalt bestimmter Bäume beitrug. Wenn wir dieses Theorem umkehren, bemerken wir, dass Bäume, die man immer für groß und ortsgebunden hält, tatsächlich schnell und agil sein können. Sich auf verschiedene Tierarten stützend verbreiteten sie sich über das Land, bevor sie sich als Reaktion auf klimatische und geologische Veränderungen zurückziehen mussten.

Beispiele von Bäumen, die Tiere als Fortbewegungsmittel benutzen, gibt es im ganzen Pflanzenreich, auch wenn oft nicht ganz klar ist, wer genau wen prägt. Darwins Lieblingsbeispiel für eine eng verzahnte evolutionäre Baum-Tier-Beziehung war das System der Josua-Palmlilie. 1874 bezeichnete er es in einem Brief an Joseph Hooker, den damaligen Direktor der Royal Botanic Gardens in Kew, als »das bemerkenswerteste Befruchtungssystem, das je beschrieben wurde«.[13] Es basiert darauf, dass der Baum einen bestimmten Duft verströmt, der das Gehirn einer hochgradig spezialisierten Motte daran erinnert, ihre Eier abzulegen. Insofern ist das eine ausgesprochen eng verzahnte Koevolution und eine ungewöhnliche Umkehrung der üblichen Pflanzenfresser-Baum-Interaktion.

Die Josua-Palmlilie ist eine Wüstenpflanze mit furchterregend spitz zulaufenden Blättern und wächsernen grünen Blüten, die sich dem Himmel entgegenrecken. Die Blüten verströmen einen penetranten Geruch, der speziell auf Männchen und Weibchen einer kleinen braunen Mottenart stimulierend wirkt. Diese steuern die Staubbeutel an, sammeln mit ihren seltsamen Mundwerkzeugen den klebrigen Pollen ein und platzieren ihn auf der Narbe von Blüten einer anderen Josua-Palmlilie. Dann bleiben die Motten auf der Narbe sitzen und deponieren mithilfe eines Legebohrers (Ovipositor) von derselben Länge wie der Griffel (der Narbe und Fruchtknoten verbindet) ihre Eier direkt neben die Samen. Befruchtete Samen und Eier entwickeln sich zusammen im selben »Bauch«, bis die Raupen schlüpfen. Diese fressen ein paar – keineswegs alle – Samen, die ihre einzige Nahrungsquelle sind. Dann verpuppen sie sich irgendwo in der Nähe. Die Josua-Palmlilie liefert keinen Nektar oder eine andere Form der Belohnung, aber die Genetik belegt, dass diese Form der Leihmutterschaft schon seit Jahrmillionen besteht.

Warum aber sollte die schrille, symbolträchtige Josua-Palmlilie ihr Schicksal mit einer einzigen Mottenart verknüpfen? Der Vorteil für den Baum liegt darin, dass er die absolute Kontrolle darüber hat, was seine Bestäuber tun. Er muss keinen Nektar produzieren, der möglicherweise andere Tiere anzieht, die dem Baum Schaden zufügen könnten. Und die Energie, die er der Motte in Form der Fette in den Samen liefert, ist großzügig dosiert, kommt aber doch verzögert, so ähnlich wie ein Beraterhonorar. Der Baum ist in puncto Energie der Primärproduzent und hält in diesem Sinne alle Karten in der Hand. Dazu kommt noch, dass das spezifische Mundwerkzeug der Mottenweibchen garantiert, dass sie auf das Überleben des Baumes angewiesen sind. Werden zu viele Samen verzehrt, wirft der Baum die Blüten ab und mit ihnen alle Samen/Larven. So stellt er sicher, dass sich die Larven nicht zu früh ans Schmausen machen.[14]

Letztes Jahr stattete ich der kalifornischen Mojavewüste, wo die Josua-Palmlilie wächst, einen Besuch ab mit der Absicht, eines der ersten und beeindruckendsten Beispiele für die Evolution durch natürliche Auslese auf einen bestimmten Aspekt seiner Entwicklung hin zu untersuchen. Darwin hatte von der Josua-Palmlilie durch die Briefe von Charles Valentine Riley erfahren. Letzterer war staatlicher Insektenkundler von Missouri und als solcher besser als irgendjemand sonst geeignet, sich ein Bild von der Koevolution von Pflanzen und Tieren zu machen. Berühmtheit allerdings erlangte Riley hauptsächlich als Retter des europäischen Weinbaus, wofür er zum Ritter der französischen Ehrenlegion ernannt wurde. Letztlich ging es bei jenem Projekt darum, ein grundlegendes Verständnis der Koevolution zu erwerben: Er erkannte, dass amerikanische Reben *(Vitis vinifera)* mit der Reblaus *(Phylloxera)* in Koevolution entstanden waren. Daher waren sie gegenüber den Läusen, die zur selben Zeit in die Weinberge von Burgund und Bordeaux einfielen, resistent. Die französischen Winzer konnten ihre Reben auf die amerikanische Unterlage pfropfen, sodass der französische Weinbau vor dem sicheren Untergang gerettet wurde.

Die so gewonnenen Einsichten übertrug Riley auf die Josua-Palmlilie. Als er 1872 mit seiner Arbeit begann, war der Baum für die amerikanischen Siedler längst zum Wahrzeichen geworden. Seine ikonische Gestalt in der Wüste erinnerte an einen mageren alten Mann, der sich nach Westen aufmachte. Daher benannten die Mormonensiedler ihn nach dem Patriarchen des Alten Testaments, der die Stämme Israels nach Kanaan führte. Nachdem jemand kleine braune Motten in den großen Blüten der Yucca-Pflanze beobachtet hatte, wurde Riley gebeten, diese zu untersuchen. Und genau das tat er dann auch. Über die nächsten zehn Jahre beobachtete er obsessiv den Lebenszyklus der Yucca-Motte *(Tegeticula yuccasella)* und der Yucca-Scheinmotte *(Prodoxus decipiens)*, den er genauestens dokumentierte. Dank seiner Beobachtungsgabe konnte er neue Erkenntnisse über Mimikry-Verhalten und Insektenbestäubung gewinnen. Außerdem verschickte er Mottenkokons an andere Wissenschaftler. Darwin gab seine Exemplare sofort an Hooker weiter, der sie in Kew Gardens betreute – ein dringend erforderlicher wissenschaftlicher Austausch, der bis heute fortdauert. Erstaunlicherweise – zumindest für uns – wurden einige von Rileys Beobachtungen teilweise strikt abgelehnt mit der Begründung, dass aktive Bestäubung »ins Land der Mythen und Fabeln gehöre«. Erst wenige Jahre zuvor hatte Sprengel, der erste westliche Wissenschaftler, der davon ausging, dass die Aufgaben von Blüten sich nicht aufs reine Schönsein beschränkten, seine Theorie von Insekten als »lebende Bürsten« vorgestellt. Und es sollte noch einige Zeit dauern, bis Darwins Idee der Evolution durch natürliche Auslese allgemein akzeptiert wurde.

Ich fuhr also Ende Oktober von Los Angeles aus los, als die Nächte schon kalt waren und die letzten Samenkapseln von den Bäumen fielen. Seit 1872 weiß man, dass es sich bei der Josua-Palmlilie nicht um eine, sondern um zwei Unterarten handelt: *Yucca brevifolia brevifolia* und *Yucca brevifolia jaegeriana.*[15] Und jede wird exklusiv von einer eigenen Schwesterart der Yucca-Motte mit den obligatorischen samenfressenden Larven versehen. Auch diese Erkenntnis löste eine wissenschaftliche Diskussion darüber aus, ob es die Motten waren, die zur Differenzierung in zwei Unterarten geführt haben, oder ob die spezielle klimatische Nische dafür verantwortlich war, dass sich zwei Schwesterarten herausgebildet hatten.[16] Ich wollte dieses bedeutende Beispiel der Koevolution zwischen Baum und Bestäuber mit eigenen Augen sehen, also fuhr ich an den Rand ihres Verbreitungsgebietes, vorbei am Joshua Tree National

Park und dann östlich die Mojavewüste entlang. Irgendwann war mein Gehirn angefüllt mit Bildern dieser winkligen Bäume, die einer nach dem anderen dastanden wie Vogelscheuchen in der Wüste.

Der Unterschied zwischen den Arten war leicht zu erkennen. Im Joshua Tree National Park sind die Bäume hochgewachsen, stolz und hager. Ihre Blätter bilden an den wenigen Zweigen lange, wippende Spitzen. Auf dem Boden lagen die trockenen Samenkapseln und hin und wieder ein toter Zweig. Als ich den Park verließ und weiter ostwärts fuhr, kam ich an anderen Josua-Palmlilien vorbei, die einzelne Gruppen bildeten. Östlich von Bairstow genoss ich die langen, schnurgeraden kalifornischen Straßen und die Schilder, die den Weg nach Las Vegas wiesen. Dort sah ich dann die zweite Form. Anfangs waren es nur ein oder zwei Bäume. Dann, als ich an den Hybriden des Tikaboo Valley vorbei war, begegnete ich immer mehr stämmigen, quirligen und munter austreibenden Josua-Palmlilien, die viel mehr Äste hatten und am Ende der kurzen Blattstände nickende Bommeln trugen. Während *Yucca brevifolia brevifolia* sich erst dann verzweigt, wenn sie geblüht hat, setzt *Yucca jaegeriana* schnell und viele Äste an. Sie bleibt auch niedriger. Es ist eine Besonderheit der Josua-Palmlilie, dass die Enden der Zweige erst dem Frost ausgesetzt sein müssen, bevor sie blühen können.

Nach Vegas habe ich es nicht geschafft, aber die Josua-Palmlilien waren mir auch genug. Die Fernerkundung mit LiDAR hat ohnehin ergeben, dass Las Vegas von *Yucca jaegeriana* umgeben ist. Die Unterart kann in noch trockeneren und heißeren Gegenden überleben als die ursprüngliche Varietät. Analysen der Motten zeigen, dass die Arten sich vor 10,7 Millionen Jahren aufgeteilt haben, aber die Motten-Schwesterarten und die Unterarten der Josua-Palmlilie, die sie bestäuben, sind einander sehr ähnlich. Zum Beispiel öffnen sich die Blüten beider Unterarten nach Süden, um ein Maximum an Sonnenenergie aufzunehmen. So bieten sie den Motten, die erst nach Sonnenuntergang ausschwärmen, ein wenig Wärme. Auch den

Duft, der die Tiere anzieht, verströmen sie erst nachts, wie eine solarbetriebene Duftkerze.

Der Geruch wird assoziiert mit Blauschimmelkäse, Moschus oder verfaulenden Lilien. Mich erinnert er an ein Schweizer Restaurant, wo man ein Gruyère-Fondue zu sich nimmt. 2016 konnte ein kluges Experiment im Tikaboo Valley nachweisen, aus welchen Stoffen sich dieses spezielle Duftprofil zusammensetzt. Die Forscher banden Bratbeutel aus Polyacetat über die Blüten jeder Unterart wie über die der einzelnen Hybriden, die in der Nähe wuchsen. So konnten sie den Duft der Blüte einfangen. Aus den 20 verschiedenen Komponenten ragte vor allem eine ungewöhnliche Basisnote hervor: 1-Octen-3-ol mit seinen acht Kohlenstoffatomen. Die Kopfnoten waren einzigartig: Alkohol- und Lactonderivate von (E)-4,8-dimethyl-1,3,7-Nonantriene (DMNT), zu denen auch Nerolidol gehört, das nach frischer Rinde riecht. Diese Stoffe sind aus verschiedenen Gründen interessant. Der Erste ist als Pilzalkohol bekannt, findet sich aber auch im menschlichen Schweiß und Atem, wo er Moskitos anzieht. Der zweite aber wird meist von beschädigten Pflanzen ausgestoßen. Dass die Josua-Palmlilie mitunter menschlich wirkenden Körpergeruch verströmt, erklärt sich von selbst. (Alle Arten vom Baum des Lebens teilen nicht selten biochemische Signalwege.) Dass sie jedoch nach kaputten Zellen riecht, signalisiert der Motte vermutlich, wie weit sie ihren Legebohrer absenken kann: Wenn dadurch nämlich der Fruchtknoten in Mitleidenschaft gezogen wird, fällt die Blüte unweigerlich ab. Die Länge des Legebohrers muss also der Distanz zum Ovar entsprechen.[17]

Und das heißt nicht nur, dass die Josua-Palmlilie die Motte mittels Duftsignalen im richtigen Moment zur Eiablage stimuliert. Sie hat deren Legebohrer auch in Jahrmillionen der Evolution auf den Millimeter genau geprägt. Das ist ebenso außergewöhnlich wie erstaunlich sinnlos. Warum sollte ein Baum sich so entwickeln? Die Antwort darauf ist vermutlich, dass diese Methode extrem effizient ist. Sie erfordert kaum Energie und ist ausgesprochen vorhersehbar und effektiv. Die Motte ist das IKEA-Modell der Bestäuber. Sie reist nicht weit, aber weit genug, um die verstreuten Populationen zweier Bäume zu finden und regelmäßig ihren verlässlichen, wenn auch unspektakulären Service abzuliefern.

Unter dem prächtig blauen Nachmittagshimmel folgte ich im Joshua Tree National Park einem Trail, der mich zu einigen gut 2000 Jahre alten Felszeichnungen führen sollte. Sie waren von durchziehenden Indigenen hinterlassen worden. Die verschnörkelten und eckigen Muster waren faszinierend und schienen eine Geschichte zu erzählen, doch welche, das konnte ich nur raten. Ich hätte zu gerne jemanden gefragt, was sie bedeuteten, aber die Menschen, die mir hätten Auskunft geben können, waren seit 2000 Jahren tot. Die kalte, trockene Luft ließ meine Lippen austrocknen. Ich kletterte auf einen Felsen und setzte mich, um die Landschaft zu bewundern. Die immer länger werdenden Schatten der Josua-Palmlilien fielen über mich. Mit ihrer struppigen Anmutung sahen sie selbst aus wie Riesenfaultiere.

2000 Jahre sind nicht viel, wenn es um die Erdgeschichte geht. Vor 20 000 Jahren, als die Landschaft noch feuchter und grüner war, streiften hier Mammuts, Kamele und Säbelzahntiger herum. Vor vielleicht 12 000 Jahren mochte sich ein Riesenfaultier mithilfe seines muskulösen Schwanzes auf seinen Hinterbeinen aufgerichtet haben, um von den Früchten am Ende der Zweige zu naschen. Vielleicht hat es auch der Geruch nach Pilzen angelockt. Da fielen mir wieder die Motten ein, die im Pelz des Dreifinger-Faultiers leben, und die Bedächtigkeit, mit der es vom Baum herunterkommt: Saßen vielleicht auch im Fell des Riesenfaultiers Yucca-Motten, nachdem es vom Baum heruntergekommen war? Und hielt sich eine Motte an seinem Fell fest, während das Riesenfaultier meilenweit über Hügel und Granit stromerte und dabei die Früchte der Josua-Palmlilie verdaute? Trank es vielleicht an der ein oder anderen Pfütze, während die Motte sich weiter mit seinem Körpergeruch, dem Pilzalkohol 1-Octen-3-ol, vollsog? Und ließ sie sich vielleicht sogar fallen, nachdem das Faultier Kot abgesetzt hatte, sodass sie ihre Eier direkt neben den Samen platzierte? Und konnte sich der Nachwuchs, wenn er das Larvenstadium verlassen hatte, einer neuen Josua-Palmlilie zuwenden, um diese zu bestäuben und einen Zyklus in Gang zu setzen?

Als die Sonne unterging und die Sterne in der klaren Wüstennacht zu strahlen begannen, schwang meine Vorstellungskraft sich zu neuen Höhen auf … Nachdem das Riesenfaultier ausgestorben war und seine Besuche am Baum ausblieben, war die Frage, woran sich die gestrandeten Motten nun orientierten. Am vertrauten Geruch eines beschädigten Blattes und am Pilzalkohol, sodass sie ihre Eier im Baum ablegten statt im Kot des Faultiers? Und hatte der Baum vielleicht sogar eine Art Krypto-Gen reaktiviert, das bei einem gemeinsamen Vorfahren vor Jahrmillionen diesen Pilzalkohol produziert hatte, mit dem der Baum die Motte manipulieren konnte? Oder hatte der Baum in seinen flirrenden biochemischen Signalwegen Duftstoff um Duftstoff getestet, bis er endlich den gefunden hatte, der die Motte zuverlässig anzog? Wie im Fall der Felszeichnungen waren die Menschen, die mir hätten sagen können, was damals tatsächlich vorging, vermutlich längst tot, aber ich fühlte mich ein wenig wie Michel Foucault nach seinem Ausflug ins Death Valley in Kalifornien: Ich war den Tränen nahe, denn ich war mir sicher, die Wahrheit gefunden zu haben.

Natürlich war das pure Spekulation, trotzdem auch nicht weiter hergeholt als andere Erklärungen, wie Bäume Tiere geprägt haben. Ein einzigartiges chemisches Bestäubungssignal ist für viele Bäume von Bedeutung. Der trockene, staubige Geruch der Feigenblätter ist da, um den Duft der Feigenblüte stärker hervortreten zu lassen, sodass auch isolierte Bäume in steinigen Landschaften Wespen schon von Weitem anlocken können.[18] Im Inneren einer Feige finden sich zahlreiche männliche Unisex-Blüten, und spezifische weibliche Wespen werden so zu jeder Feigenart gelockt, um die Blüten zu bestäuben und einige ihrer Eier dort abzulegen. Die Larven ernähren sich von den sich entwickelnden Ovulen und kommen in der mittigen Öffnung der Feige an, wenn die männlichen Blüten reif sind. Dann beladen sich die Wespen mit Pollen und fliegen los, um eine neue empfangsbereite Feige derselben Art zu finden.

Bei all dem ist der Duft des Baumes höchst komplex. Nicht nur, dass jede Art ein leicht variiertes Bouquet hat, dieses verändert sich auch noch mit der Zeit, sodass männliche und weibliche Feigenbäume, falls nötig, genau gleich riechen und die Wespenbestäuber nicht zwischen ihnen unterscheiden können. Nach der Bestäubung hält der Blütenduft der Feige die Wespen von den bereits bestäubten Feigen fern.[19] Und auch wenn die Feigen am Mittelmeer schon etwa um 5500 v. Chr., wenn nicht noch früher, domestiziert wurden, haben sie dieses Blütensignal beibehalten. Bauern kennen deren Bestäubungsstrategie zumindest in groben Umrissen schon lange.[20] Die Bäume »pimpen« ihren Nektar auch mit bewusstseinsverändernden Substanzen, um Insekten anzulocken. Bienen sind ein klassisches Beispiel für Tiere, die bei der Futtersuche bestimmten Routen folgen: Sie haben eine zweidimensionale Karte von Nektar- und Pollenquellen abgespeichert, die sie immer wieder anfliegen. Wenn Bäume ihren Nektar mit psychoaktiven Substanzen anreichern, werden sie in der Karte stärker markiert und die Bienen kommen sicher wieder. Dieser »Schuss« kann allerdings auch nach hinten losgehen: So findet man häufig tote Bienen unter der Silberlinde (*Tilia tomentosa*). Schuld daran ist eine koffeinähnliche Substanz, mit der die Silberlinde ihren Nektar anreichert. Diese stimuliert Bienen so stark, dass sie nicht mehr nach anderen Nahrungsquellen suchen und immer wieder die Linde anfliegen, auch wenn der Nektar in den Blüten längst aufgebraucht ist.

Bestäubung und Samenverbreitung gehören zu den wichtigsten Gründen, warum Bäume Tiere prägen. Der Hauptzweck solcher Prägungen aber ist es, Pflanzenfresser abzuwehren. Zu Beginn dieses Kapitels haben wir das Dreifinger-Faultier kennengelernt, ein nimmermüder Pflanzenfresser, der sich meist von den Blättern des Trompetenbaumes ernährt, der in den tropischen Regenwäldern Südamerikas verbreitet ist. Blattläuse und andere Pflanzenfresser meiden den Trompetenbaum, weil er von Azteca-Ameisen geschützt wird. Der Baum versorgt die Ameisen nicht nur mit Kohlehydraten in Form von Glykogen, das sie, vor allem bei jungen Bäumen, am Blattgrund finden. Er bereitet ihnen auch ein mehrkammeriges Nest in seinen Stängeln. Und sollten Lianen es wagen, sich am Baum hochzuranken und so seine Standfestigkeit gefährden, dann beißen die Ameisen sie kurzerhand durch.

Man bezeichnet solche Beziehungen auch als Verteidigungsmutualismus: Für das, was der Baum ihr bietet, ist die Ameise bereit, ihn mit ihrem Leben zu verteidigen. Viele tropische Bäume gehen solche Verbindungen mit Ameisen ein, auch zur Verteidigung gegen andere Pflanzen. Eines der verblüffendsten Beispiele im Regenwald ist *Acacia cookii*, deren große rote Dornen den Ameisen Schutz bieten. Im Gegenzug greifen die Ameisen alles an, was den Baum berührt. Eine andere Akazie namens *Vachellia gentlei* beherbergt Ameisen, die Pheromone freisetzen, um Pflanzenfresser zu warnen, bevor sie ausschwärmen und sie angreifen. Der Baum entlohnt sie dafür mit den sogenannten Beltschen Körperchen, eiweiß- und fettreichen Futterkörpern in den Blattspitzen. In den hohlen Dornen dürfen sie ihr Nest bauen. *Zeyheria montana*, ein Baum aus Minas Gerais, einer deutlich trockeneren Region in Brasilien, rekrutiert zwei Insektenpartner für sich und lässt sich von Kolibris bestäuben. Zum einen zieht er mit extrafloralen Nektardrüsen, die kleine Mengen Zucker freisetzen, Wanderameisen an wie die aggressive Art *Ectatomma tuberculatum*. Diese verteidigen den Baum gegen Fressfeinde.[21] Das Reproduktionsgewebe des Baumes wiederum ist Wohnstätte für eine Zikadenart namens *Guayaquila xiphias*, die der Wanderameise Honigtau abgibt, ebenfalls im Gegenzug für Schutz. Diese trophobiotische Beziehung besteht während des gesamten Reproduktionszyklus der Pflanze und scheint nicht nur für Blütenknospen und Blüten Abwehrfunktion zu haben, sondern auch für die Frucht, über die sich, selbst wenn sie im trockenen Zustand vom Wind verweht wird, Rüsselkäfer hermachen, weil sie während ihrer Entwicklung eine Menge Wasser gespeichert hat.

Und dann ist da noch *Duroia hirsuta*, ein Rötegewächs, das mithilfe der Zitronenameise einen »Teufelsgarten« anlegt, in dem nur wenige Arten überleben. Die Pflanze lebt allelopathisch. Sie produziert Plumericin und Duroin, zwei Stoffe, die das Wachstum anderer Pflanzen massiv hemmen. Beide Stoffe sind verwandt mit Iridomyrmecin, einem chemischen Stoff, der von Ameisen der Gattung *Iridomyrmex* isoliert wurde. Bei Wespen wie den Leptopilina-Arten hat er sich zudem zu einem Sex-Pheromon entwickelt. Einzelne Wirtsarten nutzen den Geruch nach Iridomyrmecin, um den parasitisch lebenden Wespen zu entgehen. Zu den vielen Pflanzen, bei denen man Iridomyrmecin findet, gehört der Japanische Strahlengriffel *(Actinidia polygama)*, dessen verdickte Triebe hohl sind, sodass sich dort leicht eine Königin einnisten kann. Sobald sich eine Ameisenkolonie vollständig etabliert hat, zerstört sie die anderen Pflanzen rund um ihren Wirt. Die Ameisen schneiden in die Pflanzen, vorzugsweise in die jungen Triebe, und besprühen sie mit Ameisensäure. Der Baum kann ungehindert wachsen und sich ausbreiten, sodass neue Kolonien genug Platz finden.

Die Arten, die wir heute dabei beobachten, wie sie Flora und Fauna unserer Erde prägen, sind winzige Relikte dessen, was hätte sein können. Die heute lebende Hainbuche *(Carpinus betulus)* hat einen nahen Verwandten, *Carpinus perryae*, von dessen Existenz wir nur wissen, weil wir im Bundesstaat Washington ein Felsfossil von ihr gefunden haben. Wir kennen die Schottische Kiefer *(Pinus sylvestris)*, von *Pinus yorkshirensis* aber sind nur ein paar Mikroskopaufnahmen erhalten und ein einziges Bild. Als einziges Fossil der Speeton-Clay-Formation in Yorkshire wurde es bei der Altersbestimmung zerstört. Das Fossil war 130 Millionen Jahre alt. Wir freuen uns über die Blätter von *Ginkgo biloba*, der von chinesischen Mönchen vor dem Aussterben bewahrt wurde. All seine Verwandten, zum Beispiel der bildschöne *Ginkgo gardneri* (der als Fossil aus dem 19. Jahrhundert im Natural History Museum in London ausgestellt ist), starben aus.

Vor meinem Haus in London hat man drei wunderschöne junge *Ginkgo-biloba*-Bäume gepflanzt. Jahr für Jahr kann ich zusehen, wie sie papageiengrüne, axtförmige Blätter treiben, die sich zu großen Fächern öffnen. Im Herbst dann werden die Blätter kanariengelb und überziehen die Straße mit einer Schicht Gold. Sie sind so wunderbar merkwürdig. Es fehlt ihnen einfach an der Zielstrebigkeit, die wir Bäumen gewöhnlich unterstellen (weil wir von Eichen, Buchen und Kastanien ausgehen). Fossilien zeigen uns, dass der Ginkgo zu den Überlebenden gehört, ein Baum, der sich seit dem frühen Jura vor 200 Millionen kaum verändert hat.[22] In der freien Wildbahn wurde der Ginkgo von den Angiospermen überflügelt, die sich auch nach schwerwiegenden Störungen wieder erholen können. Nichtsdestotrotz ist er chemisch taff und kann einer ganzen Reihe von Krankheiten und Pflanzenfressern Widerstand leisten. Und wunderbarerweise ist die Reaktion des Ginkgo auf Raupen, die seine Blätter fressen, dieselbe wie die der Angiospermen, obwohl diese sich erst 150 Millionen Jahre später entwickelt haben. Der Ginkgo steckt einen Großteil seiner Energie in die Produktion schützender Stoffe: merkwürdige, klebrige Ringmoleküle, die sicherstellen, dass viele Pflanzenfresser an dem Blatt gar nicht erst herumkauen. Wenn sie mehr als einmal abbeißen, fluten die Proteine an. Kalzium durchströmt das Blatt, ändert das Membranpotenzial – die Ladungen an der Membran –, und das deutlich stärker, als es ein einfacher mechanischer Schaden könnte. Ein Zinkfingerprotein – eine Proteinschleife rund um ein zentrales Zinkion – sorgt dafür, dass bestimmte Gene hochreguliert werden, sodass mehr Proteine, das heißt giftige Stoffe, hergestellt werden: Sesquiterpene, Terpenoide, Shikimi-Intermediate werden freigesetzt. Einige der Stoffe werden vom Wind verteilt und lösen in den Blättern, auf denen sie sich niederschlagen, ebenfalls Abwehrreaktionen aus.

»Es ist nicht von Belang, ob Sie nun Kängurus, Bakterien, Menschen oder Salamander vergleichen«, sagte Lynn Margulis. »Wir alle sind uns chemisch unglaublich ähnlich.« Man könnte hinzufügen, dass dies auch für Bäume gilt.[23]

Kurz gesagt: Auch wenn es viele kleine, teils schaurige Variationen gibt, wie Bäume auf Verbiss reagieren, steht die Hauptlinie der Verteidigung doch seit gut 200 Millionen Jahren unverändert: der Ausstoß von flüchtigen organischen Verbindungen. Das ist höchst bedeutsam, denn es besagt, dass die Interaktion zwischen Bäumen und Tieren eine Grundlage hat, die unglaublich alt ist, älter als die Berge, älter als die Kontinente, so alt wie Dinosaurier. Und dass Bäume anderen Bäumen (oder vielleicht einem praktischerweise vorhandenen Räuber) kommunizieren, dass sie geschädigt wurden, ist Teil dieser uralten Beziehung.

Warum und wie haben die Bäume also Tiere geprägt, wo es doch umgekehrt genauso hätte sein können? Die Antwort auf diese Frage geben uns Fossilien, die in Deutschland gefunden wurden, in der berühmten Grube Messel. Vor 46 Millionen Jahren befand sich dort ein See, der von tropischem Regenwald umgeben war. Er gehörte zu der neuen, vielschichtigen Art von Wäldern mit breitblättrigen Bäumen, die sich nach dem Einschlag des Chicxulub-Asteroiden herausgebildet hatte. Der Einschlag hatte die Dinosaurier getötet und die

Koniferen verdrängt. Zehn Millionen Jahre lang hatte sich das Klima erwärmt, sodass eine üppige Vegetation gedieh. Im Großen und Ganzen sah es dort wohl so aus wie heute am Amazonas. Als sich über dem See Kohlendioxid bildete und sich in den umliegenden Wald ausbreitete, tötete es Tiere, die man heute auch im brasilianischen Regenwald finden würde.

Der gute Erhaltungszustand der Fossilien zeigt, dass die Tiere – vor allem die Säugetiere – sich im Zusammenspiel mit der Ausbreitung der Angiospermen entwickelt hatten, in einem Dschungel, der entwicklungsgeschichtlich nur sehr kurze Zeit existiert hatte. Unter den Fossilien ist eine Fledermaus, die eindeutig flugfähig war und große Ohren hatte, was zeigt, dass die Tierart sehr schnell gelernt hatte, sich mit Echolot im dichten Wald zu bewegen. Ein anderes, sich schnell entwickelndes Tier hatte opponierbare Daumen. Es ist eines der ersten Tiere, das gelernt hatte, in Bäume zu klettern. Wenn man die unterschiedlichen evolutionären Geschwindigkeiten miteinander vergleicht, stellt man fest, dass die Primärproduzenten – in diesem Fall die Bäume – hinter den ganzen Veränderungen standen. Die Bäume gaben eine langsame Gangart sowie die Richtung der Veränderungen vor, während die sich schneller entwickelnden Tiere körperlich darauf mit einer erstaunlichen (und verblüffend schnellen) Plastizität reagierten.

Aber obwohl Tiere sich physisch an die Bäume anpassen, verhalten Letztere sich manchmal hinterhältig, was die von ihnen freigesetzten Substanzen angeht. Viele von ihnen imitieren Hormone, blockieren ein Element des zentralen Nervensystems des Tieres oder ersticken es auf Zellebene – wie die Muskatnuss es tut. Einige Bäume haben es nicht auf Menschen oder Primaten abgesehen: Sie vergiften in erster Linie Pflanzenfresser. Der Kakaobaum *(Theobroma cacao)* hingegen zielt mit seinem Theobromin, wörtlich »Speise der Götter«, durchaus auf Primaten ab. Während der letzten Kaltzeit vor ungefähr 21 000 Jahren gedieh er nur noch in einer nierenförmigen

Nische in Ecuador.[24] Aber nachdem die Welt sich wieder erwärmt hatte, konnte er sich über ganz Südamerika ausbreiten. In der Kultur der Maya wurden Kakaofrüchte als eine Art Währung genutzt. Das liegt wohl daran, dass Theobromin wie Kokain, Koffein und Nikotin ein Ringalkaloid aus Kohlenstoff und Stickstoff ist, das perfekt auf den Adenosinrezeptor des Nervensystems passt. Das Theobromin hat einen milden, angenehm anregenden Effekt auf das Nervensystem, was den Stoff für Primaten unwiderstehlich macht. Sie werden davon mehr oder weniger stark high und können sich in diesem Zustand meilenweit durchs Laubdach schwingen.

Das ist wichtig für einen Baum, der nur in bestimmten Nischen wachsen kann, die sich über den ganzen Wald verteilen. So »gedopt« steigt auch die Wahrscheinlichkeit, dass die Affen zu weiter entfernten Bäumen finden. Listigerweise nutzt der Baum sein giftiges Theobromin, um große Primaten zu locken, die solche weiten Strecken auch zurücklegen können. So wie ein Hund an einem Stück Schokolade sterben kann, kann eine entsprechende Menge einen kleinen Affen töten. Um sicherzustellen, dass größere Tiere die Samen fressen können, ist der Baum monozöisch, was bedeutet, dass ein Baum sowohl weibliche als auch männliche Blüten trägt. Die weiblichen Blüten wachsen direkt am Stamm und auf größeren Zweigen und nicht an den Enden zarter neuer Triebe. Diesen Prozess nennt man Kauliflorie. Die Blüten werden von Mücken bestäubt. Daraus können sich große, schwere Früchte bilden, während jene Äste, die das Gewicht großer Affen tragen können, nicht abgeknickt werden.[25] Diese Arten können die Kakaofrüchte verzehren und den hohen Fettgehalt der Kakaobutter in die physische Energie umsetzen, die sie brauchen, um weite Strecken zurückzulegen. Das Theobromin verpasst ihnen zudem einen mentalen Kick, und schon werden die Samen verbreitet.

Theobromin als Droge zu gebrauchen, damit Primaten sich weit von Baum zu Baum schwingen, scheint auf den ersten Blick ein ganz anderer Mechanismus zu sein als der der Rosskastanie, die auf große, weiße Blütenkerzen und ultraviolette Muster setzt, um Bienen anzulocken. In beiden Fällen aber gebraucht der Baum seine einzigartigen Fähigkeiten dazu, um jene Tiere zu manipulieren, mit deren Hilfe er »reisen« kann. Das ist ein bisschen wie eine Autofabrik, die uns Menschen Fahrzeuge zur Verfügung stellt, mit denen wir weiter reisen können, als wir es zu Fuß schaffen würden. Aber dieser Prozess begann, weil es im Leben und in der Biochemie gemeinsame Grundfunktionen gab. Chemisch, physikalisch und existenziell wurden Tiere von Bäumen geprägt, und es gibt (wenn man vom Faultier einmal absieht) kein Tier, auf welches Bäume stärker eingewirkt hätten als auf uns Menschen.

8

Bäume und Menschen

Wie Bäume durch ihre Interaktion mit Erde, Wind und Feuer den Menschen auf körperliche, geistige und politische Weise formten

> Bäume laden dazu ein, über die Zeit nachzudenken und in ihr zu reisen wie sie, indem man stillsteht und zur Seite und nach unten ausgreift.
>
> Rebecca Solnit[1]

Es war einmal ein Mädchen, das in einem Baum lebte. Sie hatte tief liegende braune Augen und braunes Haar. Sie ernährte sich von Früchten – purpurfarbenen Mangostanen und violetten Wacholderbeeren. Sie knabberte Nüsse, kaute Süßgräser und andere saftige Blätter von dort unten. Und sie grub Wurzeln und Knollen aus, weil sie wusste, welche gut waren und welche zu hart oder gar giftig. Manchmal folgte sie den Spuren, die sich in Waldboden und Gras abzeichneten, aber meist kletterte sie einfach in die breite Krone der Bäume, die in der Savanne wuchsen. Sie zog sich an den Ästen hoch, spürte die raue Borke unter ihren Händen. Sie lehnte sich an den Stamm, stellte ihre Füße auf die Äste und stützte sich an einem höherliegenden Zweig über ihrem Kopf ab.[2]

Eines Tages, als sie hoch oben in den Zweigen saß, rutschte sie aus. Sie stürzte mehr als zwölf Meter in die Tiefe. Sie klammerte sich an den Zweigen fest, aber nichts konnte ihren Sturz aufhalten. Sie prallte mit einer Geschwindigkeit von mehr als 55 Stundenkilometern auf dem Boden auf, zuerst mit den Füßen, dann kippte sie vorwärts auf ihre ausgestreckten Arme. Der Aufprall war zu hart. Ihre Beine und ihr Becken brachen, Arme und Rippen ebenfalls. Es gab keine medizinische Hilfe, und so starb sie innerhalb weniger Stunden an ihren Verletzungen. 3,2 Millionen Jahre später wurden ihre fossilen Gebeine im heutigen Äthiopien entdeckt. Man brachte sie in eine archäologische Grabungsstätte, wo gerade ein Beatles-Song in Dauerschleife lief: *Lucy in the Sky with Diamonds.*

2016 war Lucy One, wie man sie mittlerweile nannte, eine Ikone.[3] Von ihrer musealen Heimat in Addis Abeba aus trat sie eine posthume Reise durch die Museen Nordamerikas an. Als sie an der Universität von Texas ankam, machten John Kappelman und seine Kollegen einen MRT-Scan von ihren Gebeinen, mit dessen Hilfe ein auf Traumata spezialisierter Pathologe ihre Brüche rekonstruieren konnte.[4] Wie sich herausstellte, wiesen Lucys größere Knochen komplexe Kompressionsbrüche auf. Die Kleineren zeigten sogenannte »Grünholzbrüche«, bei denen der Knochen zwar gebrochen ist, die Knochenhaut jedoch unversehrt bleibt. Diese Art Fraktur stellt man häufig bei Kindern fest, die vom Baum fallen. Die Wissenschaftler konnten Lucys Sturz rekonstruieren, und so wurde ein berühmtes Fossil plötzlich lebendig. Manche Wissenschaftler taten dies zwar als Spekulation ab mit dem Hinweis, dass ein 3,2 Millionen Jahre altes Fossil unweigerlich in fast allen Knochen Brüche aufweist.[5] Denn es wurde begraben, unter Felsen gezogen und dann wieder nach oben gedrückt, wobei die Knochen sicher geschädigt wurden. Wir haben also keine Gewissheit, was ihren Tod angeht. Doch dass sie ihr Leben in den Bäumen führte, ist weitgehend sicher.[6]

Lucy wurde berühmt, weil sie als erster Hominine gilt, der den aufrechten Gang beherrschte wie der moderne Mensch.[7] Ihre Art wurde Australopithecus afarensis benannt, nach dem Ort Afar in Äthiopien, wo sie gefunden wurde. Sie konnte sich über eine längere

Strecke aufrecht fortbewegen. Ihre Kniescheibe saß dort, wo sie auch bei uns sitzt. Ihr Becken hatte die gleiche Form wie das einer modernen Frau. Und ihre untere Wirbelsäule wies eben jene Lumbalkrümmung auf, die unserem Rücken seine unerwartete und schöne Gestalt verleiht. Im Allgemeinen hatte der Australopithecus seine sehr beweglichen Füße, die sich um Äste legen können, zugunsten eines höheren Fußgewölbes aufgegeben, das beim Gehen wichtig ist, obwohl Lucy selbst erstaunlich asymptomatische flache Füße hat.[8] Aber sie hatte auch ausgeprägte Schultern und kräftige Arme. Vermutlich schlief sie, um sich vor Raubtieren wie dem Säbelzahntiger zu schützen, immer noch auf Bäumen und bewegte sich vorzugsweise darin fort. Irgendwann vor ihrem 18. Geburtstag stürzte sie jedoch ab.

Die Geschichte des Menschen, seines Gehirns, seiner Hände und Beine, beginnt im Laubdach von Wäldern. Unsere Fähigkeit, uns an Ästen festzuhalten oder aufrecht zu stehen, unser Wunsch, uns ein Nest zu bauen oder Zedernholz zu riechen, sind durchweg Anpassungen an Bäume. Ein Baum ist ein herausfordernder Lebensraum: drei Dimensionen komplexen Astgewirrs, ein Stamm, der sich gefährlich immer mehr verzweigt, dazu dünne Äste und Zweige, die kahl sind, bevor sie Blätter produzieren. Das binokulare Sehen, bei dem beide Augen nach vorne gerichtet sind, erlaubt uns, Distanzen einzuschätzen und so einen Weg durch das Laubdach zu finden. Aufrecht stehend können wir einen Ast hoch über unserem Kopf erreichen und ihn mit kräftigen, beweglichen Händen, die perfekt an die glatte Borke angepasst sind, greifen. Die Finger mit ihren harten Nägeln haben dicke, flüssigkeitsgefüllte Polster, die von stärkerem Gewebe umgeben sind. So können sie sich wie ein Reifen, aus dem ein bisschen Luft abgelassen wurde, an die Form des Astes anpassen. Dadurch wird die Auflagefläche vergrößert und damit die Reibung, was für besseren Halt sorgt. Fingerrillen, die wir durch eine konvergente Evolution mit den ansonsten kaum mit uns verwandten Koalas teilen, nehmen von den Ästen Wasser auf, was uns auch bei rauer Borke zugutekommt. Sie machen unsere Finger sensibler für einzelne Belastungen und bewahren uns darüber hinaus vor Blasen. Da Klauen nicht mehr nötig waren, fielen sie entwicklungsgeschichtlich weg.

All diese Veränderungen hatten sich vor etwa 50 Millionen Jahren schon bei kleinen Primaten (wie Buschbabys) durchgesetzt, doch diese wogen weniger als ein Pfund und ihr Gehirn war winzig und hatte, wie wir wohl annehmen dürfen, einen entsprechend noch kleineren Neokortex – das ist jene graue Materie, die für höhere Denkprozesse nötig ist. Bei heutigen Buschbabys nimmt der Neokortex 47 Prozent des Gehirns ein, also deutlich weniger als die 76 Prozent, die man bei Schimpansen findet, oder die 80 Prozent, auf die es der Mensch bringt. Wenn wir uns die heute noch lebenden Primaten ansehen, stellen wir fest, dass Körpergröße, Größe des Neokortex und Intelligenz eng miteinander verknüpft sind.

Bäume – und das Leben in ihrem Umfeld – prägten die physische Evolution der frühen Menschen. So wie andere Tiere, die ihre Blätter- oder Insektendiät durch Früchte ersetzten, wurden auch die Primaten in ihrer Entwicklung massiv durch ihre Ernährung geprägt. Es gibt auch heute noch Affen, die sich von Blättern ernähren, vor allem die Nasenaffen auf Borneo, die für ihre lange, rosafarbene Nase bekannt sind und für ihren ziemlich großen Magen, weil sie Unmengen Blätter vertilgen und diese langsam verdauen müssen. Blätter und Sprossen sind leicht zu finden, aber sie enthalten große Mengen Zellulose und Lignin. Dazu kommen noch Tannine und andere vom Baum produzierte Gifte, die sie schwer verdaulich machen. Ein Primat, der sich von Blättern ernährt, muss also große Mengen junger Baumtriebe verzehren und dann lange im Magen behalten, damit sie entgiftet und verwertet werden können. Mit dem Resultat, dass Nasenaffen sich gemütlich in kleinen Gruppen durch den Wald bewegen, häufig in Mangrovenwäldern. Sie haben einen stark verlangsamten Stoffwechsel und sind von friedlichem Naturell. Auch sind sie für ihre Größe eher wenig intelligent. Unter den Primaten stellen sie die Ausnahme dar, denn die meisten Primaten fressen kaum Blätter. Leider sind die Nasenaffen auch massiv von der Entwaldung in Borneo bedroht.

Die kleinen Loris und Buschbabys hingegen ernähren sich hauptsächlich von Insekten. Doch Insekten zu erwischen, ist ein schwieriges Unterfangen, das viel Energie in Anspruch nimmt. Daher sind diese Arten auch eher klein und reaktionsschnell geblieben und können mit ihrer Insektendiät auch nicht viel größer werden. Auch ihr Gehirn bleibt klein. Dieses energetische Problem lässt sich nur lösen, wenn man zu jagen beginnt und sich von Früchten ernährt. Früchte sind reich an Fetten, Ölen und Zucker, regelrechte Energiepakete. Und sie laufen auch nicht weg. Mit einer Obstdiät können Primaten recht einfach an Größe zulegen. Das Problem ist, dass Primaten, die sich an Früchten gütlich tun wollen, wissen müssen, wo und wann sie diese finden. Selbst Früchte derselben Art können schließlich zu unterschiedlichen Zeiten reifen. Fruchtfresser sind also abhängig von den Zyklen der Bäume. Sie müssen genau dann zur Stelle sein, wenn der Baum die Frucht produziert. Daraus folgt, dass Fruchtfresser Intelligenz und die Fähigkeit, sich zu erinnern, entwickeln müssen, eine Form von räumlichem und zeitlichem Bewusstsein. Sie müssen den Baum nicht nur finden können, sondern sich auch später erinnern, wo er steht. Klammeraffen zum Beispiel haben im Durchschnitt ein um 25 Prozent größeres Gehirn als ihre blattfressenden Genossen. Sie können sich eine hohe Anzahl fruchttragender Bäume merken, aber auch die Zeit, in der sie Frucht tragen, und die direkteste Route zwischen diesen Bäumen. Daher sind sie großartige Samenverteiler.

Unsere engsten Verwandten – Orang-Utans, Bonobos, Gorillas und Schimpansen – haben Gehirne, die für ihre Körperlänge enorm groß sind.[9] Eine Legende der auf Borneo lebenden Dayak erzählt, dass Orang-Utans eigentlich sprechen könnten, es aber nicht tun, damit sie nicht arbeiten müssen. Forschungsarbeiten jedoch zeigen, dass ihr Gehirn nicht auf sprachlichen Ausdruck ausgelegt ist. Die Entwicklung eines großen Gehirns scheint vielmehr auf der Notwendigkeit einer guten körperlichen Selbstwahrnehmung zu beruhen. Diese erlaubt ihnen, sich langsam durchs Laub zu bewegen und ihr Gewicht je nach Untergrund gut zu verlagern. Sie können auf allen Vieren über Äste gehen, die dick und lang genug sind. Sind sie auf dünneren Ästen unterwegs, können sie ihr Gewicht verteilen, indem sie Arme und Beine ausstrecken. Ihr großes Gehirn erlaubt ihnen, die Elastizität eines Baumes genauestens einzuschätzen. Auf kleineren Bäumen schaukeln sie so lange hin und her, dass sie zum nächsten Baum katapultiert werden.

Die Forscherin, die dies entdeckt hat, ist Susannah Thorpe, Professorin für Zoologie an der Universität Birmingham. Dass Orang-Utans so häufig auf biegsamen Zweigen stehen und sich mit den Händen an einem Zweig darüber festhalten, liegt auch daran, dass sie diese »Federung« zur Fortbewegung nutzen wie Sportler mit Unterschenkelprothesen oder Kinder, die auf dem Trampolin auf und ab hüpfen. Diese Federung, die Flexibilität der Zweige, wird ermöglicht durch die langen Tracheidenzellen und die Xylem- beziehungsweise Phloemröhren, die Stamm und Äste in Längsrichtung durchziehen. Zellen mit kristallinen Mikrofibrillen aus Zellulose, die sich um sie herum anlagern, das Ganze eingebettet in eine Matrix aus Hemizellulose und stabilisiert durch das Lignin – ein Organisationsmodus, der Zweige biegsam macht, sodass sie nicht leicht brechen. Während die Zweige der ersten Bäume, die sich vor 380 Millionen Jahren im Devon entwickelten, bei Belastung durch Wassergüsse oder Erdrutsche brachen, können die Zweige moderner Bäume sich beugen und wieder in ihre Ausgangsposition zurückschnellen.

Ein wunderbares Beispiel ist hier die Rotbuche in den Karpaten, die vom Schnee mitunter in die Horizontale gezwungen wird. Vor einigen Jahren bestieg ich im ersten Frühling den Creasta Cocosului, ein Berg, der aussieht wie ein Hahnenkamm. Oben am Berg lag der Schnee noch tief und war nur an bestimmten Stellen weggeschmolzen, an denen mich in einem Bett aus vertrocknetem gelbem Gras Krokusse in zartem Lila begrüßten. Auf den Hängen nahe am Gipfel wuchsen riesige Kiefern und darunter ganze Bänder junger Rotbuchen, die der Schnee niedergedrückt hatte, was eine merkwürdige, braun verwobene Bodenschicht ergab. Auf einer dieser Matten stieg ich wieder ab, und abgesehen von ein paar kleineren Ausrutschern zwischen den Zweigen war dies eine lustige Erfahrung. Den Berg auf einer eineinhalb Meter hohen Schicht aus federnden Zweigen hinabzusteigen, fühlte sich erstaunlich entspannend und fast schon übermenschlich an. Für einen hungrigen Orang-Utan, der reife Früchte in acht Kilometer Entfernung ansteuert, bietet das flexible Holz das optimale Sprungbrett. Einen ähnlichen Effekt haben die flexiblen Böden eines Tanzsaals. Die Energie der Schwerkraft, die in dem elastischen Holz gespeichert ist, lässt einen mühelos ganze Nächte durchtanzen.

Während ihrer ausgedehnten Streifzüge durch die Baumwipfel haben die Orang-Utans ein »Gefühl« für das Holz entwickelt, fast wie die Menschen. Die Steifigkeit und Flexibilität von Holz variiert je nach Baumart enorm, aber das ist noch lange nicht alles. Wenn man Zeit in Bäumen verbringt, spürt man ihre unterschiedliche chemische Struktur: Sind sie rutschig? Wie dicht ist das Holz? In welchem Winkel stehen die Äste vom Stamm ab? Welche Textur hat ihre Borke? Mein Freund Ed und ich sind häufig auf Bäume geklettert und haben uns immer wieder darüber unterhalten, welche Worte benutzt werden, um sie zu beschreiben: die *trügerische* Eibe, die *standfeste* Eiche, die unglaublich *biegsame* Weide. Zuletzt schlossen wir, dass dieses Wissen eher emotional war, eine kinästhetische Erinnerung, die Teil von uns selbst wird.[10]

Für die frühen großen Primaten machte diese kinästhetische Erinnerung, die jede Generation erwarb, einen Riesenunterschied. Es scheint so, als hätten Bäume uns keineswegs am aufrechten Gang gehindert, sondern uns sogar dazu ermutigt. Sie waren das Klettergerüst, an dem unsere Haltung sich entwickelte.[11] Da Bäume aber nicht nur Flexibilität, sondern auch Stabilität zu bieten hatten, konnten die Primaten dort Nester bauen. Forschungsarbeiten zeigen, dass Tiere sich den Baum, in dem sie sich einrichten, genau aussuchen.[12] Als Nächstes suchen sie sich einen kräftigen, horizontalen Ast, der ihr Gewicht tragen kann. Danach legen sie sich darauf nieder und bauen von innen her das Nest auf. Zuerst ziehen sie die dickeren Zweige zu sich her und fügen ihnen Grünholzfrakturen zu, bei denen die Rinde intakt bleibt. Diese werden mittig noch einmal gebrochen, damit sie ineinander verflochten werden können. Und schon steht die grüne Laube. Der Nestbauer hält kurz inne und spürt nach, wo das neue Gebilde unter Umständen Unebenheiten aufweist. Wenn dies erledigt ist, folgt Phase zwei: Dünnere Zweige werden eingesetzt, um die Struktur zu verstärken und das Nest komfortabel zu machen. Und nach fünf Minuten haben wir ein schalenförmiges, sicheres Nest.[13]

Behütet in diesen schützenden, häufig antimikrobiellen und potenziell psychoaktiven Baumnestern konnten die Primaten etwas tun, was in der Tierwelt äußerst selten ist: schlafen. Pottwale, die im Meer treiben wie gewaltige Megalithen, schlafen höchstens eine halbe Stunde am Stück. Vögel schlafen mit einem offenen Auge und nutzen die mit diesem verbundene, andere Gehirnhälfte, um Raubtiere zu identifizieren. Kurze Nickerchen sind ja schön und gut, aber sie sind nicht dasselbe wie ein langer, tiefer Schlaf. Affen, die auf einem Zweig sitzend schlafen, wachen alle fünf Minuten auf, weil sie sonst herunterfallen würden. Ein Nest ermöglicht dagegen ausgedehnte REM- und Nicht-REM-Schlafperioden (wobei das REM für *Rapid Eye Movement* steht).[14] Das Ergebnis sind zum einen Gehirnentwicklung, zum anderen Träume.

Menschen bringen etwa 20 Prozent der Nacht im REM-Schlaf zu. In dieser Zeit träumen wir auch. Viele Menschen halten Träume für entbehrliche Marotten unseres stets zu Späßen aufgelegten Geistes, dabei haben Träume immer wieder den Lauf der Menschheitsgeschichte verändert. Als der persische König Xerxes zögerte, Griechenland zu überfallen, träumte er mehrfach von einem großen Sieg. Seine Niederlage folgte auf dem Fuß und läutete eine Zeit der griechischen Dominanz über das östliche Mittelmeer ein. Als die Heilige Maria vor Herodes floh, warnte Gott die Familie mit einem Traum und Jesus überlebte seine Kindheit. Und Hong Xiuquan, der Führer der Taiping-Rebellion, träumte, er müsste die Welt von der Dämonenherrschaft befreien. Daraufhin setzte er Ereignisse in Gang, die schließlich zum Tod von 30 Millionen Menschen führten.

Und das ist nur einer der Wege, wie wir auf der Grundlage eines baumgeprägten Seins Entscheidungen treffen. Träume sind ein unschätzbarer Pfad in eine andere Welt, die die unsere stärkt. Sie lassen manche Schritte unvermeidlich scheinen und werden häufig als Grund für recht merkwürdige Entschlüsse genannt, weil sie auf übermenschliche Einwirkung zurückgeführt werden. Freud hat Träume bekanntermaßen als Fenster zum Unbewussten bezeichnet, aber jüngere Forschungsarbeiten zeigen, dass Träume doch ein bisschen handfester sind: Sie verstärken unsere kinästhetische Erinnerung, die uns im rechten Moment nach dem richtigen Zweig greifen und zum richtigen Schwung ansetzen lässt. Aktuell geht man davon aus, dass die winzigen Bewegungen, die der Körper im REM-Schlaf vollführt, unserem Gehirn erlauben, exakt aufzuzeichnen, wo im Körper beziehungsweise Gehirn sich diese Aktivität abspielt. Anders gesagt, integrieren wir im REM-Schlaf unseren Körper – was essenziell ist für einen Affen, der in einer dreidimensionalen Baumwelt nach Futter sucht oder sich auf der Flucht vor einem Raubtier von Ast zu Ast schwingt. So ein Affe hat auf jeden Fall eine Vorstellung von sich selbst. Im Schlaf entwickeln wir Erinnerungen und Karten, eine Schattenwelt, die sich über die reale legt und die wir mitunter weiter ausdehnen. Bäume haben also nicht nur unseren Körper geprägt, sie haben auch unser Gehirn vergrößert und verändern es noch jede Nacht, wenn wir uns zum Schlafen hinlegen.

❧

Seit wir von den Bäumen herabgestiegen sind, mussten wir lernen, in unserem Leben ohne sie zurechtzukommen und sie zu ersetzen. Manchmal fühlt es sich fast so an, als seien wir längst von den Bäumen getrennt; als hätten wir uns, obwohl sie uns einst geprägt haben, »entbaumt« und bräuchten sie nicht mehr, weder körperlich noch als Teil unseres Daseins. Körperliche Anpassungen an das Leben in den Bäumen wie Fingerrillen und Greifhände sind uns zwar geblieben. Aber heute leben nur wenige Menschen in Holzhäusern oder ernähren sich in erster Linie von Früchten. Die landwirtschaftliche Revolution hat Früchte und Nüsse durch Getreide und Hülsenfrüchte ersetzt, die industrielle Revolution das Holzfeuer durch Kohle und Öl. Und die Bakelit-Revolution ersetzte Holz durch Plastik. Doch kaum kratzt man ein bisschen an der Oberfläche, stellt man auch schon fest, dass unsere Domestizierung durch die Bäume in uns so fest verankert ist, dass die Gesellschaft sich häufig durch sie definiert und dass Bäume uns heute noch prägen, und zwar über unseren seltsamen Umgang mit Emotionen.

Der letzte gemeinsame Vorfahr von Baum und Mensch lebte ungefähr vor 1,7 Milliarden Jahren. Unsere Gemeinsamkeit endete, als eine Tochterzelle ein Photosynthese-Bakterium in sich einschloss und zur Lichtwandlerin wurde, während die anderen Zellen grau und beweglich blieben, ein amorpher Klumpen, der nach Futter jagte. Dies führte zu einer fundamentalen Spaltung. Sogar die Bedeutung des Lebens selbst änderte sich. Für die neuen grünen Zellen lag die Bedeutung des Lebens in chemischer Kreativität. Sie brauchten nur Licht als Energielieferanten, alles andere konnten sie aus Wasser, Kohlendioxid und winzigen Spuren Metall selbst herstellen. Die nicht-grünen Zellen hingegen mussten, um überleben zu können, die chemische Energie woanders herbekommen. Was wir heute Gier nennen, war das neue Prinzip des Lebens. Als immer mehr Zellen sich aneinanderlagerten, sodass vielzellige Organismen entstanden, wurde dieser grundlegende chemische Unterschied entscheidend: Grüne Organismen waren klar strukturiert und ortsfest, graue Organismen hingegen beweglich und materiell orientiert.

In den letzten 1,7 Milliarden Jahren, seit unsere Zellen sich differenzierten, haben Menschen und Bäume sehr wenig DNA[15] ausgetauscht, wenn überhaupt. Dabei teilen wir immer noch rund 30 Prozent unseres genetischen Codes miteinander.[16] Die gemeinsame DNA kodiert für Proteine, die unsere gemeinsamen biochemischen Signalwege steuern oder aufrechterhalten. So teilen wir etwa die Fähigkeit, Aminosäuren wie Glutamat zu nutzen (die beim Menschen für Nervenaktivität und bei Bäumen für Kommunikation gebraucht wird), die Wege der DNA-Produktion, deren Nutzung und Reparatur sowie viele Ionen-Transportproteine. Bäume haben weiterhin den Pfad der Kreativität beschritten und mehr und mehr Moleküle erfunden. Wir hingegen folgten dem Weg der Gier und haben diese Moleküle für uns verwendet. Mit dem Ergebnis, dass wir Menschen seit 500 000 Jahren in jeder Generation von den Bäumen chemisch geprägt werden, da sie uns die Stoffe zur Verfügung stellen, die wir nicht selbst produzieren können. Neben Bauholz liefern Bäume uns nicht nur wichtige Nahrungsmittel, sondern auch andere Stoffe, die uns gesund und fit halten – Arzneien, Nahrungsergänzungsmittel, Antioxidantien, Vitamine und Gewürze. Wir sind, was wir essen. Und Bäume waren und sind für unsere Ernährung grundlegend, und natürlich prägen sie immer noch die Luft, die wir atmen.

An manchen Orten ist dies deutlicher fühlbar als an anderen. Nach drei Tagen und vier Nächten in einer Hängematte an den seichteren Uferstellen des Rio Negro tat sich uns der siebte Himmel auf, als wir endlich bei den fleißigen Gärtnern von São Gabriel da Cachoeira ankamen. Wir wanderten durch den Garten, der gut und gerne einen halben Hektar groß ist. Neben der Vanille-Orchidee und einer, die dezidiert nach Schokolade duftete, neben *Catasetum*- und *Epidendrum*-Orchideen, wuchsen mindestens zehn Bäume, die Essbares lieferten. Und ihr Geschmack war Ausdruck ihrer ganzen biochemischen Magie. Da waren der klassische Kakaobaum, dessen gelbe Samen eng am Stamm hingen, und sein größerer Bruder Cupuaçu *(Theobroma grandiflorum)*. Letzterer trägt harte Früchte, die nach cremiger Zitrusfrucht schmecken. Dann war da der kleine Cocastrauch mit weißen Blüten und glänzend grünen Blättern. Seine Früchte gelten als Schmerzmittel, aber als ich welche kaute, bemerkte ich keine Wirkung. Die Cumarifrüchte waren gelb und schwarz und boten ein buttriges, nach Nuss schmeckendes Fruchtfleisch, das sehr nahrhaft ist. Die großen Baraturifrüchte, deren Fleisch wie Parmaschinken mit Melone schmeckt, nur halt in einer Frucht. Daneben gediehen Jacar und Jauba, Maracushar und Castane da Picia. Der Abacacharana, dessen Früchte außen gelb und innen rosa sind und nach Topinambur riechen. Und dann die dunkelviolette Açaíbeere. Es wuchsen dort Kaffee- und Paciumbapflanzen, Coriori und Jawakan und noch vieles mehr. Viele dieser Früchte hatten sich entwickelt, um die Megafauna zu ernähren, aber das war weiter nicht von Belang. Im Moment jedenfalls ernährten sie mich. 90 Prozent dieser Bäume fanden sich im Umkreis von einer Meile im wilden Wald. Im Zentrum der Stadt standen zwei riesige Paranussbäume, die kanonenkugelgroße Früchte abwarfen, wenn sie reif waren. Riesige Bäume, die vor gut 400 Jahren von den ersten Missionaren aus Europa gepflanzt worden waren.

Ein paar Tage später machte ich mich zusammen mit Giovanna, die den Garten angelegt hatte, auf, um einige der sehr seltenen Bäume zu sehen, die ganz in der Nähe nur auf dem weißen Sand der

Serra do Curicuriari gediehen. Vor uns lag ein Fußweg von mehreren Stunden. Unterwegs bückte sich Giovanna immer wieder, um Samen und Sämlinge für ihren Garten aufzuheben. Mit Bäumen einen Garten zu gestalten, scheint die Behauptung, dass Bäume Menschen prägen, auf den ersten Blick zu widerlegen, aber stimmt das wirklich? Der Botaniker Michael Pollan durchlief eine spektakuläre Wandlung, als ihm, beim Unkrautzupfen zwischen seinen Kartoffelreihen, bewusst wurde, dass die Kartoffeln *ihn* domestiziert hatten. Ja, zu guter Letzt würde er ein paar von ihnen essen, aber in der Zwischenzeit zwangen sie ihn täglich auf die Knie, weil er sie ja düngen, aufbinden, jäten und schützen musste. Er machte seinen Garten zum einem Kartoffel-Utopia. Von Menschen für Kartoffeln.[17]

Am Amazonas begegnet man allenthalben der Vorstellung, dass Menschen durch bestimmte Bäume geprägt werden. Paranussbäume hätten keine Chance, im dichten Regenwald mit anderen Pflanzen zu konkurrieren, hätte der Mensch nicht eingegriffen. So wie der Baum die großen Bienen geprägt hat, die die cremefarbenen Blüten bestäuben, so sorgten seine Größe und sein Charisma sowie das Selen und der Fettreichtum der wohlschmeckenden Nüsse dafür, dass die Menschen diesen Baum pflanzten und pflegten und ihm immer mehr Raum verschafften. Es gibt in Zentralamerika und in einem Großteil des Amazonasbeckens keinen »jungfräulichen« Wald: Archäologen können mittlerweile zeigen, dass jedes einzelne Waldstück den Stempel des Menschen trägt, und das schon lange bevor Kolumbus in Amerika landete. Die Erde ist häufig *terra preta*, schwarze, an Kohlenstoff und Phosphaten reiche Erde, vom Menschen über Jahrtausende geschaffen, um die Bäume zu ernähren. Viele Inseln im Wald, die in der Nähe von Siedlungen der Kayapó-Indianer liegen, wurden tatsächlich vom Menschen angelegt. Diese *Apêtês*, wie man sie nennt, fangen immer als Komposthaufen an. Mit der Zeit entsteht so ein Erdhügel von etwa zwei Metern Durchmesser, der dann mit nützlichen Bäumen bepflanzt wird. Rund um die Insel pflanzt man noch mehr Bäume, sodass eine Waldinsel entsteht, die alles liefert, was der Mensch zum Leben braucht. Obstbäume sollen Wild anlocken, und allgemein wird darauf geachtet, viele verschiedene Bäume anzupflanzen.[18]

Die chemische Manipulation von Tieren durch Bäume ist in vielfacher Hinsicht sinnvoll. Die verblüffende Beziehung zwischen Kakaobaum und Affen etwa hat sich nahtlos auf den Menschen übertragen, obwohl unsere Gene schon vor fünf Millionen Jahren von denen der Affen Südamerikas abgezweigt sind. Es gibt immer noch heftige Diskussionen darüber, wann genau der Mensch den Kontinent Amerika zum ersten Mal betreten hat, aber neue Forschungsarbeiten legen nahe, dass sich die ersten Menschen schon vor rund 20 000 Jahren in dessen wärmeren Regionen aufhielten – wie im Übrigen auch der Kakaobaum.[19] Der Kakaobaum war eine Schlüsselart für viele südamerikanische Kulturen vor Kolumbus. Könnte es sein, dass Mensch und Kakaobaum gemeinsam ihren Lebensraum erweitert haben, als das Klima sich erwärmte? Hat diese sehr frühe wechselseitige Abhängigkeit im Kern unserer DNA überlebt und ein menschliches Protein kodiert (einen Adenosinrezeptor), das chemisch von den Ringen und Sauerstoffatomen des Theobromins geprägt wurde? Oder haben wir das alte Verhältnis gegenseitiger Anziehung einfach wiederaufgenommen, als das Rot und Gelb der Samenkapseln unseren Blick auf sich zog? Und ihre praktische Position nahe am Stamm, was ja fast einer Einladung gleichkam, sie, wie unsere Vorfahren, die Affen, zu pflücken und die Samen zu verbreiten?

Auf jeden Fall ist die Anziehungskraft von Kakao tief in unserem Nervensystem verankert. In welchem Stadium die Verantwortung für die Verbreitung von *Theobroma cacao* auch von den Primaten auf den Menschen übergegangen sein mochte, sie war fest verankert, als sich die präkolumbianischen Kulturen entwickelten. Der Kakao hatte in der aztekischen Gesellschaft eine enorme Bedeutung, weil er mit dem Gott Quetzalcoatl in Verbindung gebracht wurde: Er war dafür verurteilt worden, dass er den Kakao mit den Menschen geteilt hatte – wie Prometheus im alten Griechenland, der den Menschen das Feuer gebracht hatte. Die Könige der Maya waren echte Connaisseure, was Schokolade anging. Ihre wunderschönen Trinkschalen für den Kakao trugen Glyphen, welche die Eigenschaften von Kakao priesen. Kakao wurde frisch vom Baum schaumig aufgeschlagen. Auch die Europäer erwiesen sich als anfällig, was Kakao anging. Der Großteil der Kakaobäume findet sich heutzutag in Westafrika und ist Teil finanzstarker Handelsströme.[20] Kakaobäume wachsen heute überall, wo sie gedeihen können, vom Südosten Mexikos bis zu den Philippinen, von der Elfenbeinküste über Angola bis Indien. Wir pflanzen sie, pflegen sie und halten Konkurrenten und Krankheitserreger von ihnen fern.

Wie viele Beispiele gibt es denn dafür, dass Bäume menschliches Verhalten prägen, dass sie uns domestizieren und zähmen? Der beruhigende Duft eines neuen Buches wird verursacht vom Geruch des Lignins im Papier, speziell von einer seiner Untergruppen – dem Vanillin. Letzteres wird auch von Whiskey freigesetzt, der in Eichenfässern reift, und von der Vanille-Orchidee, die auf Bäumen wächst[21] – das ist einer der Gründe, warum sie so weit verbreitet ist. Mit anderen Worten: Der Geruch von Cupcakes oder Büchern kann zurückverfolgt werden bis zu unseren hölzernen Nestern. Die Verbreitung der Valonea-Eiche vom Zagros-Gebirge im Irak bis zur Stiefelspitze in Italien geht zurück auf Wanderhirten, die über die Bergkämme streiften und von Anatolien über das nördliche Griechenland bis nach Italien zogen. Für den Kakao stellte sich seine chemische Zusammensetzung als Glücksfall heraus, aber die Tatsache, dass man ihn bequem überallhin mitführen konnte, hat sicher zu seiner Verbreitung beigetragen, und das auf so subtile Weise, dass die Menschen sich nicht einmal beklagt haben. Es gibt unzählige Beispiele aus aller Welt, die zeigen, wie bestimmte Bäume für einzelne Gesellschaften zu einer Schlüsselart wurden: Pistazien in Gaziantep in der Türkei, Oliven auf Kreta und Walnüsse in Kirgisistan – um diese Früchte haben menschliche Gemeinschaften ihr Leben und ihre Kultur organisiert.

Ich wiederum habe einen Freund, der von Äpfeln domestiziert wurde. Anders als die meisten Apfelbauern, die sich auf Klone jener Bäume verlassen, die wohlschmeckende Früchte produzieren, zieht er Pepping-Äpfel aus Samen. Er päppelt unzählige kleine, harte und bittere Äpfel auf, weil er nach der genetischen Kombination sucht, die den perfekten Apfel hervorbringt. Er hat dieser Suche sein ganzes Leben verschrieben, ein wunderbares Beispiel für den freien Willen des Menschen, der sich total in den Dienst der Bäume stellt. Äpfel sind eine der wichtigsten Quellen eines essenziellen chemischen Stoffes, den wir mit der Nahrung aufnehmen müssen: Vitamin C. Der chemische Pfad zum Vitamin C, das ein vergleichsweise einfaches Molekül ist, führt über ungefähr 20 Stufen. Die dafür notwendigen Proteine zu erzeugen, erfordert circa 2000 Reaktionen. Am Aufbau jener Proteine, die den Pfad bestimmen, auf dem diese Stoffe hergestellt werden, sind etwa 250 000 Basenpaare beteiligt, die den Code in der DNA bilden.[22] Und dieser gesamte Prozess wird vom eingefangenen Sonnenlicht energetisch gespeist.[23] Menschen könnten nie genug Energie aufbringen, um dieses Vitamin herzustellen, für Bäume aber lohnen sich Aufwand und Mühe – zunächst einmal als Schutz gegen freie Radikale von der Sonne, dann als Schutz vor kleineren Fressfeinden und schließlich, weil es große Tiere domestiziert, darunter auch den Menschen.

Der Apfelbaum hat seinen Ursprung in Zentralasien, wo seine wilden Vorfahren immer noch wachsen. Während des letzten eiszeitlichen Temperaturmaximums vor etwa 23 000 Jahren überlebte *Malus sieversii* in der Gegend um den Fluss Ili, der vom Tian-Shan-Gebirge nach Almaty in Kasachstan fließt. Nach dem eiszeitlichen Maximum verbreitete er sich immer weiter. Seine Samen wurden von Bären und Pferden herumgetragen, vor allem aber von Menschen. Der Apfel stammt aus einem Wald in der Nähe von Almaty, in dem sich – wie am Amazonas, allerdings in einer ganz anderen Klimazone auf der anderen Seite der Welt – die wilden Vorfahren der Früchte und Nüsse finden, die wir heute kennen: Pflaumen und Mandeln, Pistazien und Aprikosen. Wer diesen Fluss entlangwandert, kann alle wilden Geschwister jener Äpfel sehen, die wir heute im Supermarkt finden: Pink Lady mit ihrer rosa überhauchten Haut, die grün-weißen Farbtöne von Granny Smith oder die rötlich-gelben Reflexe auf der Schale meiner Lieblingssorte: Ashmead's Kernel. Einen Apfel von dort zu kosten, macht einem deutlich, wie Äpfel sich entwickelt haben könnten. Dieser Fluss ist ein Boulevard der potenziellen Aromen: rosenähnlich, säuerlich-birnig, aromatisch, reif-süßlich.

Wäre der Apfel im Ili-Tal geblieben, wäre er uns immer noch unbekannt. Stattdessen wurde er 5000 Jahre lang im Tian-Shan-Gebirge gezüchtet, wo sich die Gene des wilden Holzapfels einmischten. Bestimmte Äpfel waren süßer als andere, daher verpflanzten die Menschen Zweige von diesen Bäumen auf andere, robuste Unterlagen. So wuchsen die Äpfel – wie wir durch Radiokarbondatierungen von Kerngehäusen aus dem 10. Jahrhundert v. Chr. wissen – in Gärten im Iran, Irak und Israel. Hochgepriesen von den Verfassern des Alten Testaments, in nordischen Ländern in Göttermythen eingesponnen und von den Dichtern des alten Griechenland vergoldet: Die goldenen Äpfel der Hesperiden, die Gaia als Hochzeitsgeschenk für Zeus und Hera mitgebracht hatte, waren die kostbarste Gabe von allen. Im England des 12. Jahrhunderts waren es Äpfel, die auf der Insel Avalon wuchsen, dem mythischen Heim von König Artus. 1518 wird der Apfel schon weniger hymnisch besungen: In einer der ersten, in England gedruckten Flugschriften – *The Crafte of Graffynge & Plantynge of Trees* (Die Kunst des Pfropfens und Pflanzens von Bäumen) – rät der Autor all jenen, die sich süße Äpfel wünschen, »die Wurzeln der Bäume mit Schweinedung zu umgeben«. Das ist vermutlich der erste Hinweis auf die Verwendung eines spezifischen Düngers mit hohem Phosphatanteil.

Derselbe Baum wanderte auch in China ein, wo er nicht minder populär ist. Man kreuzte dort eine andere Malus-Art ein, weil diese weichere, süßere Früchte trug. Und als der Apfel im 17. Jahrhundert nach Südamerika kam, blühte er vor allem am Chiloé-Archipel. In den USA kam er 1640 an, und zwar in Boston mit Reverend William Blaxton. Dort fand die Frucht schnell einen wichtigen Pionier in Johnny Appleseed, einem Gärtner, der im 18. Jahrhundert mit seinen Apfel-Setzlingen den Ohio River hinauf und hinunter reiste und allenthalben Apfelgärten anlegte. Ein Baum hätte sich keinen besseren Samenverteiler wünschen können: Er führte die Pepping-Äpfel in Pennsylvania ein, in Indiana und Illinois, in West Virginia und Ontario. Und mit ihm kamen die Apfelmythen: der symbolische Apfelbaum im Paradies, die mystische Verwandlung des Ungehorsams in neues Leben. Johnny Appleseed war sicher ein bemerkenswerter Mann, seine Äpfel dürften aber nicht besonders geschmeckt haben – er war vielmehr eine allegorische Figur des Überflusses, was nicht ganz zur materiellen Seite seines Wirkens passte. Und obwohl man bei Frank Matthews, in der großen Baumschule des Vereinigten Königreiches, fleißig Äpfel veredelt (und so ganz nebenbei darauf achtet, dass sie auf taillenhohen Unterlagen wachsen und möglichst längliche Früchte produzieren, damit man sie leichter pflücken und verpacken kann), sind doch die meisten Äpfel, die wir in den 10 000 Jahren wechselseitiger Domestizierung gezüchtet haben, menschlicher Großzügigkeit entsprungen und haben für eine spezielle Form von sozialer Gleichheit gesorgt, die wir uns tunlichst beibehalten sollten.

Obstgärten und -bäume sind für den Menschen natürlich von Nutzen, aber woran liegt es, dass wir in Bäumen auch metaphysische Wesen sehen – die das Tor zwischen der materiellen und der geistigen Welt öffnen? Etwa um die gleiche Zeit, als Johnny Appleseed den Ohio hinunterfuhr, prägten Bäume die Gesellschaft nicht nur materiell, sondern auch im übertragenen Sinne – als starke Symbole der Freiheit. »Ich habe den Abend mit den Sons of Liberty verbracht, in ihrem Apartment am Hanover Square, nahe beim Tree of Liberty«, schrieb John Adams am 14. Januar 1766.[24] Adams war einer der Führer der Amerikanischen Revolution und sollte später der zweite Präsident der Vereinigten Staaten werden. Im August des Vorjahres hatte sich in Boston, an der Ecke Essex und Orange Street (die mittlerweile Washington Street heißt), eine große Menschenmenge unter einer gewaltigen Ulme versammelt. In ihren Ästen hängte man eine Figur auf, der man den Namen »A. O.« gegeben hatte, was für Andrew Oliver stand, den unglücklichen Kolonisten, den George III. auserkoren hatte, den Stamp Act von 1765 durchzusetzen, eine Steuer auf jedes einzelne gedruckte Dokument. Der Baum war 1646 gepflanzt worden, nur 16 Jahre nach der Gründung Bostons. Jeder, der vom Land in die Stadt kam oder umgekehrt, kam dort vorüber, da der Baum an der einzigen Straße stand, die in die Stadt führte – die Orange Street. (Boston lag auf einer kleinen Halbinsel, bis man im 19. Jahrhundert die Back Bay integrierte.) Wir wissen heute nicht, wie hoch der Baum tatsächlich war, aber ein Bostoner beschrieb ihn als »stattliche Ulme […], deren hohe Zweige den Himmel zu berühren scheinen«. Dementsprechend wurde der Baum zum starken Symbol der Revolution. Als im März des Folgejahres die Nachricht kam, dass das »Stempelgesetz« aufgehoben war, versammelte sich die Menge um den Baum, um dies zu feiern. Ganz in der Nähe läuteten Kirchenglocken, und die Bostoner schmückten den Baum mit Flaggen und Wimpeln. Als der Abend kam, schmückten sie ihn mit Laternen. In der ersten Nacht waren es 45, in der folgenden 108 und am Ende so viel, wie die Zweige der Ulme tragen konnten. 1775 wurde die Ulme von einem Königstreuen mit dem passenden Namen Nathaniel Coffin (dt. Sarg) gefällt.

Aber mittlerweile hatte man schon in ganz Amerika Freiheitsbäume gepflanzt. Vielleicht als Akt der Nachahmung wurde 1789 in Frankreich eine offizielle Kampagne zum Pflanzen von Freiheitsbäumen initiiert, um die Revolution zu feiern. Man nannte sie »Napoleonbäume«, und es handelte sich um Pappeln oder Platanen, Eichen oder Ulmen. Sie alle zierten die Mitte der Ortschaften, und auf einer Frankreichkarte sollten sie ein Muster bilden, das an einen Baum erinnerte. »Der Baum der Freiheit muss von Zeit zu Zeit mit dem Blut der Patrioten und Tyrannen gegossen werden«, schrieb Thomas Jefferson.[25] Diese Worte waren es, die bei der Verhandlung gegen König Louis XVI. zitiert wurden und ihn zur Guillotine begleiteten.[26]

Unglücklicherweise starben viele dieser Bäume wieder ab, gleich nachdem man sie gepflanzt hatte. Woran das lag, zeigt eine Aquatinta von Jean-Baptiste Lesueur. Der abgebildete Baum wird unter großem Pomp und Trara gepflanzt, in vollem Laubschmuck in ein winziges Fleckchen Erde, das man von Pflastersteinen freigeräumt hat. Das Loch ist viel zu klein für einen 20 Jahre alten Baum. Und die Nationalversammlung ordnete am 22. Januar 1794 an: »In allen Gemeinden der Republik, wo ein Freiheitsbaum eingegangen ist, wird am 1. Germinal ein neuer gepflanzt.« Nach der Pflanzung seien die Bürger jeder Gemeine dafür verantwortlich, dass der Baum gewässert und geschützt wird, »sodass er unter der Schirmherrschaft der französischen Freiheit gedeiht«.

❧

Freiheitsbäume wurden gepflanzt als Symbole für Revolution und Veränderung, aber auch für Kontinuität. Vor einigen Jahren verfasste ich einen Artikel mit dem Titel »Erstellung, Inhalt und Nutzen von Stadtbaumplänen von englischen Kommunalverwaltungen«. Das war ein recht trockenes Stück Arbeit, andererseits konnte ich so 25 Baumbeauftragte aus ganz England interviewen, von Solihull bis Sheffield, von Kensington bis Cornwall. Und bei einem Großteil von ihnen handelte es sich um wirklich witzige Leute. Baumbeauftragte sind Regierungsbeamte, die für das Pflanzen oder Entfernen aller Bäume innerhalb einer Gemeinde verantwortlich sind. Dazu braucht es ein gewisses Maß an Humor. Mit Baumstrategieplänen versuchen die Kommunalverwaltungen, einen Bäumezeitplan zu erstellen, der sich über mehrere Generationen erstreckt. Ein Baum, der in einer Stadt gepflanzt wird, braucht möglicherweise während seiner ganzen Lebenszeit Fürsorge, wenn er überleben soll.

Verglichen mit der Geschwindigkeit, mit der Technik oder Architektur sich wandeln, verändern sich Bäume eher wenig. Vielleicht haben die Bäume uns ja dahingehend beeinflusst, dass wir den Hype um den neuesten technologischen Fortschritt durch eine stärkere Verwurzelung in der Natur ausgleichen wollen. Das hat viel zu tun mit unserer realen und ernstzunehmenden Angst vor dem Klimawandel, der Angst um die Stabilität unseres Habitats, das zugrunde zu gehen droht. Wir wollen den verwurzelten Teil unserer Umwelt erhalten. Bäume können sich nicht durch Rückzug vor Gefahren schützen. Aber sie können die gleiche Funktion erfüllen wie früher Kanarienvögel in den Kohlebergwerken. Es gibt ja tatsächlich Bäume, die den Aufstieg und Fall von Städten miterlebt haben. Ein schönes Beispiel ist eine Ulme in New York, die in etwa so alt ist wie die Stadt selbst. Sie steht auf einem Grundstück, das Millionen wert ist, eine Meile entfernt vom One World Trade Center, im Washington Square Park, mitten im Herzen der Stadt. Aber weil der Baum so schön ist, wurde er verschont, während rund um ihn Häuser gebaut wurden. Ein kräftiger Stamm schickt zwei Hauptäste in den Himmel, die eine breite Krone tragen. Als ich im April in New York war, überzogen sich die Zweige gerade mit einem zarten, frühlingshaften Grün vor dem rötlichen Hintergrund der Backsteingebäude.

1990 hat man sein Alter bestimmt: 310 Jahre. Das heißt, dass der Baum schon seit 1680 da steht, 16 Jahre nachdem die Briten die Kolonie New Netherland erobert und ihren Namen in New York geändert hatten. Die Englische Ulme ist in den USA nicht heimisch, eigentlich auch im Vereinigten Königreich nicht. Diese Ulme aber scheint aus England zu kommen, und zwar als kleiner Schössling von einer Ulme auf einer englischen Farm. Ulmen können sich gut asexuell vermehren. Die meisten englischen Ulmen haben daher eine identische DNA. Sie sind Klone von *Ulmus minor* »Atinia«, über die wir schriftliche Zeugnisse besitzen, die beinahe 2000 Jahre zurückreichen.

Dieser Klon entstand in Spanien, vermutlich handelte es sich um einen Sämling, der sich rein zufällig durchgekämpft hatte. Irgendjemand wurde auf ihn aufmerksam und nahm ihn mit nach Italien. Dieser Import wurde im Jahr 60 von Lucius Iunius Columella schriftlich festgehalten, der auf seinem Landgut in Ardea, 35 Kilometer außerhalb von Rom, lebte. Die Ulme wurde schnell beliebt. Man nutzte sie als Unterlage für Weinstöcke oder als Hecke, weil sie natürliche Reihen bildete. Zudem wurde sie als Viehfutter und für die Herstellung von Abflussrohren verwendet. Ihr Holz ist ausgesprochen fäulnisbeständig.[27] Die Römer brachten Klone dieses Baumes nach Großbritannien, wo er großflächig angepflanzt wurde. Nach dem Enclosures Act von 1604 wurde die Ulme zum Symbol der Einhegung von Privatbesitz schlechthin.

Die ersten britischen Siedler in New York pflanzten die Ulme vermutlich auf ihren Farmen, um eine Baumhecke anzulegen, wie sie diese von zu Hause kannten. Rein chemisch musste dieser Baum eine gewaltige Anpassungsleistung erbringen: englische Farmen, Dunkelheit und Salz auf der Überfahrt über den Atlantik und dann die Mikroflora, Sekundärmetaboliten und das Klima eines gerade abgeholzten amerikanischen Waldes. Ab 1880 kam dazu eine Zunahme von Wärme und Abnahme von Licht, als der Washington Square entstand. Der Minetta Creek, der nahe genug war, um den Wasserdruck in den Bäumen zu beeinflussen, wurde überbaut. Stattdessen stand da nun die Minetta Tavern, in der Ezra Pound sich am liebsten flüssig versorgte. Der Verkehr, die Abgase und der Feinstaub einer großen Stadt stürmten auf die Ulme an ihrem Standort ein. Darüber hinaus musste sie sich auch gegen Insekten wehren. Das Land, auf dem der Baum stand, war früher wertvoll, heute unbezahlbar. Und doch überlebte die Ulme.

Die ersten Tage ihres Wachstums wurden von verschiedenen Faktoren beeinflusst, nicht zuletzt vom Fehlen einer spezifischen Bioflora, die den Baum unterstützen konnte. Andererseits zahlte sich das auch aus. Da er ganz allein stand, war er nicht vom holländischen Ulmensterben betroffen, das fast alle alten Ulmen im Vereinigten Königreich hinwegraffte. Wie die Vereinigten Staaten wurde er größer und erfolgreicher als seine Vorfahren. Und er ist genetisch immer noch identisch mit den Bäumen, die für das Römische Reich fundamental waren: fundamental, weil die Ulme half, die Sümpfe trockenzulegen und Rom vor der Malaria zu schützen; fundamental für den römischen Mythos von Haus und Hof. Auch das bukolische Idyll, das Horaz und Martial neue Kraft schöpfen ließ, entstand, weil im Herzen einer riesigen neuen Weltstadt Ulmen wuchsen.

❧

Orang-Utans kehren wieder und wieder zu einem Baum zurück. Und auch im Leben einer Gesellschaft können Bäume eine zentrale Rolle einnehmen. Andererseits ist der häufig nicht klar definierte Status von Bäumen – für die es keine Besitzurkunde gab, die aber trotzdem für viele Menschen von Bedeutung waren – gerade in revolutionären Zeiten immer wieder zum Zankapfel geworden. Meist ging ein solcher Streit um nachhaltige Nutzung oder nicht-nachhaltige Abholzung. In so unterschiedlichen Ländern wie dem Vereinigten Königreich, Iran und Japan wurde das Recht auf (nachwachsendes) Holz unterschieden vom Recht auf (nicht-nachwachsendes) Holz wie etwa den Stamm. Die Nutzung wurde üblicherweise durch

Gewohnheitsrecht geregelt und häufig durch geschriebenes Gesetz umverteilt. Im Vereinigten Königreich war es nach der normannischen Eroberung bei Todesstrafe verboten, Bäume zu fällen. (Auch wenn, wie Oliver Rackham, der große Ökologiehistoriker, meint, diese Regelung selten angewandt wurde.) Die Wälder, die zu den Feuertempeln des Zoroaster gehörten, gingen verloren, als der Islam aufkam. Und der japanische Schriftsteller Yasunari Kawabata beschreibt den subtilen Verfall der Sitten in Japan, der damit einherging, dass sorgsam gehegte Wälder nichts mehr zählten. In all diesen Beispielen trennte man zwischen Baumfürsorge und -nutzung. Selbst Karl Marx schrieb in der Einleitung zu *Das Kapital*, es seien Bäume gewesen, die ihn zum Nachdenken über Eigentum gebracht hätten.[28]

Marx' Artikel über »Holzdiebstahl« in der *Rheinischen Zeitung* kritisierte die Forstgesetze im Rheinland, weil sie eine Form des Rechts – das Recht auf Besitz – über eine andere stellte – das Gewohnheitsrecht auf Nutzung.[29] Das »kleinliche, hölzerne, geistlose und selbstsüchtige Interesse« einiger weniger triumphierte über die hybriden Formen von Besitz, die Menschen verschiedenster Klassen erlaubten, die gemeinsamen Ressourcen zu nutzen. In Bezug auf die Forstwirtschaft Frankreichs hieß dies: Zwischen 1824 und 1829 kam es zu 37 328 Verurteilungen wegen Holzdiebstahls und zu mehr als 14 000 »anderen Vergehen wegen Waldnutzung«. Der *Code forestier* von 1827 verbot Menschen in ganz Frankreich, im Wald Feuerholz zu sammeln, Tiere zu weiden, Bauholz zu schlagen oder in Bereichen, die bis zu 200 Meter von der Waldgrenze entfernt lagen, Feuer zu machen. Das führte immer wieder zu Aufständen. In den Pyrenäen zog der *Guerre des Desmoiselles*, der »Fräuleinaufstand«, sich bis 1872 hin. Männer verkleideten sich als Frauen und griffen die Waldhüter an, um gegen die neuen Gesetze zu protestieren.[30] Sie trugen weiße Papiermasken, bemalten sich das Gesicht dick mit Farbe und trugen ihre langen weißen Hemden wie Kleider, die sie mit Schärpen in der Taille banden, um an die traditionellen Waldgeister zu erinnern, die »Desmoiselles« oder »Dames blanches«. Das Verbot kontrollierter Feuer, die gewöhnlich am Ende des Winters oder im Frühjahr gelegt wurden, führte zu enormen Waldbränden. Der schlimmste vernichtete im Jahr 1891 60 Hektar französischen Wald.

Dass aus diesem Streit über das Sammeln von Holz eine grundlegende Kritik am bourgeoisen Privateigentum wurde, ist Marx' Genie zu verdanken, doch der Unterschied zwischen dem Schutz der Wälder und dem von Holz ist grundlegend. Bäume können sich, anders als Tiere, von allen möglichen Eingriffen erholen, sei es das Auf-den-Stock-Setzen, das Kappen junger Triebe oder andere Formen des Rückschnitts. Auch das Sammeln von abgefallenem Holz erlaubt eine nachhaltige Nutzung. Die Entnahme von Holz hingegen kann zu Entwaldung, Bodenerosion und der Zerstörung eines ganzen Ökosystems führen und der Kultur, die damit verbunden ist. 1848 wurden in der Lombardei aufgrund einer ökonomischen Notlage Unmengen Bäume gefällt. Das führte zu einem chronischen Mangel an Feuerholz und einer ganzen Reihe von Naturkatastrophen.

Vor zwei Jahren wurde ich in der Türkei Zeugin eines ganz ähnlichen Vorgehens. In der Nähe von Siirt mit seinen bewaldeten Berghängen wurden die Bäume Jahr für Jahr nur von kleinen Ästen befreit, die man als Feuerholz verwendete. Der Baum blieb dabei intakt. Plötzlich aber wurden die Hänge komplett abgeholzt, möglicherweise nur deshalb, weil man in der Region die Kettensäge einführte. Noch sind keine Folgen sichtbar, doch sollten sich die Dinge so entwickeln wie in anderen Regionen, dann ist mit Erdrutschen und einem Verlust der Humusschicht zu rechnen, was hieße, dass innerhalb der nächsten beiden Jahre ein wirtschaftlicher Zusammenbruch erfolgt. Der Charakter der Landschaft wird sich grundlegend verändern, so, als hätten die vielen mehr als hundertjährigen Bäume dort nie existiert. Wenn wir leugnen, dass wir die Bäume brauchen, dann werden wir bald wie sie oder noch schlimmer leiden.

In meiner örtlichen anglikanischen Kirche in Bishop's Nympton in Devon steht über der Tür zur Sakristei in einer spinnwebverhangenen Nische eine kleine hölzerne Heiligenfigur. Die Statue, die aus Eichenholz geschnitzt ist und vermutlich den heiligen Jakob darstellt, hat ein umherziehender Vikar im 13. Jahrhundert aus Spanien mitgebracht. Sie ist offensichtlich alt, der Zahn der Zeit hat tiefe Spuren hinterlassen. Und sie hält etwas Nicht-Erkennbares in der Hand, einen Hut vielleicht oder ein Buch. Jedes Mal, wenn ich sie sehe, muss ich an die jungen Berge des Hindukusch denken, wo die animistisch lebende Gemeinschaft der Kalasha zu Hause ist und uralte Zedern in all ihrer Schönheit bewahrt. Als die Soldaten von Alexander dem Großen über die Berge Afghanistans kamen, in der Kälte froren und Zedernholzbretter verbrannten, die sie auf dem Boden fanden, wurden sie von den Kalasha angegriffen. Dieses Zedernholz waren die Überreste von Särgen, in denen die Kalasha ihre Toten auf den Berghängen offen bestatten. Alexander und die Kalasha trafen ein Abkommen, woraufhin der Feldherr loszog, um König Poros zu besiegen. Seitdem sind die Kalasha zu einer kleinen Gemeinschaft geschrumpft, die manchmal angegriffen, dann wieder konvertiert wurde. Doch der Großteil der Kalasha ist seinem animistischen Glauben treu geblieben. In ihren Augen sind Bäume, Tiere und überhaupt die ganze Natur beseelt. Ihre Särge machen sie immer noch aus Zedernholz. Sie sind wunderschön verziert und werden immer offen gelassen. Manchmal schnitzen die Schamanen auch Statuen aus Zedernholz. Trotzdem gehören die Zedern im Kalasha-Tal, die wertvolle Himalaya-Zeder *(Cedrus deodara)*, zu den schönsten und bestgeschützten, die ich je gesehen habe.

Animistische Gemeinschaften wie die Kalasha sind häufig klein und leben in abgelegenen Regionen, aber sie sind nicht zurückgeblieben. Ihr Verständnis davon, was es bedeutet, einen Baum zu schützen, hat nichts damit zu tun, dass man Millionen Bäume pflanzt oder keinen einzigen abholzt. Es geht vielmehr um eine ästhetische Wertschätzung dessen, was ein Baum ist, und um die genaue Beobachtung seiner Funktionen. Die animistischen Gesellschaften vermenschlichen den Baum nicht, wie das leider häufig der Fall ist, wenn Menschen nicht mit Bäumen aufwachsen. Sie wissen, dass unser Nervensystem und das des Baumes verschieden sind. Und sie erkennen an, dass die Fähigkeiten der Bäume für die Umwelt wichtiger sind als die unseren.

Bäume wirken auf Erde, Wind, Feuer und Wasser auf eine Art ein, die wir nur teilweise aufklären können. Wissenschaftlich betrachtet stecken Bäume voller Überraschungen. Physikalische Gesetze auf sie anwenden zu wollen, ist ein Patentrezept fürs Scheitern: Es gibt so unglaublich viele Arten mit ihren ureigensten Merkmalen, die sich alle unterschiedlich verhalten. Auch eine chemische Definition riskiert, ins Leere zu laufen: Wir werden nie all ihre neuen Verbindungen kennenlernen, die sie produzieren, während wir schlafen. Selbst die genetische Klassifizierung ist, wie jeder Sorbus-Liebhaber bestätigen kann, eine schwierige Angelegenheit. Eine herabhängende Wurzel in der Decke einer Höhle, der Geschmack einer ungewohnten Frucht oder eine Gruppe Palmen mitten in der Wüste gibt uns Einblick ins lebendige Unbekannte: in eine Lebensform, die unsere Lebenswelt geprägt, die sie friedlich um uns herum gestaltet hat, auch wenn wir sie immer noch nicht wirklich kennen.

Und doch: Wenn wir einen Zweig berühren, passt er ganz wunderbar in unsere Hand. Ob groß oder klein, wir verstehen die Form der Bäume und wir sehen, wie sich in ihrer Verschiedenheit unsere Welt widerspiegelt. Vor allem aber sehen wir immer wieder, wie sie sich in uns spiegeln: Diese Lebensform hat uns geprägt. Die Bäume haben uns Wurzeln geschenkt, damit wir uns einen Reim machen können auf unser Kommen und Gehen, unseren Anfang und unser Ende, unsere Geburt und unseren Tod.

Nympton heißt »heiliges Holz«, und ich stelle mir gern vor, dass darin ein bisschen vom alten Heidentum mitschwingt. Es ist vielleicht nicht offensichtlich, aber eine solch grundlegende Verbindung kann tief reichen. Ich denke auch, dass unser ästhetisches Empfinden, das uns für die Schönheit der Bäume empfänglich macht, sich auf unsere wissenschaftlichen Erkenntnisse stützen kann; dass wir das Werk der Vergangenheit nicht ungeschehen machen müssen, um einen Weg in die Zukunft zu finden. Ich hoffe, dass die Kultur der Bäume so tief in uns verwurzelt ist, dass selbst die verrücktesten Entwicklungen – wie der Irrsinn der Städte oder die Begeisterung für die Technik – sie nicht ausreißen können.

1890 schrieb der schwer depressive Vincent van Gogh an seinen Bruder über eins seiner Gemälde, *Racines d'arbres* (Baumwurzeln). Er erklärte, dass er dieses Motiv gewählt habe, weil er etwas über den Daseinskampf sagen wollte. »Auch mein Leben«, so schrieb er, »ist von den Wurzeln her angegriffen.«[31] Er hatte sich in Auvers-sur-Oise niedergelassen, ein bei Malern beliebtes Dorf etwa eine Stunde nördlich von Paris, wo sich die Gebäude des alten Frankreich mit ihren Strohdächern abwechselten mit den schönen, ziegelgedeckten Häusern der Mittelschicht. Man möchte meinen, dass dies nicht unbedingt ein Ort ist, an dem eine animistische Haltung gedeiht. Van Goghs Leid hatte auch nichts mit der Natur zu tun, sondern mit den Menschen, die seine Werke ablehnten, mit seiner Armut. Seine Trauer war verursacht von Paul Gauguin, auf den er in Arles so lange gewartet hatte. Doch als der Maler ankam, würdigte er van Goghs Arbeiten kaum eines Blickes und empfahl ihm, weniger Grün zu verwenden. Doch am Tag seines Selbstmords, am 27. Juli 1890, malte er ein Bild von der Rue Daubigny, oberhalb des Gutshauses von Columbières. Die Straße führt durch einen Lärchenwald und an einer Stelle hatte ein Erdrutsch das Wurzelwerk eines Baumes freigelegt. Das Bild ist sein letztes Meisterwerk, knotige Baumwurzeln in strahlendem Blau, die aus der taupefarbenen Erde hervorbrechen, und dazwischen grüne Blätter. Das Bild zeigt, wie Bäume alles zusammenhalten und in einer verwirrenden Welt trotzdem Sinn stiften.

Nachwort

Ich hätte Bäume pflanzen sollen
und tat es nicht.
Primo Levi, *Unfinished Business*

2019 nahm mich ein Freund mit nach Sidakan, ein Dorf hoch oben in den Bergen an der Grenze zwischen Iran und Irak. Er stellte mich seinem Vater vor, der mir eine riesige Eichel in die Hand drückte, die ich in die Brusttasche meiner Latzhose steckte und prompt vergaß. Die Eichel reiste mit mir nach Bagdad, wo mir ein klares Gefühl sagte, dass ich sie nicht außer Landes bringen sollte. Daher drückte ich sie auf dem Flughafen eilig einem Mann in die Hand, der nach Najaf unterwegs war. Was mich schmerzte. Ich trauerte der Eichel und dem schönen Baum nach, der aus ihr geworden wäre. Ein paar Jahre später war ich überglücklich, als ich eine Eichel derselben Art in der Post fand. Sie kam aus einem Arboretum im Vereinigten Königreich. Sie war genauso schön und groß, schien aber reichlich vertrocknet. Die Schale hatte schon einen kleinen Riss von der Reise, daher hatte ich nicht viel Hoffnung, als ich sie in feuchten Sand steckte und in einem Plastikbeutel aufhängte.

Drei Wochen später stocherte ich im Sand herum und fand sie wieder. Zu meiner großen Freude hatte sich die Eichel zum Leben erwecken lassen. Eine zartgrüne Wurzel suchte sich an einem Ende ihren Weg durch den Sand. Ich nahm einen Kaminaufsatz aus Ton und stellte ihn auf einen gleich breiten Tontopf, sodass die Wurzel so tief wie möglich wachsen konnte. Beides füllte ich mit Sand und Kies und ein wenig Blattkompost von dem Eichenwald hier im Tal.

Vielleicht würde die Eichel ja in den Überresten ihrer Verwandten nützliche Mikroorganismen finden. Und dann beobachtete ich das Ganze gespannt. Die Eichel trieb und brachte jeden April haarige, silber-rosa Blätter mit gezackten Rändern hervor, die sie im November abwarf. Jedes Jahr, wenn die Blätter erschienen, war dies ein großer Triumph. Aber der Setzling wuchs unendlich langsam, nicht mehr als zweieinhalb Zentimeter pro Jahr. Als er die erste raue Borke ansetzte, schien dies ein ganz besonderer Moment zu sein. Als das Bäumchen aber umknickte, fürchtete ich um seine Zukunft. Aber dieses Jahr haben mein Vater und ich ein großes, viereckiges Loch gegraben. Wir haben es mit Sand und mehr Eichenblattkompost gefüllt, Tonschiefer und Pflanzhumus dazugegeben und die Eiche eingepflanzt. Die Wurzel war über einen Meter lang und der Stamm 60 Zentimeter hoch. Mittlerweile bringt sie perfekt geformte Blätter in Französisch-Grün hervor und streckt sich dem Licht entgegen.

Dieser Baum steht durch Natur und Verwandtschaft mit anderen Bäumen in aller Welt in Verbindung. Er ist Teil vom Schussfaden des Lebens, einem Ligningitter. Er ist verwandt mit der irakischen Eiche, mit der er seine DNA teilt. Und mit der englischen Eiche, deren symbiotische Pilzbeziehungen er übernommen hat. Schon jetzt fixiert er kleine Mengen Kohlendioxid und verändert dadurch die Atmosphäre. Und er wird sich noch Hunderte von Jahren nach unten und oben weiterentwickeln. Seine Pfahlwurzel wird sich im Grundgestein verankern und den blanken Felsen sprengen. Dort findet er Mineralstoffe, die für ihn wie ein vergrabener Goldschatz sind. Und so nebenbei bereitet er dem Wasser einen Weg, auf dem es ablaufen kann. Die flacheren Wurzeln werden sich mit denen der umstehenden Bäume vergesellschaften und in der Erde den höchsten Punkt der Interaktionen mit anderen Pflanzen und Pilzen bilden. Wenn irgendein Insekt meinem Adlerauge entgeht und in eines der zarten Blätter beißt, wird der Baum über die Luft den anderen Bäumen ein chemisches Signal senden, das sie in gewisser Weise verstehen. Und über ihm bildet sich eine quasi unsichtbare Wolke: Wassertropfen fallen und werden vom Baum gesammelt und in den Boden geleitet, damit er sich noch Hunderte Jahre nach unten und oben strecken kann. Wenn ich ihn lasse.

Aber das ist eigentlich keine Frage, ich bin hellauf begeistert!

Danksagung

In aller Welt gedeihen Bäume auf den Wurzeln anderer. Ich habe alle Orte erkundet, über die ich hier geschrieben habe, und hatte dabei Hilfe von vielen Menschen, die Bäumen tief verbunden sind. Hilfe, die mir in Form von Büchern und Aufsätzen, aber auch Personen zuteilwurde. Diese Personen bilden auf allen Kontinenten einen großartigen »Schattenwald« der gemeinsamen Interessen und der gegenseitigen Unterstützung.

Im Irak gilt mein Dank den Mitarbeitern der Hasar Organisation: Hawkar Ali Abdulhaq, Mam Ali, Professor Saman Abdulrahman, Dr. Sajad Zalzala und Tahier Salih Alkay. In den USA den Kuratoren und Mitarbeitern des New York Botanical Garden: vor allem Todd Forrest, William Stein und dem Team im State Museum in Albany. Die US Fire Administration und Cal Fire waren sehr großzügig mit ihrer Zeit und Expertise. In Pakistan geht mein Dank an die Mitglieder des Endowment Fund Trust for Preservation of the Heritage of Sindh und des Balochistan Forest und Wildlife Departments. Vor allem Dr. Niaz Khan Kakar sowie Siraj und Maqsood Ul-Mulk schenkten mir nicht nur Einblick in ihre Erkenntnisse, sondern auch die Gastfreundschaft in ihrem Zuhause. Gül Kalash erklärte mir geduldig und verständlich viele Aspekte der Kalash-Kultur. In der Türkei waren es die Familie Güner, Professor Dr. Necmi Aksoy, Dr. Elif Deniz Ülker und Professor Dr. K. Husnu Can Baser, die mir wertvolle Ratschläge gaben. Michael und Despina Moschos, Yiannis Chaldoupis und Kalliope Stara korrigierten mich in Griechenland, wo es nötig war. In Brasilien gilt meine tiefe Dankbarkeit Giovanna Claro Baré und ihrer Familie. Außerdem danke ich Mike

Hopkins, Curador do Herbário INPA, Cristabel King, Professor Sir Ghillean Prance, James Willoughby und Laurie Blair, weil sie ihr Wissen bereitwillig mit mir teilten. In Belize boten mir unschätzbare Hilfestellung: Jaime Awe und das Belize Valley Archaeological Reconnaissance Project, Ella Baron am Ian Anderson Botanical Garden und Bruce Holst am Marie Selby Botanical Garden.

Auch der großen Gruppe von Freunden, die mich auf meinen Reisen gastfreundlich aufnahmen, schulde ich Dank: Yad Bayad Abdulqader war auf vielen meiner Ausflüge auf der Jagd nach Bäumen ein unerschütterlicher Freund und Gefährte. Auch seiner Familie möchte ich danken für ihre Gastfreundschaft, ihre Führung, ihre Intelligenz sowie ihr poetisches Flair und ihren kosmopolitischen Witz. Lara Prior-Palmer, Jem Lowther, Emma Rix, Ahmad Ibrahim Qader, Benedikt Weiss, Ed Picton-Turbeville und Josh Barley waren nicht nur tolle Reisebegleiter, sondern lasen auch Teile des Buches und gaben mir wichtiges Feedback. James war am Anfang und am Ende da. Robin Lane Fox lehrte mich die großen Ideen, für die sich das Engagement lohnt. Und sie brachte mir bei, dass eine geteilte Idee eine verbesserte, bereicherte und lebendigere Idee ist. Mark Baczoni, Siepsah Tamoukh, Fergus McIntosh, Eli Berger, Özge Dursun, Dr. Jonah Rosenberg, Dr. Geri Della, Rocca de Candal, Mor Timothius Mousa Alshamany, Abu Yousif und die Mönche von Dayro d-Mor Mattai, Gregory Long, Scott Newman, Alex und Eliza Chisholm, Cecilia Stinton und Peter Treherne boten mir Platz zum Bleiben und Schreiben. Charlotte Hall, Tianyi Yu, Sophie Yeo, Dr. Meseret Oldjira, Dr. Thomas Probert, John d'Arcy, Mehul Srivastava, Lyndsie Bourgon, Professor Andrew Smith, Dr. Manuel Arroyo-Kalin, Joy Lo Dico, Keith Rushforth, Jess Hao, Jim McCue, Mikonori Ogisu, Professor Nick Lane, Maia Hrushkova, Ed Fortes, Masumi Yamanaka, Vir Bulchandani und viele andere steuerten wertvolle Einsichten bei. Der Tree Council, allen voran Jon Stokes, die International Oak Society, die International Dendrological Society, die Mitglieder von Hedgelink und viele andere Baumbeauftragte in ganz Großbritannien lehrten mich, Bäume auf eine Weise zu betrachten, von der ich hoffe, dass sie sich im Buch widerspiegelt. Danke!

Professor Stuart Ferguson, mein Tutor in Oxford, starb letztes Frühjahr, als ich dieses Buch gerade zu Ende schrieb. Er war viel zu jung. Seine Geduld darin, die physischen und philosophischen Aspekte der Bioenergetik zu lehren, hat mein Leben unendlich bereichert. Ebenso sehr vermisst wird Dr. Chris Scanlan, der noch jünger war, und dessen Brillanz im Fachbereich Immunologie nur noch von seiner Güte übertroffen wurde. Beide waren Wissenschaftler durch und durch, und vermutlich wären sie entsetzt über die Fehler in meinem Buch. Aber diese gehen alle einzig auf mich zurück. Und es gäbe vermutlich noch sehr viel mehr ohne die Hilfe und Anleitung der Mitarbeiter des Herbariums, der Bibliothek und des Jodrell Laboratory der Royal Botanic Gardens Kew, der Linnean Society, der Royal Society und der London Library.

Ich hatte großes Glück, von Doug Young vertreten zu werden – einem Magier unter den Literaturagenten – und von den Mitarbeitern von PEW Literary. Meine Eltern lasen jede Seite dieses Manuskripts, zweimal und mehr. Ich danke euch.

James Nightingale, Sally Sergeant und Alex Bell setzten ihre großartigen Fähigkeiten als Redakteure, Korrektoren und Index-Macher für mich ein. Und schließlich geleitete mich mein Lektor Stuart Williams mit grenzenloser Geduld, Rücksichtnahme und technischer Stärke durch den ganzen Prozess und machte das Unmögliche möglich. Ihm, Laura Reeves, Rowena Skelton-Wallace, Joe Pickering, Annie Rose und dem ganzen Team von Bodley Head schulde ich diverse Entschuldigungen, aber vor allem meinen tief empfundenen Dank.

Anmerkungen

Einführung

1 Hildegard von Bingen, zitiert nach: Heinrich Schipperges, *Hildegard von Bingen. Ein Zeichen für unsere Zeit*, Frankfurt 1981, S. 89.

2 Amediye war zu jener Zeit ein Hort der Gelehrsamkeit und besaß eine der berühmtesten Bibliotheken der Region. Mein Gastgeber schonte meine Gefühle. Er erwähnte nicht, dass britische Truppen 1919 die Bibliothek in einem völlig sinnlosen Akt der Gewalt zerstört hatten.

3 In ihrem Buch *Die Superkraft der Pflanzen* (Berlin 2025) weist Kathy Willis darauf hin, dass die menschliche Nase zwar nicht so gut arbeitet wie die der Hunde, aber trotzdem eine Billion unterschiedlicher Gerüche wahrnehmen kann.

4 Immerhin haben wir einige Fortschritte gemacht, was das Verständnis der von Bäumen gebildeten Moleküle angeht: Das Massen-Spektrometer wird eingesetzt, um Gewicht und Struktur von Molekülen zu klären, die Röntgenkristallografie enthüllt uns die komplexeren Proteinstrukturen und dank fluoreszierender Proteine können wir einige chemische Prozesse in Echtzeit mitverfolgen.

5 Ein Enzym ist ein biologischer Katalysator: ein Protein, das zwei chemische Stoffe so konfiguriert, dass sie miteinander reagieren können.

6 In einem Buch mit 80 000 Wörtern ist eine enorme Menge Energie gebunden: Ganze Bibliotheken leihen sich Stabilität von den Bäumen. Wenn ein Baum 20 Jahre alt ist, wenn er gefällt und zu Papier verarbeitet wird, dann hat er in etwa vier Monate kontinuierlich daran gearbeitet, die Biomasse für ein Buch herzustellen.

1 Bäume und das Wasser

1 Nazik al-Mala'ika, »At the End of the Stairs«, aus: *Shrapnel and Ash*, 1949, in: *Revolt Against the Sun, the Selected Poetry of Nazik al-Mala'ika – A Bilingual Reader*, hrsg. und übersetzt von Emily Drumsta.

2 Die Photosynthese bewältigt eine schwierige Aufgabe, daher ist sie im

Detail ein unglaublich komplexer Vorgang. Die beste einfache Erklärung findet sich in Nick Lanes Buch *Leben. Verblüffende Erfindungen der Evolution*, Darmstadt 2015. Wenn Sie eine ausführlichere Darstellung suchen, kann ich Ihnen nur folgende Lektüre empfehlen: Nicholls, Ferguson, *Bioenergetics 4* (London 2013).

3 Ausgezeichnet erklärt in: Boyce et al. 2017: *Did trees grow up to the light, up to the wind, or down to the water? How modern high productivity colors perception of early plant evolution*. Es unterstreicht, wie leicht man darauf hereinfällt, moderne klimatische Bedingungen und Baumtypen auf eine frühe, sehr andere Zeit zu projizieren.

4 Die Anatomie der Bäume ist strenger organisiert als die des menschlichen Körpers. Da der Baum sich nicht bewegen kann, um vor Dürren oder Überschwemmungen zu fliehen, muss er seine Umwelt in einem dynamischen Gleichgewicht halten.

5 Gymnospermen sind heute zwar seltener, weltweit aber trotzdem eine Schlüsselart. *Araucaria angustifolia*, die Brasilianische Araukarie, ist eine hochgradig gefährdete Gymnospermen-Art, die im Süden Brasiliens heimisch ist. Dort bildet sie die emergenten Bäume von Wolkenwäldern wie die auf den Kanaren, in denen die Araukarie als Ammenpflanze und »Brunnenbaum« fungiert. Unter ihr wachsen Lorbeerbäume wie *Ocotea catharinense*, die das Wasser einfangen, das die Passatwinde vom Atlantik bringen.

6 Die Gymnospermen leiden auch heute noch: 37 Prozent sind vom Aussterben bedroht.

7 Manche Gymnospermen wie zum Beispiel *Gnetum urens*, die Glockenvogelherzpflanze, haben sich schnell an den Regenwald Südamerikas angepasst und sich zu Lianen entwickelt. Natürlich denken wir bei Gymnospermen zuerst an steife, nicht flexible Pflanzenkörper, aber verallgemeinern lässt sich das nicht. Ein besonders rätselhaftes Beispiel ist die Echte Sumpfzypresse, die »Knie« ausbildet, markante Wurzelkegel, die sich nur bilden, wenn der Baum immer wieder mal trockenfällt. Trotzdem ist deren Funktion rätselhaft, weil die Knie offensichtlich weder den Baum stützen noch ihm Luft zuführen. Mehr über dieses Rätsel finden Sie in: Briand (2021)

8 Dieser Begriff wird heute eigentlich nicht mehr gebraucht, aber er ist ausdrucksstark, daher verwende ich ihn für dieses Buch.

9 Die Kanaren liegen vor der Küste Afrikas. Sie werden von den Wüstenwinden der Sahara ebenso erreicht wie von den Passatwinden aus dem Nordosten, das heißt aus Europa. La Gomera gehört zu den kleinsten In-

seln der Gruppe, ein kleiner Vulkan, der sich 1500 Meter über den Meeresspiegel erhebt.

10 Der Gipfel hat seinen Namen von Gara, Prinzessin von Gomera, und Jonay, Prinz von Teneriffa, deren Liebe unter einem unglücklichen Stern stand. Es wurde ihnen verboten zu heiraten, weil der Vulkan auf Teneriffa ein Feuer-Omen gesprochen hatte, aber Jonay überwand schwimmend die Distanz zwischen beiden Inseln, um seine Geliebte zu sehen. Doch die Väter der Liebenden jagten sie, sodass sie immer weiter den Gipfel hinaufwandern mussten. Oben angekommen, nahmen sie sich gemeinsam das Leben. Die Geschichte wird erzählt in: Ruiz (2017).

11 Eigentlich ist der Drachenbaum eine zu groß gewachsene Lilie.

12 Eine wurde von Brüllaffen in Mexiko, Belize, Panama und Kolumbien verbreitet, eine andere wächst nur im östlichen Kuba.

13 Hier finden Sie dazu gute, detailreiche Bilder: https://link.springer.com/article/10.1007/s00606-018-1530-3

14 Wachse spielen in der Pflanzenwelt eine entscheidende Rolle, weil sie die Durchlässigkeit für Feuchtigkeit und die Transpirationsrate ganz exakt regeln können. Mehr über ihre Rolle bei den Blättern des Drachenbaumes in: Jura-Morawiec (2020).

15 Sandabrieb und allgemeiner Verschleiß der Epidermis führen dazu, dass das Wasser aufgenommen werden kann.

16 Die Bimbache waren mit den Berbern verwandt und lebten in großer Zahl auf der Insel, als diese 1403 von dem französischen Entdecker Jean de Béthencourt besucht wurde. Er beschrieb Bäume, aus denen ständig klares, schönes Wasser tropfte, das man in einer Grube neben dem Baum auffing. Vor allem ein Baum – Garoé genannt – war den Bimbache heilig. Er galt als der »Quellenbaum« schlechthin. Er war nicht sehr hoch, hatte aber lange, horizontale Zweige, die sich von den Passatwinden abwendeten. Diese fingen die Feuchtigkeit aus der Luft und dienten das ganze Jahr über als Wasserquelle. Für die Bimbache war dies ihr Totem. In den ersten brutalen Tagen der spanischen Herrschaft nahmen die Spanier dessen Zweige in das Wappen von El Hierro auf: ein grüner Baum, der im Wasser steht und seine Krone in die Wolken streckt, sodass das Wasser von seinen Blättern tropft. Man nannte ihn den »Baum des Heiligen«.

17 *»Está una nubecita siempre y sobre un árbol. Cuando está junta junto con el árbol, parece está algo alto del árbol, cuando se desvían parece estar junto del y casi todo lleno de niebla. / … / Aquella nublecita hace sudar y gotear todas las hojas y ramas del árbol, todas la noche y el día, más a las mañanas y a las tardes, algo menos a mediodía, cuando se alza el sol …«.* (Über einem Baum

steht immer eine kleine Wolke. Wenn sie den Baum erreicht, steht sie ein bisschen darüber. Wenn sie davon aber abweicht, scheint sie quasi ganz aus Nebel zu bestehen. Diese kleine Wolke sorgt dafür, dass alle Blätter und Äste des Baumes schwitzen und tröpfeln, die ganze Nacht und den ganzen Tag, eher am Morgen und am Nachmittag, am Mittag, sobald sich die Sonne erhebt, weniger.) Aus: Bartolomé de Las Casas, *Historia de las Indias* (16. Jahrhundert), zitiert nach: Acosta Baladón (1973), S. 97.

18 Der Drüsige Kreuzdorn wird so genannt, weil in den Blattachseln – also dort, wo die Blattstiele vom Zweig abgehen – Drüsen sitzen.

19 Kolby Jardine arbeitet an der Grenze zwischen Biochemie und Atmosphärenforschung. Er hat viele Tage auf dem ATTO bei Manaus zugebracht. Siehe: Alves et al. (2016). Robin et al. (2024).

20 Siehe die Daten in: Shilling et al. (2016). Eine Analyse finden Sie in: Shrivastava et al. (2019).

21 Das ATTO-Projekt fand heraus, dass die größten Abweichungen zu den bislang erstellten Modellen darauf zurückgingen, dass die Variation der verschiedenen Baumarten nicht ausreichend berücksichtigt worden war.

22 Flüchtige organische Verbindungen unterschieden sich von Baum zu Baum und von Umfeld zu Umfeld. Mit ihnen können Bäume ihre Evolution beschleunigen. Die Gase können den Baum nämlich epigenetisch beeinflussen, was heißt, dass sie ihre Gene mithilfe von Proteinen verändern können. Da dies immer nur bestimmte Teile des Baumes betrifft, kann sich bei der Verdopplung der Gene entweder ihre Größe ändern oder die vom Baum produzierte VOC-Menge. Da die Bäume von Temperatur und Licht abhängig sind, ändert sich häufig der Tag-und-Nacht-Rhythmus. Das ist auf jeden Fall eine sinnvolle Rückkopplungsschleife.

23 Anton Tschechow, »Die Hirtenflöte«, in: *Gesammelte Romane und Novellen*, Bd. 3, *Die russischen Bauern*, München 1920, S. 122.

24 Louis Gollut schrieb 1592 den vermehrten Regen in der Dole-Region in den 26 Jahren zuvor der Entwaldung zu, da die Eisengießereien mehr Bäume abgeholzt hatten, als nachwachsen konnten. Siehe: Braudel (1996), zitiert nach: Grove, Rackham (2003), S. 11. Außerdem glaubt man auch, dass die Entwaldung für zahlreiche Überschwemmungen verantwortlich ist.

25 Nach dem Original zitiert: Makarieva, Gorshkov (2007).

26 2009 schrieb Antonio Nobre, brasilianischer Klimaforscher, dass ohne diesen fliegenden Fluss der Großteil des südlichen Brasiliens, das für 70 Prozent des brasilianischen Bruttoinlandsprodukts steht, trockene Wüste wäre.

27 Neueste empirische Daten dazu in: Flores et al. (2024). Smith et al. (2020).

28 Viele Unternehmen behaupten, sie könnten heute schon nachweisen, wie sich die unzähligen von ihnen gepflanzten Bäume positiv aufs Klima auswirken. So hat das brasilianische Wasserwirtschaftsamt, Sabesp, auf 45 000 Hektar Land Bäume gepflanzt. Auch Sabesp geht davon aus, dass der zunehmende Niederschlag darauf zurückgeht.

29 Es gibt eine Skizze von Leonardo da Vinci, die einen solchen wilden Wasserlauf zeigt – der ohne auf Widerstand zu stoßen dahintost.

30 Einen brillanten und sehr gut lesbaren Bericht über die Old-Red-Sandsteinformation aus dem Devon in Irland finden Sie auf: https://gsi.geodata.gov.ie/downloads/Bedrock/Books/Understanding_Earth_Processes_Rocks_and_Geology_Ireland/Chapter_07.pdf

31 Dort tritt auch Isabelle Archer, meine Lieblingsfigur unter den Charakteren in Henry James' Erzählungen, »ihrem Schicksal entgegen«, wie es zu Beginn von *The Portrait of a Lady* heißt.

32 Dies ist der Fachbegriff für einen Baum mit klar definiertem Stamm und Leitbündeln.

33 Dieser Abdruck wurde von Charles Ver Straeten und Frank Mannolini in einem Steinbruch in der Nähe von Cairo in den Catskills gefunden.

34 Wie Bill Steins grundlegender Aufsatz in *Current Biology* es beschreibt: »Einige deutlich ausgeprägte Fische wurden in der Nähe der größten Bäume gefunden, so als hätten sie sich dort verfangen.« Siehe: Stein et al. (2020).

35 »Als das uralte Lied […] aufsprudelte, schien die Erde dennoch grün und blütenreich; dennoch, obwohl es aus solch grobem Mund drang, einem bloßen Loch in der Erde, schlammig auch, filzig von Wurzelfasern und Grasgewirr, denn noch strömte das alte, sprudelnde, gurgelnde Lied durch die verknoteten Wurzeln unendlicher Zeiten …« Virginia Woolf, *Mrs. Dalloway*, München 2013, S. 86. Zu jener Zeit, die die Schriftstellerin evoziert, strömten die Flüsse, von Bäumen ungehindert, in alle Richtungen und nahmen völlig unterschiedliche Fließwege an.

36 Zu dieser Zeit gab es immer noch keine Pflanzenfresser. Auf der nun stabilisierten Erde entwickelten sich eher Detritivoren (Abfallfresser). Außerdem war *Archaeopteris* möglicherweise verantwortlich für das erste Massenaussterben, weil die Bäume die Zusammensetzung der Luft veränderten.

37 Dass das scheinbar Unmögliche gelang, wurde 2016 belegt, und es hat damit zu tun, dass das Wasser dem Vakuum widerstehen kann. Siehe: Boatwright et al. (2015).

38 Ein gutes Beispiel dafür ist der *Lepidodendron*, dessen Exemplare eine Wurzelmatrix ausbildeten, um sich auch in Sümpfen gut verankern zu können.

39 Mehr über die Fähigkeit der Pflanzen zu hören finden Sie in: Zoë Schlanger, *Die Lichtwandler* (2024).

40 In Tansania berechnen die Menschen, wie tief eine Pfahlwurzel gewöhnlich reicht: drei Viertel der Höhe des Baumes. So tief wird dann der Brunnen gegraben.

41 Sehr schön dargestellt für *Pinus sylvestris*, die Waldkiefer, mit der Water Table Fluctuation Method, von Vincke et al. (2008).

42 Was den Eukalyptus und seine erstaunliche Auswirkung auf den Grundwasserspiegel angeht, siehe u. a.: Hoogar et al. (2019).

43 Am Tigris, in der Nähe von Ur, pflanzt eine irakische Wohltätigkeitsorganisation Tamariskenbäume, um die Versalzung der Böden aufzuhalten.

44 Es gibt nur wenige Bäume, deren Wurzeln tief genug reichen, um in dem sich ewig in Bewegung befindlichen Sand an Wasser zu kommen. Dazu gehören vier Arten der Gattung *Alhagi* (was auf Arabisch »Pilger« heißt) – dornige, wehrhafte Bäume, die sich über wüstenähnliche Landschaften von der Taklamakan bis nach Griechenland und von Nordafrika bis zum Tschad erstrecken.

45 In der Wüste müssen die Bäume nicht nur um Wasser kämpfen, sondern sich auch gegen Tiere wehren, die ihrerseits nach Wasser lechzen. Daher ist dieses Wassermanagement eine Überlebensstrategie, die manchmal Hunderte von Jahren Geduld erfordert. Diese Strategie funktioniert in wasserreichen Gegenden ebenso wie in trockenen. In der Provinz Xinjiang wachsen die Pappeln keineswegs aus dem Wüstensand, sondern bilden einen Auenwald über dem Unterlauf des Tarim.

46 Was hieße, dass sie mehrere Kaltzeiten überstanden hätten. Die meisten Schätzungen begnügen sich daher mit 10 000 Jahren.

47 De Witte et al. (2012).

48 In Schottland kommt es nur sehr selten zur Blüte der Zitterpappeln. In jüngerer Zeit war eine solche nur 1996 und 2019 zu verzeichnen. Das liegt daran, dass dazu heiße, sonnige Sommer erforderlich sind. Auch die Pappeln in Utah haben kaum noch neue Kolonien gebildet, nachdem die Eiszeit vor 12 000 Jahren die Temperaturen hat absinken lassen

49 Das Resultat ist, dass sie auf einem Morgen Land 612 Gramm Biomasse pro Quadratmeter produzieren – mehr als Wälder gemäßigter Breiten und für eine Wüstenlandschaft ein sehr hoher Wert. Die normale Kohlenstoffeinlagerung am Äquator ist exponentiell höher als an den Polen, was an der Diversität der Arten liegt. Siehe: Buras et al. (2013).

50 Decombeix et al. (2011) beschreiben sehr schön die fossile Antarktis.

51 Die Gymnospermen-Datenbank ist aktuell eine ausgezeichnete Quelle: https://www.conifers.org/topics/vegetative.php

52 Um die Mechanismen, die ihren Wurzeln erlauben, an genug Luft zu kommen, und die Frage, inwiefern sich dies auf ihre Entwicklung auswirkte, gibt es im Moment eine hitzige Diskussion. Anders als Wasser hat die Luft keine eigenen Kanäle, um sich in der Pflanze zu bewegen. Daher müssen die Gase, die für Zellfunktionen gebraucht werden wie Sauerstoff für die Atmung, entweder durch Diffusion von außerhalb des Baumes kommen oder, durch die Lösung dieser Gase, aus dem Wasser. Siehe: Boyce (2017).

53 Das Wasser wird dazu durch eine gummiartige Schicht, genannt Casparischer Streifen, wie durch eine Art Filter geleitet, der kein Salz eindringen lässt.

54 Michael Ondaatje, *Der englische Patient*, München 2014, S. 31.

55 Nichtsdestotrotz leiden auch Mangroven unter hohem Salzgehalt, weil dieser der Pflanze Wasser per Osmose raubt. Bei einer indischen Mangrove namens *Avicennia officinalis* werden 95 Prozent des im Wasser gelösten Salzes im Kortex eingelagert. Was übrig bleibt und sich in den Trieben ansammelt, wird in alten Blättern konzentriert, die der Baum abwirft. Manchmal kann man an diesen Blättern sogar Salzkristalle sehen. Siehe: Tomlinson (2016).

2 Bäume formen die Erde

1 Wenn Sie mehr über die verrückten und faszinierenden Wege wissen wollen, die Bäume zu Beginn ihres Daseins auf der Erde fanden: siehe Normile (2017).

2 Siehe: Boyce et al. (2017).

3 In »Das Begräbnis der Toten« beschwört T. S. Eliot die Bilder, die am stärksten vom Tod erzählen: »Der tote Baum gibt Obdach nicht.« Und die Frage: »Was ist dies Wurzelwerk, das greift, der Ast, der sproßt aus diesem Steingeröll?« Das ist eine Allegorie auf die Umkehrung des Lebens im Krieg, kann aber auch ganz wörtlich gelesen werden. (T. S. Eliot, *Das wüste Land*, Frankfurt a. M. 1951, S. 41 f.

4 Wie das Falllaub des *Archaeopteris* die Entwicklung von Süßwasserfischen begünstigte, waren es die Bäume an den Ufern des Nil, die den Aufbau der ägyptischen Zivilisation überhaupt erst ermöglichten.

5 Der rote Sandstein von Spitzbergen bietet uns eine fast nahtlose Aufzeichnung der Sedimente vom Silur bis zur Mitte des Devon. Er veranschaulicht am besten, welchen Einfluss Bäume seit ihrer Entwicklung auf die Landschaft ausübten. Siehe: Davies et al. (2021).

6 Umgestürzte Bäume wirkten sich tatsächlich auf die Landschaft vor 385 Millionen Jahren aus. Der gemeinsame Vorfahr der Kanadischen und Europäischen Biber aber entwickelte sich erst vor etwa zehn Millionen Jahren.

7 Mehr über morphologische Veränderungen, die die Unterschiede von heute bewirkt haben, siehe: De La Torre et al. (2019).

8 Einige Bäume haben allerdings keine Pfahlwurzel. Deren Ausbildung hängt von den örtlichen Wachstumsbedingungen und der Baumart ab.

9 Charles Darwin, Francis Darwin, *Das Bewegungsvermögen der Pflanzen*, Stuttgart 1881, S. 491 f.

10 Charles Darwin, Francis Darwin, *Das Bewegungsvermögen der Pflanzen*, a. a. O., S. 492.

11 Saure Böden enthalten gewöhnlich hohe Anteile an Eisen- und Aluminiumionen, die ebenfalls leicht eine Verbindung mit Phosphaten eingehen und so verhindern, dass die Pflanzen sie noch aufnehmen können.

12 Adolpho Ducke (1935), S. 331, zitiert nach Cardoso et al. (2019). Der ganze Abschnitt stützt sich auf diesen exzellenten Aufsatz.

13 Koniferenblätter leben dafür häufig recht lange. *Araucaria araucana*, die chilenische Konifere, hält mit einer Lebensspanne von 25 Jahren (Lusk, 2001) den Rekord. Für das Wachstum des Amazonas-Regenwaldes ist Phosphor der wesentliche begrenzende Faktor. Angesichts der turbulenten und heterogenen Entwicklung dieser grünen Decke, die eine Fläche von 6,7 Millionen Quadratkilometer (das Neunzehnfache der Größe Deutschlands) bedeckt, ist dies eine mutige Behauptung. Doch 2022 veröffentlichten 21 Autoren um Hellen Fernanda Viana Cunha, geniale Pionierin einer ganzheitlichen Sicht auf den Amazonas, in *Nature* den Beweis, dass die primäre Nettoproduktion des Regenwaldes erst anstieg, als mehr Phosphor im Boden verfügbar war. Das Feinwurzelwachstum nahm um 29 Prozent zu, die Produktivität des Laubdaches um 19 Prozent. In dem Artikel merken die Autoren an, dass die CO_2-Fertilisation – das beschleunigte Baumwachstum durch das Ansteigen des CO_2-Niveaus – durch den Phosphormangel verhindert wird. Anders ausgedrückt: Würde man dem Amazonas-Regenwald mehr Phosphor zuführen, würde er schnell genug wachsen, um ausreichend CO_2 zu binden, was die Auswirkungen der globalen Erwärmung bremsen könnte. Siehe: Cunha et al. (2022).

14 Ein Teil des Guayana-Schilds, eine präkambrische Formation, ein Gebiet mit der höchsten Artenvielfalt der Welt.

15 Früher ging man davon aus, dass die Megafauna – die größten damals lebenden Tiere – eine entscheidende Rolle bei der Verbreitung von Phosphor spielte, weil sie in erheblichem Umfang Mineralstoffe verschlang.

16 Huaraca Huasco et al. (2021).

17 Alfred Russel Wallaces illustriertes Buch *Palm Trees of the Amazon and their uses* (1853) enthält viele exzentrische Geschichten. Er war Mitarbeiter Darwins, aber auch dessen Rivale, und veröffentlichte immer wieder Ideen zur natürlichen Selektion, die hauptsächlich auf seine Beobachtungen in Südamerika zurückgingen.

18 Vor allem *Qualea grandiflora* und *Qualea parviflora.*

19 Mehr als drei Paranüsse pro Tag werden daher nicht empfohlen, weil Sie dann möglicherweise unter einem gefährlich hohen Selenspiegel zu leiden haben.

20 Der Jōmon Sugi wird von Thomas Pakenham, dem witzigsten Baumliebhaber aller Zeiten, beschrieben als: »Grimmiger Titan von einem Baum, der sich aus dem schwammigen Untergrund erhebt, eher Fels als Baum. Seine muskulösen Arme erstreckten sich weiter über die jungen Zedern und Kampferbäume.« Siehe: Pakenham (2003).

21 Muhammed Ali Jinnah, der Begründer des modernen Pakistan, hat dort seine letzten Jahre verbracht, in einem nüchternen, wunderschönen Holzhaus mit grün gestrichener Veranda.

22 Der für den Gin verwendete Wacholder ist *Juniperus communis*, der Gemeine Wacholder, der als kriechender Strauch wächst.

23 Ein faszinierender, sehr früh ansetzender Ast am Baum des Lebens, der mit Gymnospermen verwandt ist, aber sonst nur sehr wenige Verwandte hat.

24 Besonders geschätzt werden Zweige, wenn Misteln auf dem Baum wachsen, dann nämlich werden die Blätter süßer und sind so für die Tiere leichter verdaulich. Das liegt daran, dass die Mistel den Schutzmechanismus der Bäume austrickst – sie macht ihre bitteren Tannine zu süßem Zucker.

25 Zu berechnen, wie viel Kohlenstoff ein Baum unterirdisch ins Erdreich eingeleitet und dort gebunden hat, ist komplizierter. Da sind zum einen die Kohlenstoffmoleküle in den Wurzeln (so wie in den Ästen und Zweigen). Dazu kommt der organisch gebundene Kohlenstoff, den die Wurzeln durch Exsudate an den Boden abgegeben haben. Auch dieses unsichtbare Rahmenwerk muss in die Berechnung aufgenommen werden. Die

Bäume im Wacholderwald von Ziarat stehen weit auseinander, aber die Menge an Kohlenstoff im Boden ist erstaunlich hoch, obwohl die Wurzeldichte letztlich niedrig ist. Wissenschaftler gehen davon aus, dass langlebige Pioniere wie diese Wacholderbäume anfangs mehr Kohlenstoff an den Boden abgegeben haben, um sich auf diese Art erst eine Nische zu schaffen, die sie künftig unterstützt.

26 Manche dieser Forschungsarbeiten wurden von den USA finanziert, da diese in Teilen von den Veränderungen der Klimamuster betroffen sind, die durch die Entwaldung verursacht werden. Ausgezeichnete Darstellungen zum Thema sind beispielsweise: Freitas et al. (2005) und Houlton et al. (2018).

27 Mehr Bodenkohlenstoff steigert die Fähigkeit zum Kationen-Austausch (die Anzahl der positiv geladenen Ionen, die sich auf der Oberfläche der Erdpartikel finden). So haben die Bäume einen besseren Zugriff auf Mikronährstoffe und Stickstoff.

28 Seit 1910 hat das Haber-Bosch-Verfahren die Produktion von Stickstoff ermöglicht, der als industrieller Dünger in der Landwirtschaft verwendet wird.

29 Gesteine wie Glimmerschiefer, die sich aus marinen Sedimenten bilden, liefern fast ein Viertel des in terrestrischen Ökosystemen vorhandenen Stickstoffs. 2018 haben Wissenschaftler weltweit die Lehrbücher dahingehend ergänzt. Damit bleibt aber immer noch die Herkunft von 75 Prozent des organischen Stickstoffs ungeklärt, der aus anderen Quellen stammen muss. Die Studie stellte die Theorie auf, dass mehr als ein Viertel des global von Pflanzen verwendeten Stickstoffs aus dem Urgestein der Erde kommt. Siehe: Ahlgren (1994).

30 Chen (2021), Kniep (2007).

31 Während Gymnospermen vorzugsweise Ammonium aufnehmen, ziehen die Angiospermen Nitrate vor, weil Ammonium für sie giftig ist. Mit den Nitraten aber werden sie fertig, weil sie (durch Genduplikation) ein spezielles neues Gen ausgebildet haben. Daher können Angiospermen Nitrat in ihre Chloroplasten einlagern, was die Giftwirkung auf das Blatt reduziert. Dieser Mechanismus führt dazu, dass die Ammoniumaufnahme von der Sonne gesteuert wird. Wenn viel Sonnenlicht vorhanden ist, nimmt der Baum mehr Nitrat auf. Bei weniger Sonne müssen die Bäume sich um Ammonium bemühen.

32 Walt Whitman fordert in *Kalmus* von den Blättern: »Faltet euch nicht in eure rosafarbenen Wurzeln«. Siehe: Walt Whitman, *Grasblätter*, München 2009, S. 151.

33 Während das Hämoglobin im menschlichen Blut uns mit Sauerstoff versorgt und unsere Zellen am Leben erhält, binden die Erlen am Flussufer den Sauerstoff, um ihre wertvollsten Verbündeten zu schützen – die Stickstoff fixierenden Bakterien, die rund um ihre Wurzeln leben. Die Wissenschaftlergemeinde debattierte lange darüber, wer das Hämoglobin zur Verfügung stellt, Bakterien oder Bäume. Bis die Untersuchungen eindeutige Ergebnisse lieferten: Santana et al. (1998).

3 Bäume und das Feuer

1 Homer, *Ilias*, 2, 458, übersetzt von Wolfgang Schadewaldt, Frankfurt a. M. 1975, S. 34 f.

2 So genannt, weil Coode und Cullen, zwei fantasiebegabte Botaniker aus Edinburgh, die mit Homer großgeworden waren, beschlossen hatten, dass dies der Baum sein musste, den man gefällt hatte, um das Trojanische Pferd zu bauen.

3 Das geschieht zum Beispiel bei der Nebrodi-Tanne *(Abies nebrodensis)*, einer sehr seltenen Tanne, von der nur noch etwa 23 Exemplare in den Höhenlagen des sizilianischen Berglands leben.

4 Kurzkettige Stoffe brennen vergleichsweise »kühl«, langkettige jedoch »heiß« ab. Alkohole zum Beispiel brennen häufig bei so niedrigen Temperaturen, dass Sie sie in der Handfläche abbrennen können. Holz oder Kohle hingegen entwickeln beim Verbrennen größere Hitze, weil ihre langkettigen Moleküle enorme Mengen Energie brauchen, um aufgebrochen zu werden.

5 Siehe: Grove, Rackham (2003), S. 54. Korrekt klassifiziert ist *Abies equi-trojani* als *Abies nordmanniana* subsp. *equi-trojani*. Siehe: Farjon (2001).

6 Die Phlogiston-Theorie wurde in den 1780ern von Antoine Lavoisier widerlegt, als er zeigte, dass die Masse eines Gases in die verbrannte Substanz aufgenommen wird. Elizabeth Fulhame stellte in den 1790ern die Theorie der Katalyse auf und zeigte, wie Redoxreaktionen funktionieren. Damit war die Phlogiston-Theorie auch für das Verrosten widerlegt.

7 Dieses Gesetz schürt – wie in Kapitel 1 berichtet wird – Zweifel an der Theorie, dass biotische Pumpmechanismen beim Wald die Anziehung von Wasser vom Meer her erklären könnten.

8 Nach ihrem Tod schrieb Voltaire tieftraurig an Friedrich II. von Preußen: Sie war »un grand homme qui n'avait de défaut que d'être femme« – »ein großer Mann, dessen einziger Fehler war, dass er eine Frau war«.

9 Du Châtelet (1744). Ich hatte Isabelle Bours ausgezeichnete Übersetzung übersehen, für die ich mittlerweile sehr dankbar bin. »Sie kam der Beschreibung von Feuer, wie sie in unserer modernen Vorstellung von ›Energie‹ enthalten ist, sehr nahe – eine Entität, die alle Substanzen zum Leben erweckt.« Siehe: Émilie du Châtelet, *Selected Philosophical and Scientific Writings* (2009). Ihre Biografie findet sich in: Detlefsen, »Émilie du Châtelet«, in: *The Stanford Encyclopedia of Philosophy* (Ausgabe vom Winter 2018).

10 Die chemische Reaktion, die Glühwürmchen Licht abgeben lässt, wurde längst entdeckt. Die Luciferase, das verantwortliche Enzym, war das Thema eines bahnbrechenden Artikels von Elena Conti aus dem Jahr 1996. Das Enzym lässt Luciferin mit Sauerstoff reagieren, dabei entsteht nur Licht und so gut wie keine Wärme.

11 Es gibt Belege für Feuer unter den Arten des Silur und Devon, aber die Holzkohleschichten sind nicht besonders dick. Und es gibt keinen Beweis dafür, dass die Bäume damals schon gelernt hatten, mit Feuer zurechtzukommen. Siehe: Scott, A. C. (2000).

12 https://www.sciencedirect.com/science/article/abs/pii/S0031018221001061 Und: Smart et al. (2022).

13 Sie gediehen mithilfe eines ausgedehnten Wurzelsystems, mit dem sie auch in trockenen Gebieten zurechtkamen, wie der uralte Wald im Cairo Quarry im Staat New York beweist, den wir in Kapitel 1 kennengelernt haben.

14 Die Blätter des *Archaeopteris* ähnelten denen des Ginkgo, die weitgehend feuerresistent sind.

15 Das könnte ebenso drastische Effekte ausgelöst haben wie andere Ereignisse, die man als Grund für solche Aussterbeereignisse anführt: eine globale Abkühlung durch mehr Sauerstoff in der Atmosphäre; ein gewaltiger Asteroideneinschlag auf der Erde; oder eine Reduktion von Ozon, was zu vom UV-Licht provozierten Mutationen führte.

16 Im späten Karbon waren Wildfeuer extrem verbreitet, mehr als in jeder anderen Periode, ausgenommen vielleicht den Höhepunkt im frühen Perm vor etwa 290 Millionen Jahren.

17 Read et al. (2021).

18 Satyal et al. liefern eine ausgezeichnete Analyse der flüchtigen Verbindungen in *Pinus roxburghii.*

19 Andere Stoffe, die in den Nadeln der Emodi-Kiefer vorhanden sind, wie Hexanol oder α-Pinene, haben niedrigere Flammpunkte von etwa 44 Grad Celsius. Diese Moleküle sind zwar nur in kleinen Mengen vor-

handen, aber während einer Dürre werden davon gewöhnlich mehr produziert.

20 *Jhukti* ähnelt dem Holz, das in der Region des heutigen Belize beziehungsweise Guatemala von den alten Maya für ihre rituellen Opferungen verwendet wurde. Holz vom Mountain Pine Ridge im Cayo-Distrikt wurde in Höhlen gefunden, die gut 80 Kilometer entfernt lagen. Vermutlich lag es daran, dass das harzgesättigte Holz lange brennt und ein helles Licht abgibt.

21 Zu den sehr praktischen Seiten, auf denen sich die Abbauprodukte solcher flüchtigen Verbindungen nachschlagen lassen, gehört: http://sitem.herts.ac.uk/aeru/ppdb/en/Reports/2012.htm

22 George Stewart beschreibt in seinem Buch *Fire* einen Waldbrand und wie sich dabei Blitze entwickeln: »In der Wolke arbeitete es heftig, fast wie bei einer fantastischen Dampfmaschine in Verbindung mit einem monströsen Dynamo. Und es gab kein Ventil für die Energie, die sich aufbaute. In jedem Augenblick bildeten sich Myriaden Regentropfen, die durch die Wolke fielen und sich in kleinere Tröpfchen verwandelten, die dann in Luftwirbeln wieder nach oben gesogen wurden. Durch diese inneren Kräfte baute sich ein positives Potenzial in den höheren Schichten der Wolke auf und ein negatives in den unteren, vor allem am vorderen Ende.« Und weiter: »Da jede Aktion unweigerlich von einer Reaktion gefolgt ist, verursachte das negative Potenzial im unteren Bereich der Wolke ein positives auf der Erde unter ihr. Dieses driftete wie ein unsichtbarer Schatten an den Canyonwänden entlang und über die Bergkämme.« George Stewart, *Fire*, New York 1984, S. 35.

23 Mehr über die versteinerten Wälder Arizonas finden Sie auf: https://www.nps.gov/pefo/index.htm

24 Neuere Forschungsarbeiten ziehen in Zweifel, dass *Araucarioxylon* tatsächlich existierte. Möglicherweise handelt es sich auch um eine Chimäre, weil Forscher die verschiedenen Fundstücke zusammensetzten wie Frankenstein sein Monster und so einen Baum schufen, der möglicherweise nie existiert hat. Siehe dazu: https://www.sciencedirect.com/science/article/pii/S1631068310001260

25 Siehe Balter (2016).

26 Möglicherweise ist dies der Grund, weshalb Paläontologen rund um den Äquator nicht ein einziges Skelett eines pflanzenfressenden Dinosauriers aus dem Trias fanden. In Südamerika, Südafrika und Deutschland wurden dagegen Tausende Exemplare entdeckt.

27 Georgia O'Keeffe, in ihren eigenen Worten, »My Faraway nearby«, in: *Tate Etc.*, Ausgabe 37.

28 Lyons et al. (2009) zeichneten die unterschiedliche Bio-Geo-Chemie der Harze von verschiedenen Baumpopulationen über einen Zeitraum von mehreren Jahren auf.

29 Die älteren wissenschaftlichen Artikel Neuseelands sind abrufbar auf: https://paperspast.natlib.govt.nz/newspapers/EP18960211.2.13

30 Feuer und Bäumen und ihrer Evolution über Jahrmillionen nachzuspüren, in denen sich die Durchschnittstemperaturen und der Sauerstoffgehalt der Atmosphäre teils drastisch verändert haben, ist wie das Jonglieren mit heißen Tellern in der Achterbahn. Das ökologische Zusammenspiel unter den wechselnden Bedingungen der geologischen Zeit zu erforschen, ist etwa so, als wolle man im Weltraum Astrojax spielen. Doch wenn wir die Bernsteinfunde aus aller Welt einbeziehen und die ähnliche chemische Zusammensetzung von Harzen (Abietinsäure sowie Agathensäure und Sandaracopimarsäure verbinden sich, um die klare Substanz zu produzieren), lassen sich durchaus Muster feststellen.

31 Natürlich konnte sich keine der beiden Arten gegen den Menschen wehren, der zur letzten und schwersten Belastung für sie wurde. Zwischen den ersten Ansiedlungen und dem Jahr 1900 wurden 90 Prozent des neuseeländischen Waldes zerstört.

32 Zur faszinierenden Geschichte wie Bernsteinfunde in aller Welt uns die schimmernden und bewegenden Goldbögen der Gymnospermen aufzeigen können, siehe: Declós et al. (2023).

33 Eine eingehendere Diskussion darüber, wie Bernstein entsteht und was er uns über das Karbon mitteilen kann, findet sich in: Seyfullah et al. (2018).

34 Sie wurde 1768 von dem Botaniker Philip Miller nach Aleppo benannt, der Königin der syrischen Städte. Philip Miller erhielt die Samen vermutlich vom Konsul in Aleppo. Er merkt an, dass viele der in England gepflanzten Aleppo-Kiefern während des großen Frosts von 1740 eingingen. Die größte, die überlebte, genoss das warme Mikroklima auf der Südseite der Sussex Downs in Goodwood House. Natürlich wächst der Baum nahe Aleppo und in anderen Regionen Syriens. In seiner heimischen Erde erreicht er nur mittlere Größen. In England gibt es überhaupt keine größeren Exemplare mehr, weil der strenge Winter ihnen 1740 den Garaus machte.

35 Die griechische Regierung hat als Reaktion auf die extreme Entzündlichkeit von *Pinus halepensis* beschlossen, sie in Euböa durch *Pinus nigra* zu ersetzen. Da aber viele Samen von *Pinus halepensis* im Boden verblieben

sind und auch *Pinus nigra* Feuer verursachen kann (da der Baum nur eine dünne Borke hat, viel Harz enthält und um sich eine dicke Schicht brennbarer Nadeln sammelt), scheint dieses Projekt von vornherein zum Scheitern verurteilt.

36 Ein Kandidat dafür ist der Christusdorn *(Paliurus spina-christi)*, der seinen Namen trägt, weil man früher davon ausging, er hätte das Material für die Dornenkrone Jesu abgegeben. Wie die Zistrose treiben seine Samen nur, wenn sie skarifiziert – äußerlich leicht verletzt – werden, doch kann dies auch eine Anpassung an eine mögliche Windverbreitung sein.

37 Und Orwell schreibt weiter: »Es gab eine Art vertrockneten Rieds, das gut war, um ein Feuer zu entflammen, aber es wuchs nur auf der Hügelkuppe zur Linken unserer Stellung, und man konnte nur unter Beschuss dorthin gehen, um es zu sammeln. Wenn die faschistischen Maschinengewehrschützen jemanden sahen, gaben sie ihm ganz allein eine Runde Beschuss. Normalerweise zielten sie hoch, und die Kugeln zwitscherten wie Vögel über unsere Köpfe. Aber manchmal prasselten und splitterten sie unangenehm nah im Kalkgestein, worauf man sich auf sein Gesicht warf. Doch dann sammelte jeder sein Ried weiter, denn im Vergleich zum Brennholz gab es nichts mehr von Bedeutung.« George Orwell, *Mein Katalonien*, Zürich 2012, S. 39.

38 Die ganze Geschichte wird in Lyndsie Bourgons Buch *Tree Thieves* ganz wunderbar erzählt.

39 Stephens et al. (2007).

40 Als ich dort unter den Bäumen spazieren ging, fiel mir etwas auf: Die Verbrennungen fanden sich alle nur auf einer Seite des Baumes, normalerweise an der hangaufwärts gelegenen Seite. Dafür gibt es, wie ich herausfand, verschiedene Gründe. Wenn das Feuer einen Baum erreicht, wächst es auf der windabgewandten Seite des Baumes, weil sich dort zwei Wirbel formieren. In diesen Wirbeln steigt das Feuer stärker in die Höhe, weil das brisante Gemisch aus Brennstoff und Luft dort geringer ist. Der Fluss der gasförmigen Brennstoffe wird in den Wirbeln stärker, die Luft hingegen weniger. Das treibt die Flammen und damit die Spuren der Verbrennungen nach oben. Die Brandmale finden sich eher auf der windabgewandten Seite, weil die Flammen hier länger ausharren als an der Windseite.

41 Es gibt viele weitere Beispiele dafür, wie die Unterdrückung von Feuern sich negativ auf Bäume und ihre Ökosysteme auswirkt – entweder weil sie Großfeuer fördert oder einen zentralen Faktor für die Regeneration einer Baumart verhindert. Der große Anthropologe Kalayanakrishnana Sivara-

makrishnan hat die Unterdrückung von Feuern während der britischen Kolonialherrschaft in Indien untersucht. Die Briten haben versucht, sämtliche Waldbrände zu verhindern, um Salbäume und andere wertvolle Holzlieferanten zu schützen. Dabei hatten die Menschen, die in den Salwäldern lebten, jahrhundertelang mit kleineren Feuern gearbeitet, um frisches Wachstum zu fördern, Weiden für ihre Tiere zu schaffen und das Unterholz zu kontrollieren. Aber der Salbaum war eine der wenigen Quellen für wertvolles Holz, nachdem die Himalaya-Zedernwälder beschädigt worden waren. Ein Bericht der kolonialen Forstverwaltung gibt an, die Eingriffe hätten dazu geführt, dass die Zedern nur noch »verkrüppelt« wuchsen. Daher erließ die Verwaltung ein generelles Feuerverbot. Diese Gesetze stießen auf wenig Gegenliebe und ihre Einhaltung war schlecht zu kontrollieren. Wo die Briten sich aber durchsetzten, wuchsen bald keine Salbäume mehr, weil sie von anderen Pflanzen verdrängt wurden. Ein Forstbeauftragter berichtete kleinlaut: Der Bann hätte »in den eher feuchten Gebieten letztlich gerade die Art verdrängt, die er hätte schützen sollen«. Das liegt daran, dass der Salbaum regelmäßig bis zum Boden niedergebrannt werden muss, damit er aus seinen Maserknollen wieder austreiben und den Wettbewerb mit anderen Bäumen aufnehmen kann. Dies ist ein schlagendes und häufig zitiertes Beispiel dafür, wie die Unwissenheit und Arroganz des Menschen an der Komplexität der Bäume scheitert. Siehe: Sivaramakrishnan (1996).

42 In Spanien bestehen 85 Prozent des Baumbestandes aus Koniferen (meist Kiefern) und 13 Prozent aus Eukalyptus. *Pinus halepensis* kann und sollte sogar einmal alle 20 bis 30 Jahre brennen. Von den 12 000 Quadratkilometern, die in Spanien zwischen 1940 und 1981 gepflanzt wurden, sind innerhalb von nur acht Jahren bereits 40 Prozent niedergebrannt. Zwischen 1975 und 1990 überstiegen die verbrannten Regionen die baumbestandenen, aber selbst dies führte nicht zu Veränderungen. Von all den Wäldern, die in Griechenland, Spanien, Frankreich und Italien niederbrannten, bestand ein Drittel aus *Pinus halepensis*, obwohl der Anteil am Gesamtwaldbestand in Griechenland nur 17 Prozent beträgt, in Spanien 7 Prozent, in Frankreich 4 Prozent und in Italien 3 Prozent. Das liegt natürlich daran, dass die Bäume dürrebeständig sind, aber auch daran, dass der Baum in den bepflanzten Gebieten um die Vorherrschaft kämpft. Wo Kiefern eine gewisse Größe erreichen, setzt ein Feuerzyklus ein, bei dem 15- bis 30-jährige Kiefern wiederholt brennen. Der Hymettos in Athen, der einst entwaldet war, ist nun ebenfalls diesem Zyklus unterworfen. Pyrogene Arten wachsen in unkontrollierten Ökosystemen relativ schnell heran. Diese

Orte, die man einst um der Landwirtschaft willen gerodet hat, sind nun auf Pionierpflanzen angewiesen.

43 Doughty (1996).

44 Eine gute Überblicksdarstellung findet sich in: Borunda (2018).

45 Siehe dazu die Konferenzunterlagen zu »Eucalyptus 2018«: *Managing Eucalyptus plantations under global changes*, abrufbar online auf: https://agritrop.cirad.fr/589039/1/ID589039.pdf

46 Aktuelle Informationen dazu finden sich auf der Webseite der australischen Regierung: https://www.agriculture.gov.au/abares/forestsaustralia/profiles/eucalypt-2016

47 Adam, *Australian Rainforests* (1992), Kap. 9. Und: Pyne (1991), Kap. 2.

48 1998 analysierte Richard Bowman für die australische Regierung gewissenhaft die Pflanzenkohlespuren entlang der Songlines.

49 Es existieren einige Belege dafür, dass die vor-europäische Bevölkerung den Eukalyptus einsetzte, um Savannen zu bilden. Der Zeichner, der die Expedition von Kapitän Cook 1778 begleitete, schreibt: »Das Land sah sehr angenehm und fruchtbar aus. Die Bäume sind frei von Unterholz und sehen aus wie Pflanzungen in den Parks von Herrenhäusern.« Das scheint auf ein bewusstes Management hinzudeuten. Aber stimmt das wirklich? Studien haben gezeigt, dass pyrogene Pflanzen auch in Feuchtgebieten ein savannenähnliches Umfeld erzeugen können. Wie die Kiefer nimmt auch der Eukalyptus eine Spitzenposition ein, was verlorene Liebesmüh durch verbranntes Holz angeht, aber da das Feuer in erster Linie das Unterholz beseitigt, ist es sehr unwahrscheinlich, dass die Hitze des Feuers bis in die Erde vordringt.

50 Nur die Koalas können den giftigen Cocktail aus öligen und seifigen Substanzen verdauen.

51 In Florida wurden Geschwindigkeiten von 30 Metern in der Sekunde gemessen. Wenn die Bedingungen von Wind, Brennstoff, Hitze und Dürre zusammenpassen, ist auch eine schnellere Ausbreitung möglich. Siehe: https://floridadep.gov/sites/default/files/FNAI%20Descriptions.pdf

52 »Fire blog 6: The eucalypts will be back«, in: *Know Your Plants*, abrufbar auf: https://know.ourplants.org/fire/fire-blog-6-the-eucalyptus-will-be-back/

53 »The Anglo-Saxon Chronicle: Eleventh Century«, *The Avalon Project*.

54 Siehe: Adams (2024).

55 Dort wurde in der Waldchronik für 1296 ein Feuer erwähnt.

56 John Vaillant, *Die Bestie*, München 2023.

4 Bäume und die Luft

1 Primo Levi, *Das periodische System*, München / Wien 1987, S. 232.

2 Siehe: https://www.biodiversitylibrary.org/item/286171#page/33/mode/1up

3 Fayol et al. (1887), S. 156.

4 Vor der industriellen Revolution waren es 288 ppm, heute erreichen wir Durchschnittswerte von 424,55 ppm.

5 Erdöl hingegen ist aus Meerestieren und kleineren Pflanzen entstanden. Siehe: Magyar (2023).

6 Eher im Untertagebau als im Tagebau.

7 Nicht zu verwechseln mit dem großartigen Politiker Dennis Skinner, dem man diesen Spitznamen verpasst hat.

8 Eine Auswahl der »Geological Memoirs«, die sich in den *Annales des Mines* finden, liefert uns der englische Geologe Henry Thomas de la Bèche (1824), S. 206.

9 Diese Ansicht, die bis 2010 weit verbreitet war, wird nun infrage gestellt. Einige Wissenschaftler haben die These aufgestellt, dass Lycopsiden – statt nur 15 bis 20 Jahre zu leben – mehrere Jahrhunderte alt werden konnten. Dann aber wären die höheren Wachstumsraten physiologisch unmöglich. Siehe dazu: Boyce et al. (2016).

10 Es gibt nur wenige Fossilien von Jungbäumen, nur von Schösslingen und ausgewachsenen Bäumen. In meinen Augen liegt das daran, dass die Verholzung (Lignifikation) erst später einsetzte, also eher bei ausgewachsenen Bäumen.

11 Wie man im Trout Creek der Rocky Mountains beobachten kann. Siehe: Viney et al. (2019).

12 Und natürlich auch andere Pigmente.

13 Ribulosediphosphat

14 Die CO_2-Konzentration nahm radikal ab, von 2000 ppm auf 200 ppm.

15 Die Synapsiden umfassen verschiedene Tierarten, unter anderem die Vorläufer der Säugetiere.

16 Wir wissen dies, weil die Struktur von Sporopollenin 2019 entziffert wurde. Wie eine neue Sprache, eröffnete diese Entdeckung, die in Cambridge, Massachusetts, gemacht wurde, viele neue Möglichkeiten beziehungsweise schuf Blickachsen auf die Vergangenheit. Allerdings ist es so schwierig, an Sporopollenin zu kommen, dass Jing-Ke Weng, der Wissenschaftler, der die Studien durchführte, seine Eltern bat, ihm Pollen der Pech-Kiefer *(Pinus rigida)* zu schicken, der in China als Topping für Reis-

kuchen verkauft wird. Der Pollen wurde mit einer Kugelmühle mechanisch geschrotet und dann mit einer Mischung aus einer starken Säure und Schwefel behandelt. Selbst dann war die Aufgabe nicht leicht. 50 Prozent des Pollens blieben immer noch intakt. Der Rest reichte jedoch aus, um einen klaren Blick auf die Struktur zu erhalten: drei relativ gewöhnliche Ringstrukturen mit den Pflanzenmetaboliten Cumarat und Naringin (das der Grapefruit ihren Duft verleiht). Die Ringstrukturen – die letztlich Reaktionen mit freien Radikalen verringern können – zeigen, wie Sporopollenin die Zellen vor UV-Licht schützt. Damit bieten sich verschiedene Möglichkeiten, wie sich Sporopollenin-Kapseln für biometrische Strukturen verwenden lassen, zum Beispiel als Kapsel für Impfstoffe. Es gab sogar eine Idee für eine Weltraumkapsel. Augustin Pyramus de Candolle hat das Sporopollenin 1813 gewissenhaft isoliert und beschrieben, aber seine Struktur konnte erst 2019 erforscht werden, weil es auch für Menschen schwer kleinzukriegen ist.

17 Das allerdings ist Gegenstand einer noch heute andauernden Diskussion. Offensichtlich konnte durchaus ein wenig Lignin abgebaut werden, aber die Enzyme, die die Weißfäule fördern, mit der Pilze heute Lignin verdauen, scheint es zu jener Zeit noch nicht gegeben zu haben.

18 Zwei kleinere Bäume – der Christusdorn *(Paliurus spina-christi)* und die Langfadenart *Combretum zeyheri* – verändern die Luft in Savannengebieten so, dass die Samen über den Boden rollen können. *Paliurus spina-christi* soll die Zweige für die Dornenkrone Jesu geliefert haben.

19 Inuma, Lee (2024).

20 »A (Pollen-free) Sigh of Relief for Japan: The Genetics of Male Sterility in Cedar Trees«, vom: *Forestry and Forest Products Research Institute*, abrufbar unter: https://www.ffpri.affrc.go.jp/ffpri/en/research/results/2021/20210216press.html

21 In einem Gen, das Wissenschaftler »MS1« getauft haben.

22 Hu et al. (2023).

23 Ren et al. (2023).

24 Cintolesi et al. (2023).

25 Hooke et al. (1665), S. 116.

26 Bianchi (2021).

27 Nehmen Sie zum Beispiel einen Kupferdraht oder einen Eisenstab: Beide können Elektrizität leiten, weil die Elektronen vom einen Ende zum anderen fließen können. Bei Strukturen, die vorzugsweise aus Kohlenstoff bestehen wie Bäume oder Menschen, funktioniert das nicht.

28 Bei wasserfestem Lidschatten ist die magische Substanz normalerweise

Zinkstearat, eine Art Seife, die sich an dem Fett auf unseren Lidern festhält, bis sie von einer öligeren Substanz entfernt wird.

29 Und damit auch die Chromoplasten, Etioplasten, Leukoplasten und vielleicht sogar die Tannosomen.

30 Margulis (1967). Wie Margulis selbst in *Slanted Truths*, einer Sammlung von Aufsätzen (die sie zusammen mit ihrem Sohn Dorion Sagan verfasst hat), schreibt, war dies ein »erster Hinweis auf die Synthetische Evolutionstheorie«.

31 Andere Aufsätze, die Margulis geschrieben hat, wurden weniger offen aufgenommen, könnten sich aber immer noch als richtig erweisen. Einer davon war: »Über die Syphilis und Nietzsches Wahnsinn: Spirochäten erwachet!« Darin argumentiert die Forscherin, dass der Mensch über und über von Bakterien besiedelt ist und von den Bakterien im Darm beeinflusst wird. Ihrer Ansicht nach wüssten wir in vielen Fällen einfach noch nicht Bescheid, wie Symbiosen uns direkt beeinflussen. Es gibt einige offensichtliche Beispiele – zum Beispiel bei Flechten –, aber auch weniger augenfällige, die jedoch immer noch möglich wären.

32 Ciais, P. et al. (1997).

33 Die aktuelle Zahl liegt bei 67 Prozent im Vergleich zu vor 200 Jahren, aber wir halten uns hier um der Klarheit willen an die Aussagen von David Beerling in *The Emerald Planet*, Oxford 2017.

34 Ohne dieses Gen würden sich bei einem Überangebot von Kohlendioxid immer mehr Stomata bilden.

35 Brown (2023); Margulis/Sagan (Hrsg.), *Slanted Truths* (1997).

36 Kohlendioxid konkurriert am aktiven Zentrum von Rubisco mit Sauerstoff. Ein Anstieg der Kohlendioxidkonzentration lässt die Kohlenstofffixierung also wahrscheinlicher werden. Reagiert das aktive Zentrum von Rubisco hingegen mit Sauerstoff, ist es besetzt und das resultierende Molekül muss vom Baum unter Einsatz von Energie wieder aufgespalten werden. Bis zu einem gewissen Punkt steigert eine erhöhte Kohlendioxidkonzentration auch die Effizienz des Baumes bei dessen Fixierung. Doch für bestimmte Signalwege ist die Photorespiration notwendig. Die Langzeiteffekte des menschengemachten sehr schnellen Anstiegs der CO_2-Konzentration wurden bislang noch nicht ausreichend untersucht. Siehe Wang (2020).

37 Das BIFoR-FACE-Experiment ist eines der weltweit größten Experimente zum Thema Klimawandel. Dabei wird Kohlendioxid in eine Waldlandschaft in Staffordshire gepumpt und danach dessen Auswirkung gemessen. Im Großen und Ganzen lässt sich sagen, dass es bei den fast

200 Jahre alten Eichen zu mehr Wachstum führte. Das ist schon deshalb von Bedeutung, weil es einen klaren Beleg dafür liefert, dass es unglaublich dumm ist, alte Wälder durch schnell wachsende junge Baumplantagen zu ersetzen – eine Methode, die unglaublicher- und tragischerweise immer noch zur Kohlenstoffbindung eingesetzt wird. Siehe dazu: Norby (2024).

5 Bäume und Pilze

1 John Donne, *Alchimie der Liebe*, Berlin 1991, S. 11.

2 Der erste wurde 1843 entdeckt, und danach tauchten sie beinahe überall auf. Eukaryotenzellen hatten nicht nur Pflanzen hervorgebracht, sondern auch Pilze, riesige Prototaxites, und das zu einer Zeit, als Bäume noch um ihren Lebensraum kämpfen mussten.

3 Einen schnellen Überblick über die frühe Welt der Interaktionen zwischen Pflanzen und Pilzen finden Sie auf: LePage et al. (1997).

4 Die ersten Kontakte wurden vermittelt durch komplexe Grenzziehungen (als Ursprung des multizellulären Lebens). Siehe: Simon et al. (1993).

5 Eine schöne Darstellung dazu findet sich in Richard Forteys Buch *Close Encounters of the Fungal Kind* (2024).

6 Man hat die These aufgestellt, dass sich solche Vergesellschaftungen mit Pilzen bei 90 Prozent der Bäume finden würden, aber diese Zahl wurde bislang noch nicht auf den Prüfstand gestellt.

7 Eine genaue Fallstudie dazu bieten: Carey et al. (2020).

8 Fahey, C., York, R. A., Pawlowska, T. E., »Arbuscular mycorrhizal colonization of giant sequoia (Sequoiadendron giganteum) in response to restoration practices«, in: *Mycologia* 104 (5), 2012, S. 988–997.

9 Die meisten AM-Wurzeln haben ein mit Suberin überzogenes Exoderm, das eine wasser- und gasundurchlässige Barriere um die Kontaktstelle von Pflanze und Pilz im Kortex bildet und die Wurzeln vor unerwünschten Pilzen schützt. Auch die kurzen Ektomykorrhiza-Wurzeln haben hoch spezialisierte anatomische Merkmale. Siehe: Rich et al. (2017).

10 Hygrocybe-Pilze (Saftlinge) sind Endophyten. Sie leben in der Borke oder den Wurzeln von *Sequoiadendron giganteum*, aber sie bilden keine AM- oder EKM-Beziehung aus.

11 Mit dieser Vermutung lag ich allerdings vollkommen falsch, denn der Buchenschleimrübling *(Oudemansiella mucida)* setzt ein starkes Fungizid frei, mit dem er Konkurrenz vertreibt. Deshalb saß er ganz allein auf seinem Ast.

12 Wie immer ist es die Untersuchung der unnatürlichen Abwesenheit eines chemischen Stoffes, die uns am meisten über seine Verwendung sagt. Siehe zum Beispiel: Su et al. (2023).

13 Shindo et al. (2018).

14 Nicht-Wirtspflanzen von AM-Pilzen produzieren bei Stickstoff- oder Phosphormangel nicht mehr Strigolactone im Wurzelexsudat, sondern stellen das Hormon in der Pflanze her.

15 Akiyama et al. (2005).

16 Mehr über dieses Hin und Her der Erdelemente finden Sie in: Yoneyama et al. (2012).

17 Das hat mir ein Freund aus Syrien erzählt. Da Trüffel Ektomykorrhiza-Pilze sind, ist dies ein bisschen verwirrend, aber es gibt tatsächlich Belege dafür, dass Ektomykorrhiza-Pilze auf Strigolactone reagieren. Siehe: https://www.nytimes.com/2023/04/10/world/middleeast/syria-truffles-war.html

18 Wenn keine Strigolactone vorhanden sind, bildet sich kein Hyphopodium (Zellschicht, mit der der Pilz an der Wurzel andockt) und die Interaktion zwischen Wurzel und Pilz wird drastisch reduziert.

19 Carvalhais et al. (2019).

20 Mehr darüber, was Austausch in diesem Zusammenhang bedeutet, in: Giovannetti et al. (2006).

21 Karst, zitiert nach: Jones, Hoeksema und Karst (2023).

22 Es existieren über beide Argumentationsansätze viele Artikel. Siehe zum Beispiel: Karst et al. (2023).

23 Giovannetti et al. (2006).

24 Weinhold et al. (2021). Barto et al. (2012).

25 Wenn im Wald ein Baum umstürzt, merkt das jemand? Wenn ein Baum schreit, ist da etwas zu hören? Wenn ein Oktopus einen verletzten Arm versorgt, kommt es dann zu irgendeiner Form der Stimulation?

26 Steidinger et al. (2019).

27 Ektomykorrhiza-Pilze dringen nicht in die Wurzeln ein. Sie unterstützen sie von außen, als Teil des Bodens. Zu ihnen gehören zum Beispiel auch die Trüffelpilze und die Pilze, die Methuselah füttern, die Langlebige Kiefer im Inyo National Forest.

28 Arbuskuläre Mykorrhiza-Pilze sind auch bei den Gymnospermen sehr häufig. Dort versiegeln sie die Wurzeln der Bäume, um eine enge Verbindung mit anderen Pilzen zu verhindern. Nur die Pinus-Gewächse haben es anscheinend geschafft, sich aus dieser engen Bindung zu lösen.

29 Strullu-Derrien et al. (2018).

30 Tatsächlich erklärt sich durch Umwelt- und Wirtsfaktoren die große Bandbreite der Ektomykorrhiza-Arten, die man in den Wäldern der gemäßigten Zone findet. Siehe: https://nph.onlinelibrary.wiley.com/doi/10.1111/nph.17892

31 Nichols, D. J., Johnson, K. R., *Plants and the KT Boundary*, Boston 2008.

32 Erhöhte Raten von Genverlust, -zugewinn und -duplikation im ursprünglichen Genrepertoire der Täublingsverwandten lassen den Schluss zu, dass die Förderung des EM mit Veränderungen in der Nahrungsaufnahme zu tun haben (das heißt in den verschiedenen Abschnitten des Polysaccharid-Stoffwechsels) und nicht mit Signalwegen, die biotische Interaktionen steuern. Diese bereits bekannten Elemente haben sich bei fakultativer Saprotrophie (also bei Pilzen, die totes Holz verstoffwechseln können, dieses aber nicht zwingend brauchen, um ihren Lebenszyklus zu vollenden) häufiger ausgebildet. Es gibt gute Gründe für die Annahme, dass die EM-Interaktion sich dort entwickelt, wo die Pilze sich von totem Holz ernähren, um den lebenden Baum besser besiedeln zu können. Siehe: Smith et al. (2017). Brundrett et al. (2018).

33 Adams (2015).

34 Das Crowther Lab hat hier viel Arbeit geleistet. Siehe zum Beispiel: Anthony, »Why fungi secretly drive tree growth across Europe« (ohne Datum).

35 Mehr über das akute Eichensterben finden Sie auf der exzellenten Webseite von Forest Research, die regelmäßig upgedated wird: www.forestresearch.gov.uk

36 Seit das Eschensterben zum Problem wurde, erscheinen immer mehr Aufsätze über mögliche Gegenstrategien. Die meisten kommen zu dem Schluss, dass man nur auf breiter Ebene dagegen vorgehen kann. Siehe: George et al. (2022).

37 Zu den heute noch bestehenden Wäldern aus altem Bestand gehören auch die Regenwälder der gemäßigten Zone auf Yakushima, an der Grenze zwischen Belarus und Polen, die großen Wälder mit Riesen- und Küstenmammutbäumen.

6 Bäume und Pflanzen

1 Pablo Neruda, »Der chilenische Wald«, in: ders: *Ich bekenne, ich habe gelebt*, Darmstadt 1979, S. 9.

2 Schlanger (2024).

3 Die Ordnungen der Angiospermen diversifizierten sich, als Gondwana in mehrere Erdteile zerfiel, die auseinanderstrebten. Zu ihren schönsten Vertretern gehören zweifellos die *Proteaceae* (Silberbaumgewächse), zu denen wir auch *Embothrium* zählen, den Chilenischen Feuerstrauch, der durch seine Farbigkeit beeindruckt: Der Baum trägt dunkelgrüne Blätter und treibt leuchtend rote Röhrenblüten. Der Großteil dieser Familie wächst in Südafrika, Australien und Südamerika, aber wir kennen auch Arten aus Hawaii, Mexiko, Madagaskar und Indien.

4 Das ist eine lange und schöne Geschichte, in der das Eis immer wieder vordrang und zurückwich. Sehr schön erzählt wird sie hier: Mitchell (2006).

5 Ludlow, *The memoirs of Edmung Ludlow, Lieutenant-General of the Horse in the army of the Commonwealth of England*, 1625–1672, Bd. I (1894), S. 292.

6 Die frühesten Pflanzen waren vor 13 000 Jahren angekommen. Dazu gehörte die oben erwähnte Silberwurz und andere Pflanzen, die eine Region schnell besiedeln konnten. Siehe: https://www.jstor-org.lonlib.idm.oclc.org/stable/20728598

7 Molloy et al. (2014).

8 Wie die Zerstörung der Mammutsteppe (Steppentundra) führte auch die Ausbreitung von Mooren häufig zu massiven Veränderungen.

9 Gefunden in der Alice and Gwendoline Cave im County Clare.

10 Christenhusz et al., *Plants of the World: An Illustrated Encyclopaedia of Vascular plants*, (2017).

11 Taylor S. Feild et al. (2004), S. 82–107.

12 Im Fall der Farne wie dem Killarney Fern *(Trichomanes speciosum)* heißt dies, dass sie jahrelang in kleinen Populationen als Gametophyten leben – sie brauchen nur die halbe DNA, um sich zu replizieren (was man auch *haploid* nennt). Besagter Farn lebt in Eichenwäldern in Killarney, die einen Unterwuchs aus Steineiche *(Quercus ilex)* haben, der immergrünen Eiche. Der Farn besitzt grundsätzlich einen reduzierten Stoffwechsel, der das Überleben bei niedrigen Temperaturen ermöglicht. Seine Sporophyten-Form (*diploid* mit dem zweifachen Chromosomensatz) hat mehr Nicht-Photosynthese-Zellen und braucht daher mehr Licht. Diese nicht photo-

synthetischen Zellen kosten die Pflanze ebenso viel wie das Parenchym, aber sie helfen dem Farn nicht, an mehr Licht zu gelangen. Sein Überleben scheint von seltenen Phasen hoher Photosyntheseleistung abzuhängen, die sich ergeben, wenn das Licht seinen Weg durch die Bäume findet. Der Farn wächst übrigens auch in Devon – in Wistman's Wood und Mother Meldrum's Cave, einer Felsformation im Valley of Rocks.

13 Das einzige Problem dabei ist, dass bei sehr starkem Lichteinfall die Protein-Metall-Komplexe, die das Licht zuerst absorbieren, möglicherweise beschädigt werden. Aber auch dies scheint einer der Gründe zu sein, warum die Blütenpflanzen sich so massiv verbreitet haben.

14 Hill et al. (2021). Fan et al. (2023).

15 Pflanzen von unterschiedlicher Gestalt zeigen unterschiedliche Mengen an Xylem-Parenchym. Am häufigsten ist dies eben bei Lianen und Stammsukkulenten.

16 Was in etwa die übliche Relation sein dürfte. Interessanterweise beträgt der Anteil an Parenchymgewebe bei Stammsukkulenten bis zu 70 Prozent der Pflanze.

17 Jahrelang glaubte man, Darwin hätte sich auf diese Entwicklung bezogen, als er vom »abominable mystery« sprach. In jüngerer Zeit konnte Richard Buggs von Kew Gardens zeigen, dass dies nicht der Fall ist. Darwin ging davon aus, dass Einkeimblättrige sich Jahre vor dem großen Blühen der Angiospermen diversifiziert hätten. Dabei sah er nur die Zweikeimblättrigen. Darwin mochte diesbezüglich falschliegen, aber die Frage bleibt: Warum konnten die Angiospermen sich quasi explosionsartig diversifizieren und die Koniferen verdrängen? Siehe: Zutini et al. (2024).

18 Carvalho et al. (2021).

19 Dimitrov et al. (2021).

20 Crane et al. (1995).

21 Zitiert nach: Margret Mee, *In Search of Flowers of the Amazon Forests*, Nonesuch Expeditions Ltd, 1. Aufl. (7. November 1988), S. 292–296. Man hat wohl noch nie beobachtet, wie ein Bestäuber den Kaktus in der freien Wildbahn bestäubt. Doch aufgrund der langen, schlanken Blütenröhren geht man davon aus, dass nur zwei Nachtfalter einen Rüssel haben, der lang genug ist, um den Nektar zu erreichen: der Darwin-Schwärmer *(Amphimoea walkeri)*, der den längsten Rüssel überhaupt hat, und *Cocytus cruentes*. Es scheint mir unglaublich, dass nicht einmal Mitglieder des Baré-Stammes dies je beobachtet hätten. Die Samen haben übrigens ein Luftkissen, mit dem sie bei Hochwasser den Rio Negro hinunterschwimmen können. Einen sehr schönen Überblick gibt hier: »Secrets of the

Moonflower«, vom *Cambridge University Botanic Garden*, abrufbar auf: https://www.botanic.cam.ac.uk/secrets-of-the-moonflower/

22 Einzelheiten zum Kohlenstoffzyklus im gemäßigten Regenwald Chiles finden Sie in: Urrutia-Jalabert et al. (2015). Was die Schottische Kiefer in Irland angeht: Roche et al. (2009).

23 Pablo Neruda, »Der chilenische Wald«, in: ders., *Ich bekenne, ich habe gelebt*, Darmstadt 1979, S. 9.

7 Bäume und Tiere

1 William Shakespeare, *Macbeth* V, 5, in: ders., *Sämtliche Dramen*, München 1969, S. 582.

2 Eine detaillierte Diskussion der verschiedenen Gewohnheiten von Faultieren und der entwicklungsgeschichtlichen Gründe dahinter findet sich in: Pauli et al. (2014).

3 Faultiere sind zusammen mit den Ameisenbären und Gürteltieren vor etwa 100 Millionen Jahren vom Stamm der Säugetiere abgezweigt. Seine jetzige Form aber hat sich erst vor circa 60 Millionen Jahren herausgebildet. Je mehr sich ein Faultier an sein Baumhabitat anpasst, desto langsamer und grüner wird es.

4 Es gibt zwar Beispiele dafür, dass Inzucht zur Evolution beitragen kann, aber im Normalfall ist dies eine riskante Strategie: Das Auskreuzen erweist sich fast immer als der effektivere Weg zur Weiterentwicklung und zu genetischer Stärke von Bäumen.

5 Für eine ausgezeichnete Schilderung der Bienenaugen und ihrer Funktion, siehe: Riddle (2016).

6 Dasselbe Blütensignal war natürlich auch für Menschen attraktiv. Aufgrund ihrer weißen Blütenkerzen konnte sich die Rosskastanie schließlich aus ihrer Zuflucht in der Schlucht über die ganze Welt ausbreiten. Von Zagori ging es weiter nach Istanbul. Der Botaniker Busbeq erzählte seinem Kollegen Mattioli davon (seines Zeichens Leibarzt von Kaiser Maximilian II.), der ihn an den tschechischen Hof mitnahm. Von dort aus trat die Rosskastanie ihre Reise nach Europa an. Die Rosskastanie wurde zum Symbol Kiews. Und wenn sie heute im Frühling per Bahn den Kontinent bereisen, werden Sie überall von ihren weißen Kerzen begrüßt. Man nahm bis vor Kurzem an, die Rosskastanie stamme aus Istanbul, aber jüngere DNA-Studien offenbarten, dass sie in den feuchten Schluchten Griechenlands überlebt hatte. Siehe: Lack (2001).

7 Ein Großteil der Arbeiten hierzu entstand in den 1980er Jahren. Eine gute Zusammenfassung und entsprechende Grafiken liefert Mustoe (2007).

8 Was Kapitän Wilhelm Van Westzanen im August 1602 feststellte, siehe: Staub (1995).

9 Ein weiterer, vom Aussterben bedrohter Baum auf Mauritius ist *Dombeya mauritiana*, eine wunderschöne Malvenart.

10 Einen ausgezeichneten Überblick finden Sie in: Dantas (2022).

11 Eine kreative und anschauliche Schilderung der Ernährungsgewohnheiten von Gomphotherien bieten Janzen, Martin (1982).

12 Man hat in erhalten gebliebenem Faultierexkrementen Blätter und Samen der Josua-Palmlilie gefunden, was belegt, dass die Tiere sich davon ernährten. Während des Pleistozäns, das vor 2 580 000 Jahren begann und bis vor 11 700 Jahren dauerte, durchstreifte das Shasta-Bodenfaultier (*Nothrotheriops shastensis*) Nordamerika vom zentralen Mexiko bis in den Süden der Vereinigten Staaten. *Nothrotheriops shastensis* war eine der kleinsten bodenlebenden Faultierarten. Es maß von der Schnauze bis zur Schwanzspitze 2,70 Meter und wog 180 Kilogramm! Das Tier hatte kräftige Hinterbeine und einen muskulösen Schwanz, der es wohl stabilisierte, wenn es sich aufrichtete. Siehe: https://www.lancastermoah.org/single-post/pollinators-of-the-joshua-tree-past-and-present

13 Brief an J. D. Hooker vom 7. April 1874, in: *A Calendar of the Correspondence of Charles Darwin, 1821–1882*, 1985.

14 Massenaussterbeereignisse und schneller Klimawandel führen meist dazu, dass sich starke koevolutionäre Beziehungen herausbilden, um das Überleben der betroffenen Arten zu sichern oder in kleinen Populationen für eine gute genetische Durchmischung zu sorgen. Palmfarne beispielsweise setzen auf eine bestimmte Käferart als Bestäuberinsekten, was heißt, dass die einzelnen Bestäuber von Baum zu Baum wandern müssen, weil die Baumgruppen immer stärker isoliert stehen.

15 Die Unterarten der Josua-Palmlilie wurden ausgiebig untersucht. Siehe: Royer (2016).

16 Es gibt eine ganze Reihe ausgezeichneter Artikel zum Thema. Siehe vor allem: Esque et al. (2023).

17 Frühere Studien zum Blütenabwurf bei *Y. filamentosa* zeigen, dass die Verletzung von Ovulen während der Oviposition zum Blütenabwurf führen. Bei Motten mit längeren Legebohrern steigt die Wahrscheinlichkeit, dass sie Ovulen verletzen. Der Längenunterschied des Legebohrers von *Tegeticula synthetica* und *Tegeticula antithetica* erklärt sich aus der jeweiligen Länge des Griffels ihrer unterschiedlichen Wirtspflanzen. So kann es zum

Blütenabwurf kommen, wenn *T. synthetica* ihren Legebohrer in *Y. jaegeriana* versenkt, nicht jedoch wenn *T. antithetica* ihre Eier in *Y. brevifolia* legt. Das erklärt vielleicht die asymmetrische Hybridisierung bei den Josua-Palmlilien. Für *Yucca jaegeriana* ist ein längerer Legebohrer erforderlich, daher ist anzunehmen, dass sie eher die andere Art als Bestäuber duldet. Siehe: Marr, Pellmyr (2003).

18 Takahashi et al. (2014).

19 Diese subtile Veränderung beim Duft vollzieht sich bei vielen Baumarten. Das kann so weit gehen, dass die »Wahl« der Insekten dadurch infrage gestellt wird. Siehe: Wang et al. (2019).

20 Der Duft ist ein extrem wichtiger Informationskanal zwischen Bäumen und Tieren, und die Wissenschaft geht davon aus, dass dieser sich schon sehr früh entwickelt hat. Selbst der Mensch produziert noch Reste von Duftsignalen. Einen Duft zu produzieren erfordert nicht nur eine Menge Energie, es kann sich für eine Pflanze auch als Risikofaktor erweisen, weil sie möglicherweise Pflanzenfresser anzieht (was tatsächlich häufig passiert). Manchmal wird deshalb ein Pheromon als Duftmolekül genutzt, und es kommt zur Pseudokopulation (Scheinbegattung), die bei der Bestäubung des Öfteren eine Rolle zu spielen scheint. Siehe: https://www.nature.com/articles/s41598-023-32450-6

21 Diese Beziehungen können bei Bäumen ebenso komplex ausfallen wie bei anderen ökologischen Netzwerken. Siehe dazu beispielsweise: Pereira et al. (2022).

22 Einen umfassenden und überzeugenden Überblick bieten: Mohanta et al. (2012).

23 Zitiert nach Lynn Margulis' Essaysammlung: Margulis, Sagan (Hrsg.), *Slanted Truths* (1997).

24 Motamayor et al. (2002).

25 Adam P. Karremans, *Demystifying Orchid Pollination*, London 2023, S. 160ff.

8 Bäume und Menschen

1 Rebecca Solnit, *Orwells Rosen*, Hamburg 2022, S. 15.

2 Dieses Kapitel verdankt vieles den Ideen, die in Roland Ennos' Buch *The Wood Age* (2021) so brillant dargestellt wurden. Mehr zum Thema finden Sie in: Bonnefille et al. (2004).

3 DeSilva et al. (2010).

4 Siehe: https://www.nature.com/articles/nature19332

5 Einen guten Überblick über die Kontroverse finden Sie in: Sample (2016).

6 Thorpe et al. (2006).

7 Fünfzig Jahre nach Lucys Entdeckung widmete die Fachzeitschrift *Science* eine ganze Ausgabe nur ihr und der Kontroverse um die Entwicklung der Menschheit. Siehe dazu vor allem: Gibbons (2024).

8 DeSilva et al. (2010).

9 Und zumindest der Orang-Utan nutzt es nicht nur zur sozialen Manipulation.

10 Ed ist ein brillanter Musiker. Er weiß alles über die Beziehung zwischen erlernten Bewegungen und Emotionen. Zimmerleute, Tischler und Bootsbauer, die mit toten Bäumen arbeiten, kennen das.

11 Drummond-Clarke (2023).

12 Manche Bäume tragen antibakterielle oder schwach psychoaktiv wirksame Substanzen in sich.

13 Hernandez-Aguilar et al. (2013).

14 David Samson von der University of Toronto hat in vielen Studien die Schlafformen bei Affen und Menschenaffen untersucht. Seine Resultate sind eine faszinierende Lektüre.

15 Der DNA-Austausch zwischen verschiedenen Arten kommt vergleichsweise häufig vor, geschieht aber meist mithilfe von Bakterien und Viren. Die menschliche Haut stellt ein ganz anderes Milieu dar als die Borke von Bäumen, daher kommt es nur selten zum horizontalen Gentransfer, da wir nur selten von den gleichen Krankheitserregern befallen werden.

16 Zumindest geben dies manche Forscher an. Es existieren jedoch viele verschiedene Verfahren, gemeinsame DNA zu kalkulieren. Das Ganze wird noch verkompliziert durch die Tatsache, dass Bäume eine stark variable Anzahl von Chromosomen besitzen – von 12 bis zu 138.

17 Pollan (2001), zitiert nach: Scott (2017). Mehr über die Früchte des Amazonas finden Sie in: Prance (2015).

18 Diese Information wurde mir persönlich übermittelt von Ghillean Prance, dem ehemaligen Direktor von Kew Gardens in London, der hohe Achtung vor den Mythen und Glaubensformen der indigenen Gruppen hat, die Wälder schützen und bewahren.

19 Weitere Informationen über die Entwicklung und Verbreitung des Kakaos in: Zarrillo et al. (2018) und Lanaud et al. (2024).

20 Die Bäume scheinen als Lieferanten von Grundnahrungsmitteln gegen Weizen, Gerste und Reis verloren zu haben, aber stimmt das auch? Ihre esoterischen, aber unverzichtbaren Beiträge zu unserer Ernährung – we-

niger Grundnahrungsmittel als unentbehrliches Extra – haben für eine enorm weite Verbreitung gesorgt.

21 Mehr über Vanillin und seine Rolle findet sich in: Cameron (2023).

22 Während Ratten Vitamin C selbst herstellen können, haben Primaten, Knochenfische und verschiedene andere Tierarten die Fähigkeit zu dessen Synthese verloren und müssen das Vitamin daher mit der Nahrung aufnehmen. Interessanterweise wird diese Defizienz immer verursacht durch den Ausfall von L-Gulonolactonoxidase (L-GLO), eines Enzyms, das im letzten Schritt der Biosynthese des Vitamins aktiv wird. Siehe: Duque et al. (2022).

23 Dieser Pfad wurde als Smirnoff-Wheeler-Pathway bezeichnet. Der Witz, dass man Unmengen Smirnoff-Wodka braucht, um bei dem Versuch, ihn zu verstehen, nicht verzweifelt aufzugeben, gehört zum festen Repertoire von Biochemie-Vorlesungen. Der Begriff »Pfad« ist in diesem Fall irreführend, weil dies einen Weg impliziert, der stracks von A nach B verläuft. Aber dieser »Pfad« reißt manchmal mittendrin ab oder mündet in eine andere »Straße« ein, die ihn ersetzt, ihn umkehrt oder sogar wieder zurück an den Ausgangspunkt führt.

24 Einen brillanten Artikel zum Thema liefert Trickey (2016).

25 Thomas Jefferson, Brief an W. S. Smith vom 13. November 1787, in: *The Papers of Thomas Jefferson, Bd. 12, 7 August 1787–31 March 1788*, S. 355–357.

26 »Die Freiheit hat ihre Wurzeln im Herzen der Menschen, wie der Baum im Herzen der Erde wurzelt. Wie der Baum erhebt sie sich und streckt ihre Zweige dem Himmel entgegen; wie der Baum wächst sie ununterbrochen und beschenkt ganze Generationen mit ihrem Schatten. Der erste Baum der Freiheit wurde vor 1800 Jahren auf Golgatha gepflanzt, von Gott selbst. Der erste Baum der Freiheit ist das Kreuz, an dem Jesus sich für die Freiheit, Gleichheit und Brüderlichkeit der menschlichen Rasse geopfert hat.« Siehe: Victor Hugo, *Rede beim Pflanzen eines Freiheitsbaumes auf der Place des Vosges* (damals Place Royale) am 2. März 1848, zitiert nach Beecher, *Writers and Revolution: Intellectuals and the French Revolution of 1848*, Cambridge 2021.

27 Die Ulme verfault nicht einmal unter den feuchtesten und sauerstoffärmsten Bedingungen, weil ihr Stamm stark voneinander abgegrenzte Zellmembranen hat. Anders als die Eiche oder andere Harthölzer wird die Ulme widerstandsfähiger, wenn ihre Poren verstopft sind. Dass Ulmenholz sich für transportable Rohrleitungen eignete, war eine ebenso wichtige Eigenschaft. Die hierfür verwendeten Materialien variierten von Ort zu Ort. Ein Klon des Baumes, den Columella so nützlich fand, konnte

nach England verpflanzt werden und wuchs dort genauso heran wie seine Vorfahren. Kein Wunder, er enthielt ja dieselbe DNA.

28 Der ganze Abschnitt verdankt sich einem Hinweis von Jessica Hao. Siehe dazu: Christopher Clark, *Revolutionary Spring: Fighting for a New World*, 1848–1849.

29 Bensaïd, Nichols, *The Dispossessed* (2021).

30 Coughlan (2013).

31 Vincent van Gogh, *A Life in Letters*, London 2022, S. 386.

Bibliografie

Achatz, M., Morris, E. K., Mueller, F., Hilker, M., Rillig, M. C., »Soil hypha-mediated movement of allelochemicals: arbuscular mycorrhizae extend the bioactive zone of juglone«, in: *Functional Ecology*, Bd. 28, Ausgabe 4, 2014, S. 1020–1029.

Adam, P., *Australian Rainforests*, Oxford 1992.

Adams, A. M., »Old-Growth Forests Know How to Protect Themselves from Fire«, in: *Scientific American*, 19. März 2024, https://www.scientificamerican.com/article/can-forests-protect-themselves/

Adams, M. A., Pfautsch, S., »Grand Challenges: Forests and Global Change«, in: *Frontiers in Forests and Global Change*, Bd. 1., 2018.

Agee, J. K., »Fire and pine ecosystems«, in: Richardson, D. M. (Hrsg.), *Ecology and Biogeography of Pinus*, Cambridge 1998, S. 193–218.

Ahlgren, R., »Soil acidification and nitrogen saturation from weathering of ammonium-bearing rock«, in: *Nature*, Bd. 368, 1994, S. 838–841.

Alrhmoun, M. et al., »Ethnoecology of desert truffles hunting: A cross-cultural comparative study on practices and perceptions in the Mediterranean and the Near East«, in: *Journal of Arid Environments*, Bd. 229, 2025, S. 105–367.

Akiyama, K., Matsuzaki, Ki., Hayashi, H. (2005), »Plant sesquiterpenes induce hyphal branching in arbuscular mycorrhizal fungi«, in: *Nature*, Bd. 435, 2005, S. 824–827.

al-Mala'ika, N., *Revolt Against the Sun: The Selected Poetry of Nāzik al-Malā'ikah*, A Bilingual Reader, hrsg. und übersetzt von Drumsta, E., London 2020.

Alban, D. H., »The influence of Western Hemlock and Western Redcedar on soil properties«, in: *Soil Science Society of America Journal*, Bd. 33, Ausgabe 3, 1969, S. 453–457.

Alves et al. (2016), »Seasonality of isoprenoid emissions from a primary rainforest in central Amazonia«, in: *Atmospheric Chemistry and Physics*, Bd. 16, Ausgabe 6, 2016.

Anthony, M., »Why fungi secretly drive tree growth across Europe«, in: *Crowther Lab.*, ohne Datum, https://crowtherlab.com/why-fungi-secretly-drive-tree-growth-across-europe/

Antonelli, A., Nylander, J. A., Persson, C., Sanmartín, I., »Tracing the impact of the Andean uplift on Neotropical plant evolution«, in: *Proceedings of the National Academy of Sciences of the United States of America*, Bd. 106, Nr. 24, 2009, S. 9749–9754.

Ash, S. R., Creber, G. T., »The Late Triassic Araucarioxylon Arizonicum Trees of the Petrified Forest National Park, Arizona, USA«, in: *Palaeontology*, Bd. 43, Teil 1, 2000, S. 15–28.

Ash, S. R., Savidge, R. A., »The Bark of the Late Triassic Araucarioxylon Arizonicum Tree from Petrified Forest National Park, Arizona«, in: *IAWA Journal*, Bd. 25, Ausgabe 3, 2004, S. 349–368.

Bainbridge, D. A., (1985), »The Rise of Agriculture: A New Perspective Source«, in: *Ambio*, Bd. 14, Nr. 3, 1985, S. 148–151.

Baladón, A., »Cultivos enarenados«, in: *Instituto Nacional de Meteorogia Madrid*, 1973, S. A-55.

Baldwin, I., Schutz, J. C., »Rapid Changes in Tree Leaf Chemistry Induced by Damage: Evidence for communication between plants«, in: *Science*, Bd. 221, Ausgabe 4607, 1983.

Balter, M., »Raging fires, high temps kept big dinosaurs out of North America for millions of years«, in: *Science*, 15. Juni 2015, https://www.science.org/content/article/raging-fires-high-temps-kept-big-dinosaurs-out-north-america-millions-years

Barquera, R. et al., »Ancient genomes reveal insights into ritual life at Chichén Itzá«, in: *Nature*, Bd. 630, 2024, S. 912–919.

Barrett, P. M., Willis, K. J., »Did dinosaurs invent flowers? Dinosaur-angiosperm coevolution revisited«, in: *Biological reviews of the Cambridge Philosophical Society*, Bd. 76, Ausgabe 3, 2001, S. 411–447.

Barto, E. K., Weidenhamer, J. D., Cipollini, D., Rillig, M. C., »Fungal superhighways: do common mycorrhizal networks enhance below ground communication?«, in: *Trends in Plant Science*, Bd. 17, Ausgabe 11, 2012, S. 633–637.

Beecher, J., *Writers and Revolution: Intellectuals and the French Revolution of 1848*, Cambridge 2021.

Beerling, D., *The Emerald Planet: How plants changed Earth's history*, Oxford 2017.

Belton, S. et al., »Molecular characterisation of Pinus sylvestris (L.) in Ireland at the western limit of the species distribution«, in: *BMC Ecology and Evolution*, Bd. 24, 2024, S. 12.

Bensaid, D., Nichols, R., *The Dispossessed: Karl Marx's Debates on Wood Theft and the Right of the Poor*, University of Minnesota Press, Minneapolis 2021.

Berendse, F., Scheffer, M., »The angiosperm radiation revisited, an ecological explanation for Darwin's abominable mystery«, in: *Ecology Letters*, Bd. 12, Ausgabe 9, 2009, S. 865–872.

Bermúdez-Contreras, A. I., Monroy-Guzmán, C., Pérez-Lucas, L., Escutia-Sánchez, J. A., Del Olmo-Ruiz, M., Truong, C., »Mycorrhizal Fungi Associated with Juniper and Oak Seedlings Along a Disturbance Gradient in Central Mexico«, in: *Frontiers in Forests and Global Change*, Bd. 5, 2022.

Bianchi, T. S., »The evolution of biogeochemistry: revisited«, in: *Biogeochemistry*, Bd. 154, 2021, S. 141–181.

Bidartondo, M., Read, D. J., Trappe, J. M., Merckx, V., Ligrone R., Duckett J. G. (2011), »The dawn of symbiosis between plants and fungi«, in: *Biology Letters*, Bd. 7, 2021, S. 574–577.

Bingen, Hildegard von, zitiert nach: Heinrich Schipperges, *Hildegard von Bingen. Ein Zeichen für unsere Zeit*, Frankfurt 1981, S. 89.

Blonder, B., Royer, D. L., Johnson. K. R., Miller, I., Enquist, B. J. (2014), »Plant Ecological Strategies Shift Across the Cretaceous–Paleogene Boundary«, in: *PLoS Biology*, Bd. 12, Ausgabe 9, 2014.

Boatwright, A., Hughes, S., Barry, J., »The height limit of a siphon«, in: *Scientific Reports*, Bd. 5, 2015, S. 16790.

Bond, W. J., Midgley, J. J., »Fire and the Angiosperm Revolutions«, in: *International Journal of Plant Sciences*, Bd. 173, Nr. 6, 2012, S. 569–583.

Bond, W. J., Woodward, F. I., Midgley, G. F., »The global distribution of ecosystems in a world without fire«, in: *New Phytologist*, Bd. 165, Ausgabe 2, 2005, S. 525–538.

Bonfante, P., Genre, A., »Mechanisms underlying beneficial plant–fungus interactions in mycorrhizal symbiosis«, in: *Nature Communications*, Bd. 1, Ausgabe 48, 2010.

Bonnefille, R. et al., »High-resolution vegetation and climate change associated with Pliocene Australopithecus afarensis«, in: *Proceedings of the National Academy of Sciences of the USA*, Bd. 101, Nr. 33, 2004, S. 12125–12129.

Borunda, A., »Koalas Eat Toxic Leaves to Survive – Now Scientists Know How«, in: *National Geographic*, 2. Juli 2018, https://www.nationalgeographic.com/animals/article/scientists-sequenced-the-koala-genome-to-save-them

Bowles, A. M. C., Paps, J., Bechtold, U., »Water-related innovations in land plants evolved by different patterns of gene co-option and novelty«, in: *The New Phytologist*, Bd. 235, Ausgabe 2, 2022, S. 732–742.

Boyce, C. K., Brodribb, T. J., Feild, T. S., Zwieniecki, M. A., »Angiosperm leaf vein evolution was physiologically and environmentally transforma-

tive«, in: *Proceedings of the Royal Society B, Biological Sciences*, Bd. 276, 2009, S. 1771–1776.
Boyce, C. K., DiMichele, W. A., »Arborescent lycopsid productivity and lifespan: Constraining the possibilities«, in: *Review of Palaeobotany and Palynology*, Bd. 227, 2016, S. 97–110.
Boyce, C. K., Fan, Y., Zwieniecki, M. A., »Did trees grow up to the light, up to the wind, or down to the water? How modern high productivity colors perception of early plant evolution«, in: *New Phytologist*, Bd. 215, Ausgabe 2, 2017, S. 552–557.
Boyce, C. K., Lee, J. E., »Plant Evolution and Climate Over Geological Timescales«, in: *Annual Review of Earth and Planetary Sciences*, Bd. 45, 2017, S. 61–87.
Boyce, C. K., Lee, J. E., Feild, T. S., Brodribb, T., Zwieniecki, M. A., »Angiosperms helped put the rain in the rainforests: The impact of plant physiological evolution on tropical biodiversity«, in: *Annals of the Missouri Botanical Garden*, Bd. 97, 2010, S. 527–540.
Bramwell, Z., Bramwell, D., *Wild Flowers of the Canary Islands*, London/Burford 1974.
Briand, C. H., »Cypress knees: An enduring enigma«, in: *Arnoldia*, Bd. 60, Ausgabe 4, 2000, S. 19–25.
Brillouet, J. M. et al., »The tannosome is an organelle forming condensed tannins in the chlorophyllous organs of Tracheophyta«, in: *Annals of Botany*, Bd. 112, Ausgabe 6, 2013, S. 1003–1014.
Bringmann, M. et al., »Cracking the elusive alignment hypothesis: the microtubule–cellulose synthase nexus unraveled«, in: *Trends in Plant Science*, Bd. 17, Nr. 11, 2012.
Brodribb T. J., Field T. S., Jordan G. J., »Leaf Maximum Photosynthetic Rate and Venation Are Linked by Hydraulics«, in: *Plant Physiology*, Bd. 144, 2007, S. 1890–1898.
Brodribb T. J., Hill, R. S., »Imbricacy and Stomatal Wax Plugs Reduce Maximum Leaf Conductance in Southern Hemisphere Conifers«, in: *Australian Journal of Botany*, Bd. 45, Ausgabe 4, 1997, S. 657–668.
Brodribb, T. J., Hill, R. S., »The photosynthetic drought physiology of a diverse group of southern hemisphere conifer species is correlated with minimal seasonal rainfall«, in: *Functional Ecology*, Bd. 12, Ausgabe 3, 1998, S. 465–471.
Brodribb, T. J., Pittermann, J., Coomes, D. A., »Elegance versus Speed: Examining the Competition between Conifer and Angiosperm Trees«, in: *International Journal of Plant Sciences*, Bd. 173, No. 6, 2012, S. 673–694.

Brown, D. W., »A Security Camera for the Planet«, in: *New Yorker*, 28. April 2023, https://www.newyorker.com/news/annals-of-climate-action/a-security-camera-for-the-planet

Brundrett, M. C., »Coevolution of roots and mycorrhizas of land plants«, in: *New Phytologist*, Bd. 154, 2002, S. 275–304.

Brundrett, M. C., Tedersoo, L., »Evolutionary history of mycorrhizal symbioses and global host plant diversity«, in: *New Phytologist*, Bd. 220, 2018, S. 1108–1115.

Brunoud, G., Wells, D. M., Oliva, M., Larrieu, A., Mirabet, V., Burrow, A. H., Beeckman, T., Kepinski, S., Traas, J., Bennett, M. J., »A novel sensor to map auxin response and distribution at high spatio-temporal resolution«, in: *Nature*, Bd. 482, 2012, S. 103–106.

Buatois, L. A., Davies, N. S., Gibling, M. R., Krapovickas, V., Labandeira, C. C., MacNaughton, R. B., Mángano, M. G., Minter, N. J., Shillito, A. P., »The Invasion of the Land in Deep Time: Integrating Paleozoic Records of Paleobiology, Ichnology, Sedimentology, and Geomorphology«, in: *Integrative and Comparative Biology*, Bd. 62, Ausgabe 2, 2022, S. 297–331.

Buras, A., Thevs, N., Zerbe, S., Wilmking, M., »Productivity and carbon sequestration of *Populus euphratica* at the Amu River, Turkmenistan«, in: *Forestry: An International Journal of Forest Research*, Bd. 86, Ausgabe 4, 2013, S. 429–439.

Burton, J. E. et al., »Leaf traits predict global patterns in the structure and flammability of forest litter beds«, in: *Journal of Ecology*, Bd. 109, Ausgabe 3, 2020, S. 1344–1355.

Byers, B. A., DeSoto, L., Chaney, D. et al., »Fire-scarred fossil tree from the Late Triassic shows a pre-fire drought signal«, in: *Scientific Reports*, Bd. 10, 2020, S. 20 104.

Caetano Andrade, V. L., Flores, B. M., Levis, C., Clement, C. R., Roberts, P., and Schöngart, J., »Growth rings of Brazil nut trees *(Bertholletia excelsa)* as a living record of historical human disturbance in Central Amazonia«, in: *PLoS ONE*, Bd. 14, Ausgabe 4, 2019.

Callcott, M., *The Captain's Wife: The South American Journals of Maria Graham, 1821–1823*, hrsg. von Mavor. E., London 1993.

Camargo, M. A. B., Marenco, R. A., »Density, size and distribution of stomata in 35 rainforest tree species in Central Amazonia«, in: *Acta Amazonica*, Bd. 41, Ausgabe 2, 2010, S. 205–212.

Cameron, K. M., »Plant ecology: Vanilla lures both insects and mammals to disperse its seeds and fruits«, in: *Current Biology*, Bd. 33, Ausgabe 2, 2023.

Campbell, D. G., *A Land of Ghosts: The Braided Lives of People and the Forest in Far Western Amazonia*, New York 2005.

Cao, L. et al. »Floral scent of the Mediterranean fig tree: significant intervarietal difference but strong conservation of the signal responsible for pollinator attraction«, in: *Scientific Reports*, Bd. 13, 2023, S. 5642.

Carey, C. J., Glassman, S. I., Bruns, T. D., Aronson, E. L., Hart, S. C., »Soil microbial communities associated with giant sequoia: How does the world's largest tree affect some of the world's smallest organisms?«, in: *Ecology and Evolution*, Bd. 10, Ausgabe 13, 2020, S. 6593–6609.

Cardoso, D., Carvalho-Sobrinho, J., Zartman, C., Komura, D., Queiroz, L., »Unexplored Amazonian diversity: Rare and phylogenetically enigmatic tree species are newly collected«, in: *Neodiversity*, Bd. 8, 2015. S. 55–73.

Carvalhais, L. C., Rincon-Florez, V. A., Brewer, P. B., Beveridge, C. A., Dennis, P. G., Schenk, P. M., »The ability of plants to produce strigolactones affects rhizosphere community composition of fungi but not bacteria«, in: *Rhizosphere*, Bd. 9, 2019, S. 18–26.

Carvalho, M. R. et al., »Extinction at the end-Cretaceous and the origin of modern Neotropical rainforests«, in: *Science*, Bd. 372, Nr. 6537, 2021, S. 63–68.

Chen, C. et al., »Private channel: a single unusual compound assures specific pollinator attraction in Ficus semicordata«, in: *Functional Ecology*, Bd. 23, 2009, S. 941–950.

Chen H., Markham J., »Ancient CO_2 levels favor nitrogen fixing plants over a broader range of soil N compared to present«, in: *Scientific Reports*, Bd. 11, Ausgabe 1, 2021, S. 3038.

Choat, B., et al., »Triggers of tree mortality under drought«, in: *Nature*, Bd. 558, 2018, S. 531–539.

Christenhusz, M. J. M., Fay, M. F., Chase, M. W., *Plants of the World: An Illustrated Encyclopedia of Vascular Plants*, Richmond (Surrey)/Chicago 2017.

Cintolesi, C. et al., »Characterisation of flow dynamics within and around an isolated forest, through measurements and numerical simulations«, in: *Agricultural and Forest Meteorology*, Bd. 339, 2023, S. 109 557.

Ciais, P., et al., »A three-dimensional synthesis study of δ18O in atmospheric CO_2: 1. Surface fluxes«, in: *Journal of Geophysical Research: Atmospheres*, Bd. 102, 1997, S. 5857–5872.

Conti, E., Franks, N. P., Brick, P., »Crystal structure of firefly luciferase throws light on a superfamily of adenylate-forming enzymes«, in: *Structure*, Bd. 4, Ausgabe 3, 1996, S. 287–298.

Coughlan, M. R., »Errakina: Pastoral Fire Use and Landscape Memory in the Basque Region of the French Western Pyrenees«, in: *Journal of Ethnobiology*, Bd. 33, Ausgabe 1, 2013, pp. 86–104.

Crane, P., Friis, E., Pedersen, K., »The origin and early diversification of angiosperms«, in: *Nature*, Bd. 374, 1995. S. 27–33.

Crisp, M. D., Cook, L. G., »How Was the Australian Flora Assembled Over the Last 65 Million Years? A Molecular Phylogenetic Perspective«, in: *Annual Review of Ecology, Evolution, and Systematics*, Bd. 44, 2013, S. 303–324.

Cunha, H. F. V., Andersen, K. M., Lugli, L. F. et al., »Direct evidence for phosphorus limitation on Amazon forest productivity«, in: *Nature*, Bd. 608, 2022, S. 558–562.

Da Costa, D. P., Peralta, D. F., Buck, W. R., Larrain, J., Von Konrat, M., »Serra Do Curicuriari, Amazonas State, Brazil: The First Bryofloristic Analysis for a Brazilian Mountain in the Amazonian Forest«, in: *Phytotaxa*, Bd. 303, Ausgabe 3, 2017, S. 201–217.

Dahl, T. W., Arens, S. K. M., »The impacts of land plant evolution on Earth's climate and oxygenation state – An interdisciplinary review«, in: *Chemical Geology*, Bd. 547, 2020, S. 119665.

Dantas, V. L., Pausas, J. G., »The legacy of the extinct Neotropical megafauna on plants and biomes«, in: *Nature Communications*, Bd. 13, 2022, S. 129.

Darwin, C., »Letter to J. D. Hooker, 7 April 1874«, in: *A Calendar of the Correspondence of Charles Darwin, 1821–1882*, hrsg. von Burkhardt, F., Smith, S., Cambridge 1985.

Darwin, C., Darwin, F. E., »Sensitiveness of Plants to Light: It's Transmitted Effect«, in: *The Power of Movement in Plants*, London 1880, S. 574–592.

Davies, N. S., McMahon, W. J., Berry, C. M., »Earth's earliest forest: fossilized trees and vegetation-induced sedimentary structures from the Middle Devonian (Eifelian) Hangman Sandstone Formation, Somerset and Devon, SW England«, in: *Journal of the Geological Society*, Bd. 181, Ausgabe 4, 2024.

Davies, N. S., Berry, C. M., Marshall, J. E. A. et al, »The Devonian landscape factory: plant–sediment interactions in the Old Red Sandstone of Svalbard and the rise of vegetation as a biogeomorphic agent«, in: *Journal of the Geological Society*, Bd. 178, Ausgabe 5, 2021, S. jgs2020–2225.

Davis, W., *One River: Explorations and Discoveries in the Amazon Rain Forest*, London 1997.

de Andrade, M., *Macunaíma*, übersetzt von Dodson, K., London 2023.

de Witte, L. C., Stocklin, J., »Longevity of clonal plants: why it matters and how to measure it«, in: *Annals of Botany*, Bd. 106, 2010, S. 859–870.

De La Torre, A. R., Piot, A., Liu, B., Wilhite, B., Weiss, M., Porth, I., »Functional and morphological evolution in gymnosperms: A portrait of implicated gene families«, in: *Evolutionary Applications*, Bd. 13, 2019, S. 210–227.

Delclòs, X. et al., »Amber and the Cretaceous Resinous Interval«, in: *Earth-Science Reviews*, Bd. 243, 2023, S. 104 486.

Decombeix, A., Meyer-Berthaud, B.,Galtier, J., »Transitional changes in arborescent ligniophytes at the Devonian-Carboniferous boundary«, in: *Journal of the Geological Society*, Bd. 168, 2011, S. 547–557.

Detlefsen, K., »Émilie du Châtelet«, in: *Stanford Encyclopedia of Philosophy*, Ausgabe vom Winter 2018, hrsg. von Zalta, https://plato.stanford.edu/archives/win2018/entries/emilie-du-chatelet/

DeSilva, J. M., Throckmorton, Z. J., »Lucy's flat feet: the relationship between the ankle and rearfoot arching in early hominins«, in: *PLoS ONE*, Bd. 5, Ausgabe 12, 2010.

Dijkstra, F. A., Jenkins, M., de Rémy de Courcelles, V., Keitel, C., Barbour, M. M., Kayler, Z. E., Adams, M. A., »Enhanced decomposition and nitrogen mineralization sustain rapid growth of *Eucalyptus regnans* after wildfire«, in: *Journal of Ecology*, Bd. 105, Nr. 1, 2017, S. 229–236.

Dimitrov, D. et al., »Diversification of flowering plants in space and time«, in: *Nature Communications*, Bd. 14, 2023, S. 7609.

Donne, John, *Alchemie der Liebe*, Berlin 1991.

Doughty, R., »Not a koala in sight: promotion and spread of eucalyptus«, in: *Ecumene*, Bd. 3, Ausgabe 2, 1996, S. 200–214.

Drummond-Clarke, R. C., »Bringing trees back into the human evolutionary story: recent evidence from extant great apes«, in: *Communicative & Integrative Biology*, Bd. 16, Ausgabe 1, 2023, S. 2 193 001.

du Châtelet, Émilie, *Dissertation sur la nature et la propagation du feu*, 1744, aus: Project Gutenberg, https://www.gutenberg.org/cache/epub/73279/pg73279-images.html

du Châtelet, Émilie, *Selected Philosophical and Scientific Writings*, hrsg. von Zinsser, J. P., übersetzt von Bour, I., (University of Chicago Press), Chicago 2009.

Ducke, A., Black, G. A., »Phytogeographical Notes on the Brazilian Amazon«, in: *Anais Da Academia Brasileira De Ciencias*, Bd. 25, Ausgabe 1, 1953.

Duque, P., Vieira, C. P., Bastos, B. et al., »The evolution of vitamin C biosynthesis and transport in animals«, in: *BMC Ecology and Evolution*, Bd. 22, 2022, S. 84.

Ennos, R., *The Wood Age: How One Material Shaped the Whole of Human History*, London 2021.

Esque, T. C. et al., »Unprecedented distribution data for Joshua trees *(Yucca brevifolia* and *Y. jaegeriana)* reveal contemporary climate associations of a Mojave Desert icon«, in: *Frontiers in Ecology and Evolution*, Bd. 11, 2023.
Fahey, C., York, R. A., Pawlowska, T. E., »Arbuscular mycorrhizal colonization of giant sequoia *(Sequoiadendron giganteum)* in response to restoration practices«, in: *Mycologia*, Bd. 104, Ausgabe 5, 2012, S. 988–997.
Fan, J. et al., »Substantial convection and precipitation enhancements by ultrafine aerosol particles«, in: *Science*, Bd. 359, Ausgabe 6374, 2018, S. 411–418.
Fan, X., Hao, X., Zhang, S. et al., »*Populus euphratica* counteracts drought stress through the dew coupling and root hydraulic redistribution processes«, in: *Annals of Botany*, Bd. 131, Ausgabe 3, 2023, S. 451–461.
Farjon, A., *A Handbook of the World's Conifers*, 2 Bde., Leiden 2017.
Farjon, A., »The Kew Review: Conifers of the World«, in: *Kew Bulletin*, Bd. 73, 2018, S. 8.
Farjon, A., *World Checklist and Bibliography of Conifers*, zweite Auflage, London 2001.
Fayol, H., Renault, B., Zeiller, R., Brongniart, Ch., Sauvage, H. É., »Études sur le terrain houiller de Commentry«, Imprimerie Théolier 1887, https://www.biodiversitylibrary.org/item/286171
Feild, T. S., Arens, N. C., Doyle, J. A., Dawson T. E., Donoghue, M. J., »Dark and disturbed: a new image of early angiosperm ecology«, in: *Paleobiology*, Bd. 30, Ausgabe 1, 2004, S. 82–107.
Figueroa-Rangel, B. L., Willis, K. J., Olvera-Vargas, M., »4200 years of pine-dominated upland forest dynamics in west-central Mexico: human or natural legacy?«, in: *Ecology*, Bd. 89, Ausgabe 7, 2008, S. 1893–1907.
Fletcher, M-S., Hall, T., Alexandra, A. N., »The loss of an indigenous constructed landscape following British invasion of Australia: An insight into the deep human imprint on the Australian landscape«, in: *Ambio*, Bd. 50, 2021, S. 138–149.
Flores, B. M., Montoya, E., Sakschewski, B. et al., »Critical transitions in the Amazon forest system«, in: *Nature*, Bd. 626, 2024, S. 555–564.
Forde, B. G., Lea, P. J., »Glutamate in plants: metabolism, regulation, and signalling«, in: *Journal of Experimental Botany*, Bd. 58, Nr. 9, 2007, S. 2339–2358.
Fortey, R., *Close Encounters of the Fungal Kind: In Pursuit of Remarkable Mushrooms*, London 2024.
Frasier, C. L., Albert, V. A., Struwe, L., »Amazonian lowland, white sand areas as ancestral regions for South American biodiversity: Biogeographic and phylogenetic patterns in Potalia (Angiospermae: Gentianaceae)«, in: *Organisms, Diversity & Evolution*, Bd. 8, Ausgabe 1, 2008, S. 44–57.

Freitas, S. R., Longo, K. M., »Emissões de queimadas em ecossistemas da América do Sul«, in: *Estudos Avançados*, Bd. 19, Nr. 53, 2005, S. 167–185.
Gagnon, P. R., Passmore, H. A., Platt, W. J., Myers, J. A., Paine, C. E., Harms, K. E., »Does pyrogenicity protect burning plants?«, in: *Ecology*, Bd. 91, Ausgabe 12, 2010, S. 3481–3514.
Garnica-Díaz, C. et al., »Global Plant Ecology of Tropical Ultramafic Ecosystems«, in: *Botanical Review*, Bd. 89, 2023, S. 115–157.
George, J. P., Sanders, T. G. M., Timmermann, V. et al., »European-wide forest monitoring substantiate the necessity for a joint conservation strategy to rescue European ash species *(Fraxinus spp.)*«, in: *Scientific Reports*, Bd. 12, 2022, S. 4764.
Gibbons, A., »Lucy's World: Was Lucy the mother of us all? Fifty years after her discovery, the 3.2-million-year-old skeleton has rivals«, in: *Science*, 4. April 2024, https://www.science.org/content/article/was-lucy-mother-us-all-fifty-years-discovery-famed-skeleton-rivals
Giovannetti, M., Avio, L., Fortuna, P., Pellegrino, E., Sbrana, C., Strani, P., »At the root of the wood wide web: self recognition and non-self incompatibility in mycorrhizal networks«, in: *Plant Signaling & Behaviour*, Bd. 1, Ausgabe 1, 2006, S. 1–5.
Glasspool, I. J., Scott, A. C., »Phanerozoic concentrations of atmospheric oxygen reconstructed from sedimentary charcoal«, in: *Nature Geoscience*, Bd. 3, Ausgabe 9, 2010, S. 627–630.
Gross, R., »Fellowship of the Tree Rings«, in: *National Geographic*, 2013, https://www.nationalgeographic.com/science/article/130422-new-zealand-tree-rings-dendrochronology-science
Grove, A. T., Rackham, O., *The Nature of Mediterranean Europe: An Ecological History*, New Haven 2003.
Halbwachs, H., Easton, G. L., Bol, R., Hobbie, E. A., Garnett, M. H., Peršoh, D., Dixon, L., Ostle, N. J., Karasch, P., Griffith, G., »Isotopic evidence of biotrophy and unusual nitrogen nutrition in soil-dwelling Hygrophoraceae«, in: *Environmental Microbiology*, Bd. 20, Ausgabe 10, 2018, S. 3573–3588.
Hayward, B. W., *Kauri Gum and the Gumdiggers*, (The Bush Press), New Zealand 1989.
He, T., Pausas, J. G., Belcher, C. M., Schwilk, D. W., Lamont, B. B., »Fire-adapted traits of Pinusarose in the fiery Cretaceous«, in: *New Phytologist*, Bd. 194, Ausgabe 3, 2012, S. 751–759.
Heldt, H., Piechulla, B., *Plant Biochemistry*, 4. Auflage, Cambridge 2011.
Hemming, J., *Red Gold: The Conquest of the Brazilian Indians*, London 2004.

Hernandez-Aguilar, R. A., Moore, J., Stanford, C. B., »Chimpanzee nesting patterns in savanna habitat: Environmental influences and preferences«, in: *American Journal of Primatology*, 75, 2013, S. 979–994.
Hill, A. J., Dawson, T. E., Dody, A., Rachmilevitch, S., »Dew water-uptake pathways in Negev desert plants: a study using stable isotope tracers«, in: *Oecologia*, Bd. 196, 2021, S. 353–361.
Hill, R. S. and Brodribb, T. J., »Southern conifers in time and space«, in: *Australian Journal of Botany*, Bd. 47, Ausgabe 5, 1999, S. 639–696.
Homer, *Ilias*, Frankfurt a. M. 1975.
Hoogar, R. et al., »Impact of eucalyptus plantations on ground water and soil ecosystem in dry regions«, in: *Journal of Pharmacognosy and Phytochemistry*, Bd. 8, 2019.
Hooke, R., Allestry, J., John, M., *Micrographia: or Some physiological descriptions of minute bodies made by magnifying glasses: with observations and inquiries thereupon*, printed by Jo. Martyn and Ja. Allestry, Printers to the Royal Society, 1665, https://www.biodiversitylibrary.org/item/15485
Houlton, B. Z. et al., »Convergent evidence for widespread rock nitrogen sources in Earth's surface environment«, in: *Science*, Bd. 360, 2018, S. 58–62.
Hu, C. et al., »Pollen in the Baltic Sea as viewed from space«, in: *Remote Sensing of Environment*, Bd. 284, 2023, S. 113 337.
Huaraca Huasco, W., Riutta, T., Girardin, C. A. J. et al., »Fine root dynamics across pantropical rainforest ecosystems«, in: *Global Change Biology*, Bd. 27, 2021, S. 3657–3680.
Husain, I., *Basti*, übersetzt von Prichett, F., New York 2012.
Immerwahr, D., »Mother trees and socialist forests: is the wood-wide web a fantasy?«, in: *Guardian*, 23. April 2024, https://www.theguardian.com/environment/2024/apr/23/mother-trees-and-socialist-forests-is-the-wood-wide-web-a-fantasy
Inuma, J. M., Lee, M. Y. H., »Japan's answer to seasonal allergies: A subsidized tropical escape«, in: *Washington Post*, 4. April 2024, https://www.washingtonpost.com/world/2024/04/04/japan-hayfever-season
Isnard, S., L'Huillier, L., Rigault, F., Jaffré, T., »How did the ultramafic soils shape the flora of the New Caledonian hotspot?«, in: *Plant and Soil*, Bd. 403, 2016, S. 53–76.
Janzen, D. H., Martin, P. S. »Neotropical Anachronisms: The Fruits the Gomphotheres Ate«, in: *Science*, Bd. 215, 1982.
Jefferson, T., *The Papers of Thomas Jefferson*, Bd. 12, 7. August 1787–31 March 1788, hrsg. von Boyd, J. P. et al., Princeton 1955.

Jones, M. Hoeksema, J., Karst, J., »Where the ›Wood-Wide Web‹ Narrative Went Wrong«, in: *Undark*, 25. Mai 2023, https://undark.org/2023/05/25/where-the-wood-wide-web-narrative-went-wrong/

Jura-Morawiec, J., Marcinkiewicz, J., »Wettability, water absorption and water storage in rosette leaves of the dragon tree (*Dracaena draco L.*)«, in: *Planta*, Bd. 252, 2020, S. 30.

Karremans, A. P., *Demystifying Orchid Pollination*, London 2023.

Karst, J., Jones, M. D., Hoeksema, J. D., »Positive Citation Bias and Overinterpreted Results Lead to Misinformation on Common Mycorrhizal Networks in Forests«, in: *Nature Ecology and Evolution*, 2023, S. 501–511.

Keeley, J. E. et al., »Fire as an evolutionary pressure shaping plant traits«, in: *Trends in Plant Science*, Bd. 16, Ausgabe 8, 2011, S. 406–411.

Kenrick, P., Strullu-Derrien, C., »The Origin and Early Evolution of Roots«, in: *Plant Physiology*, Bd. 166, 2014, S. 570–580.

Khatoon, A., Rehman, S. U., Aslam, M. M., Jamil, M., Komatsu, S., »Plant-Derived Smoke Affects Biochemical Mechanism on Plant Growth and Seed Germination«, in: *International Journal of Molecular Sciences*, Bd. 21, 2020, S. 7760.

Kirch, P. V., *A Shark Going Inland Is My Chief: The Island Civilization of Ancient Hawai'i*, Oakland 2012.

Klimko, M., Nowińska, R., Wilkin, P., Wiland-Szymańska, J., »Comparative leaf micromorphology and anatomy of the dragon tree group of *Dracaena* (Asparagaceae) and their taxonomic implications«, in: *Plant Systematics and Evolution*, Bd. 304, 2018, S. 1041–1055.

Klimko, M., Wiland-Szymańska, J., »Scanning electron microscopic studies of leaf surface in taxa of genus *Dracaena L.* (Dracaenaceae)«, in: *Botanika – Steciana*, Bd. 12, 2008, S. 117–127.

Kneip, C., Lockhart, P., Voss, C. et al., »Nitrogen fixation in eukaryotes – New models for symbiosis«, in: *BMC Evolutionary Biology*, Bd. 7, 2007, S. 55.

Koller, J., Baumer, U., Kaup, Y., Schmid, M., Weser, U., »Analysis of a pharaonic embalming tar«, in: *Nature*, Bd. 425, 2023.

Körner, C., »Does global increase of CO_2 alter stomatal density?«, in: *Flora*, Bd. 181, Ausgaben 3–4, 1988, S. 253–257.

Lack, H. W., »Lilac and horse-chestnut: discovery and rediscovery«, in: *Bocconea*, Bd. 13, 2001, S. 613–616.

Lack, H. W., Martius, C. F. P., *The Book of Palms*, Köln 2022.

Lamant, T., »Vegetative reproduction in gymnosperms«, in: *Journal de l'Association des Parcs Botaniques de France*, Nr. 53, 2012, S. 5. Siehe vor allem das

Literaturverzeichnis, und dort insbesondere: Adams (2008), Burrows et al. (2003), Evans (1982), Farjon (2005), Matthews (1991) sowie Zegers (2006)).

Lanaud, C., Vignes, H., Utge, J. et al., »A revisited history of cacao domestication in pre-Columbian times revealed by archaeogenomic approaches«, in: *Scientific Reports*, Bd. 14, 2024, S. 2972.

Lane, N., *Life Ascending: The Ten Great Inventions of Evolution*, London 2002.

Lane, N., *Oxygen: The molecule that made the world*, Oxford 2009.

Lane, N., *Power, Sex, Suicide: Mitochondria and the Meaning of Life*, Oxford 2005.

Latour, B., Lenton, T. M., »Extending the Domain of Freedom, or Why Gaia is So Hard to Understand«, in: *Critical Enquiry*, Bd. 45, Nr. 3, 2019, S. 659–680.

Lenz, L. W., »Reassessment of *Yucca brevifolia* and Recognition of *Y. jaegeriana* as a Distinct Species«, in: *Aliso: A Journal of Systematic and Floristic Botany*, Bd. 24, Ausgabe 1, 2007.

LePage, B. A., Currah, R. S., Stockey, R. A., Rothwell, G. W., »Fossil Ectomycorrhizae from the Middle Eocene«, in: *American Journal of Botany*, Bd. 84, Ausgabe 3, 1997, S. 410–412.

Levi, Primo, *Das periodische System*, München/Wien 1987.

Leys, B., Finsinger, W., Carcaillet, C., »Historical range of fire frequency is not the Achilles' heel of the Corsican black pine ecosystem«, in: *Journal of Ecology*, Bd. 102, Nr. 2, 2014, S. 381–395.

Li, L., Li, J., Rohwer, J. G., van der Werff, H., Wang, Z. H., Li, H. W. »Molecular phylogenetic analysis of the Persea group (Lauraceae) and its biogeographic implications on the evolution of tropical and subtropical Amphi-Pacific disjunctions«, in: *American Journal of Botany*, Bd. 98, Ausgabe 9, 2011, S. 1520–1536.

Linebaugh, P., »Karl Marx, the Theft of Wood, and Working-Class Composition: A Contribution to the Current Debate«, in: *Social Justice*, Bd. 40, Nr. 1/2 (131–132), 40th Anniversary issue: Legacies of Radical Criminology in the United States, 2013, S. 137–161.

Looney, B., Miyauchi, S., Morin, E. et al., »Evolutionary transition to the ectomycorrhizal habit in the genomes of a hyperdiverse lineage of mushroom-forming fungi«, in: *New Phytologist*, Bd. 233, 2022, S. 2294–2309.

Lovelock, J., *Gaia: A New Look at Life on Earth*, Oxford 1979.

Ludlow, E., *The memoirs of Edmund Ludlow, Lieutenant-General of the Horse in the army of the Commonwealth of England, 1625–1672*, Bd. 1, hrsg. von Firth, C. H., Oxford 1894.

Lusk, Chris, »Leaf life spans of some conifers of the temperate forests of South America«, in: *Revista Chilena de Historia Natural*, Bd. 74, 2001, S. 711–718.
Lyons, P. C., Mastalerz, M., Orem, W. H., »Organic geochemistry of resins from modern Agathis australis and Eocene resins from New Zealand: Diagenetic and taxonomic implications«, in: *International Journal of Coal Geology*, Bd. 80, Ausgabe 1, 2009, S. 51–62.
McElwain, J. C., Willis, K. J., Lupia, R., »Cretaceous CO_2 decline and the radiation and diversification of angiosperms«, in: Ehleringer, J. R., Cerling, T. E., Dearing, M. D. (Hrsg.), *A History of Atmospheric CO_2 and its Effect on Plants, Animals, and Ecosystems*, New York 2005, S. 133–165.
McGeever, A. H., Mitchell, F. J. G., »Re-defining the natural range of Scots Pine (*Pinus sylvestris L.*): a newly discovered microrefugium in western Ireland«, in: *Journal of Biogeography*, Bd. 43, Ausgabe 11, 2016, S. 2199–2208.
McNeill, J. R., »Woods and Warfare in World History«, in: *Environmental History*, Bd. 9, Nr. 3, 2004, S. 388–410.
Maděra P. et al., »What We Know and What We Do Not Know about Dragon Trees?«, in: *Forests*, Bd. 11, Ausgabe 2, 2020, S. 236.
Magyar, J., »Can oil from trees be the next big thing in sustainable energy?«, in: *Forbes*, 20. Juni 2023, https://www.forbes.com/sites/sap/2023/06/20/can-oil-from-trees-be-the-next-bigthing-in-sustainable-energy/
Makarieva, A. M., Gorshkov, V. G., »Biotic pump of atmospheric moisture as driver of the hydrological cycle on land«, in: *Hydrology and Earth System Sciences*, Bd. 11, Ausgabe 2, 2006, S. 1013–1033.
Margalef, O., Sardans, J., Fernández-Martínez, M. et al., »Global patterns of phosphatase activity in natural soils«, in: *Scientific Reports*, Bd. 7, 2017, S. 1337.
Margulis, L. (damaliger Autorenname: Sagan, L.), »On the origin of mitosing cells«, in: *Journal of Theoretical Biology*, Bd. 14, Ausgabe 3, 1967, S. 225 – IN6.
Margulis, L., Sagan, D. (Hrsg.), *Slanted Truths: Essays on Gaia, Symbiosis and Evolution*, New York 1997.
Marr, D. L., Pellmyr, O., »Effect of Pollinator-Inflicted Ovule Damage on Floral Abscission in the Yucca-Yucca Moth Mutualism: The Role of Mechanical and Chemical Factors«, in: *Oecologia*, Bd. 136, Nr. 2, 2003, S. 236–243.
Mathesius, U., »Humboldt Review: Are legumes different? Origins and consequences of evolving nitrogen fixing symbioses«, in: *Journal of Plant Physiology*, Bd. 276, 2022, S. 153 765.

Mecke, R., Mille, C., Engels, W., »Araucaria beetles worldwide: evolution and host adaptations of a multi-genus phytophagous guild of disjunct Gondwana-derived biogeographic occurrence«, in: *Pró Araucária Online* 1:2005, S. 1–18.

Mee, M., *In Search of Flowers of the Amazon Forest*, London 1988.

Meesters A. G. C. A., Dolman, A. J., Bruijnzeel, L. A., »Comment on Biotic pump of atmosphericmoisture as driver of the hydrological cycle on land by A. M. Makarieva and V. G. Gorshkov«, in: *Hydrology and Earth System Sciences*, Bd. 11, 2007, S. 1013–1033.

Mguni, S., »Natural and Supernatural Convergences«, in: *Current Anthropology*, Bd. 50, Nr. 1, 2009, S. 139–148.

Mitchell, F. J. G., »Where did Ireland's trees come from?«, in: *Biology and Environment: Proceedings of the Royal Irish Academy*, Bd. 106B, Nr. 3, 2006, S. 251–259.

Mohanta, T. K., Occhipinti, A., Atsbaha Zebelo, S., Foti, M., Fliegmann, J. et al., »Ginkgo biloba Responds to Herbivory by Activating Early Signaling and Direct Defenses«, in: *PLoS ONE*, Bd. 7, Ausgabe 3, 2012.

Molloy, K., O'Connell, M., »Post-glaciation plant colonization of Ireland: fresh insights from An Loch Mór, Inis Oírr, western Ireland«, in: *The Irish Naturalists' Journal*, Bd. 33, 2014, S. 66–88.

Morehart, C. T., Lentz, D. L., Prufer, K. M., »Wood of the Gods: The Ritual Use of Pine (*Pinus spp.*) by the Ancient Lowland Maya«, in: *Latin American Antiquity*, Bd. 16, Nr. 3, 2005, S. 255–274.

Motamayor, J., Risterucci, A., Lopez, P. et al., »Cacao domestication I: the origin of the cacao cultivated by the Mayas«, in: *Heredity*, Bd. 89, 2002, S. 380–386.

Mustoe, G., »Coevolution of dinosaurs and cycads«, in: *The Cycad Newsletter*, Bd. 30, Nr. 1, 2007.

Nelsen, M. P., DiMichele, W. A., Peters, S. E., Boyce, C. K., »Delayed fungal evolution did not cause the Paleozoic peak in coal production«, in: *Proceedings of the National Academy of Sciences of the USA*, Bd. 113, Nr. 9., 2016, S. 2442–2447.

Neruda, Pablo, »Der chilenische Wald«, in: ders: *Ich bekenne, ich habe gelebt*, Darmstadt 1979, S. 9.

Newman, B., *Voice of the Living Light: Hildegard of Bingen and Her World*, Berkeley 1998.

Nichols, D. J., Johnson, K. R., *Plants and the KT Boundary*, Boston 2008.

Nicholls, D. G., Ferguson, S. J., *Bioenergetics 4*, London 2013.

Niklasson, M., Zin, E., Zielonka, T., Feijen, M., Korczyk, A. F., Churski, M.,

Samojlik, T., Jędrzejewska, B., Gutowski, J. M., Brzeziecki, B., »A 350-year tree-ring fire record from Białowieża Primeval Forest, Poland: Implications for Central European lowland fire history«, in: *Journal of Ecology*, Bd. 98, 2010, S. 1319–1329.

Nitsiakos, V. (Hrsg.), *Peklari: Social Economy in a Greek Village*, Münster 2017.

Noguei, S., de Nascimento, L., Fernandez-Palacios M., Whittaker, R. J., Willis K. J., »The ancient forests of La Gomera, Canary Islands, and their sensitivity to environmental change«, in: *Journal of Ecology*, Bd. 101, Ausgabe 2, 2013, S. 368–377.

Norby, R. J., Loader, N. J., Mayoral, C. et al., »Enhanced woody biomass production in a mature temperate forest under elevated CO_2«, in: *Nature Climate Change*, Bd. 14, 2024, S. 983–988.

Normile, D., »The world's first trees grew by splitting their guts«, in: *Science*, 23. Oktober 2017, https://www.science.org/content/article/world-s-first-trees-grew-splitting-their-guts

Ogden, J., Wilson, A., Hendy, C., Newnham, R. M., Hogg, A. G., »The Late Quaternary History of Kauri *(Agathis australis)* in New Zealand and Its Climatic Significance«, in: *Journal of Biogeography*, Bd. 19, Ausgabe 6, 1992, S. 611–622.

Ortigosa, F., Lobato-Fernández, C., Shikano, H., Ávila, C., Taira, S., Cánovas, F. M. et al., »Ammonium regulates the development of pine roots through hormonal crosstalk and differential expression of transcription factors in the apex«, in: *Plant, Cell & Environment*, Bd. 45, 2022, S. 915–935.

Orwell, G., *Mein Katalonien*, Zürich 2012, S. 39.

Pakenham, Thomas, *Die 60 größten und ältesten Bäume der Welt*, Köln 2003.

Pauli, J. N. et al., »A syndrome of mutualism reinforces the lifestyle of a sloth«, in: *Proceedings of the Royal Society B: Biological Sciences*, Bd. 281, Nr. 1778, 2014.

Pausas, J. G., Keeley, J. E., »A Burning Story: The Role of Fire in the History of Life«, in: *BioScience*, Bd. 59, 2009, S. 593–601.

Pellmyr, O., »Yuccas, Yucca Moths, and Coevolution: A Review«, in: *Annals of the Missouri Botanical Garden*, Bd. 90, Nr. 1, 2003, S. 35–55.

Pennisi, E., »Wandering Seeds«, in: *Science*, Bd. 381, Ausgabe 6658, 2023, S. 598–601.

Pereira, C. C., Fernandes, G. W., Cornelissen, T., »A double defensive mutualism? A case between plants, extrafloral nectaries, and trophobionts«, in: *Alpine Entomology*, Bd. 6, 2022, S. 129–131.

Philippe, M., »Combien d'espèces d'Araucarioxylon?«, in: *Palevol*, Bd. 10, Ausgaben 2–3, 2011, S. 201–208.

Pollan, M., *The Botany of Desire: A Plant's-Eye View of the World*, New York 2001.
Pollan, M., *Second Nature: A Gardener's Education*, New York 1991.
Popkin, G., »Are Trees Talking Underground? For Scientists, It's in Dispute«, in: *New York Times*, 7. November 2022, https://www.nytimes.com/2022/11/07/science/trees-fungi-talking.html
Powers, R., *The Overstory*, New York 2018.
Prance, G., *Out of the Amazon*, Butterflies and Amazonia Books 2021.
Prance, G., *Flowers, Fruits and Fables of Amazonia*, Butterflies and Amazonia Books 2015.
Prance, G., *The Amazon Forest and its People in Black and White*, Butterflies and Amazonia Books 2023.
Priyashantha, A.K.H., Dai, D.-Q., Bhat, D.J., Stephenson, S.L., Promputtha, I., Kaushik, P., Tibpromma, S., Karunarathna, S.C., »Plant–Fungi Interactions: Where It Goes?«, in: *Biology*, Bd. 12, Ausgabe 6, 2023, S. 809.
Proffit, M. et al., »Signalling receptivity: Comparison of the emission of volatile compounds by figs of *Ficus hispida* before, during and after the phase of receptivity to pollinators«, in: *Symbiosis*, Bd. 45, 2008, S. 15–24.
Pyne, S.J., *Burning Bush: A Fires History of Australia*, New York 1991.
Rackham, O., *The History of the Countryside*, London 1986.
Rackham, O., *The Last Forest: The Story of Hatfield Forest*, London 1989.
Rackham, O., *Woodlands, Collins New Naturalist Library*, Bd. 100, London 2006.
Ramage, B.S., O'Hara, K.L., Caldwell, B.T., »The role of fire in the competitive dynamics of coast redwood forests«, in: *Ecosphere*, Bd. 1, Ausgabe 6, 2010.
Rasheed, M.U., Brosset, A., Blande, J.D., »Tree Communication: The Effects of ›Wired‹ and ›Wireless‹ Channels on Interactions with Herbivores«, in: *Current Forestry Reports*, Bd. 9, 2023, S. 33–47.
Raven, J.A., Andrews M., »Evolution of tree nutrition«, in: *Tree Physiology*, Bd. 30, 2010, S. 1050–1071.
Read, J. et al., »Population age structures, persistence and flowering cues in *Cerberiopsis candelabra* (Apocynaceae), a longlived monocarpic rain-forest tree in New Caledonia«, in: *Journal of Tropical Ecology*, Bd. 37, Ausgabe 6, 2021, S. 263–275.
Reichert, T., Rammig, A., Fuchslueger, L., Lugli, L., Quesada, C., Fleischer, K., »Tansley review: Plant phosphorus-use and -acquisition strategies in Amazonia«, in: *New Phytologist*, Bd. 234, 2009, S. 1126–1143.

Ren, X., Zhang, G., Chen, Z., Zhu, J., »The Influence of Wind-Induced Response in Urban Trees on the Surrounding Flow Field«, in: *Atmosphere*, Bd. 14, Ausgabe 6, 2023, S. 1010.

Rheinische Zeitung, »Proceedings of the Sixth Rhine Province Assembly. Third Article. Debates on the Law on Thefts of Wood«, übersetzt von Dutt, C., Erstveröffentlichung in der Anlage zur *Rheinischen Zeitung*, Nr. 298, 300, 303, 305 und 307 am 25., 27. und 30. Oktober sowie am 1. und 3. November 1842.

Ribeiro C. M., Cardoso, E. J. B. N., »Isolation, selection and characterization of root-associated growth promoting bacteria in Brazil Pine *(Araucaria angustifolia)*«, in: *Microbiological Research*, Bd. 167, Ausgabe 2, 2012, S. 69–78.

Ribeiro, J. et al., *Flora Da Reserva Ducke: Guia de Identificaçao das Plantas Vasculares de Uma Floresta de Terra-Firme Na Amazônia Central*, INPA-DFID, Manaus, Amazonas 1999.

Rich, M. K., Nouri, E., Courty, P.-E., Reinhardt, D., »Diet of Arbuscular Mycorrhizal Fungi: Bread and Butter?«, in: *Trends in Plant Science*, Bd. 22, Ausgabe 8, 2017, S. 652–660.

Riches, M., Berg, T. C., Vermeuel, M. P., Millet, D. B., Farmer, D. K., »Wildfire smoke directly changes biogenic volatile organic emissions and photosynthesis of ponderosa pines«, in: *Geophysical Research Letters*, Bd. 51, Ausgabe 6, 2024.

Riddle, S., »How bees see and why it matters«, in: *Bee Culture*, 20. Mai 2016, https://beeculture.com/bees-see-matters/

Roche, J. R., Mitchell, F. J. G., Waldren, S., »Plant community ecology of *Pinus sylvestris*, an extirpated species reintroduced to Ireland«, in: *Biodiversity and Conservation*, Bd. 18, 2009, S. 2185.

Roberts, P., *Jungle: How Tropical Forests Shaped World History – and Us*, London 2021.

Robin, M., Römermann, C., Niinemets, Ü. et al., »Interactions between leaf phenological type and functional traits drive variation in isoprene emissions in central Amazon forest trees«, in: *Frontiers in Plant Science*, Bd. 15, 2024, S. 1 522 606.

Rowntree, L. B. et al., »Afforestation, Fire, and Vegetation Management in the East Bay Hills of the San Francisco Bay Area«, in: *Yearbook of the Association of Pacific Coast Geographers*, Bd. 56, 2014.

Royer, A. M., Streisfeld, M. A., Smith, C. I., »Population genomics of divergence within an obligate pollination mutualism: Selection maintains differences between Joshua tree species«, in: *American Journal of Botany*, Bd. 103, Ausgabe 10, 2016, S. 1730–1741.

Sample, I., »Family tree fall: human ancestor Lucy died in arboreal accident, say scientists«, in: *Guardian*, 29. August 2016, https://www.theguardian.com/science/2016/aug/29/family-tree-fall-human-ancestor-lucy-died-in-arboreal-accident-say-scientists
Sánchez-Falfan, A., Esperón-Rodríguez, M., Cervantes-Pérez, J., Ballinas, M., Barradas, V. L., »How Important Are Fog and the Cloud Forest as a Water Supply in Eastern Mexico?«, in: *Water*, Bd. 15, Ausgabe 7, 2023, S. 1286.
Sandford, S., *Vegetal Sex: Philosophy of Plants*, London 2022.
Santana, M. A. E., Okino, E. Y. A., »Chemical composition of 36 Brazilian Amazon forest wood species«, in: *Holzforschung*, Bd. 61, Nr. 5, 2007, S. 469–477.
Santana, M. A., Pihakaski-Maunsbach, K., Sandal, N., Marcker, K. A., Smith, A. G., »Evidence that the plant host synthesizes the heme moiety of leghemoglobin in root nodules«, in: *Plant Physiology*, Bd. 116, Ausgabe 4, 1998, S. 1259–1269.
Satyal, P., Paudel, P., Raut, J., Deo, A., Dosoky, N. S., Setzer, W. N., »Volatile constituents of *Pinus roxburghii* from Nepal«, in: *Pharmacognosy Research*, Bd. 5, Ausgabe 1, 2013, S. 43–48.
Sazima, M., Buzato, S., Sazima, I., »Bat-pollinated Flower Assemblages and Bat Visitors at Two Atlantic Forest Sites in Brazil«, in: *Annals of Botany*, Bd. 83, 1999, S. 705–712.
Schlanger, Z., *Die Lichtwandler*, Frankfurt a. M. 2024.
Scott, A. C., »Pre-Quaternary history of fire«, in: *Palaeography, Palaeoclimatology, Palaeoecology* 164 (2000), S. 297–345.
Scott, J. C., *Against the Grain: A Deep History of the Earliest States*, New Haven 2017.
Seyfullah, L. J., »Amber and the Cretaceous Resinous Interval«, in: *Earth-Science Reviews*, Bd. 243, 2023.
Seyfullah, L. J. et al., »Production and preservation of resins – past and present«, in: *Biological Reviews*, Bd. 93, Ausgabe 3, 2018, S. 1684–1714.
Shear, W. A., Bonamo, P. M., Grierson J. D., Rolfe, W. D. I., Smith, E. L., Norton, R. A., »Early Land Animals in North America: Evidence from Devonian Age Arthropods from Gilboa, New York«, in: *Science*, Bd. 224, Ausgabe 4648, 1983, S. 492–494.
Sheil, D., Murdiyarso, D., »How Forests Attract Rain: An Examination of a New Hypothesis«, in: *BioScience*, Bd. 59, 2009, S. 341–347.
Sheldrake, M., *Entangled Life: How Fungi Make Our Worlds, Change Our Minds & Shape Our Futures*, London 2020.
Shemesh, H., Boaz, B. E., Millar, C. I., Bruns, T. B., »Symbiotic interactions

above treeline of long-lived pines: Mycorrhizal advantage of limber pine *(Pinus flexilis)* over Great Basin bristlecone pine *(Pinus longaeva)* at the seedling stage«, in: *Journal of Ecology*, Bd. 108, 2020, S. 908–916.
Shigo, A. L., »Compartmentalization of Decay in Trees«, in: *Scientific American*, Bd. 252, Nr. 4, 1985, S. 96–105.
Shilling, J. E., »Aircraft observations of the chemical composition and aging of aerosol in the Manaus urban plume during GoAmazon 2014/5«, in: *Atmospheric Chemistry and Physics*, Bd. 18, Ausgabe 14, 2018.
Simon, L., Bousquet, J., Lévesque, R. et al., »Origin and diversification of endomycorrhizal fungi and coincidence with vascular land plants«, in: *Nature*, Bd. 363, 1993, S. 67–69.
Shrivastava, M., Andreae, M. O., Artaxo, P. et al., »Urban pollution greatly enhances formation of natural aerosols over the Amazon rainforest«, in: *Nature Communications*, Bd. 10, Ausgabe 1, 2019.
Shkolnik, D., Krieger, G., Nuriel, R., Fromm, H., »Hydrotropism: Root Bending Does Not Require Auxin Redistribution«, in: »Letter to the Editor«, *Molecular Plant*, Bd. 9, Ausgabe 5, 2016, S. 757–759.
Simard, S., *Finding the Mother Tree: Discovering the Wisdom of the Forest*, London 2021.
Simard, S., Perry, D. A., Jones, M. D., Myrold, D. D., Durall, D. M., Molina, R., »Net Transfer of Carbon Between Ectomycorrhizal Tree Species in the Field«, in: *Nature*, Bd. 388, 1997, S. 579–582.
Sivaramakrishnan, K., »The Politics of Fire and Forest Regeneration in Colonial Bengal«, in: *Environment and History*, Bd. 2, Nr. 2, 1996, S. 145–194.
Sleeman, A., McConnell, B., Gatley, S., *Understanding Earth Processes, Rocks and the Geological History of Ireland, Geological Survey of Ireland 2014*, https://www.gsi.ie/documents/UnderstandingEarth_bookmarked.pdf
Smart, M. S., Filippelli, G., Gilhooly III, W. P., Marshall, J. E. A., Whiteside, J. H., »Enhanced terrestrial nutrient release during the Devonian emergence and expansion of forests: Evidence from lacustrine phosphorus and geochemical records«, in: *GSA Bulletin*, Bd. 135, Ausgaben 7–8, 2022, S. 1879–1898.
Smith, C., Baker, J. C. A., Spracklen, D. V., »Tropical deforestation causes large reductions in observed precipitation«, in: *Nature*, Bd. 615, 2023, S. 270–275.
Smith, G. R., Finlay, R. D., Stenlid, J., Vasaitis, R., Menkis, A., »Growing evidence for facultative biotrophy in saprotrophic fungi: data from microcosm tests with 201 species of wood-decay basidiomycetes«, in: *New Phytologist*, Bd. 215, 2017, S. 747–755.
Smith, S. D., Rausher, M. D., »Gene Loss and Parallel Evolution Contribute

to Species Difference in Flower Color«, in: *Molecular Biology and Evolution*, Bd. 28, 2011, S. 10 sowie S. 2799–2810.

Smith, M. N., Taylor, T. C., van Haren, J. et al., »Empirical evidence for resilience of tropical forest photosynthesis in a warmer world«, in: *Nature Plants*, Bd. 6, 2020, S. 1225–1230.

Smith, S. M., »What are strigolactones and why are they important to plants and soil microbes?«, in: *BMC Biology*, Bd. 12, 2014, S. 19.

Solnit, R., *Orwells Rosen*, Hamburg 2022.

Som, T., Dobson, K., »›I struggled with anthropomorphisms: On the Problem of Metaphors, Happiness, and Forests‹ in *Finding the Mother Tree*« in: *ISLE: Interdisciplinary Studies in Literature and Environment* 2024.

Staub, F., »Dodo and Solitaires, Myth and Reality«, in: *Potomitan*, 1995, https://www.potomitan.info/dodo/c32.php

Steidinger, B. S., Crowther, T. W., Liang, J. et al., »Climatic controls of decomposition drive the global biogeography of forest-tree symbioses«, in: *Nature*, Bd. 569, 2019, S. 404–408.

Stein, W. E. et al., »Mid-Devonian Archaeopteris Roots Signal Revolutionary Change in Earliest Fossil Forests«, in: *Current Biology*, Bd. 30, Ausgabe 3, 2020, S. 421–431.

Stephens, S. L., Martin, R. E., Clinton, N. E., »Prehistoric fire area and emissions from California's forests, woodlands, shrublands, and grasslands«, in: *Forest Ecology and Management*, Bd. 251, Ausgabe 3, 2007.

Steward, G. A., Beveridge, A. E., »A review of New Zealand kauri (*Agathis australis* (D.Don) Lindl.): its ecology, history, growth and potential for management for timber«, in: *New Zealand Journal of Forestry Science*, Bd. 40, 2010, S. 33–59.

Stewart, G., *Fire*, New York 1948.

Stewart, W. N., Rothwell, G. W., *Paleobotany and the Evolution of Plants*, 2. Auflage, Cambridge 1993.

Strullu-Derrien, C., Selosse, M.-A., Kenrick, P., Martin, F. M., »The origin and evolution of mycorrhizal symbioses: from palaeomycology to phylogenomics«, in: *New Phytologist*, Bd. 220, 2018, S. 1012–1030.

Su, C. et al., »Tree architecture: A strigolactone-deficient mutant reveals a connection between branching order and auxin gradient along the tree stem«, in: *Proceedings of the National Academy of Sciences of the USA*, Bd. 120, Nr. 48, 2023.

Su, S.-H., Gibbs, N. M., Jancewicz, A. L., Masson, P. H., »Molecular Mechanisms of Root Gravitropism«, in: *Current Biology*, Bd. 27, Ausgabe 17, 2017, S. R964 – R972.

Svensson, G. P., Raguso, R. A., Flatz, R., Smith, C. I., »Floral scent of Joshua trees *(Yucca brevifolia sensu lato)*: Divergence in scent profiles between species but breakdown of signal integrity in a narrow hybrid zone«, in: *American Journal of Botany*, Bd. 103, Ausgabe 10, 2016, S. 1793–1802.

Takahashi, T. et al., »Identification of Phenylpropanoids in Fig *(Ficus carica L.)* Leaves«, in: *Journal of Agricultural and Food Chemistry*, Bd. 62, Ausgabe 41, 2014, S. 10076–10083.

Tavares, J. P. N., »Interaction between vegetation and the atmosphere in cloud and rain formation in the Amazon: A review«, in: *Estudos Avançados*, Bd. 26, Ausgabe 74, 2011, S. 219–228.

Taylor, C., Dewsbury, B. M., »On the Problem and Promise of Metaphor Use in Science and Science Communication«, in: *Journal of Microbiology and Biology Education*, Bd. 19, Ausgabe 1, 2017, S. 1–5.

Thomas, B. R. et al., »The Chemistry of the Order Araucariales Part 4. The Bled Resins of *Agathis australis*«, in: *Acta Chemica Scandinavica*, Bd. 20, 1966, S. 1074–1081.

Thomas, P., *Trees, Collins New Naturalist Library*, Bd. 11, London 2022.

Thorpe, S. K., Crompton, R. H., »Orangutan positional behavior and the nature of arboreal locomotion in Hominoidea«, in: *American Journal of Physical Anthropology*, Bd. 131, Ausgabe 3, 2006, S. 384–401.

Tomlinson, P., *The Botany of Mangroves*, 2. Auflage, Cambridge 2016.

Trickey, E., »The Story Behind a Forgotten Symbol of the American Revolution: The Liberty Tree«, in: *Smithsonian Magazine 2016*, https://www.smithsonianmag.com/history/story-behind-forgottensymbol-american-revolution-liberty-tree-180959162/

Urrutia-Jalabert, R., Malhi, Y., Lara, A., »The Oldest, Slowest Rainforests in the World? Massive Biomass and Slow Carbon Dynamics of Fitzroya cupressoides Temperate Forests in Southern Chile«, in: *PLoS ONE*, Bd. 10, Ausgabe 9, 2015.

Vaillant, John, *Die Bestie*, München 2023.

Valderrama-Martín, J. M., Ortigosa, F., Cantón, F. R. et al. »Emerging insights into nitrogen assimilation in gymnosperms«, in: *Trees*, Bd. 38, 2024, S. 273–286.

Vamosi, J. C., Vamosi, S. M., »Factors Influencing Diversification in Angiosperms: At the Crossroads of Intrinsic and Extrinsic Traits«, in: *American Journal of Botany*, Bd. 98, Ausgabe 3, 2011, S. 460–471.

Van Gogh, V., *Vincent Van Gogh: A Life in Letters*, hrsg. von Bakker, N., Jansen, L., Luijten, H., London 2020.

Veilleux, C. C. et al., »Human subsistence and signatures of selection on chemosensory genes«, in: *Communications Biology*, Bd. 6, 2023, S. 683.

Vincke, C., Thiry, Y., »Water table is a relevant source for water uptake by a Scots pine (*Pinus sylvestris L.*) stand: Evidences from continuous evapotranspiration and water table monitoring«, in: *Agricultural and Forest Meteorology*, Bd. 148, Ausgabe 10, 2008, S. 1419–1432.

Viney, M., Hickey, R. D., Mustoe, G. E., »A Silicified Carboniferous Lycopsid Forest in the Colorado Rocky Mountains, USA«, in: *Geosciences*, Bd. 9, Ausgabe 12, 2019.

Vonlanthen, B., »Establishment and development of phreatophytic vegetation in the foreland of river oases at the southern rim of the Taklamakan Desert«, *Arbeit zur Erlangung des PhD-Grades*, 2010, https://opendata.uni-halle.de/bitstream/1981185920/6758/1/Establishment%20and%20development%20of%20phreatophytic%20vegetation%20in%20the%20foreland%20of%20river%20oases%20at%20the%20southern%20rim%20of%20the%20Taklamakan%20Desert.pdf

Voosen, P., »Ancient kauri trees capture last collapse of Earth's magnetic field«, in: *Science*, 2021, https://www.science.org/content/article/ancient-kauri-trees-capture-last-collapse-earth-s-magnetic-field

Wallace, A. R., *Palm Trees of the Amazon and their Uses*, London 1853.

Wang, A. Y., Peng, Y.-Q., Harder, L. D. et al., »The nature of interspecific interactions and co-diversification patterns, as illustrated by the fig microcosm«, in: *New Phytologist*, Bd. 224, 2019, S. 1304–1315.

Wang, D. et al., »The Most Extensive Devonian Fossil Forest with Small Lycopsid Trees Bearing the Earliest Stigmarian Roots«, in: *Current Biology*, Bd. 29, 2019, S. 2604–2615.

Wang, J. et al., »Ancient noeggerathialean reveals the seed plant sister group diversified alongside the primary seed plant radiation«, in: *Proceedings of the National Academy of Sciences of the USA*, Bd. 118, Nr. 11, 2021.

Waters, M. T., Gutjahr, C., Bennett, T., Nelson, D. C., »Strigolactone Signaling and Evolution«, in: *Annual Review of Plant Biology*, Bd. 68, 2017, S. 291–322.

Weinhold, A., Döll, S., Liu, M., Schedl, A., Pöschl, Y., Xu, X., Neumann, S., van Dam, N. M., »Tree species richness differentially affects the chemical composition of leaves, roots and root exudates in four subtropical tree species«, in: *Journal of Ecology*, Bd. 110, 2022, S. 97–116.

Wengrow, D., Graeber, D., *The Dawn of Everything: A New History of Humanity*, London 2021.

Whippo, C. W., Hangarter, R. P., »The ›Sensational‹ Power of Movement in Plants: A Darwinian System for Studying the Evolution of Behavior«, in: *American Journal of Botany*, Bd. 96, Ausgabe 12, 2009, S. 2115–2127.

Whiteside J. H., Lindström, S., Irmis, R. B., Glasspool, I. J., Schaller, M. F., Dunlavey, M., Nesbitt, S. J., Smith, N. D., Turner, A. H., »Extreme ecosystem instability suppressed tropical dinosaur dominance for 30 million years«, in: *Proceedings of the National Academy of Sciences of the USA*, Bd. 112, Nr. 26, 2015, S. 7909–7913.

Willis, K., *Good Nature: The New Science of How Nature Improves Our Health*, London 2024.

Wohlleben, P., *Das geheime Leben der Bäume*, München 2015.

Wolfe, J. A., »Relations of Environmental Change to Angiosperm Evolution During the Late Cretaceous and Tertiary«, in: Iwatsuki, K., Raven, P. H. (Hrsg.), *Evolution and Diversification of Land Plants*, Tokyo 1997.

Woodward, F. I., »Stomatal numbers are sensitive to increases in CO_2 from pre-industrial levels«, in: *Nature*, Bd. 327, Ausgabe 6123, 1987, S. 617–618.

Woolf, Virginia, *Mrs. Dalloway*, München 2013.

Wright, G. A., Schiestl, F., »The evolution of floral scent: the influence of olfactory learning by insect pollinators on the honest signalling of floral rewards«, in: *Functional Ecology*, Bd. 23, 2009, S. 841–851.

Yoneyama, K., »How Do Strigolactones Ameliorate Nutrient Deficiencies in Plants?«, in: *Cold Spring Harbor Perspectives in Biology*, Bd. 11, Ausgabe 8, 2019.

Yoneyama, K., Xie, X., Kim, H. I. et al., »How do nitrogen and phosphorus deficiencies affect strigolactone production and exudation?«, in: *Planta*, Bd. 235, Ausgabe 6, 2012, S. 1197–1207.

Young, S. N. R., Lundgren, M. R., »C4 photosynthesis in Paulownia? A case of inaccurate citations«, in: *Plants, People, Planet*, Bd. 5, Ausgabe 2, 2023, S. 292–303.

Zarrillo, S., Gaikwad, N., Lanaud, C. et al., »The use and domestication of *Theobroma cacao* during the mid-Holocene in the upper Amazon«, in: *Nature Ecology & Evolution*, Bd. 2, Ausgabe 12, 2018, S. 1879–1888.

Zhang, Y., Xiao, G., Wang, X., Zhang, X., Friml, J., »Evolution of fast root gravitropism in seed plants«, in: *Nature Communications*, Bd. 10, 2019, S. 3480.

Zuntini, A. R. et al., »Phylogenomics and the rise of the angiosperms«, in: *Nature*, Bd. 629, 2024, S. 843–850.

Geologische Zeitskala

Vor Jahrmillionen	Erdzeitalter	Periode	Ereignisse, die in diesem Buch vorkommen
2500	Präkambrium	Proterozoikum	Erstes Leben. Algen und der Beginn der Photosynthese
570	Unteres Paläozoikum	Kambrium	Trilobiten
510		Ordovizium	Vollkommen zugefrorene Erde
438		Silur	Prototaxites, die ersten Landpflanzen
410	Oberes Paläozoikum	Devon	Archäopteris und erste Bäume
355		Karbon	Kohlebildung, Bärlappgewächse und Baumfarne
290		Perm	Palmfarne, Superkontinent Pangäa
250	Mesozoikum	Trias	Gymnospermen (z. B. Araukarien)
205		Jura	Dinosaurier, Sequoias, Ginkgo
138		Kreide	Aufstieg der Angiospermen
Asteroideneinschlag in Chixculub vor ca. 66 Millionen Jahren			
65	Tertiär	Paläozän	Gedeihen und baldige Dominanz der Angiospermen in verbreiteten tropischen und subtropischen Wäldern, z. B. Winteraceae, Liliengewächse, Nypa-Mangroven, Magnoliengewächse
53		Eozän	
36,5		Oligozän	Abkühlung und Austrocknung führt zu ungleichmäßiger Verteilung der Waldgebiete; Buchen, Kiefern und Cashewbäume herrschen vor.
23		Miozän	Amerikanische Weißeichen werden in Europa wieder heimisch. Hainbuchen und Ahorn herrschen vor.
5,3		Pliozän	Gemäßigte Wälder in der nördlichen Hemispäre
1,6	Heute	Pleistozän	Eiszeitliche Zyklen
0,01		Holozän	Der Mensch entwickelt sich. Ausrottung eines Großteils der Megafauna

Register

L

M

Bildnachweis

Das Copyright für alle Illustrationen liegt (wenn nicht anders angegeben) bei Harriet Rix und/oder ihrem Vater Martyn Rix.

1 Störche auf den Valonia-Eichen am Großen Zab im irakischen Kurdistan
2 Fossile *Archaeopteris*-Wurzel, 390 Millionen Jahre alt
3 Einer der alten Wacholderbäume der Ziarat-Wacholderwälder an der Grenze zwischen Pakistan und Afghanistan
4 Maserknolle an einem Riesenmammutbaum am Trail of 100 Giants in Kalifornien
5 Zwei Riesenmammutbäume
6 Kontrolliertes Abbrennen im Sequoia National Forest
7 Ein Kastanienbaum an den Hängen der Vikos-Schlucht im nördlichen Griechenland
8 Blütenstand (Kerze) der Kastanie
9 Pollen produzierende Weidenkätzchen an einem Haselnussbaum in Devon
10 Der Rio Negro bei São Gabriel da Cachoeira
11 Samenkapsel von einem Baum in der Serra do Curicuriari, Brasilien
12 Baumharz als Reaktion auf Käferattacken
13 Josua-Palmlilie im Joshua Tree National Park
14 Libanon-Zedern bei Kahramanmaras in der Türkei
15 Golden belaubte Zitterpappeln an einem Waldbach in China
16 Chinesische Goldlärche
17 Grauweißes Muster bei der Borke von *Pinus gerardiana* am Hindukusch
18 Dattelpalmenhain in der irakischen Provinz Anbar, die von einem Staubsturm verdunkelt wird
19 Yunnan, China: *Bai Ma Shan* im Herbst
20 Ein Nebelwald im chinesischen Sichuan
21 Regenwolken über dem Laubdach des Amazonas bei Manaus in Brasilien